高职高专"十二五"规划教材

安装（管道·电气）工程计量与计价

布晓进 宿 茹 主编 李 鹏 李晓宁 副主编

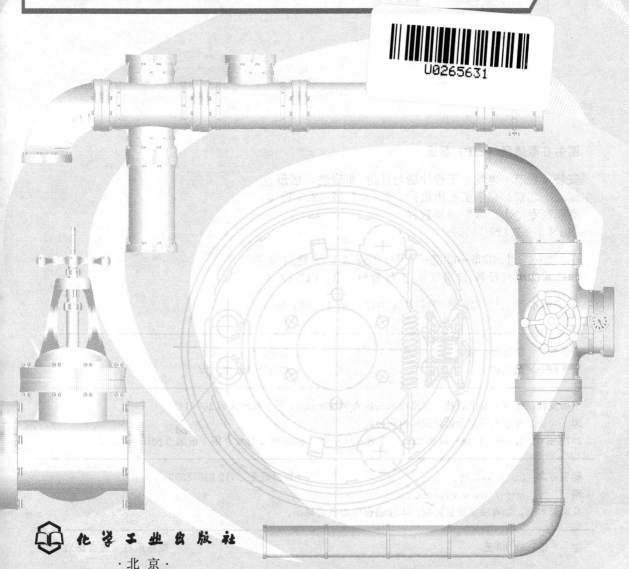

化学工业出版社

·北京·

本书系统性地介绍了安装管道工程专业知识和给排水、消防、采暖、通风空调工程的识图、工程量计算、定额计价、清单计价；介绍了安装电气工程专业知识和电气照明、弱电、防雷与接地工程的识图、工程量计算、定额计价、清单计价。采用案例教学，注重自学、操作能力的培养，体现"教、学、做"为一体的实践性教学模式。

　　本书可作为高职高专工程造价、建筑设备、工程管理、工程监理、建筑经济管理专业及相关专业的教材，并可作为全国造价员培训和参考的教材，还可作为本科院校、中专、函授及供从事建筑安装工程等技术工作的人员参考或自学使用。

图书在版编目（CIP）数据

安装（管道·电气）工程计量与计价/布晓进，宿茹
主编．—北京：化学工业出版社，2012.7（2022.7重印）
高职高专"十二五"规划教材
ISBN 978-7-122-14561-1

Ⅰ．安…　Ⅱ．①布…②宿…　Ⅲ．①管道工程-建筑安装-
工程造价②电气设备-建筑安装-工程造价　Ⅳ．TU723.3

中国版本图书馆 CIP 数据核字（2012）第 131667 号

责任编辑：李彦玲　　　　　　　　　　　　文字编辑：刘砚哲
责任校对：陶燕华　　　　　　　　　　　　装帧设计：张　辉

出版发行：化学工业出版社（北京市东城区青年湖南街 13 号　邮政编码 100011）
印　　装：北京七彩京通数码快印有限公司
787mm×1092mm　1/16　印张 23¼　字数 626 千字　2022 年 7 月北京第 1 版第 9 次印刷

购书咨询：010-64518888　　　　　　　　售后服务：010-64518899
网　　址：http://www.cip.com.cn
凡购买本书，如有缺损质量问题，本社销售中心负责调换。

定　　价：58.00 元

前 言

《安装（管道·电气）工程计量与计价》为高职高专"十二五"规划教材，依据工程造价专业的人才培养目标、教学大纲、安装工程计量与计价课程实训的教学特点和要求，并重点参考全国建设工程造价员资格考试大纲编写而成。本书有以下特点：

① 循序渐进。从学习安装工程常用基础知识入手，逐步到识图、计算工程量，最后套定额、编制预算书。

② 通俗易懂。结合高职高专学生特点，理论简明扼要，实务图文并茂、以图代言。

③ 案例经典。工程识图、工程量计算、定额计价、清单计价均以案例讲解，前后连续，学完此书相当于完成一份预算，非常适合"零基础"人员学习。

④ 多书合一。以多年的造价员培训经验编写全书，涵盖造价基础知识、安装管道和安装电气实务的专业知识、定额说明、计算规则、费用计取、2008清单计价规范、常用定额等，提炼诸多书籍和考试内容，为学生参加造价员开卷考试提供方便。

⑤ 学考相长。学完本书即可上手做预算，与后续的考试篇相配合使用，效果更佳。

《安装（管道·电气）工程计量与计价》由石家庄城市职业学院布晓进、宿茹担任主编，石家庄城市职业学院李鹏、石家庄盛世永昌物业服务有限公司魏淑强担任副主编，石家庄城市职业学校马军霞、张春梅参加了编写。在本书编写过程中，参阅和借鉴了许多优秀教材、专著、与专业有关的规范、标准等，在此向原编著者致以崇高的敬意。

由于编者学识水平和实践经验所限，书中错误、疏漏之处在所难免，望广大读者、教师、培训讲师批评指正，并恳请向编者（buxiaojin@sohu.com；QQ574657210）提出宝贵意见，以便修订时改进。

编者

2012 年 5 月

目　录

安装管道工程实务篇

第一章　安装管道工程概述

第一节　安装管道工程常用材料与连接方式

　　管道安装工程所用的材料和设备，在一个工程项目中往往包含的种类很多，同时价格都比较贵并且都是以材料费的形式计入工程直接费，是水暖工程造价的主要组成部分。

　　管道安装工程使用最多的材料是管材及其附件和阀门等。材质、品种、规格、用途不同的管材，在其价格上形成一个庞大的系列，在施工生产中所耗费的人工、材料、机械台班也极为悬殊。因此，安装工程造价员应当对管道工程常用材料与设备的性能、用途、材质、规格等有基本的了解，这对正确选套材料预算价格和计算定额（或消耗定额）中未计价值的材料费用以及合理地制定工程造价具有重要的指导作用。

一、安装管道工程常用材料

　　管材及其附件，按材质的不同，可分为金属管材和非金属管材两大类以及复合管材等。

（一）金属管材及管件

　　金属管材及管件，可分为黑色金属和有色金属两种。

1. 黑色金属管材

　　黑色金属管材包括碳素钢管和铸铁管。碳素钢管又可分为有缝钢管和无缝钢管两个品种。

　　（1）管子的公称直径和压力

　　① 管子的直径可分为外径、内径和公称直径。在工程设计施工图中，管子则多采用公称直径来表示。

　　公称直径是为了设计制造和维修的方便而人为地规定的一种标准直径，也称为"公称通径"，是管子（或管件）的规格名称。管子的公称直径与其内径和外径都不相等，是接近于管道内径的名义直径。在设计图纸上使用公称直径，目的是根据公称直径可以确定管子、管件、阀门、法兰、垫片等的结构尺寸与连接尺寸。

　　公称直径用符号"DN"来表示，并在其后注明直径尺寸。例如公称直径100mm的无缝钢管有 $D108 \times 5$，可表示成DN100，其外径为108mm，内径为 $108-5-5=98$mm。

　　② 管子的压力，分为公称压力、试验压力、工作压力三种。

　　管材20℃时输入的工作压力称为公称压力。公称压力用字母"PN"表示，并在其后注明压力数值。单位为"兆帕"（MPa）。

　　为了对管道进行水压实验与严密性实验而规定的压力，叫试验压力。在实际工作中不可能出现这么高的压力，但为了保证设备管道长期可靠运行，规定了用比实际工作时高的压力值进行试验。实验压力用字母" p_s "表示，并注明试验压力数值。如试验压力为 0.25MPa，应写作 $p_s0.25$。

工作压力是指给水管道正常工作状态下作用在管内壁的最大持续运行压力，不包括水的波动压力。用字母"p"表示，并在 p 的右下方注明介质最高温度数值，其数值是以 10 除以介质最高温度的整数，如介质最高温度为 180℃，工作压力为：180/10＝18，则工作压力应写作 p_{18}。

（2）铸铁管　由生铁铸造而成的生铁管称为铸铁管。分为给水铸铁管和排水铸铁管两种。直径规格均用公称直径"DN"表示。其连接形式分为承插接口和法兰式两种，承插接口又分为柔性接口和刚性接口两种。如图 1-1～图 1-3 所示。

承插接口应用最广泛，但施工强度大，在经常拆卸的部位则采用法兰连接，但法兰接口只适合明敷管道。

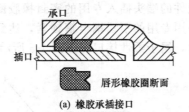

(a) 橡胶承插接口　　　　　(b) 填料承插接口

图 1-1　承插接口

① 给水铸铁管。一般用于室外给水管道的干管，这种管子在铸造厂出厂时外表面已涂有沥青防腐层，接口材料根据规范要求，通常为石棉水泥、膨胀水泥、胶圈和青铅。工作压力有低压（不大于 0.45MPa）、普压（不大于 0.75MPa）和高压（不大于 1MPa）三种。常用连接方式为法兰连接和刚性承插连接。

② 排水铸铁管。适用于输送污水和废水的排放管道，性质较脆，不承受压力，一般多用于没有压力的自流排水工程。

图 1-2　承口

图 1-3　法兰连接

自 2000 年 6 月 1 日起，在城镇新建住宅中，淘汰砂模铸造铸铁排水管用于室内排水管道，推广应用 UPVC 塑料排水管和符合《排水用柔性接口铸铁管及管件》的柔性接口机制铸铁排水管。随着高层和超高层建筑迅速兴起，一般以石棉水泥或青铅为填料的刚性接头排水铸铁管，已不能适应高层建筑各种因素引起的变形，尤其有抗震要求的地区的建筑物，对重力排水管道的抗震要求，已成为最应值得重视的问题。

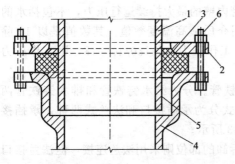

图 1-4　柔性排水铸铁管件接口

1—直管、管件直部；2—法兰压盖；3—橡胶密封圈；4—承口端头；5—插口端头；6—定位螺栓

高耸构筑物和建筑高度超过 100m 的超高层建筑物内，排水立管应采用柔性接口。国产 GP-1 型柔性抗震排水铸铁管是一种采用橡胶圈密封，螺栓紧固，具有较好的曲挠性、伸缩性、密封性及抗震性能的柔性排水铸铁管管型，如图 1-4 所示。国外对排水铸铁管的接头形式进行了改进，如采用橡胶圈及不锈钢带连接，具有装卸简便、易于安装与维修等特点。它是由排水铸铁管、专用不锈钢卡箍、密封橡胶圈、卡紧螺栓四部分组成。接口是将直管或配件的端头插入专用的密封橡胶圈内，密封橡胶圈外用专用的不锈钢卡箍锁紧，达到连接和止水的目的，属于柔性接口。如图 1-5 所示。

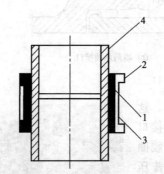
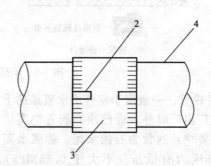

图 1-5　排水铸铁管接头

1—橡胶圈；2—卡紧螺栓；3—不锈钢带；4—排水铸铁管

（3）钢管　钢管具有强度高、承受压力大、抗震性能好、内外表面光滑、容易加工和安装等优点，但耐腐蚀性差、对水质有影响、价格较高。

钢管有焊接钢管、无缝钢管两种。焊接钢管又分为镀锌钢管和不镀锌钢管。钢管镀锌的目的是防锈、防腐，不使水质变坏，延长使用年限。目前镀锌钢管主要用于消防给水系统。

钢管的连接方式有螺纹连接、焊接、法兰连接或沟槽卡箍连接。

螺纹连接多用于明装的管道，利用配件连接，配件用可锻铸铁制成，也分镀锌和不镀锌两种，钢制配件较少。镀锌钢管必须用螺纹连接。焊接只能用于非镀锌钢管，因为镀锌钢管焊接时镀锌层被破坏，反而加速锈蚀。法兰连接用于较大管径的管道上，先将法兰盘焊接或用螺纹连接在管端，再以螺栓与法兰连接。法兰连接一般用于连接闸阀、止回阀、水泵、水表等处，以及需要经常拆卸、检修的管段上。

① 焊接钢管。焊接钢管俗称水煤气管，又称为黑铁管，通常由卷成管形的钢板、钢带以对缝或螺旋缝焊接而成，故又称为有缝钢管。

焊接钢管的直径规格用公称直径表示，符号为 DN，单位为 mm。

焊接钢管的规格尺寸见表 1-1。

表 1-1　焊接钢管的规格尺寸

公称直径		近似内径 /mm	壁厚 /mm	外径 /mm	焊接钢管重量 /(kg/m)	镀锌钢管重量/(kg/m)
DN	in					
15	$\frac{1}{2}$	15	2.75	21.25	1.25	1.313
20	$\frac{3}{4}$	20	2.75	26.75	1.63	1.712

公称直径		近似内径 /mm	壁厚 /mm	外径 /mm	焊接钢管重量 /(kg/m)	镀锌钢管重量/(kg/m)
DN	in					
25	1	25	3.25	33.50	2.43	2.541
32	1 1/4	32	3.25	42.25	3.13	3.287
40	1 1/2	40	3.50	48.00	3.84	4.032
50	2	50	3.50	60.00	4.88	5.124
70	2 1/2	70	3.75	75.50	6.64	6.972
80	3	80	4.00	88.50	8.34	8.757
100	4	106	4.00	140.00	10.85	11.393
125	5	131	4.50	140.00	15.04	15.792
150	6	156	4.50	165.00	17.81	18.700

② 无缝钢管。无缝钢管用优质碳素钢或合金钢制成，无缝钢管是将炽热的圆柱钢体沿纵向穿孔而成。无缝钢管按制造方法不同可分为冷轧钢管和热轧钢管。无缝钢管因为具有材质均匀，有较好的耐腐蚀性能，能输送有压介质，如蒸汽、过热水和易燃易爆、有毒物质。所以，在工程管道中被广泛应用。消防、高层建筑供水等高压给水系统中常采用无缝钢管。

同一直径的无缝钢管有多种壁厚，满足不同的压力需要，故无缝钢管规格一般不用公称直径表示，而用"D 管外径（单位为 mm）×壁厚（单位为 mm）"表示，如 $D159×4.5$ 表示外径为 159mm、壁厚为 4.5mm 的无缝钢管。

2. 有色金属管材

（1）铝及铝合金管　铝有较好的耐酸腐蚀性能。

（2）铜及铜合金管　铜管主要由纯铜、磷脱氧铜制造，称为铜管或紫铜管。黄铜管是由普通黄铜、铅黄铜等黄铜制造。铜管具有耐温、延展性好、承压能力高、化学性质稳定、线胀系数小等优点。但价格较高，一般适用于比较高级住宅的冷、热水系统。铜管可采用螺纹连接、焊接及法兰连接等连接方式。

（二）非金属管

非金属管种类很多，在建筑给水系统中出现的主要是一些新兴的塑料或复合管材。它们作为传统镀锌钢管的替代品，发展很快。

1. 塑料管

塑料管一般是以塑料树脂为原料，加入稳定剂、润滑剂等，以"塑"的方法在制管机内经挤压加工而成。由于它具有质轻、耐腐蚀、外形美观、无不良气味、加工容易、施工方便等特点，在建筑工程中获得了越来越广泛的应用。主要用作房屋建筑的自来水供水系统配管、排水、排气和排污卫生管、地下排水管系统、雨水管以及电线安装配套用的穿线管，等等。

（1）三种典型塑料管材

① 聚氯乙烯（UPVC）管。聚氯乙烯管是由聚氯乙烯树脂（PVC）加入稳定剂、润滑剂等配合后用热压法经挤压加工而成，实际上现在 PVC 管道都是 UPVC，就是一种塑料管，UPVC 管的抗冻和耐热能力都不好，所以很难用作热水管，由于其强度不能适用于水管的承压要求，所以冷水管也很少使用。大部分情况下，UPVC 管适用于电线管道和排污管道。

接口处一般用承插胶粘接，也可采用橡胶密封圈柔性连接、螺纹连接或法兰连接等连接方式。

② PE-X 交联聚乙烯管。聚乙烯是最大宗的塑料树脂之一，由于其结构上的特征，聚乙烯往往不能承受较高的温度，机械强度不足，限制了其在许多领域的应用。为提高聚乙烯的性能，研究了许多改性方法，对聚乙烯进行交联，通常以 PE-X 标记。交联聚乙烯管材由于其独有的立体网状结构，在五类冷热水管材中是唯一的一种热固性材料，即不溶不熔。这也正是其在高温下长期耐压性能好的本质原因。主要应用于地板辐射采暖用管中。

聚乙烯管道的连接可采用电熔、热熔、橡胶圈柔性连接，工程上主要采用熔接。

③ 无规共聚聚丙烯 PP-R 管。是目前家装工程中采用最多的一种供水管道，PP-R 管长期受紫外线照射易老化降解，安装在户外或阳光直射处必须包扎深色防护层。PP-R 管耐快速开裂能力差；PP-R 管通常不能弯曲。

PP-R 管的接口采用热熔技术，管道与金属管件可以通过带金属嵌件的聚丙烯管件，用丝扣或法兰连接。

（2）其他非金属管材　给排水工程中除使用给水塑料管、硬聚氯乙烯排水塑料管外，还经常在室外给排水工程中使用自应力和预应力钢筋混凝土给水管及钢筋混凝土、玻璃钢和带釉陶土排水管等。

塑料管的管径一般用 D_e 表示管道的外径。

常用塑料管外径与公称直径对照关系见表 1-2。

表 1-2　常用塑料管外径与公称直径对照关系

塑料管外径/mm	20	25	32	40	50	63	75	90	110
公称直径/in	½	¾	1	1¼	1½	2	2½	3	4
公称直径/mm	15	20	25	32	40	50	65	80	100

2. 复合管材

（1）铝塑复合管 PAP　铝塑复合管是复合管，内为铝质管，外覆塑料皮，一般是套接。特点：①100％隔氧，彻底消除渗透；②用作通信线路的屏蔽，可防止各种音频、磁场干扰；③具有抗静电性，适用输送燃气及油料；④管子可任意弯曲并回直；⑤具有较好的耐热性，铝塑管长期使用温度 95℃（50 年，1MPa），最高使用温度 110℃。

可适用于室内冷、热水系统，特别适于依靠散热器采暖的供暖系统管道。管件连接主要采用卡套式连接，即由锁紧螺纹和丝扣管件组成的专用接头而进行管道连接的一种连接形式。

（2）钢塑复合管　钢塑复合管由在钢管内壁衬（涂）一定厚度的塑料层复合而成，依据复合管基材的不同，可分为衬塑复合管和涂塑复合管两种。钢塑复合管兼备了金属管材强度高、耐高压、能承受较强外来冲击力和塑料管材的耐腐蚀、不结垢、热导率低等优点。

钢塑复合管可采用沟槽、法兰或螺纹连接的方式，同原有的镀锌管系统完全相容，应用方便，但需在工厂预制，不宜在施工现场切割。

二、安装管道工程常用附配件

（一）管道配件

管道配件是指在管道系统中起连接、变径、转向、分支等作用的零件，又称管件。配件根据制作材料不同，可分为铸铁配件、钢制配件和塑料配件，各种不同管材有相应的管道配件；根据接口形式不同，可分为螺纹连接配件、法兰连接配件和承插连接配件。

　　管道配件带螺纹接头常用于塑料管、钢管连接中；带法兰接头和带承插接头常用于铸铁管、塑料管等管道系统中。

　　螺纹连接时，一般以油麻丝和白厚漆或生胶带为填料，增加连接的严密性。

　　图 1-6 所示为常用钢管螺纹连接配件及连接方式；图 1-7 所示为常用铸铁排水配件；图 1-8 所示为常用塑料排水配件；图 1-9 所示为常用塑料给水管连接配件。

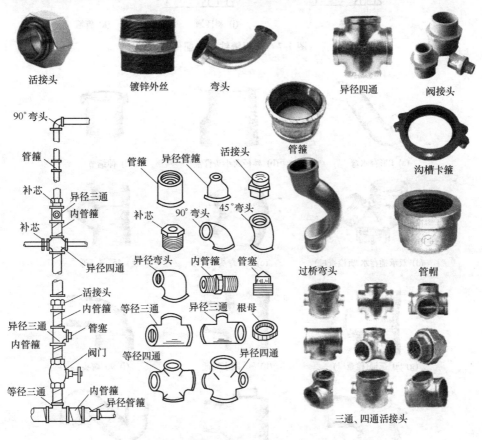

图 1-6　常用钢管螺纹连接配件及连接方式

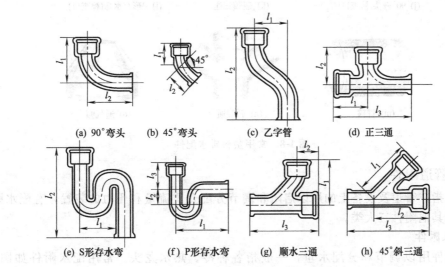

(a) 90°弯头　　(b) 45°弯头　　(c) 乙字管　　(d) 正三通

(e) S形存水弯　　(f) P形存水弯　　(g) 顺水三通　　(h) 45°斜三通

图 1-7

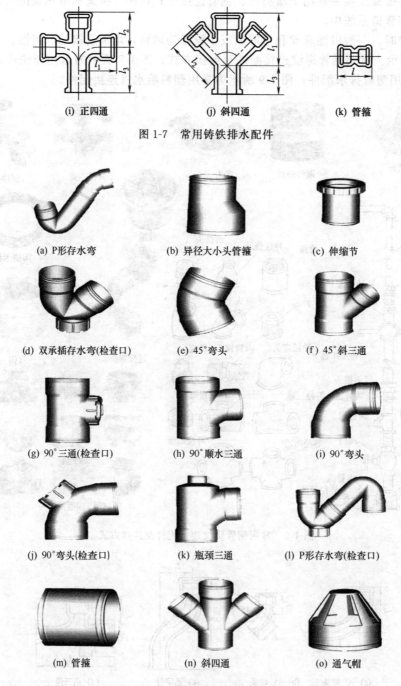

(i) 正四通 (j) 斜四通 (k) 管箍

图 1-7 常用铸铁排水配件

(a) P形存水弯 (b) 异径大小头管箍 (c) 伸缩节

(d) 双承插存水弯(检查口) (e) 45°弯头 (f) 45°斜三通

(g) 90°三通(检查口) (h) 90°顺水三通 (i) 90°弯头

(j) 90°弯头(检查口) (k) 瓶颈三通 (l) P形存水弯(检查口)

(m) 管箍 (n) 斜四通 (o) 通气帽

图 1-8 常用塑料排水配件

（二）管道附件

附件是指在管道及设备上的用以启闭和调节分配介质流量和压力的装置，有配水附件、控制附件与其他附件三大类。

1. 配水附件

配水附件用以调节和分配水量，一般指各种冷、热水龙头。常用配水附件如图 1-10 所示。

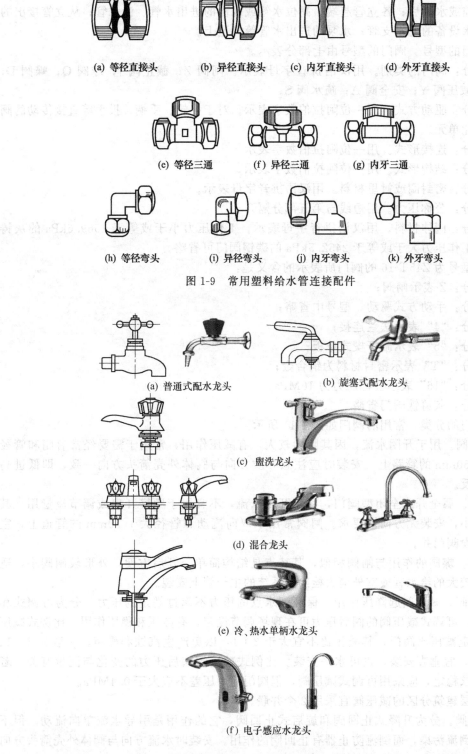

(a) 等径直接头   (b) 异径直接头   (c) 内牙直接头   (d) 外牙直接头

(e) 等径三通   (f) 异径三通   (g) 内牙三通

(h) 等径弯头   (i) 异径弯头   (j) 内牙弯头   (k) 外牙弯头

图 1-9   常用塑料给水管连接配件

(a) 普通式配水龙头   (b) 旋塞式配水龙头

(c) 盥洗龙头

(d) 混合龙头

(e) 冷、热水单柄水龙头

(f) 电子感应水龙头

图 1-10   常用配水附件

2. 控制附件

控制附件用以启闭管路、调节水量和水压，一般指各种阀门。

设置阀门应考虑管道的使用和检修情况，一般给水管应设置阀门的部位为：引入管上的起端，水表前或水表后；各立管起端；高位水箱或水池的进出水管、泄水管；从立管接出的支管；各用水设备的配水支管；水泵的进出水管等管道上。

（1）阀门的型号　阀门的型号由七部分表示。

第一部分：阀门的类别。用汉语拼音字母表示。闸阀 Z；截止阀 J；球阀 Q；蝶阀 D；止回阀 H；减压阀 Y；安全阀 A；疏水阀 S。

第二部分：驱动方式。用一位阿拉伯数字表示。对于手轮、手柄、扳手等直接传动的阀门，可省略此单元。

第三部分：连接形式。用一位阿拉伯数字表示。

第四部分：结构形式。用一位阿拉伯数字表示。

第五部分：密封圈或衬里材料。用汉语拼音字母表示。

第六部分：公称压力。用短线与第五部分隔开。

第七部分：阀体材料。用汉语拼音字母表示。工作压力小于或等于 1569.6kPa 的灰铸铁阀门，或工作压力大于或等于 2452.5kPa 的碳钢阀门可省略。

例如，型号为 Z45T-16 的阀门所表示的含义是：

第一部分：Z 表示闸阀；

第二部分：手动方式驱动，型号中省略；

第三部分："4"表示法兰连接；

第四部分："5"表示暗杆楔式单板；

第五部分："T"表示密封材料为铜合金；

第六部分："16"表示公称压力为 16MPa；

第七部分：灰铸铁阀门省略。

（2）阀门的分类　常用的阀门如图 1-11 所示。

① 截止阀。用于开闭水流，因其阻力较大，有减压作用，常用于需要经常启闭和管径小于或等于 50mm 的管路上。安装时应注意介质方向与阀体外壳箭头方向一致，即低进高出，不能装反。

② 闸阀。属全开或全闭型阀门，用于开闭水流，不宜用于频繁开启或调节流量用。其特点是阻力小，安装无方向性要求。闸阀常用于双向流动和管径大于 50mm 的管道上，室外安装时应设阀门井。

③ 蝶阀。蝶阀的作用与闸阀相似，其特点是结构简单，开启方便，外形较闸阀小，适合在外管径较大的给水管或室外消火栓给水系统的主干管上安装。

④ 减压阀。减压阀起降压作用，保证配水点的压力不超过规定的压力。分为可调式和比例式两种，可调式减压阀的阀后压力可在现场调节设定，有减压和稳压作用。比例式减压阀是一种固定减压比阀门，其减压比不宜大于 3∶1，以免产生汽蚀和噪声，一般为 2∶1、3∶1 或 4∶1，宜垂直安装，也可水平安装。比例式减压阀阀后压力的变化与流量有关，若阀后压力要求稳定，应采用可调式减压阀，但阀门前后压差不应大于 0.4MPa。

用于高层建筑分区的减压阀宜采用 2 个并联。

⑤ 止回阀。分为升降式止回阀和旋启式止回阀，它的作用是引导水流单向流动，但不能防止水的倒流污染，而倒流防止器有止回阀的作用。安装时水流方向与阀体外壳箭头方向一致。升降式用于小口径水平管上，旋启式用于大口径水平或垂直管上。止回阀一般安装在：a. 引入管上；b. 高位水箱进出水管合为一条时，在水箱出水管上设置；c. 水泵出水管上，常设置阻尼缓闭式或速闭消声式止回阀；d. 密闭式水加热器或用水设备的进水管上，以防止水加热膨胀产生的倒流，同时应设过压泄水装置。

⑥ 安全阀。保证系统和设备安全

⑦ 延时自闭式冲洗阀：节约用水和防止回流污染

⑧ 浮球阀。浮球阀常安装于水箱或水池上用来控制水位，保持液位恒定。浮球阀如口径较大，采用法兰连接，口径较小则采用丝接。

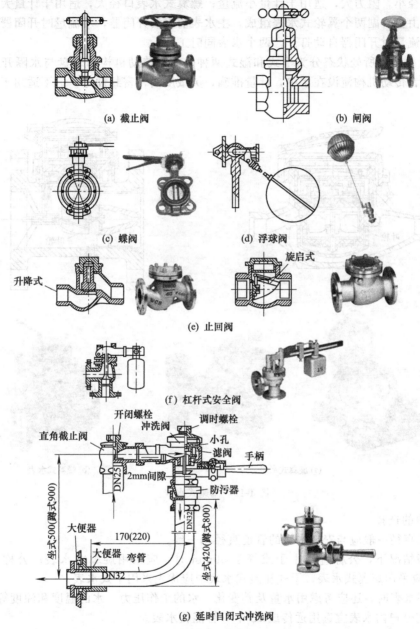

(a) 截止阀　　　　　　　　　　　(b) 闸阀

(c) 蝶阀　　　　　　(d) 浮球阀

(e) 止回阀

(f) 杠杆式安全阀

(g) 延时自闭式冲洗阀

图 1-11　常用阀门

3. 其他附件

（1）水表　水表是一种计量用水量的仪表设备。为便于管理，促进节约用水，对需要单独计量用水量的建筑或设备应安装水表，对于住宅建筑要求采用一户一表制。

计量建筑物的用水量时，水表安装在引入管上。对于公共建筑内各单位、各部门需单独计量时，应分别安装水表；对于住宅建筑，应分户安装水表。分户水表按计量读数分为三种，即直接读数式、IC卡式和远程数字显示。

① 水表的分类。水表可分为流速式和容积式两大类。

流速式又分为下列几类。

a. 按翼轮构造分为旋翼式［图1-12（a）］、螺翼式［图1-12（b）］和翼轮复式水表。旋翼式水表口径小，阻力大，适用于计量小流量；螺翼式水表口径大，适用于计量大流量；翼轮复式水表由主、副两个翼轮式水表组成，主水表前安装开闭器，小流量时开闭器关闭，副表工作，大流量时开闭器自动打开，两个水表同时工作。

b. 按计数机件所处状态分为干式和湿式两种。前者传动机构和表盘与水隔开，计量敏感性差；后者传动机构淹没在水中，计量准确，灵敏度高，密封性好，但不适用于水中有杂质的场合。

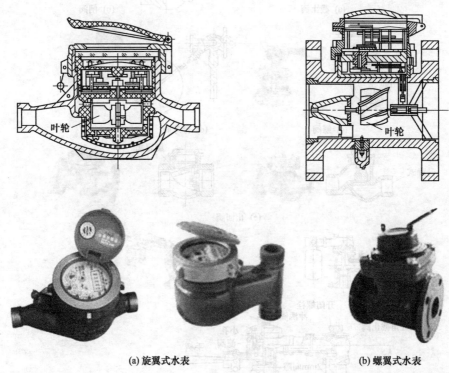

(a) 旋翼式水表　　　　　　　　　　　(b) 螺翼式水表

图1-12　流速式水表

② 水表的选择

a. 水表直径一般应与安装水表的管道直径相一致。

b. 一般情况下，公称直径小于或等于50mm时，应采用旋翼式水表；公称直径大于50mm时，应采用螺翼式水表；干式和湿式水表中应优先采用干式水表。

c. 选用水表时，还应考虑用水量及其变化、水的工作压力、水的温度和浊度等因素。

d. 住宅分户内水表宜选用远传或IC卡等智能化水表。

③ 水表的安装。图1-13为室外水表安装示意图。

a. 水表应安装在不冻结、易观察与维护、无液体浸没、无杂质污染、不易损坏与暴晒的场所。

b. 水流方向应与水表外壳所标箭头方向一致，不能装反。

c. 为保证水表准确，螺翼式水表前直管长度应大于10倍水表直径，其他类型水表前后直管长度应大于300mm。

d. 直接读数式水表应从表盘读数，应安装在户外管道井、水表箱等处，便于户外读数抄表。

e.当水表可能发生反转时，应在表后的管段上安装止回阀，如进加热设备的给水支管上装冷水表时应设止回阀。

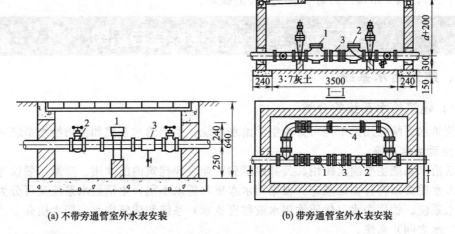

(a) 不带旁通管室外水表安装　　　　　　　(b) 带旁通管室外水表安装

1—水表；2—阀门；3—泄水口　　　1、2—阀门；3—水表；4—旁通管

图 1-13　室外水表安装（水表节点）

（2）过滤器　过滤器（图 1-14）是利用扩容原理，除去液体中含有的固体颗粒，主要设置在减压阀、自动水位控制阀、调节阀等阀门前；水加热器进水管上，换热装置的循环冷却水进水管上；水泵吸水管上；进水总水表前，住宅进户水表前。保护设备免受杂质的冲刷、磨损、淤积和堵塞，保证设备正常运行，延长设备的使用寿命。

图 1-14　过滤器

（3）倒流防止器　倒流防止器也称防污隔断阀，由两个止回阀中间加一个排水器组成，如图 1-15 所示。用于防止生活饮用水管道发生回流污染。

倒流防止器与止回阀的区别在于：止回阀只是引导水流单向流动的阀门，不是防止倒流污染的有效装置；倒流防止器具有止回阀的功能，而止回阀则不具备倒流防止器的功能，管道设倒流防止器后，不需再设止回阀。

图 1-15　倒流防止器

图 1-16　水锤消音器

（4）水锤消音器　在高层建筑生活给水、消防给水中，由于水泵的流量大，扬程高，容易在停泵瞬间产生水锤，引起管道振动，并产生噪声，甚至导致管道、阀门、设备等的损坏。所以，应根据水泵扬程、管道方向和环境噪声的要求，在水泵出口管道上安装水锤消音器（图1-16），减少水锤压力对管道及设备的破坏。

第二节　给排水工程设备与识图

一、建筑给水系统

（一）建筑给水系统的分类

建筑给水系统按用途不同可分为生活给水系统、生产给水系统和消防给水系统三大类。

1. 生活给水系统

生活给水系统主要满足民用、公共建筑和工业企业建筑内的饮用、洗漱、餐饮等方面要求，要求水质必须符合国家规定。根据用水水质和需求不同，生活给水系统又可分为普通生活饮用水系统、饮用净水（优质饮用水或称直饮水）系统和建筑中水（即水质介于"上"水和"下"水之间）系统。

2. 生产给水系统

现代社会各种生产过程复杂，种类繁多，不同生产过程中对水质、水量、水压的要求差异很大，主要用于生产设备的冷却用水、原料和产品的洗涤用水、锅炉用水和某些工业原料用水等。

3. 消防给水系统

为建筑物扑灭火灾用水而设置的给水系统称为消防给水系统。消防给水系统是大型公共建筑、高层建筑必不可少的一个组成部分。消防给水系统按照使用功能不同分为消火栓给水系统、自动喷洒灭火系统、雨淋系统、水幕系统等。

在建筑物中上述各种给水系统并不是孤立存在、单独设置的，而是根据用水设备对水质、水量、水压的要求及室外给水系统情况，考虑技术经济条件，将其中的两种或多种基本给水系统综合到一起使用，主要有以下几种方式：a. 生活、生产共用给水系统；b. 生产、消防共用给水系统；c. 生活、消防共用给水系统；d. 生活、生产、消防共用给水系统。

（二）建筑给水系统的组成

建筑给水系统一般由以下各部分组成，如图1-17所示。

1. 进户管（引入管）

是室内给水的首段管道，一般采用单管进户，由建筑物外第一个给水阀门井引至室内给水总阀门或室内进户总水表之间的管段，是室外给水管网与室内给水管网之间的联络管段。进户管道多埋于室内外地面以下，由建筑物基础预留洞或由采暖地沟引入。

2. 水表节点

每栋建筑物有一个供水系统，设有阀门和水表作为进户装置，便于控制和计量整个系统的用水量。水表及其一同安装的阀门、管件、泄水装置等统称为水表节点。水表一般为湿式水表，采用螺纹或焊接法兰连接两种方式安装。水表前后设阀门的作用是关闭室内外管网，以利水表的拆卸和维修。泄水装置的作用是放空室内管网中的水，以便于水表和管道的检修和管理。

3. 建筑给水管网

也称室内给水管网，是将水输送到各用水点的管道和附件，是由干管、立管、支管等组成。一般建筑中设计成枝状，根据建筑物的性质和消防等要求，也可设计成环状。

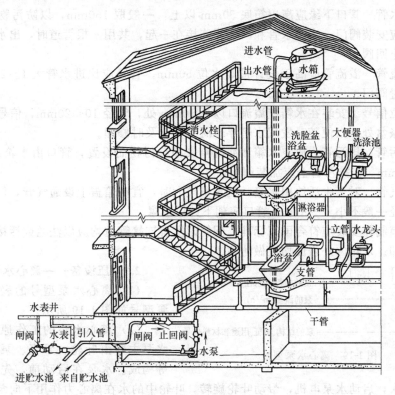

图 1-17　建筑给水系统

（1）水平干管　将入户管的来水输至各立管的水平管道。给水干管宜设 0.002～0.005 的坡度，坡向泄水装置。

（2）立管　将干管的来水送至各楼层。立管应用管卡固定且符合要求，楼层高度小于 4m 的，每层必须安装一个；楼层高度大于 5m 的，每层不得少于 2 个。

（3）支管　支管由立管分出，供水至每一楼层各单元。

4. 给水附件

设置在给水管道上的各种配水龙头、阀门、消火栓及喷头等装置。

5. 升压和贮水设备

当市政给水管网提供的水量、水压不能满足建筑建筑用水要求时，根据需要在系统中设置的水泵、水箱、水池、气压给水设备等。

（三）升压和贮水设备

1. 贮水设备——水箱、水池

水箱和水池是室内给水系统中常用的设施，其作用是贮水、调压与稳压以及调节水量。水箱一般用钢板现场加工，或采用厂家预制，现场拼装。水池一般采用现浇混凝土结构，要求防水良好。水箱及水箱配管如图 1-18 所示。

（1）进水管　水箱进水管上应设浮球阀，且不少于两个，在浮球阀前应设置阀门。进水管管顶上缘至水箱上缘应有 150～200mm 的距离。

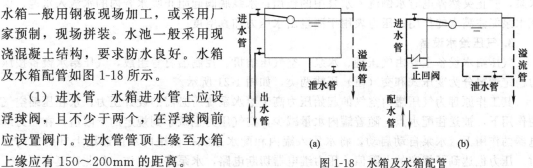

(a)　　　　(b)

图 1-18　水箱及水箱配管

（2）出水管　管口下缘应高出箱底 50mm 以上，一般取 150mm，以防污物流入配水管网。出水管应安装阀门。当进水管和出水管连接在一起，共用一根管道时，出水管的水平管段上应安装止回阀。

（3）溢流管　溢流管应高于设计最高水位 50mm，管径应比进水管大 1～2 号。溢流管上不允许设置阀门。

（4）水位信号　安装在水箱壁溢流口以下 10mm 处，管径 10～20mm，信号管另一端到值班室的洗涤盆处，以便随时发现水箱浮球阀失灵而及时修理。

（5）排污管　排污管为放空水箱和冲洗箱底积存污物而设置，管口由水箱最底部接出，管径 40～50mm。在排污管上应加装阀门。

（6）通气管　对于生活饮用水箱，贮水量较大时，宜在箱盖上设通气管，使水箱内空气流通，其管径一般不小于 50mm，管口应朝下并设网罩。

给水水箱制作安装应符合国家标准，配管时所有连接管道均应以法兰或活接头与水箱连接，便于拆卸。水箱内外表面均应做防腐。

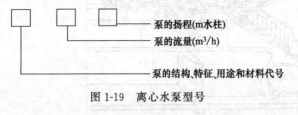

图 1-19　离心水泵型号

2. 升压设备——离心水泵

（1）离心水泵型号的表示　离心水泵型号如图 1-19 所示。

（2）离心水泵的工作原理及性能　水泵主要由叶轮、泵壳、泵轴和填料函等构成。水泵在启动前，先将泵内和吸水管上充满水，启动水泵电机，带动叶轮旋转，叶轮中的水在离心力作用下向泵壳流动，沿蜗形外壳中的流道流向水泵出口，同时，在叶轮进口处形成真空，水池中的水在大气压力作用下，经吸水管进入水泵，随叶轮的不断旋转，水被不断地吸入和压出，完成对水的输送。

（3）离心水泵管路附件　如图 1-20 所示。

水泵的工作管路有压水管和吸水管两条。

压水管是将水泵压出的水送到需要的地方，管路上应安装闸阀、止回阀、压力表；吸水管是由水池至水泵吸水口之间的管道，将水由水池送至水泵内，管路上应安装吸水底阀和真空表。如水泵安装得比水液面低时用闸阀代替吸水底阀，用压力表（正压表）代替真空表。

水泵工作管路附件可简称：一泵、二表、三阀。

阀门的作用：水管闸阀在管路中起调节流量和维护检修水泵、关闭管路的作用；止回阀在管路中起到保护

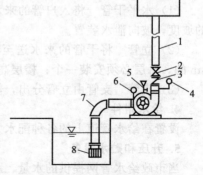

图 1-20　离心水泵管路附件
1—压水管；2—闸阀；3—止回阀；
4—压力表；5—水泵放气阀；6—真空表；7—吸水管；8—吸水底阀

水泵，防止突然停电时水倒流入水泵中的作用；水泵底阀起阻止吸水管内的水流入水池，保证水泵能注满水的作用；压力表用于测量出水压力和真空度。

3. 气压给水设备

气压给水设备主要由气压罐、水泵、空气压缩机、控制器材等组成，气压给水设备按压力稳定情况分为变压式和交（恒）压式两类，如图 1-21 所示。

其工作原理为气压罐内空气的起始压力高于给水系统所必需的设计压力，水在压缩空气的作用下，被送往配水点，随着罐内水量减少，空气压力也减小到规定的下限值，在压力继电器的作用下，水泵自动启动，将水压入罐内和配水系统；当罐内水位逐渐上升到最高位时，压力也达到了规定的上限值，压力继电器切断电路，水泵停止工作，如此往复循环。

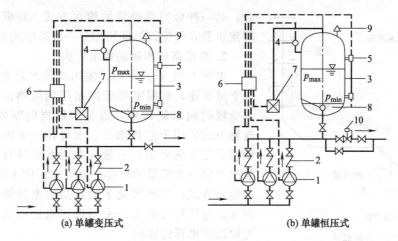

(a) 单罐变压式　　　　　　(b) 单罐恒压式

图 1-21　气压给水设备

1—水泵；2—止回阀；3—气压罐；4—压力继电器；5—准信号器；6—控制器；
7—空气压缩机；8—排气阀；9—安全阀；10—压力调节阀

4. 变频调速给水装置

变频调速给水装置主要由压力传感器、变频电源、调节器和控制器组成。如图 1-22
所示。

其工作原理是当给水系统中流量发生变化时，扬程也随之发生变化，压力传感器不断地
向微机控制器输入水泵出水管压力的信号，当测得的压力值大于设计给水量对应的压力值
时，微机控制器向变频调速器发出降低电流频率的信号，使水泵转速降低，水泵出水量减
少，水泵出水管压力下降，反之亦然。

该装置节省投资，比建水塔节省 50%～70%，比建高位水箱节省 30%～60%，比气压
罐节省 40%～45%左右。

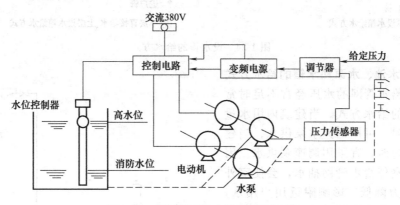

图 1-22　变频调速给水装置工作原理

（四）建筑给水方式

建筑给水方式是建筑给水系统的供水方案，是根据建筑物的性质、高度、建筑物内用水
设备、卫生器具对水质、水压和水量的要求确定的，按照是否设置增压和贮水设备情况，给
水方式可分为以下几种。

1. 直接给水方式

如图 1-23 所示。即室内管道和室外管道直接相连，利用室外管道水压的作用进行供水。
这种方式适用于室外管网中的水压、水量在一天内任何时间均能够满足室内用水要求的场

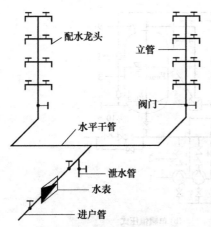

图 1-23　直接给水方式

合，是一种最简单经济的给水方式。在低层建筑、多层建筑和高层建筑的低层部分一般采用此方式。

2. 单设高位水箱的给水方式

如图 1-24（a）所示，室内高位水箱直接与室外给水管道相连，利用室外管网水压的周期性变化，在用水低峰时向水箱供水，通过水箱再向室内管道供水。这种方式适用于室外水压、水量在一天内大部分时间能够满足室内要求，一般只在用水高峰时不能保证建筑物上层用水需要的场合。也可采用图 1-24（b）所示的给水方式，即建筑物下面几层由室外给水管网直接供水，建筑物上面几层采用设水箱的给水方式，这样可以减少水箱的容积。

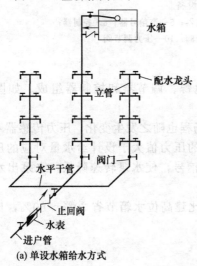

(a) 单设水箱给水方式

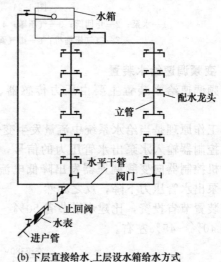

(b) 下层直接给水、上层设水箱给水方式

图 1-24　设水箱的给水方式

3. 设贮水池、水泵和水箱的给水方式

当室外给水管网的水压经常不足时常采用设水泵的给水方式。当建筑内用水量大且较均匀时，可用恒速水泵供水；当建筑用水不均匀时，宜采用调速泵供水。因水泵直接从室外给水管网抽水，会使室外给水管网压力降低，影响附近用户用水，严重时还可能造成室外给水管网负压。为避免上述问题，可在系统中增设贮水池，采用水泵与室外给水管网间接连接的方式，如图 1-25 所示。

这种方式非常适合于以下情况：a. 建筑的用水可靠性要求高，室外管网水量、水压经常不足，且室外管网不允许直接抽水；b. 室内用水量较大，室外管网不能保证建筑的高峰用水；c. 室内消防设备要求

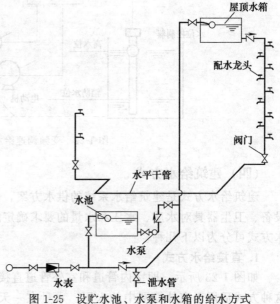

图 1-25　设贮水池、水泵和水箱的给水方式

储备一定容积的水量等。

4. 气压给水方式

气压给水方式也是室外管网水压不足时采用的，如图 1-26 所示。

给水系统中设气压水罐，利用罐内气体的可压缩性形成所需的调节容积，利用水泵加压满足用水点水压要求。其优点是布置灵活，可设在高处，也可设在低处；缺点是气压罐内的有效容积很小，而且气压罐的金属耗量大，造价较高。当建筑物较高时，为满足高层的用水压力，整个系统的压力很高，水压波动很大，因此只适用于低层和多层建筑。目前气压给水方式主要用于高层建筑的消防系统稳压。

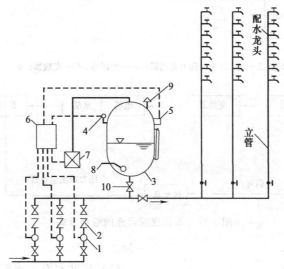

图 1-26　气压给水方式

1—水泵；2—止回阀；3—气压水罐；4—压力信号器；5—液位信号器；
6—控制器；7—补气装置；8—排气阀；9—安全阀；10—阀门

5. 水泵变频调速的给水方式

这种供水方式在居民小区和公共建筑中应用广泛，工作原理如图 1-27 所示。

与其他供水方式相比，此种给水方式具有非常显著的优点：效率高、能耗低、运行安全可靠、自动化程度高；设备紧凑，占地面积小（省去了水箱、气压水罐）；对管网系统中用水量变化适应能力强。但要求电源可靠，所需管理水平高、造价高。

6. 分区给水方式

在多层建筑中，为了节约能源，有效地利用外网水压，常将建筑物的低区设置成由室外给水管网直接给水，高区由增压贮水设备供水，如图 1-28 所示。

采用分区给水方式的一般情况：

① 在多层建筑或小高层住宅建筑中，如果室外管网只能满足建筑物下层供水要求，不能满足上层需要时，宜将低层和上层分区供水；

② 无论建筑物高度为多少，当建筑物低层用水量大且集中时，如设有大中型洗衣房、公共澡堂、游泳池、酒店、餐馆等，应对低层与上层部分进行分区供水；

③ 高层建筑给水系统容易造成下层配水点承受的静水压力太大，故必须分区供水。

常见的分区方式有多种，但分区应满足规范要求的最低卫生器具配水点处的静水压值和进户管水压不得大于 0.35MPa。高度超过 100m 的建筑，宜采用垂直供水方式。

7. 高层建筑给水方式

高层建筑给水采用分区给水方式，可分为串联给水方式、并联给水方式和减压给水方式

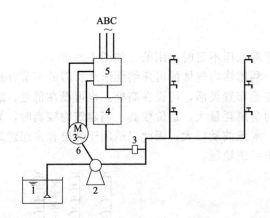

1—贮水池；2—水泵；3—压力变送器；4—控制器；5—变频器；6—电机

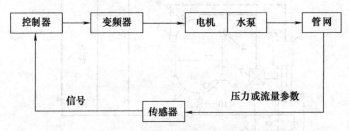

图 1-27 水泵变频调速的给水方式

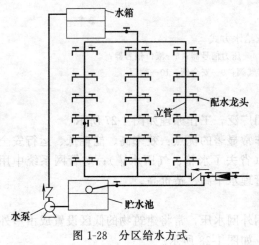

图 1-28 分区给水方式

三种。

（1）串联水泵、水箱的分区给水方式 各分区均设有水泵和水箱，从下向上逐区供水，下一区的高位水箱兼作上一区的贮水池，上区水泵从下区水箱中抽水。如图 1-29 所示。

这种给水方式优点是各区水泵扬程和流量按本区需要设计，使用效率高，能源消耗小，水泵压力均衡，扬程较小，水锤影响小。缺点是水泵分散布置，维护管理不便，若下区发生事故，上部分区的供水受影响，供水可靠性差；且水泵设在楼层中，消声减振设备要求高。

（2）并联水泵、水箱分区给水方式与变频泵分区供水方式 每一分区分别设计一套独立的水泵和高位水箱，向各区供水。各区水泵集中设置在建筑物的地下室或底层的总泵房内。各区水泵独立向各自分区的水箱供水。如图 1-30 所示。

这种给水方式的优点是某区发生事故，互不影响，供水可靠性有保障，将水泵集中布置，管理维护方便。缺点是上区水泵出水压力高，管线长，设备费用增加。

当各分区各采用一台变频泵时，则可取消水箱，由变频泵（或在泵房各分区增设一台气压罐）直接向各区供水，则避免了并联水泵、水箱分区的缺点，且又节能。如图 1-31 所示。这种方式的优点较显著，因而得到广泛应用。

（3）减压给水方式 减压给水方式分为减压水箱给水方式和减压阀给水方式。这两种方式的共同点是建筑物的用水量全部由设置在底层的水泵提升至屋顶总水箱，再由此水箱向下区减压供水。如图1-32所示。

其优点是减压阀不占用楼层面积，缺点是水泵运行费用较高。

8. 分质给水方式

按不同用户所需的水质不同，分别设置独立的给水系统。如旅游建筑中，有生活用水、直接饮用水、消防用水等，各给水系统要求的水质不同，水源可以是同一市政给水管网，但直接饮用水须经处理达到国家直接饮用水标准后，经独立的管网系统输送至各饮水点；在一般情况下，消防给水管网与生活水管网系统各自分开设置，避免消防管网或设备中的水因长期未流动而造成生活水管网中的水质被污染。

二、建筑排水系统

建筑排水系统是将房屋卫生设备和生产设备排除出来的污水（废水），以及降落在屋面上的雨、雪水，通过室内排水管道排到室外排水管道中去。

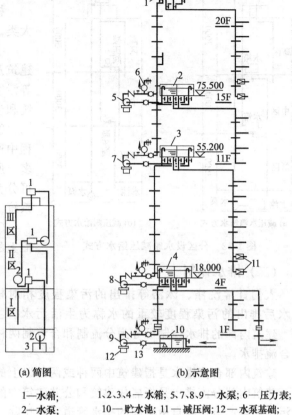

(a) 简图　　　　　(b) 示意图

1—水箱；	1、2、3、4—水箱；5、7、8、9—水泵；6—压力表；
2—水泵；	10—贮水池；11—减压阀；12—水泵基础；
3—贮水池	13—阀门

图 1-29　串联水泵、水箱给水方式

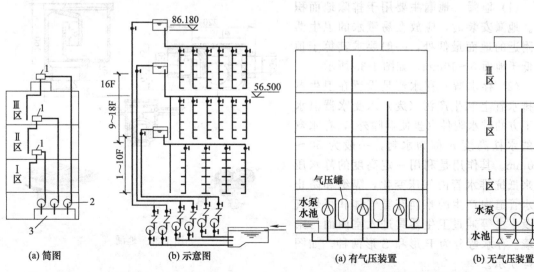

(a) 简图　　　　　(b) 示意图

图 1-30　并联水泵、水箱给水方式
1—水箱；2—水泵；3—贮水池

(a) 有气压装置　　　(b) 无气压装置

图 1-31　变频泵分区并联给水方式

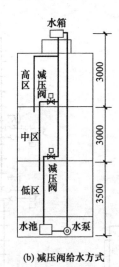

(a) 减压水箱给水方式 　　　(b) 减压阀给水方式

图1-32　分区设水箱减压给水方式

（一）排水系统的分类

根据系统接纳的污废水类型，可分为三大类。

① 生活排水系统。用于排除居住、公共建筑及工厂生活间的盥洗、洗涤和冲洗便器等污废水，也可进一步分为生活污水排水系统和生活废水排水系统。

② 工业废水排水系统。用于排除生产过程中产生的工业废水。由于工业生产门类繁多，所排水质极为复杂。根据其污染程度又可分为生产污水排水系统和生产废水排水系统。

③ 雨水排水系统。用于收集排除建筑屋面上的雨雪水。

（二）排水体制

人们日常洗涤、沐浴等排出的污染程度相对较轻的水称为生活废水；人们日常生活用水后排出的污染程度较重的水称为生活污水。主要是指粪便污水，即厕所冲洗排水。

建筑内部的排水体制可分为分流制和合流制两种，分别称为建筑内部分流排水和建筑内部合流排水。

建筑内部合流排水是指建筑中两种或两种以上的污、废水合用一套排水管道系统排除。

建筑内部分流排水是指居住建筑和公共建筑中的粪便污水和生活废水，工业建筑中的生产污水和生产废水各自由单独的排水管道系统排除。

生活污水分流制便于人们处理和利用污（废）水。

（三）排水附件及卫生设备

1. 排水附件

建筑排水系统常用附件有地漏、存水弯、检查口、清扫口、通气帽等。

（1）地漏　地漏主要用于排除地面积水。地漏安装时，应放在易溅水的卫生器具附近的地面最低处，一般要求其算子顶面低于地面5~10mm。如图1-33所示

（2）存水弯　存水弯是设置在卫生器具排水管上和生产污（废）水受水器泄水口下方的排水附件（坐便器除外），存水弯中的水柱高度 h 称为水封，一般为50~100mm。其作用是利用一定高度的静水压力来抵抗排水管内气压变化，隔绝和防止排水管道内产生的难闻有害气体和可燃气体及小虫等通过卫生器具进入室内而污染环境。存水弯分为P形和S形两种。如图1-34所示。

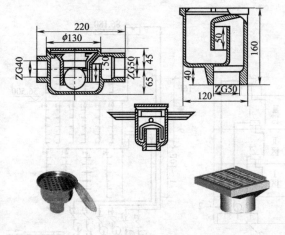

图1-33　地漏

（3）检查口　检查口是一个带压盖的开口短管，拆开压盖即可进行疏通工作。检查口设置在主管上，建筑物除最高层、最底层必须设置外，每隔一层设置一个。当立管水平转弯或

有乙字弯时，应设在拐弯处或乙字弯的上部。如图 1-35 所示。

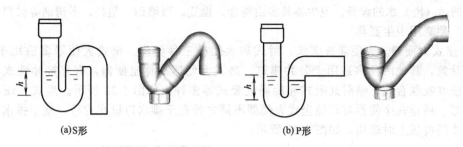

(a)S形　　　　　　　　　　　　(b)P形

图 1-34　存水弯

（4）清扫口　一般装于横管。尤其是当悬吊在楼板下面的污水横管上有两个及两个以上的大便器或三个及三个以上的卫生器具时，应在横管的始端设清扫口，或用带清扫口的转角配件代替。设在排水横管上的清扫口宜安装在楼板或地坪上，并与地面相平；为了便于清掏，清扫口与墙面应保持一定距离，一般不宜小于 0.15m。如图 1-36 所示。

（5）通气帽　通气帽设在通气管顶端，其形式一般有两种，如图 1-37 所示。

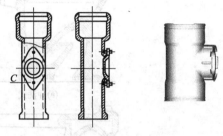

图 1-35　检查口

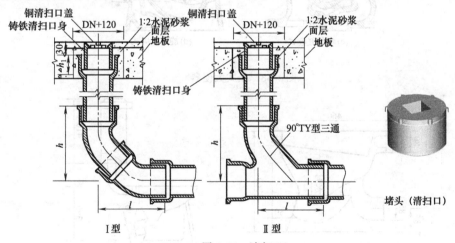

Ⅰ型　　　　　　　　　　　　Ⅱ型

堵头（清扫口）

图 1-36　清扫口

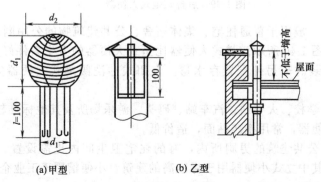

(a)甲型　　　　　　　　　　　(b)乙型

图 1-37　通气帽

2. 卫生器具

卫生器具又称卫生设备或卫生洁具，是供人们洗涤和物品清洗以及收集和排除生活、生产中产生的污（废）水的设备。卫生器具多由陶瓷、搪瓷、玻璃钢、塑料、不锈钢等材料制成。

（1）便溺用卫生器具

① 坐式大便器。大便器有坐式、蹲式和大便槽三种类型。坐式大便器多适用于住宅、宾馆类建筑，其他两种多适用于公共建筑。坐式大便器简称坐便器，有直接冲洗式、虹吸式、冲洗虹吸联合式、喷射虹吸式和旋涡虹吸式等多种；如图 1-38 所示。坐式大便器都自带存水弯。后排式坐便器与其他坐式大便器不同之处在于排水口设在背后，便于排水横支管敷设在本层楼板上时选用，如图 1-39 所示。

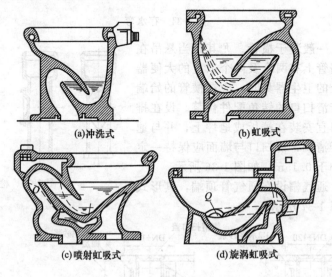

(a)冲洗式　　　　　(b)虹吸式

(c)喷射虹吸式　　　　(d)旋涡虹吸式

图 1-38　坐式大便器

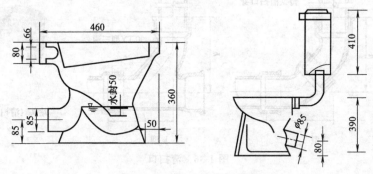

图 1-39　后排式坐式大便器

② 蹲式大便器。一般用于普通住宅、集体宿舍、公共建筑物的公用厕所和防止接触传染的医院内厕所，如图 1-40 所示。蹲式大便器比坐式大便器的卫生条件好，但蹲式大便器不带存水弯，设计安装时需另外配置存水弯。自闭式冲洗阀蹲式大便器安装图如图 1-41 所示。

③ 大便槽。用于学校、火车站、汽车站、码头、游乐场所及其他标准较低的公共厕所，可代替成排的蹲式大便器，常用瓷砖贴面，造价低。

④ 小便器。设于公共建筑的男厕所内，有的住宅卫生间内也需设置。小便器有挂式、立式和小便槽三类。其中立式小便器用于标准高的建筑，小便槽用于工业企业、公共建筑和集体宿舍等建筑的卫生间。如图 1-42～图 1-44 所示。

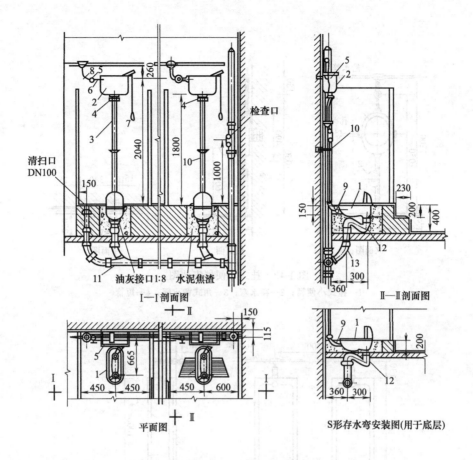

图 1-40　高水箱蹲式大便器安装图（埋地安装）

1—蹲式大便器；2—高水箱；3—冲洗管 DN32；4—冲洗管配件；5—角式截止阀 DN15；
6—浮球阀配件；7—拉链；8—弯头 DN15；9—橡皮碗；10—单管立式支架；
11—45°斜三通 100mm×100 mm；12—存水弯 DN100；13—35°弯头 DN100

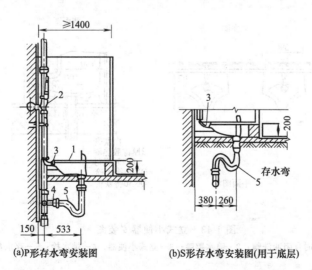

图 1-41　自闭式冲洗阀蹲式大便器安装图

1—蹲式大便器；2—自闭式冲洗阀；3—胶皮碗；4—TY 型三通；5—存水弯

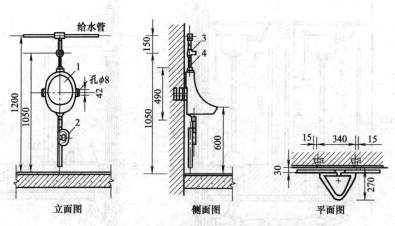

图1-42 挂式小便器安装图

1—挂式小便器；2—存水弯；3—角式截止阀；4—短管

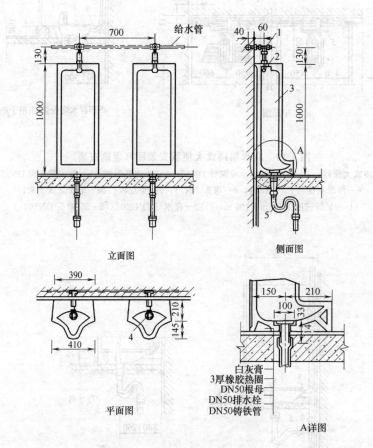

图1-43 立式小便器安装图

1—延时自闭冲洗阀；2—喷水鸭嘴；3—立式小便器；4—排水栓；5—存水弯

（2）盥洗器具

① 洗脸盆。一般用于洗脸、洗手、洗头，常设置在盥洗室、浴室、卫生间和理发室等

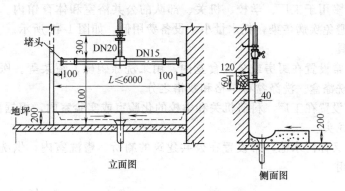

图 1-44　小便槽安装图

场所。洗脸盆有长方形、椭圆形和三角形，安装方式有墙架式、台式和柱脚式，如图 1-45 所示。

② 盥洗台。有单面和双面之分，常设置在同时有多人使用的地方，如集体宿舍、教学楼、车站、码头、工厂生活间内，如图 1-46 所示。

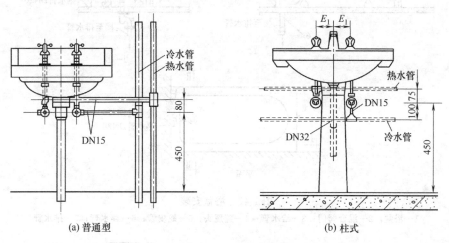

图 1-45　洗脸盆

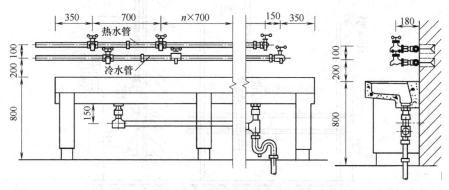

图 1-46　单面盥洗台

（3）淋浴器具

① 浴盆。设在住宅、宾馆、医院等卫生间或公共浴室，供人们清洁身体。浴盆配有冷热水或混合龙头，并配有淋浴设备，如图 1-47 所示。

② 淋浴器。多用于工厂、学校、机关、部队的公共浴室和体育馆内。淋浴器占地面积小，清洁卫生，避免疾病传染，耗水量小，设备费用低，如图 1-48 所示。

（4）洗涤器具

① 洗涤盆。常设置在厨房或公共食堂内，用来洗涤碗碟、蔬菜等。医院的诊室、治疗室等处也需设置洗涤盒。洗涤盆有单格和双格之分。

② 化验盆。设置在工厂、科研机关和学校的化验室或实验室内，根据需要可安装单联、双联、三联鹅颈龙头。

③ 污水盆。又称污水池，常设置在公共建筑的厕所、盥洗室内，供洗涤拖把、打扫卫生或倾倒污水之用。

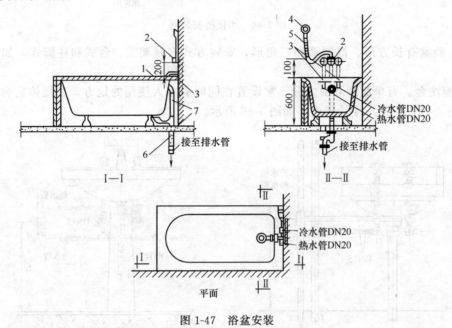

图 1-47　浴盆安装

1—浴盆；2—混合阀门；3—给水管；4—莲蓬头；5—蛇皮管；6—存水弯；7—排水管

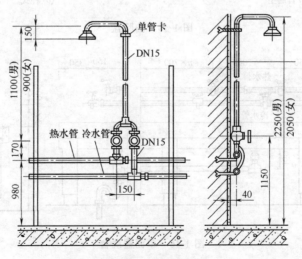

图 1-48　淋浴器安装

（四）排水系统的组成

建筑排水系统的组成应能满足三方面的要求：①系统能顺畅地将污水排到室外；②系统

气压稳定；③管线布置合理，工程造价低。因此，一个完整的建筑排水系统应由污（废）水受水器、排水管道、通气管、清通设备等组成，如污水需进行处理时，还应有污水局部处理设施。室内排水系统的组成如图 1-49 所示。

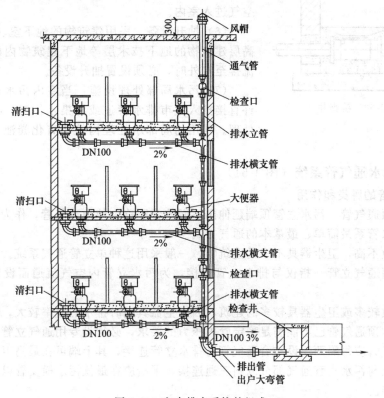

图 1-49　室内排水系统的组成

（1）污水收集设备　用来收集污水或废水的器具，即卫生洁具，如大便器、洗面盆、地漏、雨水斗等。

（2）排出管道系统

① 排水支管。将卫生洁具产生的污水送入排水横管的排水管。

② 排水横管。水平连接各排水支管的排水管。将各卫生器具排水管流出来的污水排至立管。一般设计均要求有自然排放坡度，各楼层的排水横管在楼板下悬吊敷设。排水横管的安装标高与坡度必须符合设计要求，并用支架固定。

③ 排水立管。与排水横管垂直连接，排水立管承接各楼层排水横管流出的污水，然后再排入排出管。设置在卫生间或厨房的角落，明装敷设。

④ 排出管。排出管是室内排水立管与室外排水检查井之间的连接管路，它接受一根或几根立管流来的污水并排入室外排水管网。

排出管一般敷设与地下或地下室。穿过建筑物基础时应预留孔洞，并设防水套管。

（3）清通设备　清通设备指疏通管道用的检查口、清扫口、检查井及带有清通门的 90° 弯头或三通接头。检查井如图 1-50 所示。

（4）通气装置　卫生器具排水时，需向排水管系补给空气，减小其内部气压的变化，防止卫生器具水封破坏，使水流畅通；需将排水管系中的臭气和有害气体排到大气中去，需使管系内经常有新鲜空气和废气之间对流，可减轻管道内废气造成的锈蚀。

因此，排水管系要设置一个与大气相通的通气系统，由通气管、透气帽组成。通气管伸出屋面的顶部装设透气帽，防止杂物落入管中堵塞影响透气。

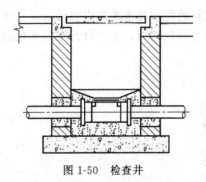

图 1-50　检查井

（5）附件　主要有排水栓、存水弯等。排水栓一般设在盥洗槽、污水盆的下水口处，防止大颗粒污染物堵塞管道。存水弯一般设在排水支管上，防止管道内污浊空气进入室内。

（6）抽升设备　民用建筑物的地下室、人防建筑物、高层建筑物的地下技术层等地下建筑物内的污水不能自流排至室外时，必须设置抽升设备。

（7）污水局部处理设施　当室内污水未经处理不允许直接排入城市排水管道或污染水体时，必须予以局部处理。常用的局部水处理构筑物有化粪池、隔油井和降温池。

（五）排水通气管系统（图 1-51）

1. 通气管的种类和作用

（1）伸顶通气管　污水立管顶端延伸出屋面的管段称为伸顶通气管，作为通气及排除臭气用，为排水管系最简单、最基本的通气方式。

对于层数不高，卫生器具不多的建筑物，一般采用这种单立管通气系统。

（2）专用通气立管　指仅与排水立管连接，为污水立管内空气流通而设置的垂直通气管道。

对于层数较多或卫生器具较多的建筑，因卫生器具同时排水的概率较大，管内压力波动较大，只设伸顶通气管已不能满足稳定管内压力的要求，必须设专用通气立管。

专用通气管应每隔两层设结合通气管与排水立管连接，其上端可在最高卫生器具上边缘或检查口以上与污水立管通气部分以斜三通连接，下端应在最低污水横支管以下与污水立管以斜三通连接。

（3）环形通气管　若一根横支管接纳 6 个以上大便器或者是接纳 4 个及 4 个以上卫生器具且横支管的长度大于 12m 时，因同时排水概率较大，为减少管内压力波动，保证排水横管上的气压稳定，应设环形通气管。

环形通气管是指在多个卫生器具的排水横支管上，从最始端卫生器具的下游端接至通气立管的通气管段。

环形通气管应在横支管上最始端及卫生器具下游端接出，并应在排水横支管中心线以上与排水横支管呈垂直或 45°上升连接，在与通气立管相接处，应在卫生器具上边缘 0.15m 以上的地方连接，且应有 0.01 的坡度坡向排水支管或存水管。

（4）主通气立管　建筑物各层的排水横支管上设有环形通气管时，应设置连接各层环形通气管的主通气管或副通气立管。主通气立管靠近排水立管设置，用来连接环形通气管和排水立管，为使排水支管和排水立管内空气流通而设置的垂直管道。

主通气立管应每隔 8～10 层设结合通气管与污水立管相连，上端可在最高卫生器具上缘以上不小于 0.15m 处与通气立管以斜三通连接，下端应在最低污水横支管以下与污水立管以斜三通连接。

（5）副通气立管　副通气立管仅与环形通气管连接，为使排水横支管内空气流通而设置的通气管道。与排水立管分开设置，设在排水立管对侧。

（6）器具通气管　器具通气管指卫生器具存水弯出口端接至主通气立管的通气管段。当建筑对卫生、安静要求较高时，宜设置器具通气管。在卫生器具上边缘以上不小于 0.15m 处，并按不小于 0.01m 的上升坡度与主通气立管相连。

（7）结合通气管　凡设有专用通气立管或主通气立管时，应设置连接排水立管与专用通气立管或主通气立管的结合通气管。所以结合通气管是指排水立管与通气立管的连接管段。该管的作用是当上部横支管排水，水流沿立管向下流动，水流前方空气被压缩，通过它释放被压缩的空气至通气立管。

结合通气管下端宜在污水横支管以下与污水立管相连接，上端宜在卫生器具边缘以上0.15m处与通气立管连接，连接时均用斜三通。

（8）汇合通气管　当伸顶通气管不允许或不可能单独伸出墙面时，可设置汇合通气管。

汇合通气管是指连接数根通气立管或排水立管顶端通气部分，并延伸至室外与大气相通的通气管段。

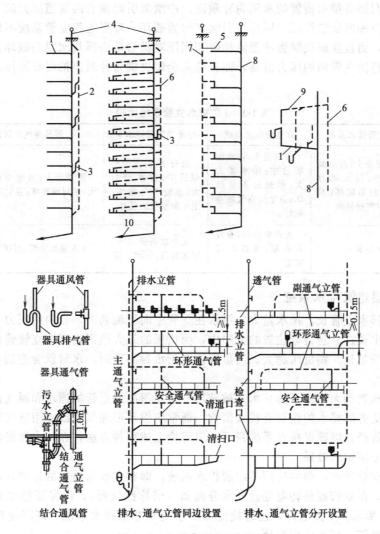

图 1-51　几种典型的通气形式

1—排水横支管；2—专用通气管；3—结合通气管；4—伸顶通气管；5—环形通气立管；
6—主通气立管；7—副通气立管；8—排水立管；9—器具通气管；10—排出管

2. 排水立管系统等级

排水立管系统的等级一般可分为单立管系统、双立管系统（辅助通气立管）、环形通气立管系统（专用通气立管）、器具通气立管系统 4 个等级。4 种排水立管系统比较见表 1-3。

根据《建筑给排水规范》，后 3 种立管系统排水能力相同且大于单立管系统，而破坏水封的可能性逐级降低。亦即从单立管系统到器具通气立管系统，卫生间空气质量依次更好。

尽管《室内给水排水工程》书中提出，卫生标准较高的排水系统，如高级旅游宾馆，应设置器具通气立管。但《建筑给排水规范》中没有相应的条文，致使国内排水立管系统多为单立管或双立管系统，且有不少高层住宅还用单立管系统，造成很多无外窗的卫生间空气质量低劣。为此建议：建筑物应根据其不同的等级和卫生间的位置而设置不同级别的排水立管系统。

排水立管不仅有输送排放污废水的功能，还有排放废气和保护器具水封的功能，两者不能偏废。水封的破坏造成立管中的废气从器具进入卫生间，使卫生间空气质量下降。双立管系统虽平衡了立管内的压力，不致因立管压力波动而造成水封被破坏，但仍无助于横管内压力的平衡。我们知道排水横管的水流为冲激流，冲激流引起横管内管道压力的变化，对器具的水封有着抽吸和回压的作用，同样可引起水封的破坏。环形通气立管系统不仅能解决立管内的压力波动，而且能解决横管冲激流抽吸和回压对横管单头器具水封的破坏。器具通气立管系统不仅能解决立管内的压力波动，而且能完全解决横管冲激流抽吸和回压对器具水封的破坏。

表 1-3　4 种排水立管系统比较

名称	单立管排水系统	双立管排水系统	环行通气立管排水系统	器具通气立管排水系统
优缺点	投资最少；占地面积最小；排水能力低；水封易破坏；卫生间空气质量差	投资适中；占地面积适中；排水能力大；水封较不易破坏；卫生间空气质量较好	投资稍大；占地面积适中；排水能力大；水封不易破坏；卫生间空气质量好	投资最大；占地面积大；排水能力大；水封难破坏；卫生间空气质量最好
环境条件	有外窗多层	无外窗多层，有外窗高层，高级公寓宾馆	无外窗高层，1～3星级宾馆，封闭厂房	4、5星级宾馆，封闭厂房

（六）高层建筑排水系统

高层建筑排水立管长，排水量大，污水在立管中向下流动时，管内的压力是变化的，其正压的最大值出现在立管转弯位置的上层中，而负压的最大值则出现在立管管长的 1/3 高度处，立管直线段越长，则负压越大。当负压值大于水封高度时，水封就会遭到破坏而影响室内的环境卫生。

立管内气压波动大，为了防止水封被破坏，必须解决好立管的通水和通气能力。因而通气系统设置的优劣对排水的畅通有较大影响，通常应设环形通气管或专用通气管，或者适当放大排水立管管径，以确保排水系统畅通。但无论上述哪种方法，在技术和经济上都不能同时取得令人十分满意的效果。

若采用单立管排水，则多使用苏维脱排水系统：即在主管与横管的连接处设气水混合器（俗称混流器），在立管底部转弯处设气水分离器（俗称跑气器），以保证排水系统的正常工作，如图 1-52 所示。除此之外，还有旋流排水系统和芯型排水系统；高层建筑排水管管材多用高强度铸铁管，国外多用钢管。

下列情况可采用 UPVC 螺旋排水管及其配件（如图 1-53 所示）：

① 采用 UPVC 排水立管，需要降低噪声；

② 难以设置专用通气管，且排水量已超过铸铁管或塑料管的立管最大排水能力时，但不超过 UPVC 螺旋管的排水能力。

（七）屋面雨水排放

屋面雨水排水系统用以排除屋面的雨水和冰雪融化水，以免屋面积水造成渗漏。按照雨水管道是否在室内通过，屋面雨水排水系统可分为外排水系统和内排水系统。

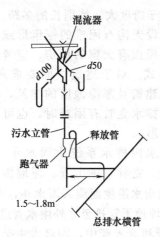

图 1-52　单立管排水系统混流器和跑气器安装

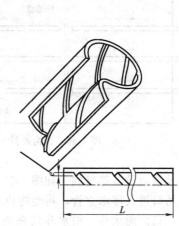

图 1-53　UPVC 螺旋管

1. 外排水系统

外排水系统包括檐沟外排水和天沟外排水。

（1）檐沟外排水（水落管外排水）　外排水系统由檐沟和雨落管组成，雨水通过屋面檐沟汇集后，沿外墙设置的水落管排泄至地下管沟或地面明沟。雨落管多用镀锌铁皮管或塑料管，镀锌铁皮管为方形，断面尺寸一般为 80mm×100mm 或 80mm×120mm，塑料管管径为 75mm 或 100mm。根据降雨量和管道的通水能力确定一根雨落管服务的房屋面积，再根据屋面形状和面积确定雨落管间距。多用于一般的居住建筑、屋面面积较小的公共建筑及单跨的工业建筑。檐沟外排水如图 1-54 所示。

（2）天沟外排水　天沟外排水系统由天沟、雨水斗和排水立管组成，天沟设置在两跨中间并坡向端墙，雨水斗沿外墙布置，如图 1-55所示。天沟外排水是利用屋面构造上所形成的天沟本身的容量和坡

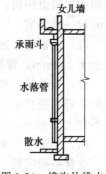

图 1-54　檐沟外排水

度，降落到屋面上的雨水沿坡向天沟的屋面汇集到天沟，沿天沟流至建筑物两端（山墙、女儿墙），入雨水斗，经立管排至地面或雨水井。

天沟的排水断面形式多为矩形和梯形，天沟坡度不宜大于 0.003。天沟内的排水分水线应设置在建筑物的伸缩缝或沉降缝处，天沟的长度一般不超过 50m。如图 1-56 所示。

适用于大型屋面、多跨度工业厂房等建筑，天沟外排水宜采用压力流。

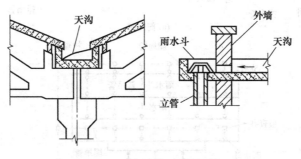

图 1-55　天沟与雨水管连接

2. 内排水系统

内排水是指屋面设雨水斗，建筑物内部有雨水管道的雨水排水系统。

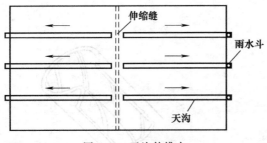

图 1-56　天沟外排水

对于跨度大、特别长的多跨工业厂房，在屋面设天沟有困难的锯齿形或壳形屋面厂房及屋面有天窗的厂房，应考虑采用内排水形式。对于建筑立面要求高的建筑，大屋面建筑及寒冷地区的建筑，在墙外设置雨水排水立管有困难时，也可考虑采用内排水形式。

雨水内排水系统由雨水斗、连接管、悬吊管、立管、排出管、埋地横管、检查井及清通设备等组成。如图 1-57 所示。降落到屋面上的雨水沿屋面流入雨水斗，经连接管、悬吊管进入排水立管，再经排出管流入雨水检查井或经埋地干管排至室外雨水管道。

（1）雨水斗　雨水斗用来收集屋面雨水，使雨水顺利流入管中，而将水中杂物拦截下来，防止管道堵塞。

常用的有 65 型、87 型和压力流雨水斗，有 DN50、DN75、DN100、DN150 和 DN200 五种规格。雨水斗安装时应注意与屋面连接处必须做好防水处理；应设在冬季易受室内温度影响的屋顶范围内；接入同一悬吊管上的各雨水斗应设在同一标高上；雨水斗应以每 12～24m 设一个为宜。

（2）连接管　连接管是连接雨水斗和悬吊管的一段竖向短管。一般与雨水头同径，且不宜小于 100mm，管材多采用铸铁管、钢管和给水 UPVC 塑料管。

（3）悬吊管　当室内有各种设计，横管不能埋地设置时，必须将横管悬吊在屋架下。通常悬吊管上所接雨水斗不宜超过 4 个，悬吊管长度大于 15m，必须设置检查口，且检查口间距不宜大于 20m。悬吊管一般采用铸铁管明装，应有 0.003 的坡度坡向立管。

（4）立管　雨水立管通常沿柱布置，接纳悬吊管或雨水斗流来的雨水。

立管一般明装；有特殊要求时，可暗装在管井、墙槽内。立管上应有检查口。在可能受震动的地方，应采用焊接钢管。立管管径不得小于悬吊管管径。

（5）排出管　排出管是立管和检查井间的一段较大坡度的横向管道，管径不得小于立

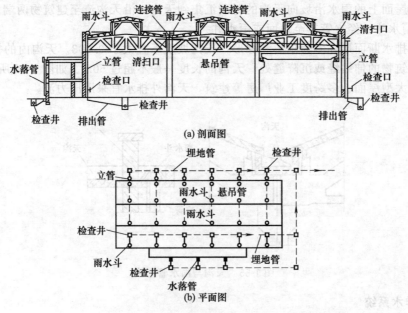

(a) 剖面图

(b) 平面图

图 1-57　内排水系统

管。排出管与下游埋地管在检查井中宜采用管顶平接，水流转角不得小于135°。

（6）埋地管　埋地管敷设于室内地下，承接立管的雨水，并将其排至室外雨水管道。埋地横管常采用混凝土管或陶土管。

三、建筑热水系统

（一）热水供应系统的分类与组成

1. 热水供应系统的分类

建筑热水供应系统按热水供应范围可分为局部热水供应系统、集中热水供应系统和区域性热水供应系统。

（1）局部热水供应系统　是指利用各种小型水加热器在用水点将水就地加热，供给一个或几个用水点使用。例如用煤气热水器、电热水器、太阳能等给单个浴室、厨房等供应热水。

（2）集中热水供应系统　指的是由加热设备集中制备热水，并用管道输送至建筑物的配水点的系统。可供一栋或几栋建筑物需要的热水。用于大型宾馆及高级住宅、医院、疗养院、公共浴室等。其组织形式为：锅炉房—室内用水管网—各用水点。

（3）区域性热水供应系统　使用热电站引出的热力网，集中加热冷水，可以向建筑群供应热水。这种系统效率最高，有条件时优先采用。

2. 热水供应系统的组成及工作原理

室内集中热水供应系统（图1-58）主要由热媒系统（第一循环系统）、热水供应系统（第二循环系统）和附件3部分组成。

（1）热媒系统（第一循环系统）　由热源、水加热器、热媒管网三部分组成。

循环过程：锅炉生产的蒸汽，经热媒管网送到水加热器，与冷水进行热交换，将冷水加热，蒸汽（或过热水）释放热量以后，变成冷凝水，靠余压回到冷凝水池，冷凝水和新补充的软化水经冷凝循环水泵再送回锅炉，加热为蒸汽。如采用热水锅炉直接加热冷水，直接送入热水管网，不需要热媒和热媒管道。

（2）热水管网（第二循环系统）　由热水配水管网和热水回水管网组成。

循环过程：被加热到一定温度的热水，从水加热器中出来经配水管网送至各个热水配水点，而水加热中的冷水由屋顶的水箱或给水管网补给。

为了保证用水点的水温，在立管和水平干管甚至支管处设置回水管，使部分热水经过循环水泵流回水加热器再加热。

（3）热水系统附件　包括蒸汽、热水的控制附件、管道的连接附件等，如温度自动

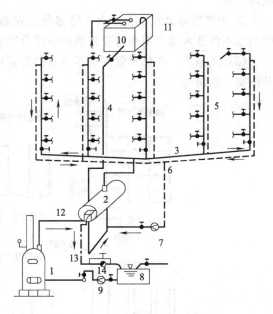

图1-58　热媒为蒸汽的集中热水系统

1—锅炉；2—水加热器；3—配水干管；4—配水立管；5—回水立管；6—回水干管；7—循环泵；8—凝结水池；9—冷凝水泵；10—给水水箱；11—透气管；12—热媒蒸汽管；13—凝结管；14—疏水器

调节器、疏水器、减压阀、安全阀、自动排气阀、膨胀罐（箱）、管道伸缩器、止回阀等。

（二）热水供应系统的供水方式

1. 按照加热方式区分

建筑热水供应系统的供水方式按照加热冷水的方法不同，可分为直接加热和间接加热。

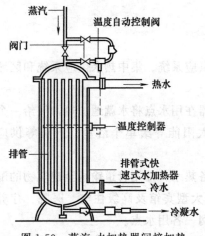

图 1-59 蒸汽-水加热器间接加热

（1）直接加热 热媒与被加热水直接接触、混合，把冷水直接加热到所需要的温度，也称一次换热器。仅适用于有合格的蒸汽热媒，且对噪声无严格要求的公共浴室、洗衣房、工矿企业等用户。

（2）间接加热 如图 1-59 所示。热媒与被加热水不接触，各自有自己的管道系统。适用于要求供水稳定、安全、噪声要求低的旅馆、住宅、医院、办公楼等建筑。

2. 按照循环管道设置方式区分

按热水管网设置循环管道的方式不同可分为全循环、半循环和无循环方式。如图 1-60 所示。

（1）全循环 热水干管、立管及支管都设置循环管道，各配水龙头可以随时获得设计要求水温的热水。用于对热水供应要求比较高的建筑，如医院、宾馆等，系统随时能有热水供应。

（2）半循环 热水部分循环，也称为半循环。主要用于定时供应热水的建筑。

① 立管循环方式。热水立管和干管都设置循环管道，保持有热水循环，只有支管不设循环管道。

② 干管循环方式。在配水干管部分设置循环管道，仅保持热水干管内热水循环，立管中的水不保证水温，用水时要先放掉一部分冷水，易造成水的浪费。

（3）无循环 在热水管网中不设有循环管道。适用于要求不高的定时供热水系统，如公共浴室、旅馆等。

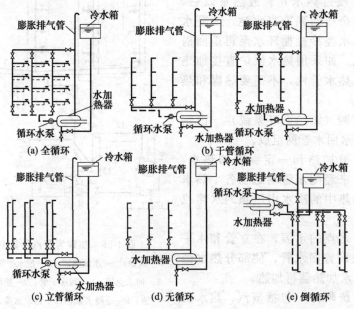

图 1-60 按照管网有无循环管道划分的热水供应系统

3. 按循环动力区分

按热水循环系统中采用的循环动力不同，可分为机械循环和自然循环。

（1）机械循环　设置水泵的循环系统，为机械循环或强制循环，采用循环泵向锅炉或水加热器中加压送水。可靠性比较好，能保证设计要求，循环流量大，系统的温降小。适用于对热水供应要求比较高的建筑，如宾馆、医院等。

（2）自然循环　系统中不设置循环水泵，靠水的重度差进行循环。实际中很少采用，由于热水管道结垢，循环流量会逐渐减少，难保证设计要求，易产生短流循环，比较难调节平衡。

4. 按热水配水干管位置区分

按热水配水干管的位置可分为下行上给和上行下给

（1）下行上给　下行上给系统可不设置排气阀，利用最高点的水龙头可以排气。缺点是回水管路长，管材用量多；热水立管形成双立图，布置安装复杂。

（2）上行下给　上行下给系统中需要设置排气阀或排气管。回水管短，管材用量少，工程投资比较少，热水立管形成单立管，布置安装较容易。

（三）热水管网的布置与敷设

热水管网布置需注意因水温高而引起的体积膨胀、管道伸缩补偿、保温、防腐、排气等问题。

热水管道有明设和暗设两种敷设方式。明装时，管道应尽可能地布置在卫生间、厨房或非居住人的房间。暗装不得埋于地面下，多敷设于地沟内、地下室顶部、建筑物最高层的顶板下或顶棚内及专用设备技术层内。

热水管道穿越建筑物顶棚、楼板、墙壁和基础时均应加套管，以防管道胀缩时损坏建筑物结构和管道设备。在吊顶内穿墙时，可留孔洞。

热水系统横管应有不小于 0.003 的坡度，以便放气和泄水。配水横管应沿水流方向上升：利于管道中的气体向高点聚集，便于及时排放气体；回水横管应沿水流方向下降：便于检修时泄水或排出管道污物。

横干管直线段应有足够的伸缩器，立管与横管连接应做成"Z"弯，避免管道受热伸长，产生应力破坏管道。如图 1-61 所示。

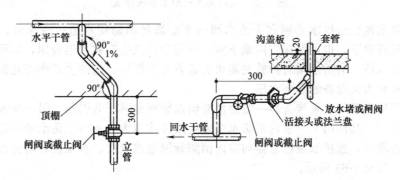

图 1-61　热水立管与水平干管的连接方式

热水管道应设固定支架和活动导向支架。

上行下给式配水干管最高点，应设排气装置；下行上给式应利用最高配水点放气。

下行上给式设有循环管道时，回水立管应在最高配水点以下（约 0.5m）与配水立管连接；上行下给式系统中只需将循环管道与各立管连接。

四、消防工程设备与识图

消防给水系统是在发生火灾时能够确保迅速及时控制火势的管道系统，按照设置位置的不同分为室内消防系统、室外消防系统，按照灭火方式的不同可分为消火栓系统、自动喷水灭火系统等。

(一) 室内消防系统的分类

室内消防系统包括消火栓给水系统、自动喷水灭火系统。

室内消火栓给水系统可分为低层建筑室内消火栓给水系统和高层建筑室内消火栓给水系统。

自动喷水灭火系统可分为闭式自动喷水灭火系统和开式自动喷水灭火系统。

闭式自动喷水灭火系统可分为湿式自动喷水灭火系统、干式自动喷水系统、预作用自动喷水灭火系统。

开式自动喷水灭火系统可分为雨淋喷水灭火系统、水幕消防系统和水喷雾灭火系统。

(二) 室内消火栓给水系统

1. 系统组成

室内消火栓给水系统由消火栓、管网及附件、消防水源（市政给水管网、天然水源、消防水池）、增压设备（消防水泵、消防水箱）和消防水泵接合器等组成。如图1-62所示。

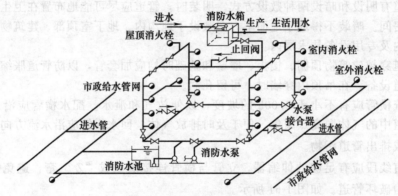

图1-62　室内消火栓给水系统组成

（1）消防水池　当给水管网和天然水源均不能满足消防用水量的要求时，应设消防水池，可设于室外地下，也可设在室内地下室，可与生活或生产贮水池合用，也可单独设置。

（2）消防水箱　消防水箱对扑救初期火灾起着重要作用，它的主要作用是保证灭火初期火灾的用水量和灭火设备的必要水压。

（3）水泵接合器　水泵接合器一端由消防给水管网水平干管引出，另一端设置在消防车易于接近的地方。其作用是当室内消防水泵发生故障或遇大火室内消防水量不足时，消防车从室外消火栓取水，通过水泵接合器向室内消防管网输水灭火。水泵接合器分地上、地下和墙壁式三种。如图1-63所示。

（4）消火栓箱　消火栓箱安装在建筑物内的消防给水管道上，室内消火栓（箱）的主要组成部件包括消火栓箱、消火栓、直流水枪、水龙带及其接口、挂架、消防按钮和消防卷盘等，如图1-64和图1-65所示。

① 水枪。水枪的作用是产生一定长度的充实水柱，扑灭火焰并防止热辐射烤伤消防人员。一般用铜、铝合金或塑料制成。

② 水龙带。水龙带是麻质衬胶或涤纶聚氨酯衬里材料制成的输水软管，两端带铝制水

龙带接口。其口径有 50mm 和 65mm 两种，长度有 10m、15m、20m 和 25m 四种。

同一建筑物内应采用统一规格的消火栓、水枪和水带，每根水带长度不应超过 25m。

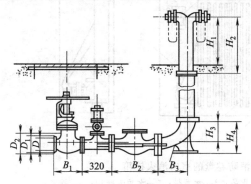

(a) SQ型地上式水泵接合器

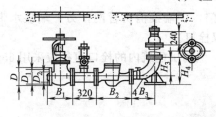

(b) SQ型地下式水泵接合器

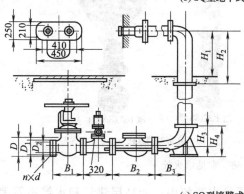

(c) SQ型墙壁式水泵接合器

图 1-63　水泵接合器及实物图

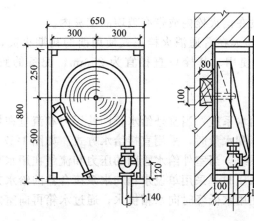
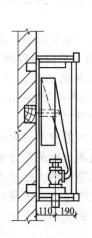

图 1-64　室内消火栓（箱）

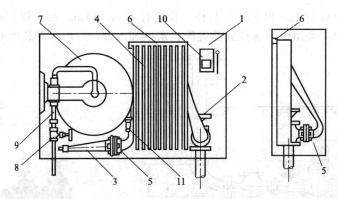

图 1-65　带消防卷盘的室内消火栓箱

1—消火栓箱；2—消火栓；3—水枪；4—水龙带；5—水龙带接扣；6—挂架；
7—消防卷盘；8—闸阀；9—钢管；10—消防按钮；11—消防卷盘喷嘴

③ 消火栓。消火栓是带内扣式接口的阀门，一端接消防管网，另一端接水带。分为室内和室外消火栓，室内消火栓又分单栓口和双栓口。

室内消火栓有 50mm 和 65mm 两种规格。但高层建筑内的栓口直径应采用 65mm。常见消火栓如图 1-66 所示。

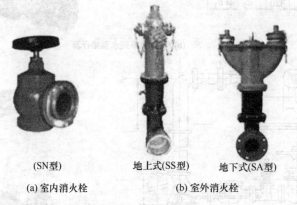

(SN型)　　　　　地上式(SS型)　地下式(SA型)

(a) 室内消火栓　　　　　(b) 室外消火栓

图 1-66　常见消火栓

④ 消防按钮。消防按钮设于临时高压给水系统中，如高层建筑和水箱不能满足最不利点消火栓的多层建筑。为及时启动消防水泵，每个消火栓处均应设置直接启动消防水泵的按钮。

消防按钮应有保护措施，如设在消火栓内或带有玻璃的壁龛内。

⑤ 消防卷盘。消防卷盘用于扑灭在普通消火栓正式使用前的初期火灾，一般用于火灾初期的自救，由非消防专业人员使用。其栓口直径宜为 25mm，配备的胶带内径不小于 19mm，喷嘴口径不小于 6mm。

2. 消防给水方式

(1) 直接给水的室内消火栓给水系统　当室外给水管网的压力和流量在任何时间都能满足室内最不利点消火栓的设计水压和水量时，采用直接给水方式。如图 1-67 所示。

(2) 单设水箱的消火栓给水系统　当室外给水管网的压力和流量在用水高峰期不能满足室内消防给水系统所需的水量和水压时，采用单设水箱和水泵接合器的给水方式，这样可利用室外管网水压的周期性变化，在用水低峰时向水箱供水，通过水箱再向室内管道供水。如图 1-68 所示。

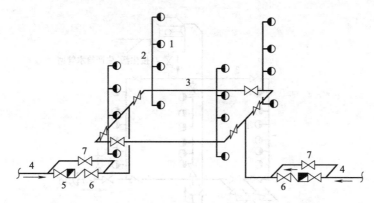

图 1-67　室外给水管网直接给水的室内消火栓给水系统

1—室内消火栓；2—消防立管；3—干管；4—进户管；5—水表；6—止回阀；7—旁通管及阀门

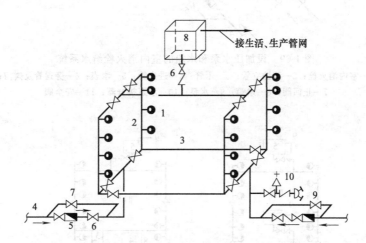

图 1-68　设有水箱、水泵接合器的消火栓给水系统

1—室内消火栓；2—消防立管；3—干管；4—进户管；5—水表；6—止回阀；

7—旁通管及阀门；8—水箱；9—水泵结合器；10—安全阀

（3）设加压水泵和水箱的室内消火栓给水系统　当室外给水管网的压力和流量经常不能满足室内消防给水系统所需的水量和水压时，宜设加压水泵和水箱的室内消火栓给水系统。如图 1-69 所示。

（4）分区消防给水方式　建筑物高度超过 50m 时，消防车已难于协助灭火，室内消火栓给水系统应采用分区供水。分区消火栓给水系统可分为并联给水方式和串联给水方式。如图1-70 所示。当消火栓口的出水压力大于 0.5MPa 时，应采用减压消防给水方式。如图 1-71 所示。

（三）自动喷水灭火系统

自动喷水灭火系统是一种固定式自动灭火设备。当发生火灾时，吊顶下的喷头被加热到一定温度（一般为 72℃，高温场所为 141℃）就会自动喷水灭火。喷头有闭式和开式两种：①闭式喷头。室温升到一定温度，闭式喷头的控制器就会作出反应（如易熔合金熔化或玻璃球阀爆炸），打开喷水器喷口的密封盖，喷水灭火。②开式喷头。喷水器的喷口是敞开的。喷水由装在管道上的控制阀门控制。火灾时控制阀自动开启，装在系统上的喷头一齐洒水灭火，故又称雨淋系统。一般建筑多采用闭式喷头；剧场舞台上部、电视演播室和堆放易燃物品的库房等处则宜采用开式喷头。根据喷头的形式，自动喷水灭火系统分为闭式和开式两种自动喷水灭火系统。

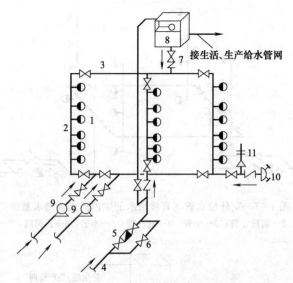

接生活、生产给水管网

图 1-69　设加压水泵和水箱的室内消火栓给水系统
1—室内消火栓；2—消防立管；3—干管；4—进户管；5—水表；6—旁通管及阀门；
7—止回阀；8—水箱；9—水泵；10—水泵接合器；11—安全阀

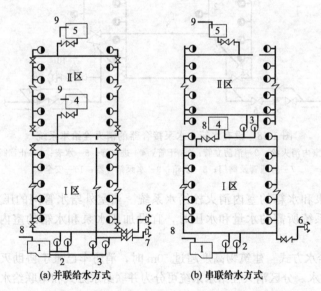

(a) 并联给水方式　　　　　　(b) 串联给水方式

图 1-70　分区室内消火栓给水系统
1—水池；2—Ⅰ区消防水泵；3—Ⅱ区消防水泵；4—Ⅰ区水箱；5—Ⅱ区水箱；
6—Ⅰ区水泵接合器；7—Ⅱ区水泵接合器；8—水池进水管；9—水箱进水管

1. 闭式自动喷水灭火系统

（1）湿式自动喷水灭火系统　喷头常闭的灭火系统，发生火灾时，着火点温度达到开启闭式喷头时，喷头出水灭火，如图 1-72 所示。这种系统适用于常年室内温度不低于 4℃，且不高于 70℃ 的建筑物、构筑物内。系统结构简单，使用可靠，比较经济，因此应用比较广泛。

（2）干式自动喷水灭火系统　干式自动喷水灭火系统管网中平时不充压力水，而充满空气或氮气，只在报警前的管道中充满有压力的水。发生火灾时，闭式喷头打开，首先喷出压

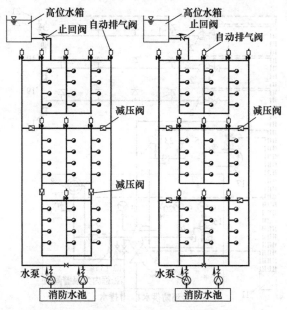

图 1-71 消防系统减压阀分区给水方式

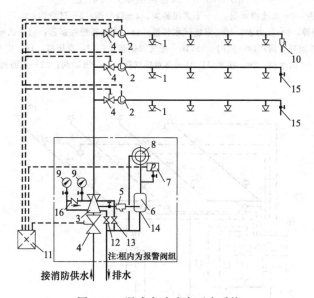

图 1-72 湿式自动喷水灭火系统

1—闭式喷头；2—水流指示器；3—湿式报警阀；4—信号阀；5—过滤器；6—延迟器；7—压力开关；
8—水力警铃；9—压力表；10—末端试水装置；11—火灾报警控制器；12—试验放水阀；
13—手动开启阀；14—阀门；15—试水阀；16—止回阀；

缩空气或氮气，配水管内气压降低，利用压力差将干式报警阀打开。如图 1-73 所示。

（3）预作用自动喷水灭火系统 喷水管网中平时不充水，而充以有压力或无压力的气体，发生火灾时，接收到火灾探测器信号后，自动启动预作用阀而向管网充水。当起火房间内温度继续升高，闭式喷头的闭锁装置脱落时，喷头则自动喷水灭火。如图 1-74 所示。

2. 开式自动喷水灭火系统

开式自动喷水灭火系统由火灾探测自动控制传动系统、自动控制预作用阀门系统、带开式喷头的自动喷水灭火系统三部分组成。按喷水形式不同可分为雨淋喷水灭火系统、水幕喷

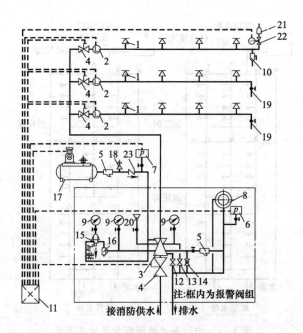

图 1-73 干式自动喷水灭火系统

1—闭式喷头；2—水流指示器；3—干式报警阀；4—信号阀；5—过滤器；6,7—压力开关；
8—水力警铃；9—压力表；10—末端试水装置；11—火灾报警控制器；12—试验放水阀；
13—手动开启阀；14—阀门；15,16—排气加速装置；17—空压机；18—安全阀；
19—试水阀；20—注水口；21—自动排气阀；22—电动阀；23—止回阀

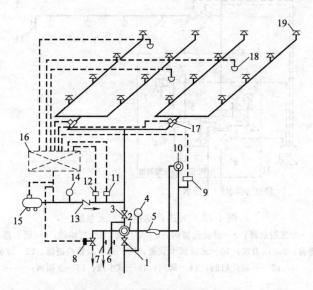

图 1-74 预作用自动喷水灭火系统

1—总控制阀；2—预作用阀；3—检修间阀；4—压力表；5—过滤器；6—截止阀；7—手动开启截止阀；
8—电磁阀；9—压力开关；10—水力警铃；11—压力开关；12—低气压报警压力开关；13—止回阀；
14—压力表；15—空压机；16—火灾报警控制箱；17—水流指示器；
18—火灾探测器；19—闭式喷头

水灭火系统和水喷雾喷水灭火系统。

（1）雨淋喷水灭火系统　雨淋喷水灭火系统是喷头常开的灭火系统。建筑物发生火灾时，由自动控制装置打开集中控制阀门，使每个保护区域所有喷头喷水灭火。该系统具有出水量大、灭火及时的优点。适用于火灾蔓延快、危险性大的建筑物或部位。

（2）水幕喷水灭火系统 水幕喷水灭火系统喷头沿线状布置，发生火灾时主要起阻火、隔火、冷却防火隔断和局部灭火作用。该系统适用于需防火隔断的开口部位，如舞台与观众之间的隔断水幕、消防防火卷帘的冷却等。

3. 自动喷水灭火系统的主要设备

（1）喷头

① 闭式喷头。闭式喷头是闭式喷水灭火系统的关键组件，由喷水口、温感释放器和溅水盘组成。按感温元件分玻璃球洒水喷头和易熔合金洒水头。如图1-75所示。

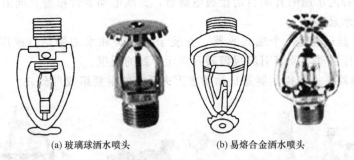

(a) 玻璃球洒水喷头　　　　　(b) 易熔合金洒水喷头

图 1-75　闭式喷头

② 开式喷头。开式喷头根据用途不同分为开启式、水幕式、喷雾式三种类型。如图1-76所示。

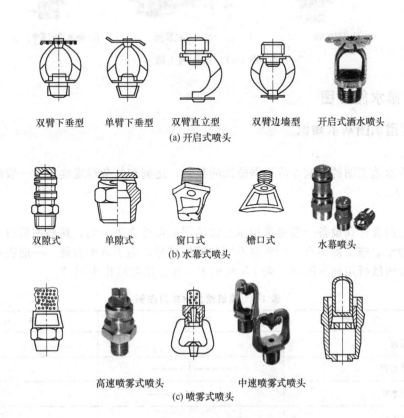

双臂下垂型　单臂下垂型　双臂直立型　双臂边墙型　开启式洒水喷头

(a) 开启式喷头

双隙式　　　单隙式　　　窗口式　　　檐口式　　　水幕喷头

(b) 水幕式喷头

高速喷雾式喷头　　　　　中速喷雾式喷头

(c) 喷雾式喷头

图 1-76　开式喷头

（2）控制信号阀

① 报警阀。报警阀的作用是开启和关闭管网的水流，传递控制信号至控制系统，并启动水力警铃直接报警。报警阀分湿式、干式和雨淋式三种类型。湿式报警阀用于湿式自动喷水灭火系统；干式报警阀用于干式自动喷水灭火系统；雨淋式报警阀用于雨淋、预作用、水幕、水喷雾的自动喷水灭火系统。如图 1-77 所示。

② 水力警铃。水力警铃主要用于湿式喷水灭火系统，宜装在报警阀附近。当报警阀打开消防水源后，具有一定压力的水流冲击叶轮打铃报警。

③ 水流指示器。水流指示器应在管道试压冲洗合格后，竖直安装在水平管上。

④ 压力开关。压力开关垂直安装于延时器和水力警铃之间的管道上，在水力警铃报警的同时，依靠警铃内水压的升高自动接通电触点，完成电动警铃报警，向消防控制室传送电信号或启动消防水泵。

⑤ 延迟器。延迟器是一个罐式容器，安装于报警阀和水力警铃（或压力开关）之间，用来防止由于水压波动等原因引起报警阀开启而导致的误报。

⑥ 火灾探测器。火灾探测器是自动喷水灭火系统的重要组成部分。

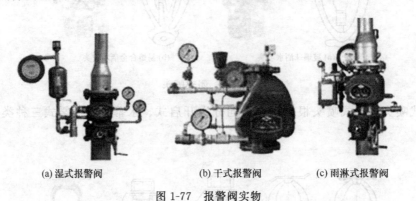

(a) 湿式报警阀   (b) 干式报警阀   (c) 雨淋式报警阀

图 1-77 报警阀实物

五、给排水施工图

（一）管道识图基本知识

1. 图线

建筑给排水施工图的线宽 b 应根据图纸的类别、比例和复杂程度确定。一般线宽 b 宜为 0.7mm 或 1.0mm。

2. 图例

施工图上的管件和设备一般是采用示意性的图例符号来表示的，这些图例符号既有相互通用的，各种专业施工图还有一些各自不同的图例符号，为了看图方便，一般在每套施工图中都附有该套图纸所用到的图例。表 1-4 给出了一些常用的给排水图例。

表 1-4 建筑给排水常用图例

序号	名 称	图 例	备 注
	管道图例		
1	生活给水管	——— J ———	
2	热水给水管	——— RJ ———	
3	热水回水管	——— RH ———	

序号	名　称	图　例	备　注
	管道图例		
4	中水给水管	——ZJ——	
5	循环给水管	——XJ——	
6	循环回水管	——XH——	
7	热媒给水管	——RM——	
8	热煤回水管	——RMH——	
9	蒸汽管	——Z——	
10	凝结水管	——N——	
11	废水管	——F——	可与中水源水管合用
12	压力废水管	——YF——	
13	通气管	——T——	
14	污水管	——W——	
15	压力污水管	——YW——	
16	雨水管	——Y——	
17	压力雨水管	——YY——	
18	膨胀管	——PZ——	
19	保温管	〜〜〜	
20	多孔管		
21	地沟管		
22	防护套管		
23	管道立管	XL-1 平面　　XL-1 系统	X:管道类别 L:立管 1:编号
	管道附件		
1	刚性防水套管		
2	柔性防水套管		
3	波纹管	——◇——	
4	可曲挠橡胶接头	——┤○├——	
5	管道固定支架	※　　※	
6	立管检查口		

续表

序号	名　称	图　例	备　注
	管道附件		
7	清扫口	平面　系统	
8	通气帽	成品　铅丝球	
9	雨水斗	YD-1　YD-1 平面　系统	
10	排水漏斗	平面　系统	
11	圆形地漏		通用。如无水封,地漏应加存水弯
12	挡墩		
13	Y形除污器		
	管道连接		
1	法兰连接		
2	承插连接		
3	活接头		
4	管堵		
5	法兰堵盖		
6	弯折管		表示管道向后及向下弯转90°
7	三通连接		
8	四通连接		
9	盲板		
10	管道丁字上接		
11	管道丁字下接		
12	管道交叉		在下方和后面的管道应断开

序号	名　　称	图　　例	备　　注
	阀门		
1	闸阀		
2	角阀		
3	截止阀	≥DN50　　　<DN50	
4	电动阀		
5	液动阀		
6	气动阀		
7	减压阀		
8	旋塞阀	平面　　　系统	
9	底阀		左侧为高压端
10	球阀		
11	隔膜阀		
12	气开隔膜阀		
13	气闭隔膜阀		
14	温度调节阀		
15	压力调节阀		
16	电磁阀	M	
17	止回阀		
18	疏水器		

续表

序号	名 称	图 例	备 注
给水配件			
1	放水龙头		左侧为平面,右侧为系统
2	皮带龙头		左侧为平面,右侧为系统
3	洒水(栓)龙头		
4	化验龙头		
5	肘式龙头		
6	脚踏开关		
7	混合水龙头		
8	旋转水龙头		
9	浴盆带喷头 混合水龙头		
消防设施			
1	消火栓给水管	——XH——	
2	自动喷水灭火给水管	——ZP——	
3	室外消火栓		
4	室内消火栓(单口)	平面　系统	白色为开启面
5	室内消火栓(双口)	平面　系统	
6	水泵接合器		
7	自动喷洒头(开式)	平面　系统	
8	自动喷洒头(闭式)	平面　系统	下喷

续表

序号	名　称	图　例	备　注
	消防设施		
9	自动喷洒头（闭式）	平面 〇 —— 系统 ▽	上喷
10	自动喷洒头（闭式）	平面 ⊙ —— 系统 ▽▽	上下喷
11	侧墙式自动喷洒头	平面 〇 —— 系统 ▽	
12	侧喷式喷洒头	平面 〇 —— 系统 ▷	
13	雨淋灭火给水管	——YL——	
14	水幕灭火给水管	——SM——	
15	水炮灭火给水管	——SP——	
	卫生设备及水池		
1	立式洗脸盆		
2	台式洗脸盆		
3	挂式洗脸盆		
4	浴盆		
5	化验盆、洗涤盆		
6	带沥水板洗涤盆		不锈钢制品
7	盥洗槽		
8	污水池		
9	妇女卫生盆		
10	立式小便器		

序号	名　称	图　例	备　注
	卫生设备及水池		
11	壁挂式小便器		
12	蹲式大便器		
13	坐式大便器		
14	小便槽		
15	淋浴喷头		
	仪表		
1	温度计		

3. 标高

标高是表示管道或建筑物高度的一种尺寸形式；室内工程应标注相对标高；室外工程应标注绝对标高，当无绝对标高资料时，可标注相对标高，但应与总图专业一致。

下列部位应标注标高：沟渠和重力流管道的起讫点、转角点、连接点、变尺寸（管径）点及交叉点；压力流管道中的标高控制点；管道穿外墙、剪力墙和构筑物的壁及底板等处；不同水位线处；构筑物和土建部分的相关标高。

压力管道应标注管中心标高，沟渠和重力流管道宜标注沟（管）内底标高。

标高的标注方法应符合下列规定：

① 平面图中，管道标高应按图1-78所示的方式标注；

② 平面图中，沟渠标高应按图1-79所示的方式标注；

③ 剖面图中，管道及水位的标高应按图1-80所示的方式标注；

④ 轴测图中，管道标高应按图1-81所示的方式标注。

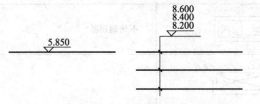

图1-78　平面图中管道标高标注法

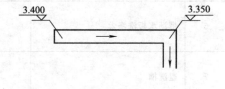

图1-79　平面图中沟渠标高标注法

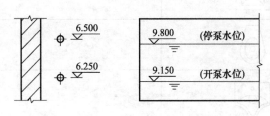

图1-80　剖面图中管道及水位标高标注法

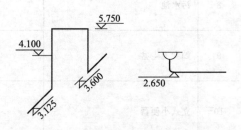

图1-81　轴测图中管道标高标注法

在建筑工程中，管道也可标注相对本层建筑地面的标高，标注方法为 $h+×.×××$，h 表示本层建筑地面标高（如 $h+0.250$）。

4. 管径

施工图上的管道必须按规定标注管径，管径尺寸以 mm 为单位，在标注时通常只写代号与数字而不再注明单位。

管径的标注方法应符合下列规定：

① 单根管道时，管径应按图 1-82 所示的方式标注。

② 多根管道时，管径应按图 1-83 所示的方式标注。

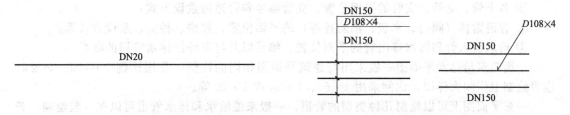

图 1-82　单管管径表示法　　　　　　　　　　　　图 1-83　多管管径表示法

5. 编号

① 当建筑物的给水引入管或排水排出管的数量超过 1 根时，宜进行编号，建筑给排水工程图中常用"J"表示给水管，用"P"表示排水管。编号宜按图 1-84 所示的方法表示。

② 建筑物穿越楼层的立管，其数量超过 1 根时宜进行编号，编号宜按图 1-85 所示的方法表示。

③ 在总平面图中，当给排水附属构筑物的数量超过 1 个时，宜进行编号。编号方法为：构筑物代号-编号；给水构筑物的编号顺序宜为：从水源到干管，再从干管到支管，最后到用户；排水构筑物的编号顺序宜为：从上游到下游，先干管后支管。

④ 当给排水机电设备的数量超过 1 台时，宜进行编号，并应有设备编号与设备名称对照表。

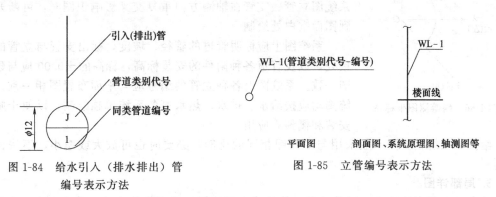

图 1-84　给水引入（排水排出）管　　　　　　图 1-85　立管编号表示方法
　　　　　编号表示方法

6. 比例

管道图纸上的长短与实际大小相比的关系叫做比例，是制图者根据所表示部分的复杂程度和画图的需要选择的比例关系。

7. 坡度及坡向

表示管道倾斜的程度和高低方向，坡度用符号"i"表示，在其后加上等号并注写坡度值（米）；坡向用单面箭头表示，箭头指向低的一端。

（二）建筑给排水施工图的主要内容

建筑给排水施工图一般由平面图、系统轴测图、局部详图、设计说明及主要设备材料表几部分组成。看懂管道在平面图和系统图上表示的含义，是识读管道施工图的基本要求。

1. 给排水平面图

给排水平面图是施工图中最基本的一种图样，它主要表示建（构）筑物内给水和排水管道及有关卫生器具或用水设备的平面分布，指出管线的位置、走向、排列和各部分的长度尺寸，以及每根管子的管径和标高等具体数据。其内容包括：

① 各用水设备的类型及平面位置；

② 各干管、立管、支管的平面位置，立管编号和管道的敷设方式；

③ 管道附件（阀门、水表、消防栓等）的平面位置、规格、种类、敷设方式等；

④ 给水引入管和污水排出管的平面位置、编号以及与室外给排水管网的联系。

平面建筑给排水平面图一般采用与建筑平面图相同的比例，常用比例1∶100，必要时也可绘制卫生间大样图，比例采用1∶50、1∶30或1∶20等。

一张平面图上可以绘制几种类型的管道，一般来说给水和排水管道可以在一起绘制。若图纸管线复杂，也可以分别绘制，以图纸能清楚地表达设计意图而图纸数量又很少为原则。

建筑内部给排水，以选用的给水方式来确定平面布置图的张数。底层及地下室必绘；顶层若有高位水箱等设备，也必须单独绘出。建筑中间各层，如卫生设备或用水设备的种类、数量和位置都相同，绘一张标准层平面布置图即可；否则，应逐层绘制。

在各层平面布置图上，各种管道、立管应编号标明。

2. 系统轴测图

给排水系统分别绘制给水系统图、排水系统图，采用45°轴测投影原理反映管道、设备在室内空间走向和标高位置。管道施工图中常用的是斜等测图，一般左右（东西）用水平线表示；上下方向用竖线表示；前后（南北）方向用45°斜线表示，如图1-86所示。

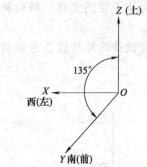

图1-86 斜等测图坐标系

系统图中对用水设备及卫生器具的种类、数量和位置完全相同的支管、立管，可不重复完全绘出，但应用文字标明。当系统图立管、支管在轴测方向重复交叉影响识图时，可断开移到图面空白处绘制。

系统图上应标明管道的管径、坡度，标出支管与立管的连接处，以及管道各种附件的安装标高，标高的±0.00应与建筑图一致。系统图上各种立管的编号应与平面布置图相一致。系统图均应按给水、排水、热水等各系统单独绘制，以便于施工安装和概预算应用。

给排水系统轴测图一般采用与平面图相同的比例，必要时也可放大或缩小，不按比例绘制。

3. 局部详图

凡在以上图中无法表达清楚的局部构造或由于比例的原因不能表达清楚的内容，必须绘制局部详图。局部详图应优先采用通用标准图，如卫生器具安装、阀门井、水表井、局部污水处理构筑物等，详见《给水排水标准图集 S1～S4》（2004版）。

4. 设计说明及主要设备材料表

凡是图纸中无法表达或表达不清的内容，必须用文字说明。设计说明包括设计依据、执行标准、设计技术参数、采用材料、连接方式、质量要求、设计规格、型号、施工做法及设计图中采用标准图集的名称及页码等，还应附加施工绘制的图例。为了使施工准备的材料和设备符合设计要求，设计人员还需编制主要设备材料明细表，将施工图中涉及的主要设备、管材、阀门、仪表等一一列入编号。

所有以上图纸及施工说明等应编排有序，写出图纸目录。

（三）室内给排水施工图的识读方法

阅读管道施工图一般应遵循从整体到局部，从大到小，从粗到细的原则。对于一套图纸，看图的顺序是先看图纸目录，了解建设工程的性质、设计单位、管道种类，搞清楚这套图纸有多少张，有几类图纸，以及图纸编号；其次是看施工图说明、材料表等一系列文字说明；然后把平面图、系统图、详图等交叉阅读。先看系统图，对各系统做到大致了解。看给水系统图时，可由建筑的给水引入管开始，沿水流方向经干管、立管、支管到用水设备；看排水系统图时，可由排水设备开始，沿排水方向经支管、横管、立管、干管到排出管。

对于一张图纸而言，首先是看标题栏，了解图纸名称、比例、图号、图别等，最后对照图例和文字说明进行细读。

1. 平面图的识读

室内给排水管道平面图是施工图纸中最基本和最重要的图纸，常用的比例是 1∶100 和 1∶50 两种。它主要表明建筑物内给排水管道及卫生器具和用水设备的平面布置。图上的线条都是示意性的，同时管材配件如活接头、补芯、管箍等也不画出来，因此在识读图纸时还必须熟悉给排水管道的施工工艺。

在识读管道平面图时，应该掌握的主要内容和注意事项如下：

① 查明卫生器具、用水设备和升压设备的类型、数量、安装位置、定位尺寸；

② 弄清给水引入管和污水排出管的平面位置、走向、定位尺寸、与室外给排水管网的连接形式、管径及坡度等；

③ 查明给排水干管、立管、支管的平面位置与走向、管径尺寸及立管编号，从平面图上可清楚地查明是明装还是暗装，以确定施工方法；

④ 消防给水管道要查明消火栓的布置、口径大小及消防箱的形式与位置；

⑤ 在给水管道上设置水表时，必须查明水表的型号、安装位置以及水表前后阀门的设置情况。

2. 系统图的识读

给排水管道系统图主要表明管道系统的立体走向。

在给水系统图上，卫生器具不画出来，只需画出水龙头、淋浴器莲蓬头、冲洗水箱等符号；用水设备如锅炉、热交换器、水箱等则画出示意性的立体图，并在旁边注以文字说明。

在识读系统图时，应掌握的主要内容和注意事项如下。

① 查明给水管道系统的具体走向，干管的布置方式，管径尺寸及其变化情况，阀门的设置，引入管、干管及各支管的标高。

② 查明排水管道的具体走向，管路分支情况，管径尺寸与横管坡度，管道各部分标高，存水弯的形式，清通设备的设置情况，弯头及三通的选用等。识读排水管道系统图时，一般按卫生器具或排水设备的存水弯、器具排水管、横支管、立管、排出管的顺序进行。

③ 系统图上对各楼层标高都有注明，识读时可据此分清管路是属于哪一层的。

3. 详图的识读

室内给排水工程的详图包括节点图、大样图、标准图，主要是管道节点、水表、消火栓、水加热器、开水炉、卫生器具、套管、排水设备、管道支架等的安装图及卫生间大样图等。

这些图都是根据实物用正投影法画出来的，图上都有详细尺寸，可供安装时直接使用。

（四）室内建筑给排水施工图识读举例

图 1-87～图 1-89 是某 3 层办公楼给排水管道平面图和系统轴测图。阅读时，以系统图为线索，深入阅读平面图、系统图及详图。通过对平面图和系统轴测图的识读可以了解到如下内容。

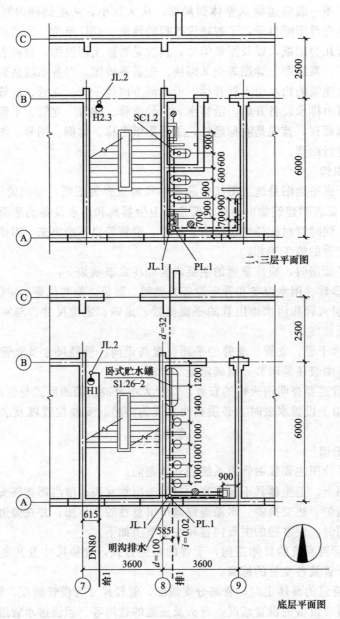

图 1-87　给水排水平面图

1. 设计施工说明

识图时应首先看设计说明，以掌握工程概况和设计者的意图。

① 给水采用 UPVC 管，粘接，埋地部分采用铸铁管，承插连接；热水管、消防管采用镀锌钢管，丝接。

② 管道穿楼板应设套管。

③ 热水采用蒸汽间接加热方式，在卧式贮水罐内加热。

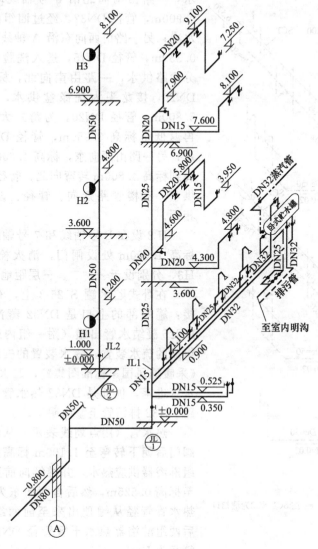

图 1-88　给水系统图

2. 室内给排水施工图的识读

从平面图中，我们可以了解建筑物的朝向、基本构造、有关尺寸，掌握各条管线的编号、平面位置、管子和管路附件的规格、型号、种类、数量等；从系统图中，我们可以看清管路系统的空间走向、标高、坡度和坡向、管路出入口的组成等。

通过对管道平面图的识读可知底层有淋浴间，二层和三层有厕所间。淋浴间内设有四组淋浴器，一只洗脸盆，还有一个地漏。二楼厕所内设有高水箱蹲式大便器三套、小便器两套、洗脸盆一只、洗涤盆一只、地漏两只。三楼厕所内卫生器具的布置和数量都与二楼相同。每层楼梯间均设一组消火栓。

给水系统（用粗实线表示）是生活与消防共用下分式系统。给水引入管在 7 号轴线东面 615mm 处，由南向北进屋，管道埋深 −0.8m，进屋后分成两路，一路由西向东进入淋浴室，它的立管编号为 JL1，在平面图上是个小圆圈；另一路进屋继续向北，作为消防用水，它的立管编号是 JL2，在平面图上也是一个小圆圈。

JL1 设在 A 号轴线和 8 号轴线的墙角，自底层至标高 7.900m。该立管在底层分两路供

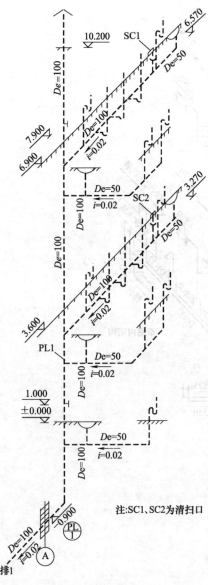

图 1-89　排水系统图

注:SC1、SC2为清扫口

水,一路由南向北沿 8 号轴线墙壁敷设,标高为 0.900m,管径 DN32,经过四组淋浴器进入卧式贮水罐;另一路由西向东沿 A 轴线墙壁敷设,标高为 0.350m,管径 DN15,送入洗脸盆。在二层楼内也分两路供水,一路由南向北,标高 4.600m,管径 DN20,接龙头为洗涤盆供水,然后登高至标高 5.800m,管径 DN20,为蹲式大便器高水箱供水,再返低至标高 3.950m,管径 DN15,为洗脸盆供水;另一路由西向东,标高 4.300m,至 9 号轴线登高到标高 4.800m 转弯向北,管径 DN15,为小便斗供水。三楼管路走向、管径、设置高度均与二楼相同。

JL2 设在 B 号轴线和 7 号轴线的楼梯间内,在标高 1.000m 处设闸门,消火栓编号为 H1、H2、H3,分别设于一、二、三层距地面 1.20m 处。

在卧式贮水罐 S126-2 上,有五路管线同它连接:罐端部的上口是 DN32 蒸汽管进罐,下口是 DN25 凝结水管出罐(附一组内疏水器和三只阀门组成的疏水装置,疏水装置的安装尺寸与要求详见《采暖通风国家标准图集》),贮水罐底部是 DN32 冷水管进罐,顶部是 DN32 热水管出罐,底部还有一路 DN32 排污管至室内明沟。

热水管(用点划线表示)从罐顶部接出,加装阀门后朝下转弯至 1.100m 标高后由北向南,为四组淋浴器供应热水,并继续向前至 A 轴线墙面朝下至标高 0.525m,然后自西向东为洗脸盆提供热水。热水管管径从罐顶出来至前两组淋浴器为 DN32,后两组淋浴器热水干管管径 DN25,通洗脸盆一段管径为 DN15。

排水系统(用粗虚线表示)在二楼和三楼都是分两路横管与立管相连接:一路是地漏、洗脸盆、三只蹲式大便器和洗涤盆组成的排水横管,在横管上设有清扫口(图面上用 SC1、SC2 表示),清扫口之前的管径为 D_e50,之后的管径为 D_e100;另一路是两只小便斗和地漏组成的排水横管,地漏之前的管径为 D_e50,之后的管径为 D_e100。两路管线坡度均为 0.02。底层是洗脸盆和地漏所组成的排水横管,属埋地敷设,地漏之前管径为 D_e50,之后为 D_e100,坡度 0.02。

排水立管及通气管管径 D_e100,立管在底层和三层分别距地面 1.00m 处设检查口,通气管伸出屋面 0.7m。排出管管径 D_e100,过墙处标高 -0.900m,坡度 0.02。

六、管道的安装

室内给排水管道及卫生器具安装是在建筑主体工程完成后、内外墙装饰前(或根据实际情况也可同时进行),应与土建施工密切配合,做好预留各种孔洞、管道预埋件等施工准备工作。施工时严格按照《建筑给水排水及采暖工程施工质量验收规范》(GB 50242—2002)执行。

（一）给水管道的布置、敷设与安装

1. 室内给水管道安装程序框图

室内给水管道的施工一般按以下顺序进行：引入管→干管→立管→支管→阀门→水压试验→消毒实验

室内给水管道安装程序框图如图 1-90 所示。

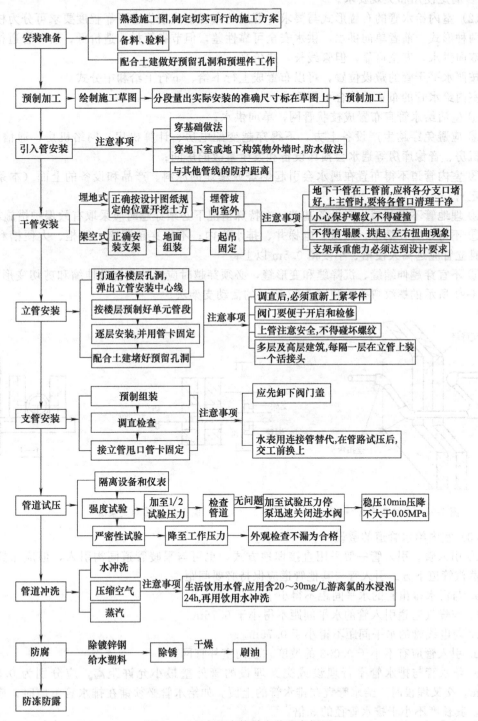

图 1-90 室内给水管道安装程序框图

2. 室内给水管道的布置与敷设要求

（1）布置原则

① 满足最佳水力条件并且力求管路短而直，减少工程量。

② 便于施工和维修管理。

③ 保证安全可靠运行。

④ 满足使用和美观要求。

（2）室内给水管的布置形式与要求　管道的布置形式按供水可靠程度要求可分为枝状和环状两种形式。前者单向供水，供水安全可靠性差，但节省管材，造价低；后者管道相互连通，双向供水，安全可靠，但管线长，造价高。

按照水平干管的敷设位置，可以布置成上行下给、下行上给和中分式。

室内给水管的布置应符合下列要求：

① 生活给水管宜布置成枝状管网，单向供水；

② 应避免穿越生产设备上方，不得穿越变配电房、计算机房、网络机房、通信机房、电梯机房、音像库房等遇水会损坏设备和发生事故的房间；

③ 室内管道不得布置在遇水会引起燃烧或爆炸的原料、产品和设备的上面（本条为强制规定）；

④ 埋地管不得穿越生产设备基础，在特殊情况下必须穿越时应采取有效保护措施；

⑤ 不得布置在烟道、风道、电梯井、排水沟内；不得穿越橱窗、壁柜、大便槽和小便槽，且立管应远离大便槽、小便槽 0.5m 以上；

⑥ 不宜穿越伸缩缝、沉降缝和变形缝，必须穿越时应设补偿管道伸缩和剪切变形装置，如图 1-91 所示的螺纹弯头法和图 1-92 所示的活动支架法。

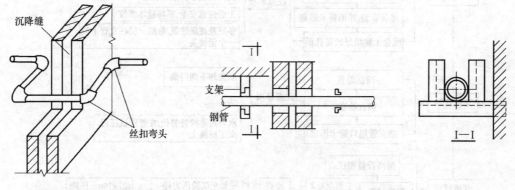

图 1-91　螺纹弯头法　　　　　　　图 1-92　活动支架法

（3）室内给水管道的敷设

① 引入管。引入管一般采用直接埋地方式，也可与采暖管道同沟引入，但应布置在热水或蒸汽管道下方。引入管与其他管道应保持必要间距。

a. 与污水排出管的水平间距不得小于 1m。

b. 与煤气管道引入管的水平间距不得小于 0.75m。

c. 与电线管的水平间距不得小于 0.75m。

d. 引入管应有不小于 0.003 的坡度，坡向室外管网。

e. 给水管与排水管平行埋设或交叉埋设的管外壁最小允许距离，应分别为 0.5m 和 0.15m。交叉埋设时，给水管宜在排水管的上面。如给水管必须铺在排水管下面时，应加设套管，其长度不小于排水管径的 3 倍。

f. 应预留孔洞，管上部预留净空不得小于建筑物沉降量，且不小于 0.1m。洞口孔隙内应用黏土填实，外抹防水的水泥砂浆。

引入管进入建筑物内，一种情形是从建筑物的浅基础下通过，另一种是从地梁上面防潮层下面穿过，还有一种是穿越承重墙或基础。其敷设方法如图 1-93 所示。

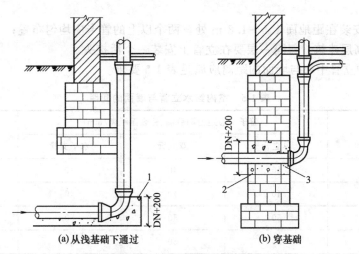

(a) 从浅基础下通过　　　　(b) 穿基础

图 1-93　引入管进入建筑

g. 进户管敷设时，应尽量与建筑物外墙轴线相垂直，这样穿过基础或外墙的管段最短。在穿过建筑物基础时，应预埋防水套管，防水套管按照建设部相关的 02S404 或 02S312 标准图集分为柔性防水套管和刚性防水套管。

柔性套管是在套管与管道之间用柔性材料封堵起到密封效果。刚性套管是在套管与管道之间用刚性材料封堵达到密封效果。

防水套管是在套管外壁增加不少于 1 圈的防水翼，浇筑在墙体内成为一个整体，不会因热胀冷缩出现裂纹而渗漏。柔性防水套管适用于管道穿过墙壁之处有振动或有严密防水要求的建筑物，刚性防水套管一般用在地下室或地下入户需穿建筑物外墙等需穿管道的位置。如图 1-94 所示。

② 水平干管。给水干管敷设方法有沿墙、梁、柱、地板暴露敷设的明装和在地下室、天花板下或吊顶中以及管沟、管井、管廊、管槽中敷设的暗装两种方式。给水干管不得从抗震圈梁中穿过；上行下给式的干管应有保温措施以防结露；给水干管与其他管道同沟或共架敷设时，给水管道应布置在排水管、冷冻水管的上面，热水管在冷管的下面。

图 1-94　防水套管

水平干管布置敷设时，与其他管道及建筑构件应保持必要间距：

a. 与排水管道水平间距不得小于 0.5m，垂直间距不得小于 0.15m，且给水干管应在排水管的上方；

b. 与其他管道的净距不得小于 0.1m；

c. 与墙、地沟壁的净距不得小于 0.08～0.1m；

d. 与梁、柱、设备的净距不得小于 0.05m；

e. 水平干管应有 0.002～0.005 的坡度坡向泄水点。

③ 立管。给水立管安装分明装与暗装（安装于管道竖井内或墙槽内），给水立管穿墙、穿楼板应预留孔洞。

给水立管与排水立管并行时，应置于排水立管外侧；与热水立管（蒸汽立管）并行时，应置于热水立管右侧。立管穿过楼板时,应加装套管,并高出地面 20～50mm,楼板内不应设立管接口,立管卡子的安装应符合下列要求:

a. 当层高小于或等于 5 m 时,每层需安装一个立管卡子;当层高大于 5m 时,每层不得少于两个;

b. 管卡应安装在距地面 1.5～1.8 m 处,两个以上的管卡应均匀布置;

c. 多层及高层建筑,每隔一层要在立管上安装一个活接头。

不同管径的立管中心与墙面的距离应满足表 1-5 要求。

表 1-5　室内给水立管与墙面的间距

公称直径	管子中心距粉刷后墙、柱表面距离/mm			双立管间距/mm
	单立管	双立管	水平支管	
DN15	40	40	40	80
DN20	40	40	40	80
DN25	50	50	50	80
DN32	50	50	50	80
DN40	60	60	60	80
DN50	70	70		80
DN65	90			
DN80	100			
DN100	110			
DN125	130			
DN150	140			

④ 横支管。横支管应有不小于 0.002 的坡度坡向泄水方向,以便于检修时放空管道中的积水。冷、热水横支管水平并行敷设时,热水管在冷水管的上方;横支管与墙面净距不得小于 20～25mm。

给水横支管管径较大时,用吊环或扎架固定,管径较小时多用管卡或托钩固定,固定管道常用的支、吊架如图 1-95 所示。其支架间距见表 1-6、表 1-7。

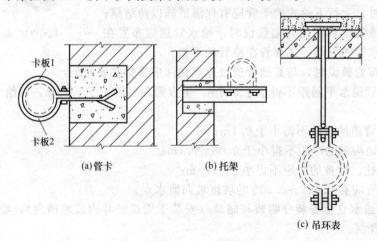

(a) 管卡　　(b) 托架　　(c) 吊环表

图 1-95　支、吊架

表1-6 钢管管道支架最大间距

公称直径		DN15	DN20	DN25	DN32	DN40	DN50	DN70	DN80	DN100
支架 最大间距(m)	保温管	1.5	2	2	2.5	3	3	4	4	4.5
	不保温管	2.5	3	3.5	4	4.5	5	6	6	6.5

表1-7 塑料管及复合管管道支架最大间距

管径/mm			12	14	16	18	20	25	32	40	50	63	75	90	110
最大间距 (m)	立管		0.5	0.6	0.7	0.8	0.9	1.0	1.1	1.3	1.6	1.8	2.0	2.2	2.4
	水平管	冷水管	0.4	0.4	0.5	0.5	0.6	0.7	0.8	0.9	1.0	1.1	1.2	1.35	1.55
		热水管	0.2	0.2	0.25	0.3	0.3	0.35	0.4	0.5	0.6	0.7	0.8		

（二）排水管道的布置与敷设要求

1. 室内排水管道安装程序框图

室内排水管道一般施工顺序：排出管→立管→排水横支管→器具短支管

室内排水管道安装程序框图如图1-96所示。

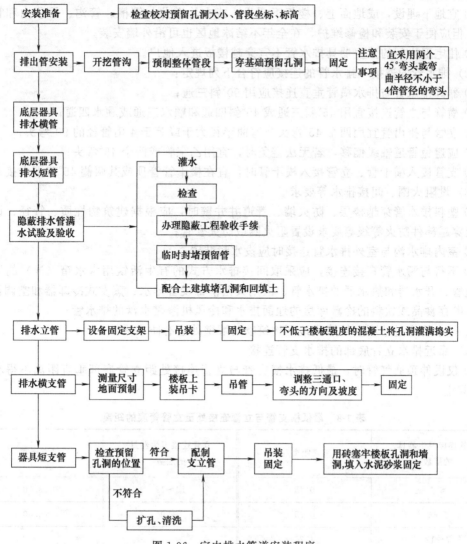

图1-96 室内排水管道安装程序

2. 室内排水管道的布置与敷设要求

（1）建筑排水管布置原则

① 管线应最短，转弯应最少。

② 排水立管宜靠近排水量最大的排水点。

③ 不得穿过沉降缝、伸缩缝、变形缝、烟道和风道，不宜穿过橱窗和壁柜。

④ 埋地管道不得穿过设备基础或安装在可能受重物压坏处。

⑤ 立管不得穿越卧室、病房等对卫生和安静有较高要求的房间，不宜靠近与卧室相邻的内墙。架空管不得安装在对生产工艺或卫生有特殊要求的生产厂房内，以及食品和贵重商品仓库、通风小室、变配电间和电梯机房内。

⑥ 塑料管应避免受机械撞击，避免设在热源附近，如易使管道表面温度高于60℃时，应采取隔热措施，立管与家用灶具边净距应大于或等于0.4m。

⑦ 排水管外表面如可能结露，应根据建筑性质和使用要求采取防结露措施。

⑧ 排水管不得穿越生活饮用水池的上方。

⑨ 不得设在遇水会引起燃烧或爆炸的原料、产品和设备的上面，不得设在食堂、饮食业厨房的主副食操作烹调备餐的上方，如不能避免时应采取防护措施。

⑩ 宜地下埋设，或地面上、楼板下明设，或在管道井、管槽、管沟、吊顶内和管窿内暗设，但应便于安装和检修维护，在全年不结冰地区也可沿外墙安装。

⑪ 住宅卫生间的卫生器具排水管不宜穿越楼板进入他户。

（2）排水管的连接 排水管的连接应符合下列规定：

① 器具排水管与排水横管垂直连接应用90°斜三通；

② 横管与立管连接宜用45°斜三通或45°斜四通和顺水三通或顺水四通；

③ 立管与排出管宜用两个45°弯头或弯曲半径大于或等于4倍管径的90°弯头；

④ 应避免管道轴线偏移，若无法避免时，宜用乙字管或两个45°弯头；

⑤ 支管接入横干管、立管接入横干管时，宜在横干管管顶或其两侧45°范围内接入。

（3）设阻火圈、间接排水等要求

① 塑料排水管穿越楼层、防火墙、管道井井壁时，应根据建筑物性质、管径、设置条件以及穿越部件防火等级等要求设置阻火圈或防火套管；

② 室内排水沟与室外排水管连接时应设水封装置；

③ 不得与污水管直接连接，应采取间接排水方式的有生活饮用水水箱（池）的泄水管和溢流管、开水器和热水器的排水管、医用灭菌消毒设备排水、蒸发式冷却器和空调设备的排水、贮存食品或饮料的冷藏库房的地面排水和冷风机溶霜水盘的排水管；

④ 排水管穿过地下室外墙或地下构筑物的墙壁处应有防水措施。

（4）靠近排水立管底部的排水支管连接

① 仅设伸顶通气管时，最低排水横支管与立管连接处距立管底部垂直距离不得小于表1-8的规定。

表1-8 最低横支管与立管连接处至立管管底的距离

立管连接卫生器具的层数	垂直距离/m	立管连接卫生器具的层数	垂直距离/m
≤4	0.45	13~19	3.00
5~6	0.75	≥20	6.00
7~12	1.20		

② 污水立管底部的流速大，而污水排出流速小，在立管底部管道内产生正压值，这个正压区能使靠近立管底部的卫生器具内的水封遭受破坏，产生冒泡、满溢现象。底层的排水支管与排出管或排水横干管相连时，连接点距立管底部下游水平距离不宜小于 3.0m，且不得小于 1.5m，如图 1-97 和图 1-98 所示。

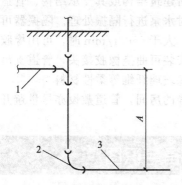

图 1-97　最低排水横支管与排出
管起点管内底的距离
1—最低横支管；2—立管底部；3—排出管

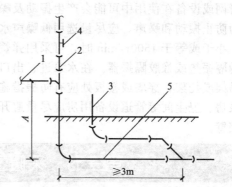

图 1-98　排水横支管与排出管或横干管的连接
1—排水横支管；2—立管；3—底层排水支管；
4—检查口；5—排出管

③ 横支管接入横干管竖直转向管段时，连接点距离转向处以下不得小于 0.6m。

④ 管道穿越建筑物基础、墙、楼板时，应预留孔洞，在暗装时管道应配合土建预留墙槽。

（5）排水立管中心距墙的距离依管径大小而定。见表 1-9。

表 1-9　排水立管与墙面距离

管径/mm	50	75	100	125～150
管中心距墙面距离/mm	100	110	130	150

（三）管道、设备的防腐与隔振

1. 防腐

金属管材一般应采用适当的防腐措施，最简单的办法是刷油。

首先是除锈，清除表面灰尘、污垢、锈斑、焊渣等；其次是刷两遍防锈漆；最后刷两遍面漆。

① 埋地铸铁管宜在管外壁刷冷底子油一遍、石油沥青两遍；

② 埋地钢管宜在外壁刷冷底子油一遍、石油沥青两遍外加保护层；

③ 钢塑复合管埋地敷设，其外壁防腐同普通钢管。

明装的热镀锌钢管应刷银粉两道或调和漆两道；明装铜管应刷防护漆。

当管道敷设在有腐蚀性的环境中时，管外壁应刷防腐漆或缠绕防腐材料。

2. 防冻、防结露与防紫外线辐射

对于寒冷地区，为防止管道、水箱受冻，应做保温处理。一般应在防腐、水压试验合格后进行，常用的方法有：

① 外缠草绳，再包麻袋布并刷油漆；

② 包矿渣棉或毛毡，再包玻璃棉布并刷油漆；

③ 用泡沫水泥瓦或珍珠岩瓦、铅丝绑扎，外加石棉水泥保护壳；

④ 橡塑保温材料保温。

对于外表面有可能结露的管道，应采取防结露措施，常做防潮层，其做法与保温层相同。对于有些敷设在屋面等室外裸露的管道，如 PPR 管，要尽可能防紫外线辐射，其做法可参见保护层做法。

3. 隔振与防噪声

管网或设备在使用中可能会产生振动及噪声，并沿建筑结构或其支承结构、管道传播。

为防止振动和噪声，应尽量选用低噪声水泵，并对水泵进行隔振处理。隔振器可按转速确定：小于或等于 1500r/min 时，可采用弹簧隔振器；大于 1500r/min 时，可用橡胶等弹性材料的隔振垫或橡胶隔振器。在水泵进、出口管道上安装可曲挠橡胶接头，管道支吊架采用弹性吊架或托架，穿墙或楼板处应有防振措施，如填塞玻璃纤维等柔性材料。

泵房、卫生间等管道设备用房应尽量避开需要安静的房间，管道敷设亦尽量避开这些房间的墙壁。

第三节 采暖工程设备与识图

一、供暖系统的组成与分类

（一）概述

冬季，室外温度低于室内温度，因此房间里的热量不断地通过建筑物的围护结构传向室外，同时室外的冷空气通过门缝、窗缝或开门、开窗时侵入房间而耗热。为了维持室内所需的空气温度，必须向室内供给相应的热量，这种向室内供给热量的工程设施，称作供暖系统。

（二）工作过程

如图 1-99 所示。

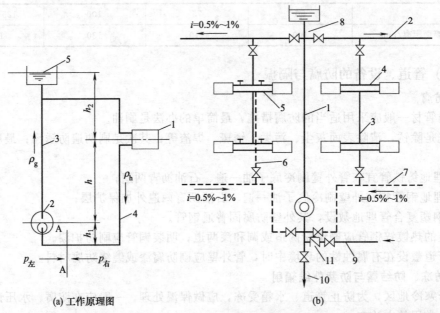

(a) 工作原理图

1—散热器；2—热水锅炉；3—供水管路；
4—回水管路；5—膨胀水箱

(b)

1—总立管；2—供水干管；3—供水立管；4—散热器供水支管；
5—散热器回水支管；6—回水立管；7—回水干管；8—膨胀
水箱连接管；9—充水管（接上水管）；10—泄水管
（接下水管）；11—止回阀

图 1-99 重力循环热水供暖系统

水在锅炉中被加热后通过管道送入布置在供暖房间内的散热器。散热器散发出热量对房间供暖，散热后的热水（称回水）则由管道再流回锅炉中重新加热后循环使用。

存在着两个回路：a. 从锅炉房流向散热器所途经的所有管路系统称为供水回路；b. 从散热器流回锅炉所途经的所有管路系统称为回水回路。

（三）供暖系统的组成

所有供暖系统都是由以下三个基本部分组成：

① 热源——用来产生热能的部分；

② 供暖管路——担负输送热媒的任务；

③ 散热设备——向室内放热的装置

（四）供暖系统的分类

1. 按传热方式分类

按传热方式不同可分为对流采暖和辐射采暖两大类，对流采暖又包括散热器采暖和热风采暖。

2. 按供暖的作用范围分类

（1）局部供暖系统　当热源、管道与散热器连成整体而不能分离时，称为局部供暖系统。如火炉供暖、电热供暖、煤气红外线辐射器等。

（2）集中供暖系统　采用锅炉或水加热器对水集中加热，通过管道同时向多个房间供暖的系统，称为集中供暖系统。

（3）区域供暖系统　以集中供热的热网作为热源，用以满足一个建筑群或一个区域供暖用热需要的系统，称为区域供暖系统。它的供热规模比集中供暖要大得多，实质上它是集中供暖的一种形式。

3. 按热媒的不同分类

在供暖系统中，把热量从热源输送到散热设备的物质称为热媒。在供暖系统中，可把热水、蒸汽、热空气、烟气等作为热媒。

（1）热水供暖系统　它是以热水作为供暖系统的热媒。一般认为，凡是温度低于100℃的水称为低温水，高于100℃的水称为高温水。低温水供暖系统供回水的设计温度通常为70~95℃；高温水供暖系统的给水温度，我国目前一般为130~150℃，回水多为70℃。由于低温水供暖系统卫生条件较好，目前被广泛用于民用建筑中。

（2）蒸汽供暖系统　它是以饱和蒸汽作为供暖系统的热媒，按蒸汽的压力不同，可分为低压蒸汽供暖系统、高压蒸汽供暖系统（蒸汽压力大于70kPa）和真空蒸汽供暖系统（蒸汽压力低于大气压力）。

（3）热风供暖系统　它是以热空气作为供暖系统的热媒，例如暖风机、热风幕等就是热风供暖的典型设备。

（4）烟气供暖系统　它是直接利用燃料在燃烧时所产生的高温烟气在流动过程中向房间散出热量，以满足供暖要求。如火炉、火墙、火坑、火地等形式在我国北方广大村镇中应用比较普遍。

二、热水供暖系统

（一）热水供暖系统的分类

1. 按循环动力不同分类

（1）自然循环系统　当水在系统中的循环只是靠回水和供水之间的密度差来进行的，这种系统就称为"自然循环热水供暖系统"。

（2）机械循环系统　当水在系统中的循环是靠水泵压力进行的，这种系统就称为"机械循环热水供暖系统"。

2. 按系统供、回水方式不同分类

（1）单管系统　热水经立管或水平管顺序流过多组散热器，并顺序地在各散热器中冷却的系统。

（2）双管系统　热水经供水管或水平供水管平行地分配给多组散热器，冷却后的回水自每个散热器直接沿回水立管或水平回水管流回热源的系统。

3. 按管道敷设方式不同分类

可分为垂直式系统和水平式系统。

4. 按供回水所处位置不同分类

（1）上供下回　供水干管与回水干管分别设在系统的上部和下部。

（2）下供下回　供水干管与回水干管均设在系统下部。

（3）下供上回　供水干管与回水干管分别设在系统的下部和上部。

（二）自然循环系统

1. 自然循环热水供暖系统的工作原理

图 1-99 是自然循环热水供暖系统的工作原理图。运行前整个系统要注入冷水至最高处，系统工作时水在锅炉内加热，水受热体积膨胀，密度减小，热水沿供水管进入散热器，在散热器内的水放热冷却，密度增大，密度较大的回水再返回锅炉重新加热，这种密度的差别形成了推动整个系统中的水沿管道流动的动力。在热水供暖系统中，这种动力又称为作用压头，简称压头。

假想回水管路的最低点断面 A—A 处有一阀门，若阀门突然关闭，A—A 断面两侧会受到不同的水柱压力，两侧的水柱压力差就是推动水在系统中循环流动的自然作用压力。

A—A 断面两侧的水柱压力分别为

$$p_左 = g(h_1\rho_h + h\rho_g + h_2\rho_g)$$

$$p_右 = g(h_1\rho_h + h\rho_h + h_2\rho_g)$$

系统的循环作用压力为

$$\Delta p = p_右 - p_左 = gh(\rho_h - \rho_g)$$

式中　Δp——自然循环的作用压力，Pa；

　　　　g——重力加速度，m/s²；

　　　　h——加热中心至冷却中心的垂直距离，m；

　　　　ρ_h——回水密度，kg/m³；

　　　　ρ_g——供水密度，kg/m³。

从公式可以看出，自然作用压力的大小与供、回水的密度差和锅炉中心的垂直距离有关。低温热水供暖系统，供、回水温度一定（95℃/70℃）时，为了提高系统的循环作用压力，应尽量增大锅炉与散热设备之间的垂直距离。

2. 重力循环热水供暖系统的主要形式

自然循环热水供暖系统主要分双管和单管两种形式，如图 1-99（b）所示。

图（b）左侧所示为双管上供下回式系统，其特点是各层散热器都并联在供、回水立管上，热水直接经供水干管、立管进入各层散热器，冷却后的回水经回水立管、干管直接流回锅炉。如不考虑管道中的冷却，则进入各层散热器的水温相同。

图（b）右侧所示为单管上供下回式（顺流式）系统，其特点是热水送入立管后，由上向下循序流过各层散热器，水温逐层降低，各组散热器串联在立管上。与双管系统相比，单管系统的优点是系统简单，节省管材，造价低，安装方便，上下层房间的温度差异较小；其缺点是顺流式系统不能进行个体调节。

3. 管道坡度及膨胀水箱的作用

（1）膨胀水箱的作用及其连接方式

① 连接方式。在自然循环中膨胀水箱应连接在供水总立管的顶端。

② 膨胀水箱的作用。用来贮存热水采暖系统加热的膨胀水量，除此之外，它还是系统的排气装置。

（2）管道的坡度　因系统中若积存空气，就会形成气塞，影响水的正常循环，空气流动速度大于水流的速度，所以为了使系统内的空气能顺利地排除，对于上供下回式自然循环热水供暖系统，供水干管必须有向膨胀水箱方向上升的坡向，其坡度宜采用 0.005～0.01；散热器支管的坡度一般取 0.01。为保证系统中的水能通过回水干管顺利地排出，回水干管应有坡向锅炉方向的坡度，其值一般为 0.005～0.01。

（三）机械循环系统

比较高大的建筑，采用自然循环采暖系统时，由于受到作用压力、供暖半径的限制，难以实现系统的正常运行，而且，因流速小，管径偏大，也不经济。因此，对于比较高大的多层建筑、高层建筑及较大面积的集中供暖区，都采用机械循环采暖系统。机械循环采暖系统是靠水泵产生的压力作为动力来循环流动，因此作用半径大；水流速度快，管径小，升温快。

在热水供暖系统中，由于热水经散热器放热后水温降低，循环水泵一般设置在靠近锅炉进口前的回水干管上，可以使水泵处于水温较低的状态下工作，同时也便于锅炉房设备的集中管理。

1. 常用的几种供暖形式

（1）垂直式　将垂直位置相同的各个散热器用立管进行连接的方式。

① 双管上供下回式。双管上供下回式机械循环热水采暖系统的组成如图 1-100 所示。系统形式与自然循环系统基本相同，只是增加了水泵、排气装置且膨胀水箱连接位置不同。

在这种系统中，水在系统内循环，主要依靠水泵所产生的压头，但同时也存在自然压头，由于上下层自然压头不同，就使流入各散热器的流量不同，从而造成了上下层冷、热不均的现象，这种现象称为"垂直失调"。随着楼层层数增多，垂直失调现象愈加严重。因此，双管系统不宜在四层以上的建筑物中采用。

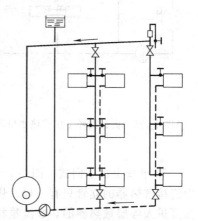

图 1-100　双管上供下回式机械循环热水供暖系统

② 下供下回式双管系统。系统的供水和回水干管都敷设在底层散热器下面。如图 1-101 所示。

下供下回式系统排除空气的方式主要有两种：通过顶层散热器的冷风阀手动分散排气或通过专设的空气管手动或自动集中排气。

③ 中供式系统。水平供水干管敷设在系统中部。下部系统呈上供下回式，上部系统可采用下供下回式（双管），也可采用上供下回式（单管）。如图 1-102 所示。

中供式系统可避免由于顶层梁底标高过低，致使供水干管挡住顶层窗户的不合理布置，

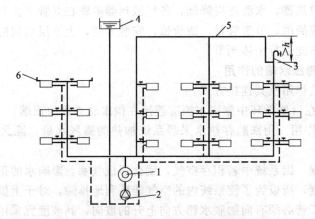

图 1-101　机械循环下供下回式热水供暖系统
1—热水锅炉；2—循环水泵；3—集气装置；4—膨胀水箱；5—空气管；6—放气阀

并减轻了上供下回式楼层过多易出现的垂直失调现象，但上部系统要增加排气装置。

④ 下供上回式（倒流式）系统。系统的供水干管设在下部，而回水干管设在上部，顶部还设置有顺流式膨胀水箱。如图 1-103 所示。

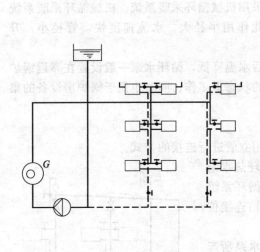

图 1-102　机械循环中供式热水供暖系统

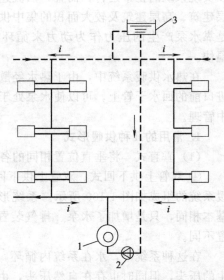

图 1-103　机械循环下供上回式热水供暖系统
1—热水锅炉；2—循环水泵；3—膨胀水箱

⑤ 单管上供下回式。图 1-104 所示为单管上供下回式机械循环热水供暖系统，该系统中连接散热器的立管只有一根，供热干管和回水干管同双管的敷设方式一样。这种方式能够保证进入各层散热器的热媒流量相同，不会出现垂直失调现象。

图 1-104 中左侧为单管顺流式，该系统中进入各层散热器的热媒流量相同，但供水温度逐层降低，为了解决这下层室温低的问题，就需要增加下层房间的暖气片的个数，从而占用了房间的使用面积。

图 1-104 中右侧为单管跨越式，即加上跨越管和温控阀，就可以解决供水温度逐层减低的问题。

（2）水平式

① 水平顺流式。水平顺流式系统是由一条水平管道将同一层的几种散热器串联在一起

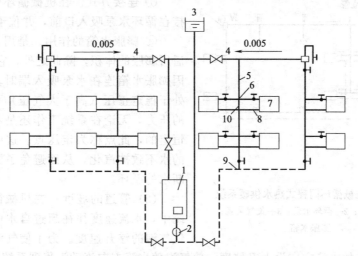

图 1-104 单管上供下回式机械循环热水采暖系统

1—热水锅炉；2—循环水泵；3—膨胀水箱；4—供水干管；5—供水立管；6—供水支管；

7—散热器；8—回水支管；9—回水干管；10—跨越管

的敷设方式，也称水平串联式，如图 1-105 所示。图中下部的连接方式，每组散热器需要单独排气；图中上部的连接方式增加了空气管，空气通过集中的排气装置排放。这种连接方式的水平联管受热伸长时接头易漏水，可在适当的位置设置补偿器，或利用自然弯补偿。

水平顺流式系统与其他几种形式相比，最节省管材，造价低，弯道穿越楼板少，便于施工和维护。顺流式系统每组散热器不能单独调节，水流经每一组散热器后，温度逐渐降低，尾部散热器数量要增多，一般每层串联的散热器组数不宜过多。

② 水平跨越式。水平跨越式系统是在同一层的几组散热器下部敷设一条水平管道，用支管分别与每组散热器连接，也称水平并联式，如图 1-106 所示。水平跨越式系统的每组散热器可以通过进水支管上的阀门来调节热媒流量。

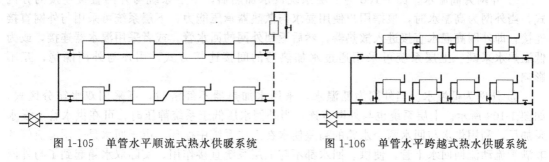

图 1-105 单管水平顺流式热水供暖系统　　　　图 1-106 单管水平跨越式热水供暖系统

（3）同程式和异程式　供暖系统中，还可以将热水供暖系统按通过立管的循环环路长度分为异程式和同程式两种。

① 异程式系统。在采暖系统中，通过各个立管的循环环路的总长度不相等，这种布置形式称为异程式系统。异程式系统造价低，投资少，但易出现近热远冷、水平失调的现象。

② 同程式系统。若通过各个立管的循环环路的总长度都相等，这种布置形式称为同程式系统。同程式系统的供热效果较好，可避免冷热不均现象，但工程的初期投资较大。如图 1-107 所示。

2. 管道坡度及膨胀水箱的作用

（1）膨胀水箱的作用及其连接方式

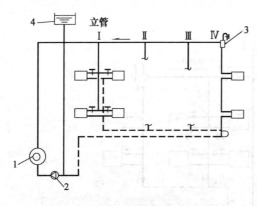

图 1-107　机械循环同程式热水供暖系统
1—热水锅炉；2—循环水泵；3—集气装置；
4—膨胀水箱

① 连接方式。在机械循环中膨胀水箱应连接在循环水泵吸入口前，并位于系统最高点。

② 膨胀水箱的作用。是用来容纳因水受热后所膨胀的体积，除此之外，它还起定压作用。因膨胀水箱连在水泵吸入端时，可使整个系统处于稳定正压（高于大气压）下工作，该点处的压力，无论在系统工作还是不工作时，都是恒定的，此点称为定压点。这就保证了系统中的水不致被汽化，从而避免了因水汽存在而中断水的循环。

（2）管道的坡度　在机械循环热水供暖系统中，水流速度往往超过自水中分离出来的空气气泡的浮升速度。为了使气泡不致被带入立管，供水干管应按水流方向设上升坡度，使气泡随水流方向流动汇集到系统的最高点，通过设在最高点的排气装置，将空气排出系统外。供、回水干管的坡度宜采用 0.003，不得小于 0.002。回水干管的坡向与自然循环系统相同，应使系统中的水能顺利排出。

（四）高层建筑供暖形式

1. 高层建筑热水供暖系统特点

随着建筑高度的增加，供暖系统内水静压力随之上升，而散热设备、管材的承受能力是有限的。为了适应设备、管材的承压能力，建筑物高度超过 50m 时，宜竖向分区供暖，上层系统采用隔绝式连接。

建筑高度的上升，会导致系统垂直失调问题加剧。为减轻垂直失调，一个垂直单管供暖系统所供层数不宜大于 12 层，同时立管与散热器的连接可采用其他方式。

2. 主要供暖形式

（1）竖向分区式　在高度方向分成两个或两个以上的系统称为竖向分区式。

① 外网为高温水。图 1-108 为上层系统设水加热器，下层系统与外网直接连接的分区式。当外网为高温水时，根据用户使用要求与散热器承压能力，下层系统可采用与外网直接连接，即外网高温水直接进入散热器，然后返回外网的回水管。或者采用混水器连接，或为低温热水采暖。上层系统可采用通过水加热器的间接连接方式，用户与外网隔绝，互不影响。

② 外网为低温水。当外网为低温水，采用水加热器不经济时，可采用双水箱分区式，如图 1-109 所示。上层系统也与外网直连，当外网水压低于系统静压时，可在供水管上设水泵加压，利用供水与回水两个水箱的高差使水在上层系统中循环。由于回水是采用溢流管的非满管流动流回回水干管，使供、回水都不与上层系统直接作用。实际双水箱起到了与外网隔绝的作用。与设水加热器分区式比，设备简化，造价降低，减少了运行管理费，但开式水箱易引起管道与设备的锈蚀。

（2）单、双管混合式　单、双管混合式系统，如图 1-110 所示。将散热器自垂直方向分为若干组，每组包含若干层，在每组内采用双管形式，而组与组之间则用单管连接，这样就构成了单、双管混合式系统。这种系统的特点是：避免了双管系统在楼层过多时出现的严重竖向失调现象。有的散热器还能局部调节，单、双管系统的特点兼而有之。

（五）供暖系统管道及设备

1. 供暖系统附属设备

（1）膨胀水箱　膨胀水箱是热水供暖系统的重要附属设备之一。有开式和闭式之分。开

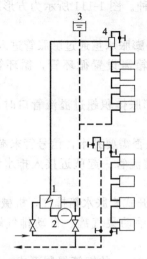

图 1-108 竖向分层式热水
供暖系统

1—水加热器；2—循环水泵；3—膨胀水箱；
4—集气罐

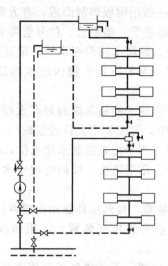

图 1-109 双水箱分区式热
水供暖系统

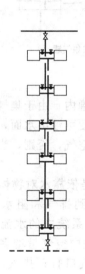

图 1-110 单、双管混
合式系统

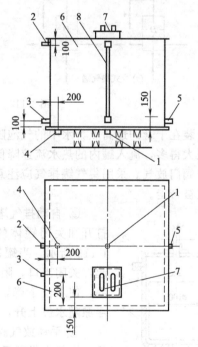

图 1-111 方形膨胀水箱构造

1—膨胀管；2—溢流管；3—循环管；4—排水管；
5—信号管；6—箱体；7—人孔；8—水位计

式膨胀水箱构造简单，管理方便，多用于低温水供暖系统。它的作用主要有以下几点：

① 用来容纳系统中水受热膨胀所增加的体积；

② 利用水箱一定的安装高度，维持系统压力恒定；

③ 检查系统的充水情况；

④ 通过膨胀水箱排除系统中的空气。

膨胀水箱一般用钢板焊制而成，有方形和圆形两种。图 1-111 所示为方形膨胀水箱构造图，箱上连有膨胀管、溢流管、信号管等管路。

① 膨胀管。膨胀水箱设在系统的最高处，系统的膨胀水量通过膨胀管进入膨胀水箱。

② 循环管。为了防止水箱内的水冻结，膨胀水箱需设置循环管，循环管不允许设置阀门。

③ 溢流管。用于控制系统的最高水位，当水的膨胀体积超过溢流管口时，水溢出就近排入排水设施中，溢流管不允许设置阀门。

④ 信号管。用于检查膨胀水箱水位，决定系统是否需要补水，信号管末端应设置阀门。

⑤ 排水管。用于清洗、检修时放空水箱，可与溢流管一起就近接入排水设施，其上应安装阀门。

(2) 排气装置　自然循环热水供暖系统主要利用开式膨胀水箱排气，机械循环系统还需要在局部最高点设置排气装置。常用的排气装置有手动集气罐、自动排气罐、手动放气阀等。

① 手动集气罐。手动集气罐可用直径为 100～250mm 的钢管焊制而成。根据安装形式分为立式和卧式两种。在其顶部接出直径为 DN15 的排气管，并装设阀门，引至附近的排水点。构造如图 1-112 所示。

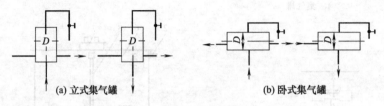

(a) 立式集气罐　　　　　(b) 卧式集气罐

图 1-112　集气罐

集气罐安装在干管的最高点，水中的气泡随水流一同进入罐内。由于集气罐的直径比连接的管道直径大得多，流入罐内的热水流速降低，水中的气泡便可浮出水面，集聚在上部空间，定期打开阀门放气。采用集气罐排气应注意及时定期排出空气，否则，当罐体内空气过多时会随水流被带走。

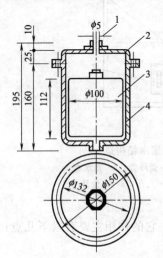

图 1-113　自动排气罐
1—排气出口；2—阀盖；
3—浮漂；4—罐体

② 自动排气罐。自动排气罐是依靠水对物体的浮力，自动打开和关闭罐体的排气出口，达到排气和阻水的目的，如图 1-113 所示。当罐体内无空气时，系统中的水流入，将浮漂浮起，关闭出口，阻止水流出。当罐内空气量增多，并汇集在上部，使水位下降，浮漂下落，排气口打开排气。气体排出后，浮漂随水位上升，重新关闭排气口。

③ 手动放气阀。手动放气阀又称手动跑风，如图 1-114 所示。在热水供暖系统中，安装在散热器的上端（蒸汽供暖时，安装在散热器 1/3 高度处），定期打开手轮，排除散热器内的空气。

(3) 除污器　除污器的作用是用来截留过滤，并定期清除系统中的杂质和污物，以保证水质清洁，防止管路系统堵塞。除污器有立式、卧式等，图 1-115 为立式直通除污器，热水由进入管进入筒体。由于水流速度突然减小，使水中的污物沉降到筒体，较清洁的水经带有很多小孔的出水管流出。筒内杂质、污物通过下部的排污管定期排放。上部设排气管，定期排除筒

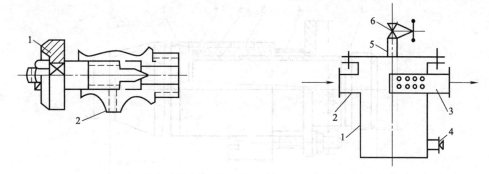

图 1-114　手动放气阀
1—手轮；2—排气口

图 1-115　立式直通除污器
1—筒体；2—进水管；3—出水管；4—排污丝堵；
5—排气管；6—阀门

内空气。除污器一般安装在用户入口的供水管上，循环水泵的吸水口处，以及避免造成可能堵塞的某些装置前。除污器后应装阀门，并设置通管，在排污或检修时临时使用。

（4）散热器温控阀　散热器温控阀是一种自动控制散热器散热量的设备，可根据室温与给定温度之差自动调节热媒流量的大小，安装在散热器入口管上。它主要应用于双管系统，在单管跨越式系统中也可应用。这种设备具有恒定室温、节约热能的特点，在欧洲国家中使用广泛，我国也已有定型产品，如图 1-116 所示。

（5）补偿器　在采暖系统中，金属管道会因受热而伸长。如果平直管道的两端都被固定不能自由伸长时，管道的管件就会因内应力的作用而损坏。

补偿器的主要作用是补偿管道因受热而产生的热伸长量。供热管道中常用的补偿器有方形补偿器、套管补偿器，另外还有波纹管补偿器、球形补偿器等。

① 方形补偿器。方形补偿器是用管子煨制或用弯头焊制而成，如图 1-117 所示，这种补偿器的优点是制造安装方便，不需要经常维修，补偿能力大，作用在固定点上的推力较小，可用于各种压力和温度条件。缺点是补偿器外形尺寸大，占地面积多。由于方形补偿器具有工作压力和工作温度高，适用范围大的突出优点，使得它在管道热补偿方面得到广泛应用。

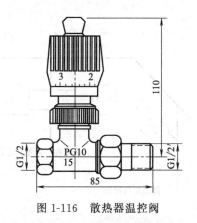

图 1-116　散热器温控阀

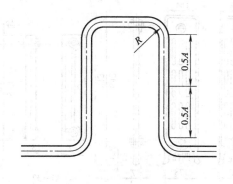

图 1-117　方形补偿器

② 套管补偿器。套管补偿器有单向和双向两种。图 1-118 所示为单向套管补偿器。这种补偿器的芯管（又称导管）直径与连接管道的直径相同。芯管在套管内移动，吸收管道的热伸长量。芯管和套管之间用填料密封，用压盖将填料压紧。套管补偿器的补偿能力大，尺寸紧缩，流动阻力较小。缺点是轴向推力较大，需要经常更换填料，否则容易泄漏，如管道

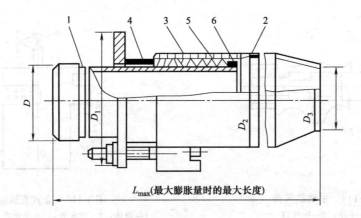

图 1-118　套管补偿器
1—芯管；2—套管；3—压紧环；4—填料压盖；5—密封填料；6—填料支承环

变形有横向位移时，易造成芯管卡住，不能自由活动。

2. 散热器

散热器的功能是将热媒（蒸汽或热水）所携带的热量通过散热器壁面传给房间。目前，国内生产的散热器种类繁多，按其所用材质主要分为铸铁散热器和钢制散热器。按其构造形式主要分为柱型、翼型、管型和平板型。

（1）铸铁散热器　铸铁散热器长期以来得到广泛应用，它具有结构简单、防腐性好、使用寿命长以及热稳定性好等优点。

① 柱型散热器。铸铁柱型散热器是呈柱状的单片散热器。每片各有几个中空的立柱，有二柱、四柱和五柱，如图 1-119 所示。根据散热面积的需要，可将各个单片组装在一起形成一组散热器。

有些散热器带柱脚，可以与不带柱脚的组对成一组落地安装，也可以全部选用不带柱脚的在墙上挂式安装。

在图中标注时只标注数量（片数），并应注在散热器内，以"片"为计量单位。如图 1-120 所示。

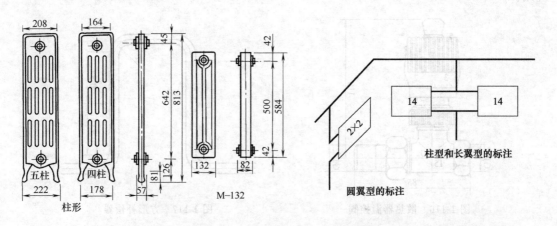

图 1-119　铸铁柱形散热器　　　　图 1-120　柱型、圆翼型散热器画法

② 铸铁翼型散热器。铸铁翼型散热器分为圆翼型和长翼型两种。

a. 长翼型散热器 [图 1-121 （b）]。长翼型散热器是一个在外壳上带有翼片的中空壳体，

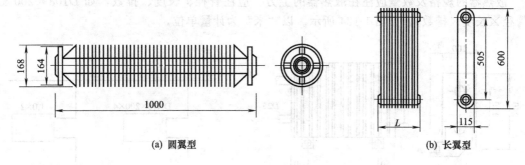

(a) 圆翼型　　　　　　　　　　　　　　(b) 长翼型

图 1-121　铸铁翼型散热器

在壳体侧面的上下端各有一个带丝扣的孔，供热媒进出，同时用于把单个的散热器，用对丝组成散热器组。其高度为 60cm，每片长度为 280mm 的叫大 60，长度为 200mm 的叫小 60。可把几片组合在一起成一组。

在图中标注时只标注数量（片数），并应注在散热器内，以"片"为计量单位。如图 1-120 所示。

b. 圆翼型散热器。圆翼型散热器为管型，外表面带有许多圆形肋片，如图 1-121（a）所示。其规格有 D50（内径 50mm，肋片 27）和 D75（内径 75mm，肋片 47 片）两种。每根长度为 1m，两端有法兰，可把数根串、并联在一起形成一组。

圆翼型散热器的数量应注在散热器内，应注写根数、排数，如 3×2（每排根数×排数），以"节"为计量单位。如图 1-120 所示。

（2）钢制散热器

① 钢柱型散热器。钢柱型散热器的构造和铸铁柱型散热器相似，每片也有几个中空立柱，如图 1-122 所示。这种散热器是利用 1.5～2.0mm 厚普通冷轧钢板经过冲压形成半片柱状，再经压力滚焊复合成单片，单片之间通过气体弧焊联成所需要的散热器段。

② 闭式钢串片散热器。闭式钢串片散热器由钢管、带折边的钢片和联箱等组成，是在用联箱连通的两根（或两根以上）的钢管上串着许多长方形薄钢片（0.5mm 厚）而制成。如图 1-123 所示。这种散热器的串片间形成许多个竖直空气通道，产生了烟囱效应，增强了对流放热能力。闭式钢串片型散热器体积小，质量轻，承压能力高，但串片间易积尘，水容量小。

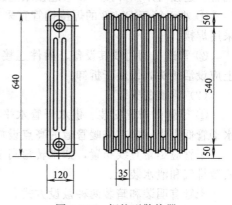

图 1-122　钢柱型散热器

闭式钢串片散热器的规格及数量应注在散热器的上方，应注长度、排数，如 1.0×2（长度×排数），如图 1-124 所示。以"片"为计量单位，每米 100 片。

③ 光排管散热器。由数根规格形扁管叠加焊制成排管，两端连接联管，形成水流通路，如图 1-125 所示。

排管的总长度为

$$L = nL_1$$

式中　n——排管的根数；

　　　L_1——排管的长度。

散热器的规格及数量应注在散热器的上方，应注管径、长度、排数，如 $D108 \times 200 \times 4$（管径×长度×排数），如图 1-124 所示。以"米"为计量单位。

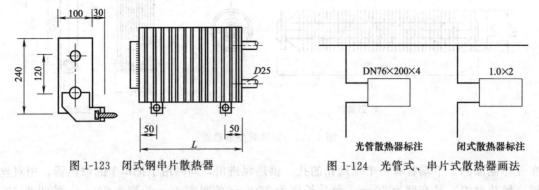

图 1-123 闭式钢串片散热器　　　图 1-124 光管式、串片式散热器画法

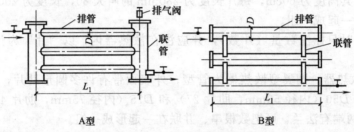

图 1-125 光排管散热器

3. 供暖管道及其安装

（1）管材　采暖工程中的管材基本与给排水工程所用的管材相似。供暖管道通常都采用钢管，连接可采用焊接、法兰连接或丝扣连接。

① 小于等于 DN32 的焊接钢管宜采用螺纹连接；大于 DN32 的焊接钢管和无缝钢管宜采用焊接。

② 管道与阀门或其设备、附件连接时，可采用螺纹连接或焊接。与散热器连接的支管上应设活接头，以便于拆卸。

（2）管道的安装

① 干管的布置安装。供水干管水平布置要有正确的坡度、坡向，供水干管抬头走，回水干管低头走。应在采暖管道的高点设放气装置，低点设泄水装置。

干管应尽量直线布置，如果转角高于或低于管道的水平走向，其最高点或最低点应分别安装排气和泄水装置。

干管有明装和暗装两种敷设方式。

明装时，上部的干管敷设在靠近屋顶下表面的位置，但一般不应穿梁，不应遮挡门窗影响使用。下部的干管常设置在地面以上，散热器以下的位置，明装管道过门时可局部设地沟，图 1-126 为回水干管下部过门法。图 1-127 为回水干管上部过门法。

暗装时，应根据干管的具体位置，可设置在顶棚里、技术夹层中，或利用地下室或设在地沟内。

供暖管道在地沟或沿墙、柱敷设时，每隔一定距离应设管卡或支、吊架。热力管道的支架分为滑动支架和固定支架两类，图 1-128 所示为墙上安装时常采用的一种支架形式。管道支、吊、托架的安装位置应正确、牢固，与管道接触应紧密。固定在建筑结构上的管道支、吊架，不得影响结构的安全。

热水系统中管道因受热膨胀而伸长，为保证管网的使用安全而采取一定补偿管道温度伸缩的措施，即使用补偿器。

补偿器的主要作用是补偿管道因受热而产生的热伸长量。供热管道中常用的补偿器有方形补偿器、套管补偿器，另外还有波纹管补偿器、球形补偿器等。在布置管路时，应尽量利用管道的自然弯曲的补偿能力。即利用管道平面敷设时自然形成的 L 形或 Z 形的弯曲管段，来补偿直线管段部分的伸缩量。对于室内供热管路，由于直管段长度短，在管路布置得当时，可以只靠自然补偿。当自然补偿不能满足要求时，才考虑装设特制的补偿器。

供热管道通过固定支座分成若干段，分段控制伸长量，保证补偿器均匀工作。因此，两个补偿器之间必须有一个固定支座，两个固定支座之间必须设一个补偿器。

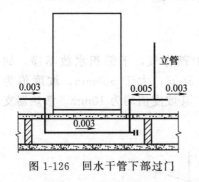

图 1-126　回水干管下部过门

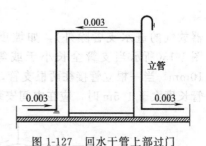

图 1-127　回水干管上部过门

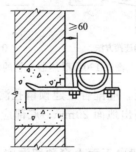

图 1-128　墙上支架

② 立管的布置安装。立管应尽量布置在外墙角，此处温度低、潮湿，可防止结露。也可以沿两窗之间的墙中心线布置。

立管上下均应设阀门，以便于检修。双管系统的供水立管一般置于面向的右侧，当立管与水平管相交时，立管应煨括弯绕过水平管。如图 1-129 所示。

立管一般为明装，距墙表面为 50mm。暗装时可以敷设在预留的墙槽内，也可以敷设在专用的管道井中。

立管应通过弯管与干管相接，以解决管道胀缩问题，如图 1-129 所示。立管可设管卡固定，层高小于或等于 5m，每层须安装 1 个；层高大于 5m，每层不得少于 2 个。

安装管径小于或等于 32mm 不保温的双立管管道，两管中心距应为 80mm，允许偏差 5mm。

立管与墙面的净距：小于等于 DN32 时，为 25 ～ 35mm；当大于 DN32 时，为 30～50mm。

立管与干管、支管的连接方式是：a. 当干管为焊接时立管与干管为焊接；b. 当干管为丝接时，立管与干管为丝接；c. 立管与支管一般为丝接。

③ 支管的布置安装。支管应尽量设置在散热器的同侧与立管相接，支管上一般设"Z"字弯。进出口支管一般应沿按水流方向下降的坡度敷设（下分下回式系统，利用最高层散热

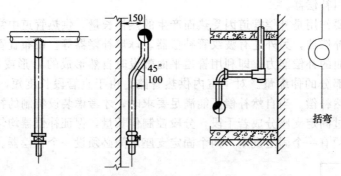

图 1-129　立管与干管连接

器放气的进水支管除外），如坡度相反，会造成散热器上部存气，下部积水放不净，如图 1-130 所示当支管全长小于或等于 500mm，坡度值为 5mm；大于 500mm，坡度值为 10mm。当一根立管接往两根支管，任其一根超过 500mm，其坡度值均为 10mm。散热器支管长度大于 1.5m 时，应在中间安装管卡或托钩。

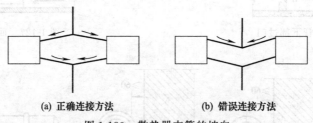

(a) 正确连接方法　　　　　(b) 错误连接方法

图 1-130　散热器支管的坡向

管道穿过基础、墙壁和楼板，应配合土建预留孔洞，穿墙和楼板时，应设钢制套管。安装在楼板内的套管，其顶部应高出地面 20mm，底部应与楼板底面相平，安装在墙壁内的套管，其两端应与饰面相平。

④ 采暖总立管的安装。一般由下而上穿预留洞安装，立管下部应设刚性支座支承，楼层间立管连接的焊口应置于便于焊接的高度。

立管顶部如分为两个水平分支干管时，应用羊角弯连接并用固定支架予以固定，如图 1-131 所示。

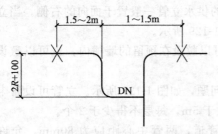

图 1-131　总立管顶部与分支干管的连接

（3）管道的保温　供热管道保温的目的主要是减少热媒在输送过程中的热损失，保证热用户要求的热媒参数，节约能源。另外可以降低管壁外表面的温度，避免烫伤人。

保温结构由保温层和保护层两部分组成。管道的防腐涂料层包含在保护层内。外面的保护层可以防潮、防水，阻挡外界环境对保温材料的影响，延长保温结构的寿命，保证其保温效果。

① 保温结构

a. 涂抹式。将湿的保温材料，如石棉粉、石棉硅藻土等，直接分层抹于管道或设备外面。

b. 预制式。将保温材料和胶凝材料一起制成块状、瓦状，然后用镀锌铁丝绑扎。常用的材料有水泥蛭石、水泥珍珠岩等。

c. 捆扎式。捆扎式是利用柔软而具有弹性的保温织物，如矿渣棉毡、玻璃棉毡等，它裹在管道或其他需要保温的设备、附件上。

d. 浇灌式。浇灌式材料常用泡沫混凝土、硬质泡沫塑料等，在模具和管道、附件之间注入配好的原料，直接发泡成型。

e. 充填式。将松散的、纤维状的保温材料充填在管子四周特制的套子或铁丝网中，以及充填于地沟或无地沟敷设的槽内。

② 保护层

内防腐层在保温前进行，首先应对金属表面除油、除锈，然后刷防腐涂料，如防锈漆等。

保护层可根据保温结构及敷设方式选择不同的作法，常采用的保护层作法有沥青胶泥、石棉水泥砂浆等分层涂抹；或用油毡、玻璃布等卷材缠绕；还可利用黑铁皮、镀锌铁皮、铝皮等金属材料咬口安装；或在保温层外加钢套管、硬塑套管等。保护层外根据要求刷面漆。

（六）分户计量

分户热计量供暖系统，方便按实际耗热量分户计费、节约能源和满足用户对采暖系统多方面的功能要求，便于分户管理及分室控制、调节供热量。

1. 供热系统形式及特点

（1）分户水平单管系统（图 1-132）　分户水平单管系统可采用水平顺流式、散热器同侧接管的跨越式和散热器异侧接管的跨越式等形式。

① 水平顺流式。在水平支路上设关闭阀、调节阀和热量表，可实现分户调节和分户计量，不能分室改变热供量。

② 跨越式。除了可实现分户调节和计量，还可实现分房间控制和调节温度。

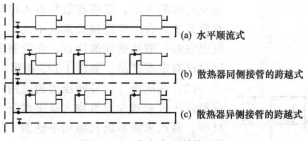

图 1-132　分户水平单管系统

（2）分户水平双管系统　分户水平双管系统如图 1-133 所示，该系统一个用户的各散热器并联，在每组散热器上装调节阀或恒温阀，以便分室控制和调节室温。

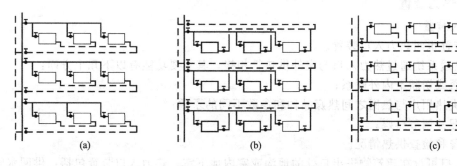

图 1-133　分户水平双管系统

（3）分户水平单、双管系统　分户水平单、双管系统如图 1-134 所示，兼有上述分户水平单管和双管系统的优缺点，可用于面积较大的户型以及跃层式建筑。

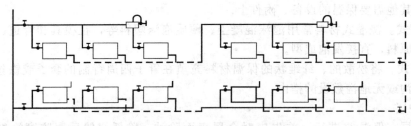

图 1-134　分户水平单、双管系统

2. 分户热计量系统常用附属设备

（1）热量表　用户使用热量采用热量表计算。热量表由流量计、温度传感器和积分仪表三部分组成。

$$热量表的读数 = Q \times \Delta t$$

式中　Q——流量；

　　　Δt——供回水之间的温差。

① 流量计安装在供水管或回水管上，用来测量供水或回水的流量并以脉冲的形式传送给积分仪；

② 温度传感器安装在供水和回水管路上，用来测量供回水的温差；

③ 积分仪将采集到的流量信号和温度信号经计算处理后显示出热媒从入口到出口所释放的热量值。

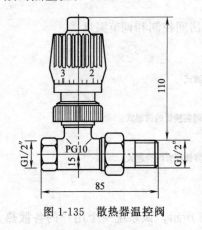

图 1-135　散热器温控阀

（2）散热器温控阀　散热器温控阀是一种自动控制散热器散热量的设备，可根据室温与给定温度之差自动调节热媒流量的大小，安装在散热器入口管上。它主要应用于双管系统，在单管跨越式系统中也可应用。这种设备具有恒定室温、节约热能的特点，在欧洲国家中使用广泛，我国也已有定型产品。如图 1-135 所示。

（3）调压板　当外网压力超过用户的允许压力时，可设置调压板来减少建筑物入口供水管上的压力。调压板的材质：蒸汽采暖系统只能用不锈钢，热水采暖系统可以用铝合金或不锈钢。调压板用于压力 $p < 1000\text{kPa}$ 的系统中，选择调压板时孔口直径不应小于 3mm，且调压板的厚度一般为 23mm，安装在两个法兰之间。

（七）热力装置

1. 引入装置

引入装置也叫热力入口装置。

室内供暖系统通过热力入口与室外供热管相接，其主要功能有以下几个方面：

① 接通或切断室内外联系；

② 解决热用户与热网之间热媒品种和参数不同的矛盾；

③ 分配并调节热媒；

④ 监督和检查供热情况。

热力入口可设在建筑物进出口处的地沟或室内地下室。热力入口装置包括：供回水管切断阀、过滤器、压力表、温度计、泄水阀、流量或压力调节装置等。如图 1-136 所示。

2. 入户热力装置

应设于户外（楼梯间或地下室）的进户箱内，入户装置包括供回水管切断阀、过滤器、热量表等。

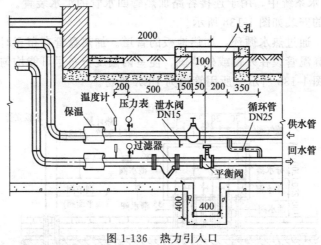

图 1-136　热力引入口

(八) 低温辐射采暖系统

低温热水地面辐射采暖具有舒适、卫生、节能、不影响室内美观等优点，在我国北方地区的住宅和公共建筑中得到广泛应用。

1. 工作原理

低温热水地板辐射供暖，它以温度不高于 60℃ 的热水为热媒，在埋设于地板内的交联聚乙烯加热管内循环流动，把地板加热到 18～28℃，热量通过大面积的地面以辐射的方式向地板以上的空间温和均匀地散发，使人体感受到辐照和空气温度的双重热作用。这种供暖方式又称地热。

2. 低温热水地面辐射供暖系统的组成

在住宅建筑中，地板辐射采暖的加热管一般应按户划分独立的系统，并设置集配装置，如分水器和集水器，再按房间配置加热盘管，一般不同房间或住宅各主要房间宜分别设置加热盘管与集配装置相连。图 1-137 为采暖平面布置示意图。

(1) 分配器　通常在地面供暖区域中，需要将大面积细分成小区块控制或是一套住宅中有多个功能房间，需要分别控制，同时，地暖系统受水力特征影响，地暖盘管限制在一定的长度内，这就需要将同一地面供暖区域同一套住宅的各供暖房间分成多个环路，而每个环路又分别需要进行关断或流量调节。

分、集水器在低温热水地面辐射供暖系统中就起着这样的作用。分水器和集水器在地暖系统中是水流量分配和汇集装置，由它们组合而成为分配器，是用于连接采暖主干供水管和回水管的装置。

① 分水器是在水系统中，用于连接各路加

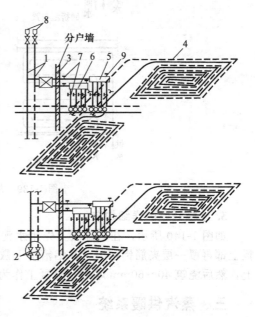

图 1-137　采暖平面布置

1—供暖立管；2—立管调节装置；3—入户装置；
4—加热盘管；5—分水器；6—集水器；
7—球阀；8—自动排气装置；9—放气阀

热管供水管的配水装置。

　② 集水器是在水系统中，用于连接各路加热管回水管的汇水装置。

　集（分）水器的安装如图 1-138 所示。

　（2）加热盘管　通过热水循环，加热地板的管道。加热盘管在布置时应保证地板表面温度均匀。一般宜将高温管设在外窗或外墙侧，使室内温度分布尽可能均匀，其布置形式有多种，常见的形式如图 1-139 所示。所用管材为 PEX 管材。

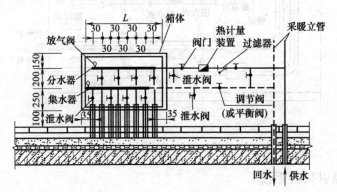

图 1-138　集水器、分水器安装

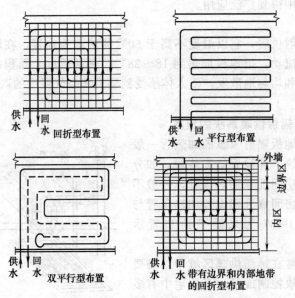

图 1-139　加热盘管布置形式

3. 地板采暖的详细构造

　如图 1-140 所示，在基础层上先用水泥砂浆找平，再铺聚苯板或聚乙烯泡沫为保温层，板上部再覆一层夹筋铝箔层，在铝箔层上敷设加热管，并以卡钉将盘管与保温层固定在地面上，然后浇筑 40~60mm 厚细石混凝土作为埋管层。

三、蒸汽供暖系统

1. 蒸汽供暖系统原理

　图 1-141 所示为简单的蒸汽供暖系统原理图。水在蒸汽锅炉里被加热而形成具有一定压力和温度的蒸汽，蒸汽靠自身压力通过管道流入散热器，在散热器内放出热量，并经过散热器壁面传给房间；蒸汽则由于放出热量而凝结成水，经疏水器（起隔汽作用）然后沿凝结水

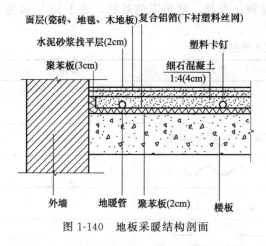

图 1-140 地板采暖结构剖面

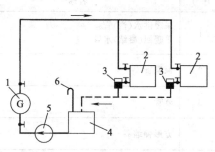

图 1-141 蒸汽供暖系统原理
1—蒸汽锅炉；2—散热器；3—疏水器；
4—凝结水箱；5—凝水泵；6—空气管

管道返回热源的凝结水箱内，经凝结水泵注入锅炉再次被加热变为蒸汽，如此连续不断地工作。

2. 蒸汽供暖系统附属设备——疏水器

疏水器的作用是自动而迅速地排出蒸汽系统中散热设备和管道里的凝结水，并阻止蒸汽泄漏。

热动力式疏水器是根据流体动力学原理来自动启闭凝结水排出孔进行工作的，其构造如图 1-142所示。

凝结水进入阀体下部的过滤器，经中央通道靠凝结水的压力顶开阀片，水从环形槽内设置的小孔流出。当蒸汽进入后，同样顶开阀片，一小部分蒸汽也会经小孔流出。但由于经孔口节流后蒸汽容积增大，阀片下的流速激增，造成静压下降，同时蒸汽从阀片周围进入上部空间，形成一定压力，将阀片向下关闭阻汽，阀片关闭一段时间后，由于蒸汽凝结，压力下降，凝结水再次进入时，重新顶开阀片排水。

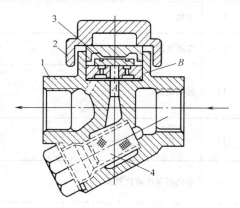

图 1-142 热动力式疏水器
1—阀体；2—阀盖；3—阀片；4—过滤器

四、建筑供暖施工图识读

(一) 一般规定

1. 图线

基本宽度 b 宜选用 0.18mm、0.35mm、0.5mm、0.7mm、1.0mm。图中仅有两种线宽时，线宽组宜为 b 和 $0.25b$。粗线单线一般表示管道；中粗线表示本专业设备轮廓、双线表示管道的轮廓；细线表示建筑物轮廓和尺寸、标高、角度等标注线迹引出线及非专业设备轮廓等。

2. 比例

总平面图、平面图的比例，宜与工程项目设计的主导专业图一致。

3. 图例

采暖与空调水管管道阀门与附件、调控装置和仪表等，常用图例绘制，表 1-10 所示为水、汽管道阀门和附件图例。

表 1-10　供暖常用图例

序号	名称	图例	备注
1	采暖供水(汽)管 采暖回(凝结)水管		
2	保温管		
3	软管		
4	方形伸缩器	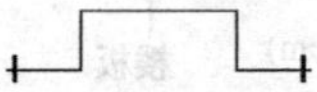	
5	套管伸缩器		
6	波形伸缩器	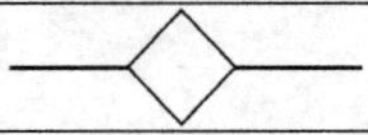	
7	弧形伸缩器		
8	球形伸缩器		
9	流向		
10	丝堵	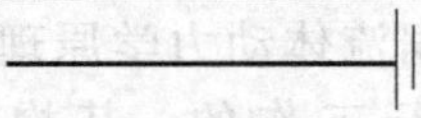	
11	滑动支架	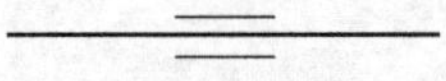	
12	固定支架	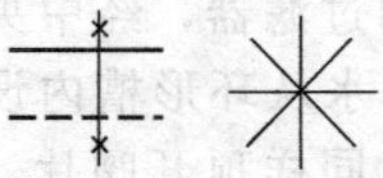	
13	膨胀阀	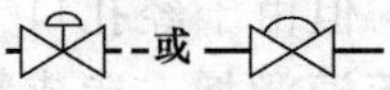 或	也称"隔膜阀"
14	散热器及手动放气阀	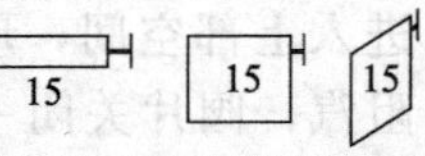 15　　15　　15	左为平面图画法,中为剖面图画法,右为系统图、Y轴测图画法
15	集气罐、排气装置	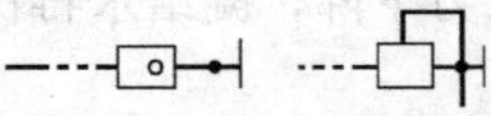	左图为平面图
16	自动排气阀		
17	疏水阀	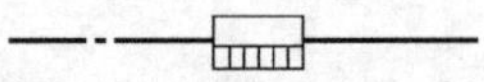	也称"疏水器"。在不致引起误解时,也可用━━◐━━表示
18	角阀	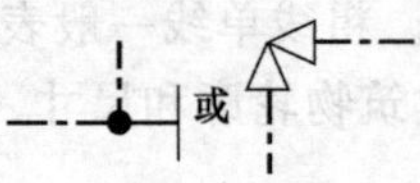 或	
19	三通阀	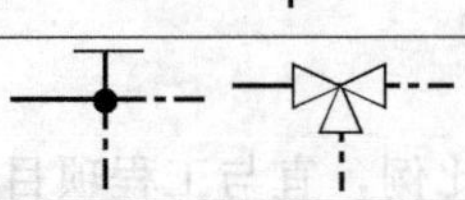	

续表

序号	名称	图例	备注
20	四通阀		
21	节流孔板、减压孔板		在不致引起误解时，也可用——||——表示
22	管道泵		
23	除污器（过滤器）		
24	介质流向	——→ 或 ⇒	在管道断开处时，流向符号宜标注在管道中心线上，其余可同管径标注位置
25	坡度及坡向	$i=0.003$ 或 —— $i=0.003$	坡度数值不宜与管道起、止点标高同时标注。标注位置同管径标注位置
26	板式换热器		

（二）室内供暖施工图的组成

1. 平面图

室内供暖平面图表示建筑各层供暖管道与设备的平面布置。内容包括以下方面。

① 建筑物轮廓，其中应注明轴线、房间主要尺寸、指北针，必要时应注明房间名称。

② 热力入口位置，供、回水总管名称、管径。

③ 干、立、支管位置和走向，管径以及立管编号。

④ 散热器的类型、位置和数量。

⑤ 对于多层建筑，各层散热器布置基本相同时，也可采用标准层画法。在标准层平面图上，散热器要注明层数和各层的数量。

⑥ 平面图中散热器与供水（供汽）、回水（凝结水）管道的连接按图 1-143 所示方式绘制。

2. 系统图

供暖工程系统图应以轴测投影法绘制，并宜用正等轴测或正面斜轴测投影法。当采用正面斜轴测投影法时，y 轴与水平线的夹角可选用 45°或 30°。系统图的布置方向一般应与平面图一致。

供暖系统图应包括如下内容。

① 管道的走向、坡度、坡向、管径、变径的位置以及管道与管道之间的连接方式。

② 散热器与管道的连接方式，例如是竖单管还是水平串联，是双管上分或是下分等。

③ 管路系统中阀门的位置、规格。

④ 集气罐的规格、安装形式（立式或是卧式）。

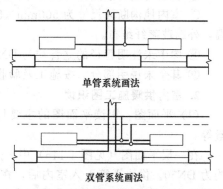

单管系统画法

双管系统画法

图 1-143 平面图中散热器与管道连接

⑤ 蒸汽供暖疏水器和减压阀的位置、规格、类型。

⑥ 节点详图的索引号。

⑦ 采暖系统编号、入口编号由系统代号和顺序号组成。室内采暖系统代号"N"，其画法如图 1-144 所示，其中图（b）为系统分支画法。

⑧ 竖向布置的垂直管道系统，应标注立管号，如图 1-145 所示。为避免引起误解，可只标注序号，但应与建筑轴线编号有明显区别。

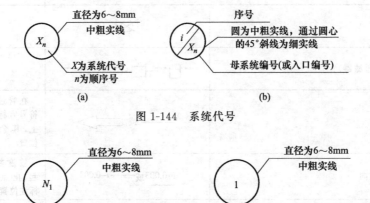

图 1-144　系统代号

图 1-145　立管号

(三) 室内供暖施工图实例和识图

1. 室内供暖施工实例

图 1-146 所示为某综合楼供暖首层平面图，图 1-147 所示为供暖二层平面图，图 1-148 所示为供暖系统图。

① 本工程采用低温水供暖，供回水温度为 $95\sim70℃$。

② 系统采用上供下回单管顺流式。

③ 管道采用焊接钢管，DN32 以下为丝扣连接，DN32 以上为焊接。

④ 散热器选用铸铁四柱 813 型，每组散热器设手动放气阀。

⑤ 集气罐采用《采暖通风国家标准图集》N103 中 I 型卧式集气罐。

⑥ 明装管道和散热器等设备，附件及支架等刷红丹防锈漆两遍，银粉两遍。

⑦ 室内地沟断面尺寸为 $500mm\times500mm$，地沟内管道刷防锈漆两遍，50mm 厚岩棉保温，外缠玻璃纤维布。

⑧ 图中未注明管径的立管均为 DN20，支管为 DN15。

⑨ 其余未说明部分，按施工及验收规范有关规定进行。

2. 室内供暖施工图识读

（1）平面图　识读平面图的主要目的是了解管道、设备及附件的平面位置和规格、数量等。

在一层平面图（见图 1-146）中，热力入口设在靠近⑥轴右侧位置，供、回水干管管径均为 DN50。供水干管引入室内后，在地沟内敷设，地沟断面尺寸为 $500mm\times500mm$。主立管设在⑦轴处。回水干管分成两个分支环路，右侧分支连接共 7 根立管，左侧分支连接共 8 根立管。回水干管在过门和厕所内局部做地沟。

在二层平面图（见图 1-147）中，从供水主立管①轴和⑦轴交界处分为左、右两个分支环路，分别向各立管供水，末端干管分别设置卧式集气罐，型号详见说明，放气管管径为 DN15，引至二层水池。

　　建筑物内各房间散热器均设置在外墙窗下。一层走廊、楼梯间因有外门，散热器设在靠近外门内墙处；二层设在外窗下。散热器为铸铁四柱813型（见设计说明），各组片数标注在散热器旁。

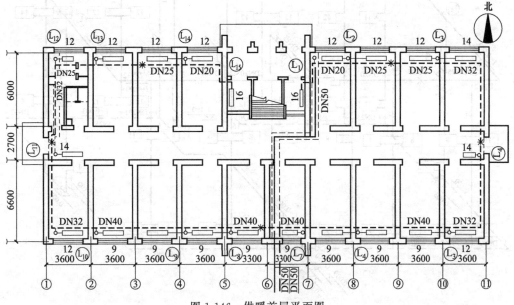

图 1-146　供暖首层平面图

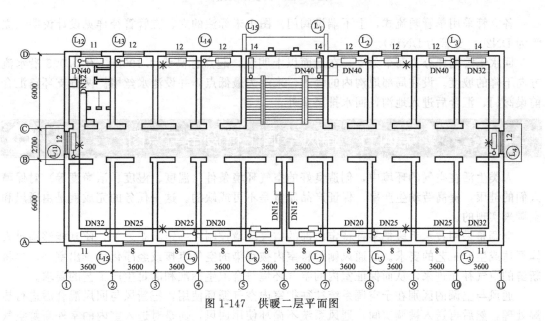

图 1-147　供暖二层平面图

　　（2）系统图　阅读供暖系统图时，一般从热力入口起，先弄清干管的走向，再逐一看各立、支管。

　　参照图1-148，系统热力入口供、回水干管均为DN50，并设同规格阀门，标高为−0.900m。引入室内后，供水干管标高为−0.300m，有0.003上升的坡度，经主立管引到二层后，分为两个分支，分流后设阀门。两分支环路起点标高均为6.500m，坡度为0.003，供水干管始端为最高点，分别设卧式集气罐，通过DN15放气管引至二层水池，出口处设阀门。

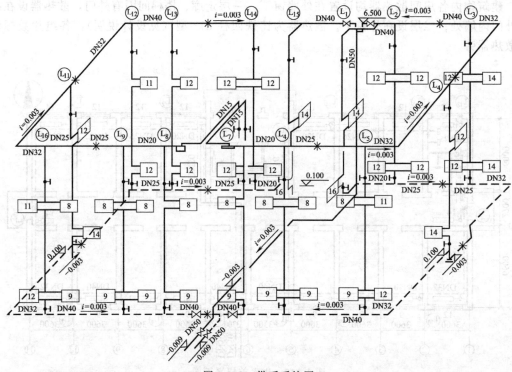

图 1-148 供暖系统图

各立管采用单管顺流式，上下端设阀门。图中未标注的立、支管管径详见设计说明（立管为 DN20，支管为 DN15）。

回水干管同样分为两个分支，在地面以上明装，起点标高为 0.100m，有 0.003 沿水流方向下降的坡度。设在局部地沟内的管道，末端为最低点，并设泄水丝堵。两分支环路汇合前设阀门，汇合后进入地沟，回水排至室外。

第四节 通风空调工程设备与识图

人类生活在空气的环境中，创造良好的空气环境条件（温度、湿度、洁净度等）对保障人们的健康，提高劳动生产率，保证产品质量是不可或缺的。这一任务的完成就是由通风和空调来实现的。

空调是采用技术手段把某种特定内部的空气环境控制在一定状态之下，使其能够满足人体舒适或生产工艺的要求。而通风则是将室内被污染的空气直接或经净化后排出室外，再将新鲜的空气补充进来，从而保证室内的空气环境符合卫生标准和满足生产工艺的要求。

通风与空调的区别在于空调系统往往把室内空气循环使用，把新风与回风混合后进行热湿处理，然后再送入被调房间；通风系统不循环使用回风，而是对送入室内的室外新鲜空气不作处理或仅作简单处理，并根据需要对排风进行除尘、净化处理后排出或是直接排出室外。

一、通风系统

建筑通风包括从室内排除污浊的空气和向室内补充新鲜空气。前者称为排风，后者称为送风。为了实现送、排风而采用的一系列设备、装置的总体我们称之为通风系统。

一般的民用建筑，通常只要求保持室内空气新鲜清洁，并在一定程度上改善室内空气的温度、湿度和空气流速。在这种情况下往往可以采用通过门窗换气、穿堂风降温等手段就能满足要求，不需要进、排风进行处理。

因此，我们主要介绍空调工程。

二、空气调节系统

空气调节（简称空调）是用人工的方法把某种特定空间内部的空气环境控制在一定状态下，使其满足生产、生活需求，改善劳动卫生条件。而对空气控制的内容主要包括温度、湿度、空气流速、压力、洁净度以及噪声等参数。

空气调节的方法主要有对空气进行加热、冷却、增湿、减湿、过滤、控制空气流速、流量。

（一）空调系统的分类

空调系统类型很多，分类方法也有很多种。我们主要介绍两种。

1. 按处理空调负荷的介质分

无论何种空调系统，都需要一种或几种流体作为介质带走作为空调负荷的室内余热、余湿或有害物，从而达到控制室内环境的目的。

（1）全空气系统　以空气为介质，向室内提供冷量或热量，由空气全部来承担房间的热负荷或冷负荷。

（2）全水系统　全部用水承担室内的热负荷和冷负荷。当为热水时，向室内提供热量，承担室内的热负荷；当为冷水（常称为冷冻水）时，向室内提供冷量，承担室内冷负荷和湿负荷。

（3）空气-水系统　以空气和水为介质，共同承担室内的负荷。是全空气系统与全水系统的综合应用，既解决了全空气系统因风量大导致风管断面尺寸大而占据较多有效建筑空间的矛盾，也解决了全水系统空调房间新鲜空气供应问题，因此这种空调系统特别适用于大型建筑和高层建筑。

（4）制冷剂系统（直接蒸发机组系统）　以制冷剂为介质，直接用于对室内空气进行冷却、去湿或加热。

2. 按空气处理设备的集中程度分

（1）集中式空调系统　集中式空调系统的主要设备都集中在空调机房内，以便集中管理。空气经集中处理后，再由风道分送给各个空调房间。如图 1-149 所示。

（2）半集中式空调系统　如图 1-150 所示。又称"半分散式空调系统"。大部分设备在空调机房内，有些设备在空调房间内，如风机盘管空调系统、诱导器空调系统等。

半集中式空调系统的工作原理，就是借助风机盘管机组不断地循环室内空气，使之通过盘管而被冷却或加热，以保持房间要求的温度和相对湿度。盘管使用的冷水或热水，由集中冷源和热源供应。同时，经新风机组集中处理后的新风，通过专门的新风管道分别送入各空调房间，以满足空调房间的卫生要求。

（3）分散式空调系统　又称"局部式空调系统"或"房间空调机组"。它是利用空调机组直接在空调房间内或其相邻地点就地处理空气的一种局部空调的方式。

局部空调机组有窗式空调机、壁挂式空调机、立柜式空调机及恒温恒湿机组等。

（二）空调系统的组成

根据上述各种空调系统的分类，可以看到不同的空调系统组成是不同的，一般来说，一个完整的空调系统应由空气处理设备、空气输送设备、空气分配装置、冷热源及自控调节装置组成。如图 1-151 所示。

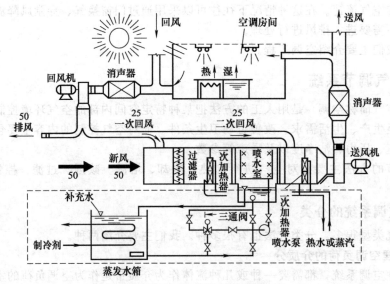

图 1-149　集中式空调系统

（1）空气处理设备　主要负责对空气的热湿处理及净化处理等，如表面式冷却器、喷水室、加热器、加湿器等。

（2）空气输送设备　包括风机（送、排风机），送、回、排风风管、管件及其部件等。

（3）空气分配装置　主要指各种送风口、回风口、排风口。

（4）冷热源　是指为空调系统提供冷量和热量的成套设备。如锅炉房（安装锅炉及附属设施的房间）、冷冻站（安装冷冻机及附属设施的房间）等。常用的冷冻机有冷水机组（将制冷压缩机、冷凝器、蒸发器以及自控元件等组装成一体，可提供冷水的压缩式制冷机称做冷水机组）、压缩冷凝机组（将压缩机、冷凝器及必要附件组装在一起的机组）。

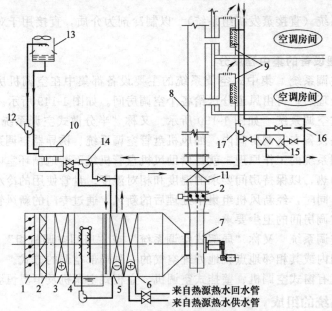

图 1-150　半集中式空调系统

1—新风调节阀；2—过滤器；3—加热器；4—喷淋室；5—表冷器；6—预加热器；
7—送风机；8—送风管；9—诱导器；10—冷水机组；11—消声器；12—冷却水泵；
13—冷却塔；14—一次水泵；15—热交换器；16—热媒；17—二次水泵

三、空调系统的主要设备

(一) 空气处理设备

对空气处理的设备很多，主要有以下七类：空气加热设备、空气冷却设备、空气加湿和减湿设备、空气净化设备、消声和减振设备等。

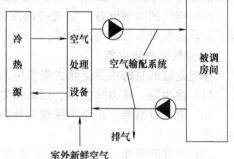

图 1-151 空调系统的组成

1. 空气冷却和加热设备

(1) 空气冷却设备 表面式冷却器，分为水冷式和直接蒸发式两种。水冷式表面冷却器内用冷水或冷冻盐水作冷媒。直接蒸发式表面冷却器是通以制冷剂作冷媒，靠制冷剂的蒸发吸取空气的热量，用来冷却空气。

空气进入空调箱先经过过滤器，除掉空气中的灰尘，再进入表冷器冷却降温（夏天），然后用风机送往空调房间。

水冷式表面冷却器在空调机箱的安装如图 1-152 所示。

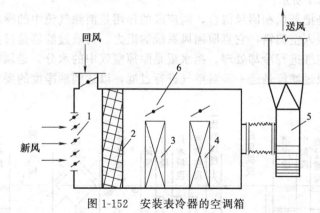

图 1-152 安装表冷器的空调箱

1—百叶窗；2—过滤器；3—表面冷却器；4—加热器；5—风机；6—旁通阀

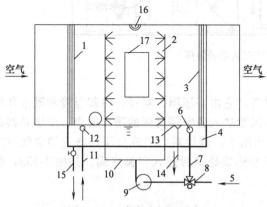

图 1-153 喷水式加湿设备

1—前挡水板；2—喷水排管；3—后挡水板；4—底池；5—冷水管；6—滤器；7—循环水管；8—三通调节阀；9—喷水管；10—供水管；11—补水管；12—浮球阀；13—溢水器；14—溢水管；15—排水管；16—防水照明灯；17—检查门（密闭门）

(2) 空气加热设备 广泛使用的空气加热设备，主要有表面式加热器和电加热器两种。表面式加热器主要用于各种集中式空调系统的空气处理室和半集中式空调系统的末端装置中；电加热器主要用于各空调房间的送风支管上作为精调设备，以及用于空调机组中。

2. 空气加湿和减湿设备

(1) 空气的加湿设备 在空调工程中，有时需要对空气进行加湿和减湿处理，以增加空气的含湿量和相对湿度，满足空调房间的设计要求。

对空气的加湿方法，有喷水式、喷雾加湿和喷蒸汽加湿等。喷雾加湿设备有压缩空气喷雾加湿机、电动喷雾机等。喷蒸汽加湿设备有电热式加湿器和电极式加湿器等。如图 1-153 所示。

（2）空气的减湿设备　空气的减湿方法在空调设备内有喷冷冻水减湿、表面冷却器减湿、转轮除湿机及吸湿剂减湿等。

3. 空气的净化设备

净化处理的目的主要是除去空气中悬浮尘埃，另外还包括消毒、除臭以及离子化等。

（1）除尘器　重力除尘器、过滤除尘器、电除尘器、筛板除尘器等。

（2）空气过滤器　按作用原理可分为浸油金属网格过滤器、干式纤维过滤器和静电过滤器三种。

（3）空气吹淋室　利用高速洁净空气流吹掉工作人员身上的灰尘，常与洁净室配套使用。

（4）空气自净器　室内空气由风机吸入经粗效过滤器和高效过滤器后压出，从出风面吹出的洁净空气可在局部环境连续使用，提高全室洁净度。

4. 空调机组

空调机也叫中央空气处理机，有时也叫空调箱。标准的空调机有回风段、混合段、预热段、过滤段、表冷段、喷水段、蒸汽加湿段、再加热段、送风机段、能量回收段、消声段和中间段等。如图 1-154 所示。

回风段的作用是把新风和回风混合，消声段的作用是消除气流中的噪声，回风机段的作用是把新风和回风吸入空调箱，它克服回风系统的阻力。初效过滤器是过滤掉空气中的大颗灰尘。表冷段是对空气进行冷却处理。挡水板是除掉空气中的水分。送风机段是风机把空气送往空调房间。中效过滤段是进一步对空气进行过滤，以达到洁净度的要求。

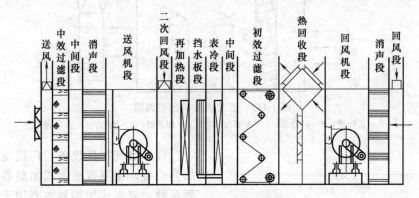

图 1-154　装配式空调箱的结构

5. 诱导器系统

诱导器是用于空调房间送风的一种特殊设备，它由静压箱、喷嘴、冷却盘管和凝水盆组成。经过集中空调机处理的新风（一次风）经风管送入各空调房间的诱导器中，由诱导器的高速（20～30m/s）喷嘴喷出，在气流的引射作用下，诱导器内形成负压，室内的空气（二次风）被吸入诱导器，一次风和二次风混合经换热器处理后送入空调房间。如图 1-155，图 1-156 所示。

6. 风机盘管系统

风机盘管系统是另一种半集中式空调系统，它在每个空调房间内设置风机盘管机组。风机盘管的形式很多，有立式明装、立式暗装、吊顶暗装等。风机盘管机组的冷、热水管分四管制、三管制和二管制三种。半集中式空调系统，特别是风机盘管空调系统，在宾馆用得最多，因为它具有造价低、风管占用空间少、安装方便等优点。如图 1-157 所示。

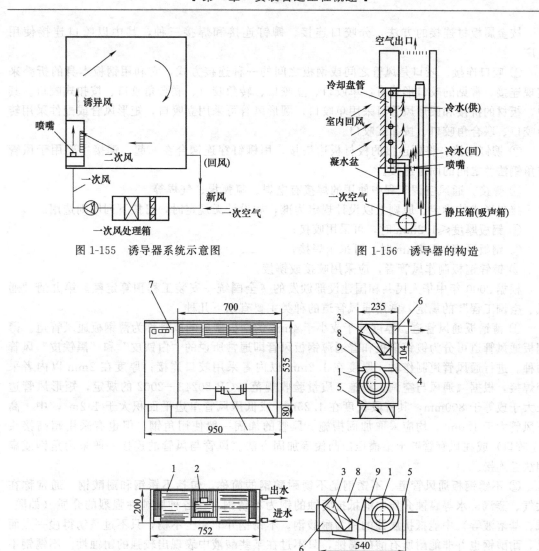

图 1-155　诱导器系统示意图　　　　　　图 1-156　诱导器的构造

图 1-157　立式明装的风机盘管的结构

1—风机；2—电机；3—盘管；4—凝水盘；5—过滤器；6—出风口；7—控制器；8—吸声材料；9—箱体

（二）空气的输配设备

1. 通风管道

（1）基本概念

① 风道。用砖、混凝土、炉渣石膏板、木质材料制造的进气、排气通道，一般由土建队伍施工，不属于安装工程范围。

② 风管。由金属板材、聚氯乙烯板材或玻璃钢板材制成的圆形或矩形的管子。

③ 管件。把不同管径或不同方向的管道连接起来的管道构件。管件包括弯头、三通、四通、异径管、天圆地方、法兰、导流叶片等。

④ 导流叶片。设置于风管内部，用以减少紊流、噪声及压降影响的分隔板。

（2）通风管道的种类　　通风管道是通风系统的重要组成部分，也是通风安装工程概预算的重要部分。

通风管道按其形状可分为圆形风管和矩形风管两大类；

按使用材料有薄钢板风管、不锈钢板风管、铝板风管、塑料风管和玻璃钢风管等；

按金属板材连接的方法，分咬口连接、铆钉连接和焊接三种，其中以咬口连接使用最广。

① 咬口连接。咬口是风管之间或钢板之间的一种连接方式，它利用钢板本身的折叠来实现连接。常见的咬口形式有：单咬口、立咬口、转角咬口、联合角咬口、按扣式咬口。其中，板材的拼接和圆形风管可采用单咬口，圆形风管可采用立咬口，矩形风管或配件采用转角咬口、联合角咬口、按扣式咬口。

② 铆钉连接。将要连接的板材板边搭接，用铆钉穿连铆合在一起。铆接主要用于风管与角钢法兰之间的固定连接。

③ 焊接。通风空调工程中使用的焊接有电焊、氩弧焊、气焊等。

接口形式的确定，原则上以设计规定为准，如设计无规定时，可按下列原则选用。

① 钢板厚度≤1.2mm时，可采用咬接；

② 钢板厚度＞1.2mm时，可采用焊接；

③ 镀锌钢板制作风管者，应采用咬接或铆接。

根据2000年中华人民共和国建设部颁发的《全国统一安装工程预算定额》第九册"通风、空调工程"的规定，常用通风管道的种类主要有以下几种。

① 薄钢板通风管道。厚度等于或小于4mm的钢板制成的风管称为薄钢板通风管道。薄钢板通风管道可分为镀锌钢板和普通薄钢板风管即通常所说的"白铁皮"和"黑铁皮"风管两种。进行通风管道制作时，厚度在1.2mm以内者采用咬口连接；厚度在2mm以内者采用焊接，根据《通风与空调工程施工质量验收规范》GB 50243—2002的规定，矩形风管边长大于或等于800mm，其管段长度在1.25m，或低压风管单边平面积大于1.2m²，中、高压风管大于1.0m²，均应采取加固措施。风管的加固一般使用角钢，但也有采用超高接头（立咬口）或在风管管壁上滚槽压出凸棱等加固方法。风管与风管的连接一般采用角钢或扁钢法兰连接。

② 不锈钢板通风管道。不锈钢是不锈耐酸钢的简称，包括不锈钢和耐酸钢。通常称在大气、蒸汽、水等腐蚀介质中能抵抗腐蚀的钢为不锈钢，在各种腐蚀性强烈的介质（如酸、碱、盐溶液等）中能抵抗腐蚀的钢为耐酸钢。不锈钢并非完全不锈，只不过是锈得慢一点而已，耐酸钢也并非能耐所有酸的腐蚀，只不过在某些酸液中表现出较强的耐蚀性。不锈钢不一定都耐酸，而耐酸钢都具有良好的不锈性能，因此，用不锈钢板制作的风管及部件，主要是输送腐蚀性气体，它在化工、石油化工企业尤为多见。

不锈钢的种类繁多、特性各异，通风工程常用的不锈钢板一般为铬镍钢和铬镍软钢。

不锈钢的强度高、弹性好，当管壁厚度大于0.8mm时一般采用焊接，厚度小于0.8mm时采用咬口连接。当不锈钢板风管的法兰采用碳素钢时，其规格应符合《通风与空调工程施工质量验收规范》GB 50243—2002的规定，并应根据设计要求做防腐处理。

③ 铝板通风管道。铝板有纯铝和合金铝。由于铝有较好的抗化学腐蚀性能，因此常用于输送有腐蚀性的气体。铝板的加工性能较好，管壁厚度在1.5mm以上时应采用焊接。

④ 塑料板通风管道。塑料风管一般是用硬塑料板（聚氯乙烯板）制作而成。由于它有较好的化学稳定性，常用来输送有腐蚀性的气体，但它的热稳定性较差，一般使用温度仅为 −10～60℃。

硬塑料板风管加工成型时需进行加热，加热温度为100～150℃，加热的方法可采用电加热、蒸汽加热和热空气加热等方法，在施工现场制作一般常使用金属做成的电热箱来加热塑料板。

塑料风管安装若穿越墙壁时，应加金属套管保护。套管和风管之间应留有5～10mm的空隙，以保证风管自由伸缩。当风管穿过楼板时，楼板预留孔处需设置防护圈，以防止水渗入，并保证风管免受意外撞击。

接口形式、钢板厚度和风管的截面（周长或直径）是选用定额子目的三大要素，选用定额子目时，原则上要同时满足这三大要素。

2. 室外进、排风装置

其使用的场合和作用的不同有室外进、排风装置之分。

（1）室外进风装置　室外进风口作用是采集室外新鲜空气供室内送风系统使用。根据进气装置设置位置不同，可分为窗口型和进气塔型。

（2）室外排风装置　室外排风装置的作用是将排风系统中收集到的污浊空气排至室外。排气口经常设计成塔式，安装于屋面。

3. 室内送、排风口

室内送风口是送风系统中风道的末端装置。

（1）百叶式送风口　百叶式送风口是通风、空调工程中最常用的一种送风口形式。包括双层百叶式送风口和单层百叶式送风口。

（2）喷口　这种风口用于远程送风，属于轴向型风口，送风气流诱导室内风量少，可以送较远的距离，通常在大空间中用作侧送风口，送热风时可用作顶送风口。

（3）散流器　散流器是由上向下送风的送风口，通常都安装。

4. 风机

风机按其作用原理可分为离心式、轴流式和贯流式三种类型，大量使用的是离心式和轴流式通风机。离心式通风机主要由叶轮、机壳、机轴、吸气口、排气口以及轴承、底座等组成。叶轮的叶片类型有流线型、后弯叶型、前弯叶型和径向型四种离心式通风机适用于低压或高压送风系统，特别是低噪声和高风压的系统。

轴流式通风机由叶轮、机壳、吸入口、扩压器及电动机组成。叶轮由轮毂和铆在其上的叶片组成。轴流式通风机占地面积小，便于维修，风压较低，风量较大，多用于阻力较小的大风量系统。

诱导风机又称射流风机或接力风机。它通过诱导进行空气的传递，本身的风量很小。公共设施中常用在车库的通风系统中。

5. 各种阀门及部件

（1）弯头　弯头是用来改变风道方向的配件。根据其断面形状可分为圆形弯头和矩形弯头。

（2）柔性软管　柔性软管设在离心风机的出口与入口处，以减小风机的振动及噪声向室内传递。一般都用帆布做成，输送腐蚀性气体的通风系统用耐酸橡皮或 0.8～1.0mm 厚的聚氯乙烯塑料布制成。

（3）风道支架　风道支架多采用沿墙、柱敷设的托架及吊架。圆形风管多采用扁钢管卡吊架安装，对直径较大的圆形风管可采用扁钢管卡两侧做双吊杆，以保证其稳固。矩形风管多采用双吊杆吊架及墙、柱上安装型钢支架，矩形风道可放于角钢托架上。

（4）阀门　通风系统中的阀门主要用于启动风机，关闭风道、风口，调节管道内空气量，平衡阻力等。常用的阀门有插板阀和蝶阀。蝶阀多用于风道分支处或空气分布器前段。插板阀多用于风机出口或主干道处用作开关。

① 风蝶阀。主要用于分支管或空气分部器前，作风量调节用。这种阀门只要改变阀板的转角就可以调节风量，操作简便。由于它的严密性差，故不宜做关断用。

风蝶阀有圆形、方形和矩形，部件长度 $L=150mm$。

② 风管止回阀。用于风机停转时防止气体倒流。在水平管的弯轴上，装有可调整的坠锤用以调节上阀板，使启动灵活。风管止回阀有圆形和方形，部件长度 $L=300mm$。

③ 对开多叶调节阀。手动密封式对开多叶调节阀，部件长度 $L=210$mm。

本阀特点是严密性好，全闭时漏风量为 20% 左右，阀门连杆一侧已经设计有保温层，主要用于风机的出口或主干管上，面积可做到很大。

电动密封式对开多叶调节阀，部件长度 $L=210$mm。

将手动密封式对开多叶调节阀的手动装置改设为电动，用电动执行器来实施对调节阀的启闭，可与控制中心连锁。

手动对开式多叶调节阀，部件长度 $L=210$mm。

本型风阀机件简单，可安装在风管管段上，也可安装在墙壁上，可作调节风量及混风调节。

④ 风管防火阀。用于通风及空调系统，一旦发生火灾时能切断气流，防止火焰蔓延，安装时易熔件应设在阀板的迎风侧。部件长度 $L=D+240$（或 $B+240$），在实际中，该类产品的长度 $L=320$mm。防火阀的种类很多，但是如果按形状划分的话可以分为圆形防火阀和方、矩形防火阀两大类。

四、空调系统中的水系统

空调系统中的水系统通常包括冷冻水、冷却水系统。冷冻水存在与风机盘管加新风的空调系统中，主要承担空调房间的冷负荷。

制冷系统通过制备冷冻水向空调系统提供"冷源"，它由制冷装置、冷冻水系统、冷却水系统组成。

（一）制冷装置

制冷装置是制冷系统的核心设备，常用的有蒸汽压缩式制冷机、吸收式制冷机等。

1. 压缩式制冷机组的组成

主机部分由压缩机、蒸发器、冷凝器及冷媒（制冷剂）等组成。并用管道将其连接成一个封闭的循环系统，制冷剂在系统中经压缩、冷凝、节流和蒸发 4 个热力过程，如图 1-158 所示。

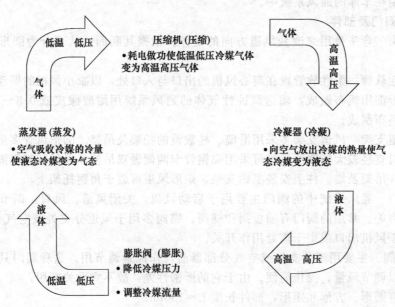

图 1-158 压缩式制冷机工作原理

2. 压缩式制冷机的工作原理

空调器通电后，制冷系统内制冷剂低压低温蒸汽被压缩机吸入并压缩为高压高温蒸汽后排至冷凝器。同时轴流风扇吸入的室外空气流经冷凝器，带走高温高压制冷剂气体放出的热量，使高温高压制冷剂蒸气凝结为高压低温液体。

高压低温液体经过过滤器、节流机构后喷入蒸发器，并在相应的低压下蒸发，吸取周围空气的热量，并将放热后变冷的空气送向室内。如此室内空气不断循环流动，达到降低温度的目的。

3. 集中式空调系统的工作循环过程（如图1-159所示）

（1）首先低压气态冷媒被压缩机加压进入冷凝器并逐渐冷凝成高压液体。在冷凝过程中冷媒会释放出大量热能，这部分热能被冷凝器中的冷却水吸收并送到室外的冷却塔上，最终释放到大气中去。

（2）随后冷凝器中的高压液态冷媒在流经蒸发器前的节流降压装置时，因为压力的突变而汽化，形成气液混合物进入蒸发器。冷媒在蒸发器中不断汽化，同时会吸收冷冻水中的热量使其达到较低温度。

（3）最后，蒸发器中汽化后的冷媒又变成了低压气体，重新进入了压缩机，如此循环往复。

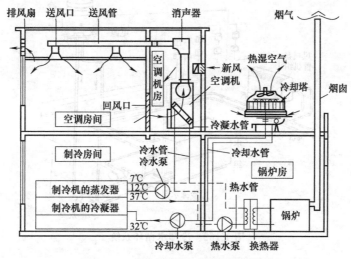

图1-159 集中式空调系统的辅助设施

（二）冷冻水循环系统

该部分由冷冻泵、室内风盘及冷冻水管道等组成。从主机蒸发器流出的低温冷冻水由冷冻泵加压送入冷冻水管道（出水），进入室内进行热交换，带走房间内的热量，最后回到主机蒸发器（回水）。室内风盘用于将空气吹过冷冻水管道，降低空气温度，加速室内热交换。

（1）双水管系统 双水管系统是目前应用最多的一种系统，特别是在空调系统主要以夏季供冷为主要目的的南方地区。双水管系统中一根为供水管，另一根为回水管，如图1-160所示。

双水管系统无法同时供应冷热水，系统以同一水温供水，可能导致某些房间过冷或过热。

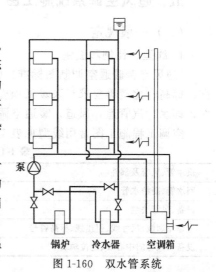

图1-160 双水管系统

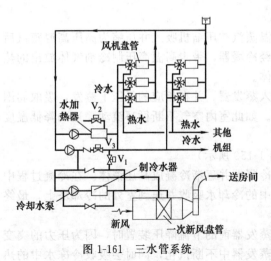

图 1-161 三水管系统

（2）三水管系统 三水管系统能够解决双水管系统的缺点，它在进入盘管处设有程序控制的三通阀，由室内恒温器控制，根据需要使用冷水或热水（但不同时进入），分别设有供冷、供热管路与换热器、冷水机组相连，但回水管共用一根。如图 1-161 所示。

（三）冷却水循环部分

该部分由冷却泵、冷却水管道、冷却水塔及冷凝器等组成。冷冻水循环系统进行室内热交换的同时，必将带走室内大量的热能。该热能通过主机内的冷媒传递给冷却水，使冷却水温度升高。冷却泵将升温后的冷却水压入冷却水塔（出水），使之与大气进行热交换，降低温度后再送回主机冷凝器（回水）（图 1-162）。

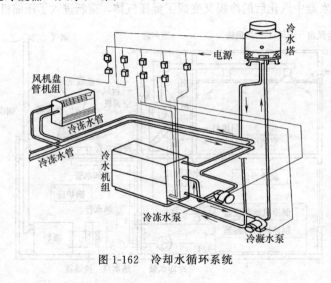

图 1-162 冷却水循环系统

五、通风空调系统施工图

（一）一般规定

1. 线型、比例和图例

《通风空调暖通空调制图标准》（GB/T 50114—2001），采用的各种线型、工程制图的标准、标高、比例等要求与采暖工程规定一致，通风空调工程施工图中常用的图例包括四个方面，即水、汽管道，风道，暖通空调设备和调控装置及仪表。

空调工程施工图常用线型见表 1-11，风道代号见表 1-12，施工图常用图例见表 1-13。

表 1-11　空调工程施工图常用线型

供水管、风管及部件	粗实线 b	————————
回水管、凝结水管	粗虚线 b	— — — — — —
设备、风管法兰	中实线 $0.5b$	————————
土建轮廓线、尺寸线、引出线、标高符号	细实线 $0.35b$	————————
设备和风管的中心线、定位轴线	细点划线 $0.35b$	—·—·—·—·—

表 1-12　风道代号

代号	风道名称	代号	风道名称
K	空调风管	H	回风管(一、二次回风可附加 1、2 进行区别)
S	送风管	P	排风管
X	新风管	PY	排烟管或排风、排烟共用管道

表 1-13　通风空调系统施工图常用图例

序号	名　称	图　例	备　注
	风道、阀门及附件		
1	砌筑风、烟道	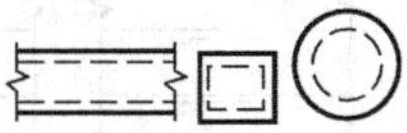	其余均为: 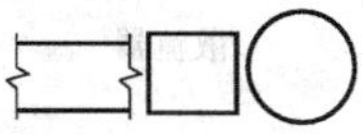
2	带导流片弯头		
3	消声器消声弯管	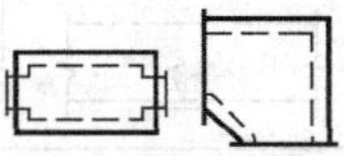	也可表示为: 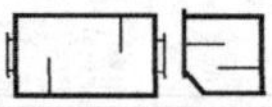
4	插板阀	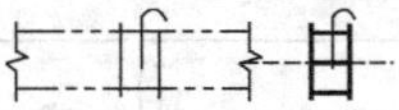	
5	天圆地方	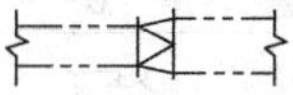	左接矩形风管,右接圆形风管
6	蝶阀	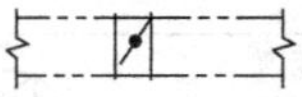	
7	对开多叶调节阀	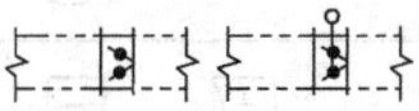	左为手动,右为电动
8	风管止回阀	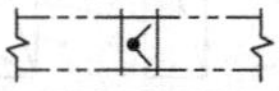	
9	三通调节阀	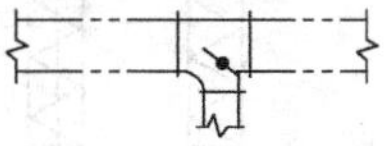	
10	防火阀	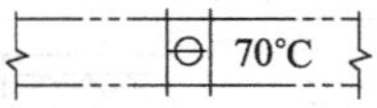 70℃	表示 70℃动作的常开阀,若因图面小,可表示 70℃,常开为: 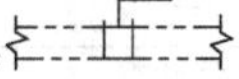
11	排烟阀	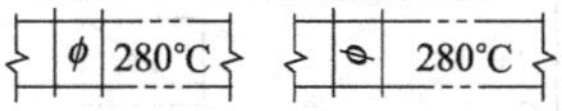 φ 280℃　　280℃	左为 280℃动作的常闭阀,右为常开阀。若因图面小,表示方法同上
12	软接头	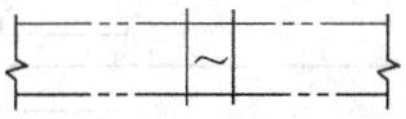	也可表示为: 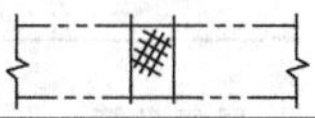
13	软管	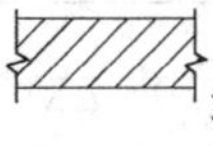 或光滑曲线(中粗)	

序号	名　称	图　例	备　注
14	风口(通用)	或	
15	气流方向		左为通用表示法,中表示送风,右表示回风
16	百叶窗		
17	散流器		左为矩形散流器,右为圆形散流器。散流器为可见时,虚线改为实线
18	检查孔测量孔	检　测　检　测	
	空调设备		
1	轴流风机	或	
2	离心风机		左为左式风机,右为右式风机
3	水泵		左侧为进水,右侧为出水
4	空气加热、冷却器		左、中分别为单加热、单冷却,右为双功能换热装置
5	空气过滤器		左为粗效,中为中效,右为高效
6	电加热器		
7	加湿器		
8	挡水板		
9	窗式空调器		
10	分体空调器		
11	风机盘管		可标注型号如: FP-5
12	减振器	⊙　△	左为平面图画法,右为剖面图画法

2. 基本规定和图样画法

通风空调管道和设备布置平面图、剖面图应以直接正投影法绘制。管道系统图的基本要求应与平面图、剖面图相对应，如采用轴测投影法绘制，宜采用与相应的平面图一致的比例，按正等轴测或正面斜二轴测的投影规则绘制。原理图（即流程图）不按比例和投影规则绘制，其基本要求是应与平面图、剖面图及管道系统图相对应。

通风与空调施工图依次包括图纸目录、选用图集（纸）目录、设计施工说明、图例、设备及主要材料表、总图、工艺（原理）图、系统图、平面图、剖面图、详图等。

设备表一般包括序号、设备名称、技术要求、数量、备注栏。

材料表一般包括序号、材料名称、规格或物理性能、数量、单位、备注栏；设备部件需标明其型号、性能时，可用明细栏表示。

通风与空调图样包括平面图、剖面图、详图、系统图和原理图。通风与空调平面图应按本层平顶以下俯视绘出，剖面图应在其平面图上选择能反映该系统全貌的部位直立剖切。通风与空调剖面图剖切的视向宜向上、向左。平面图、剖面图应绘出建筑轮廓线，标出定位轴线编号、房间名称，以及与通风空调系统有关的门、窗、梁、柱、平台等建筑构配件。

平面图、剖面图中的风管宜用双线绘制，以便增加直观感。风管的法兰盘可用单线绘制。平面图、剖面图中的各设备、部件等宜标注编号。通风与空调系统如需编号时，宜用系统名称的汉语拼音字头加阿拉伯数字进行编号。如：送风系统 S-1、S-2 等，排风系统 P-1、P-2 等。设备的安装图应由平面图、剖面图、局部详图等组成，图中各细部尺寸应注清楚，设备、部件均应标注编号。

通风与空调系统图是施工图的重要组成部分，也是区别于建筑、结构施工图的一个主要特点。它可以形象地表达出通风与空调系统在空间的前后、左右、上下的走向，以突出系统的立体感。为使图样简洁，系统图中的风管宜按比例以单线绘制。对系统的主要设备、部件应注出编号，对各设备、部件、管道及配件要表示出它们的完整内容。系统图宜注明管径、标高，其标注方法应与平面图、剖面图一致。图中的土建标高线，除注明其标高外，还应加文字说明。

当一个工程设计中同时有供暖、通风与空调等两个以上不同系统时，应进行系统编号。

3. 标注方法

（1）定位尺寸和标高　平面图上应注出设备、管道与建筑定位轴线间的尺寸关系；剖面图上应标出设备、管道中心（或管底）标高。

（2）风管尺寸标注　管径宜标注在风管上或风管法兰盘处延长的细实线上方。圆形风管应以"$\phi \times \times \times$"表示；矩形风管应以"$\times \times \times \times \times \times \times$"表示，前面数字应为该视图投影面的尺寸。

（3）水管尺寸标注　焊接（镀锌）钢管用公称直径 DN $\times \times \times$ 表示；无缝钢管用外径和壁厚 $D \times \times \times \times \times$ 表示。标注位置：变径处；水平管的上方；立管的左侧；斜管的斜上方。

（4）通风、空调系统如需编号时，宜用系统名称的汉语拼音字头加阿拉伯数字进行编号（如：送风系统 S-1、2、3……）。

（5）尺寸标准及尺寸单位　一般标高单位为米（m），其他尺寸用毫米（mm）。

（二）通风与空调工程施工图的构成

通风与空调工程施工图一般由两大部分组成，即文字部分和图纸部分。文字部分包括图纸目录、设计施工说明、设备及主要材料表。

图纸部分包括基本图和详图。基本图包括空调通风系统的平面图、剖面图、轴测图、原理图等。详图包括系统中某局部或部件的放大图、加工图、施工图等。如果详图中采用了标准图或其他工程图纸，那么在图纸目录中必须附有说明。

1. 文字说明部分

（1）图纸目录　包括在工程中使用的标准图纸或其他工程图纸目录和该工程的设计图纸目录。在图纸目录中必须完整地列出该工程设计图纸名称、图号、工程号、图幅大小、备注等。

（2）设计施工说明　设计施工说明包括采用的气象数据、空调通风系统的划分及具体施工要求等。有时还附有风机、水泵、空调箱等设备的明细表。

具体地说，包括以下内容。

① 需要空调通风系统的建筑概况。

② 空调通风系统采用的设计气象参数。

③ 空调房间的设计条件。包括冬季、夏季的空调房间内空气的温度、相对湿度（或湿球温度）、平均风速、新风量、噪声等级、含尘量等。

④ 空调系统的划分与组成。包括系统编号、系统所服务的区域、送风量、设计负荷、空调方式、气流组织等。

⑤ 空调系统的设计运行工况（只有要求自动控制时才有）。

⑥ 风管系统。包括统一规定、风管材料及加工方法、支吊架要求、阀门安装要求、减振做法、保温等。

⑦ 水管系统。包括统一规定、管材、连接方式、支吊架做法、减振做法、保温要求、阀门安装、管道试压、清洗等。

⑧ 设备。包括制冷设备、空调设备、供暖设备、水泵等的安装要求及做法。

⑨ 油漆。包括风管、水管、设备、支吊架等的除锈、油漆要求及做法。

⑩ 调试和试运行方法及步骤。

⑪ 应遵守的施工规范、规定等。

（3）设备与主要材料表　设备与主要材料的型号、数量一般在《设备与主要材料表》中给出。

2. 图纸部分

（1）平面图　平面图包括建筑物各层面各空调通风系统的平面图、空调机房平面图、制冷机房平面图等。

① 空调通风系统平面图。空调通风系统平面图主要说明通风空调系统的设备、系统风道、冷热媒管道、凝结水管道的平面布置。它的内容主要包括：a. 风管系统；b. 水管系统；c. 空气处理设备；d. 尺寸标注。

此外，对于引用标准图集的图纸，还应注明所用的通用图、标准图索引号。对于恒温恒湿房间，应注明房间各参数的基准值和精度要求。

② 空调机房平面图。空调机房平面图一般包括以下内容。

a. 空气处理设备。注明按标准图集或产品样本要求所采用的空调器组合段代号，空调箱内风机、加热器、表冷器、加湿器等设备的型号、数量，以及该设备的定位尺寸。

b. 风管系统。用双线表示，包括与空调箱相连接的送风管、回风管、新风管。

c. 水管系统。用单线表示，包括与空调箱相连接的冷、热媒管道及凝结水管道。

d. 尺寸标注。包括各管道、设备、部件的尺寸大小、定位尺寸。

其他的还有消声设备、柔性短管、防火阀、调节阀门的位置尺寸。

图 1-163 是某大楼底层空调机房平面图。

③ 冷冻机房平面图。冷冻机房与空调机房是两个不同的概念，冷冻机房内的主要设备为空调机房内的主要设备——空调箱提供冷媒或热媒。也就是说，与空调箱相连接的冷、热媒管道内的液体来自于冷冻机房，而且最终又回到冷冻机房。因此，冷冻机房平面图的内容

主要有制冷机组的型号与台数、冷冻水泵和冷凝水泵的型号与台数、冷（热）媒管道的布置以及各设备、管道和管道上的配件（如过滤器、阀门等）的尺寸大小和定位尺寸。

（2）剖面图　剖面图总是与平面图相对应的，用来说明平面图上无法表明的情况。因此，与平面图相对应的空调通风施工图中剖面图主要有空调通风系统剖面图、空调通风机房剖面图和冷冻机房剖面图等。至于剖面和位置，在平面图上都有说明。剖面图上的内容与平面图上的内容是一致的，有所区别的一点是：剖面图上还标注有设备、管道及配件的高度。

（3）系统图（轴测图）　系统轴测图的作用是从总体上表明所讨论的系统构成情况及各种尺寸、型号和数量等。

具体地说，系统图上包括该系统中设备、配件的型号、尺寸、定位尺寸、数量以及连接于各设备之间的管道在空间的曲折、交叉、走向和尺寸、定位尺寸等。系统图上还应注明该系统的编号。

图 1-164 是用单线绘制的某空调通风系统的系统图。系统图可以用单线绘制，也可以用双线绘制。

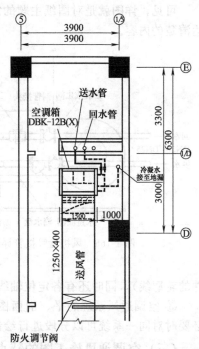

图 1-163　某大楼底层空调机房平面图

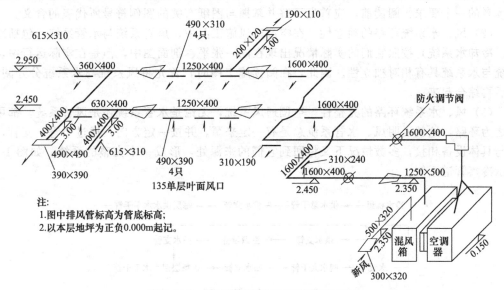

注：
1.图中排风管标高为管底标高；
2.以本层地坪为正负0.000m起记。

图 1-164　用单线绘制的某空调通风系统

（4）原理图　原理图一般为空调原理图，它主要包括以下内容：系统的原理和流程；空调房间的设计参数、冷热源、空气处理和输送方式；控制系统之间的相互关系；系统中的管道、设备、仪表、部件；整个系统控制点与测点间的联系；控制方案及控制点参数；用图例表示的仪表、控制元件型号等。

（5）详图　空调通风工程图所需要的详图较多。总的来说，有设备、管道的安装详图，设备、管道的加工详图，设备、部件的结构详图等。部分详图有标准图可供选用。

图 1-165 所示是风机盘管接管详图。

可见，详图就是对图纸主题的详细阐述，而这些是在其他图纸中无法表达但却又必须表达清楚的内容。

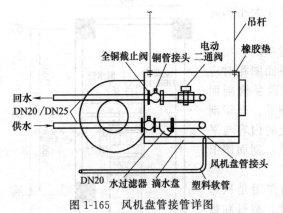

图 1-165　风机盘管接管详图

以上是空调通风工程施工图的主要组成部分。可以说，通过这几类图纸就可以完整、正确地表述出空调通风工程的设计者的意图，施工人员根据这些图纸也就可以进行施工、安装了。在阅读这些图纸时，还需注意以下几点：

① 空调通风平、剖面图中的建筑与相应的建筑平、剖面图是一致的，空调通风平面图是在本层天棚以下按俯视图绘制的。

② 空调通风平、剖面图中的建筑轮廓线只是与空调通风系统有关的部分（包括有关的门、窗、梁、柱、平台等建筑构配件的轮廓线），同时还有各定位轴线编号、间距以及房间名称。

③ 空调通风系统的平、剖面图和系统图可以按建筑分层绘制，或按系统分系统绘制，必要时对同一系统可以分段进行绘制。

(三) 空调通风施工图的特点

(1) 空调通风施工图的图例　空调通风施工图上的图形不能反映实物的具体形象与结构，它采用了国家规定的统一的图例符号来表示，这是空调通风施工图的一个特点，也是对阅读者的一个要求：阅读前，应首先了解并掌握与图纸有关的图例符号所代表的含义。

(2) 风、水系统环路的独立性　在空调通风施工图中，风管系统与水管系统（包括冷冻水、冷却水系统）按照它们的实际情况出现在同一张平、剖面图中，但是在实际运行中，风系统与水系统具有相对独立性。因此，在阅读施工图时，首先将风系统与水系统分开阅读，然后再综合起来。

(3) 风、水系统环路的完整性　空调通风系统，无论是水管系统还是风管系统，都可以称之为环路，这就说明风、水管系统总是有一定来源，并按一定方向，通过干管、支管，最后与具体设备相接，多数情况下又将回到它们的来源处，形成一个完整的系统。如图 1-166 所示冷媒管道系统。

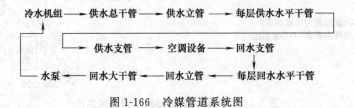

图 1-166　冷媒管道系统图

可见，系统形成了一个循环往复的完整的环路。我们可以从冷水机组开始阅读，也可以从空调设备处开始，直至经过完整的环路又回到起点。

风管系统同样可以写出这样的环路（图 1-167）。

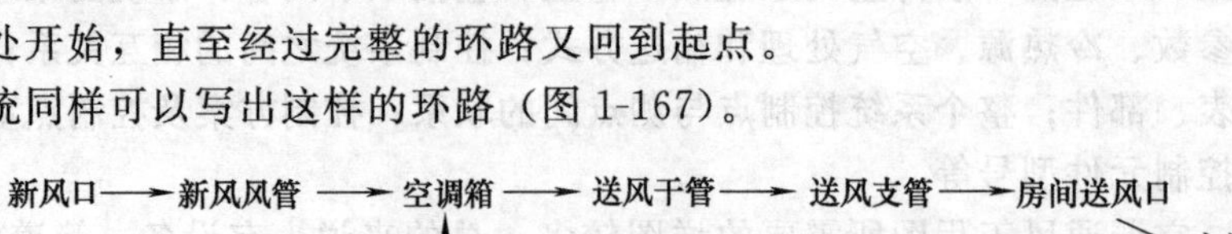

新风口 ——→ 新风风管 ——→ 空调箱 ——→ 送风干管 ——→ 送风支管 ——→ 房间送风口

排风口 ←—— 排风风管 ←—— 回风干管 ←—— 回风支管 ←—— 房间回风口 ←—— 房间

图 1-167　风管系统图

对于风管系统，可以从空调箱处开始阅读，逆风流动方向看到新风口，顺风流动方向看到房间，再至回风干管、空调箱，再看回风干管到排风管、排风门这一支路。也可以从房间处看起，研究风的来源与去向。

（4）空调通风系统的复杂性 空调通风系统中的主要设备，如冷水机组、空调箱等，其安装位置由土建决定，这使得风管系统与水管系统在空间的走向往往是纵横交错，在平面图上很难表示清楚，因此，空调通风系统的施工图中除了大量的平面图、立面图外，还包括许多剖面图与系统图，它们对读懂图纸有重要帮助。

（5）与土建施工的密切性 空调通风系统中的设备、风管、水管及许多配件的安装都需要土建的建筑结构来容纳与支撑，因此，识读过程中，除要领会通风与空调施工图外，还应了解与土建图纸的地沟、孔洞、竖井、预埋件的位置是否相符，与其他专业（如水、电）图纸的管道布置有无碰撞，发现问题应及时同相关人员协商解决。

在识读通风与空调施工图时，首先必须看懂设计安装说明，从而对整个工程建立一个全面的概念。接着识读冷冻水和冷却水流程图以及送、排风示意图。流程图和示意图反映了空调系统中两种工质的工艺流程。领会了其工艺流程后，再识读各楼层、各空调房间的平面图就比较清楚了。局部详图则是对平面图上无法表达清楚的部分作出补充。

（四）空调通风施工图的识图方法

1. 空调通风施工图识图的基础

空调通风施工图的识图基础，需要特别强调并掌握以下几点：

（1）空调调节的基本原理与空调系统的基本理论 这些是识图的理论基础，没有这些基本知识，即使有很高的识图能力，也无法读懂空调通风施工图的内容。因为空调通风施工图是专业性图纸，没有专业知识作为铺垫就不可能读懂图纸。

（2）投影与视图的基本理论 投影与视图的基本理论是任何图纸绘制的基础，也是任何图纸识图的前提。

（3）空调通风施工图的基本规定 空调通风施工图的一些基本规定，如线型、图例符号、尺寸标注等，直接反映在图纸上，有时并没有辅助说明，因此掌握这些规定有助于识图过程的顺利完成，不仅帮助我们认识空调通风施工图，而且有助于提高识图的速度。

2. 空调通风施工图的识图方法与步骤

（1）阅读图纸目录 根据图纸目录了解该工程图纸的概况，包括图纸张数、图幅大小及名称、编号等信息。

（2）阅读施工说明 根据施工说明了解该工程概况，包括空调系统的形式、划分及主要设备布置等信息。在这基础上，确定哪些图纸代表着该工程的特点、属于工程中的重要部分，图纸的阅读就从这些重要图纸开始。

（3）阅读有代表性的图纸 在第二步中确定了代表该工程特点的图纸，现在就根据图纸目录，确定这些图纸的编号，并找出这些图纸进行阅读。在空调通风施工图中，有代表性的图纸基本上都是反映空调系统布置、空调机房布置、冷冻机房布置的平面图，因此，空调通风施工图的阅读基本上是从平面图开始的，先是总平面图，然后是其他的平面图。

（4）阅读辅助性图纸 对于平面图上没有表达清楚的地方，就要根据平面图上的提示（如剖面位置）和图纸目录找出该平面图的辅助图纸进行阅读，包括立面图、侧立面图、剖面图等。对于整个系统可参考系统图。

（5）阅读其他内容 在读懂整个空调通风系统的前提下，再进一步阅读施工说明与设备及主要材料表，了解空调通风系统的详细安装情况，同时参考加工、安装详图，从而完全掌握图纸的全部内容。

（五）识图举例

1. ××大厦多功能厅空调施工图

由图 1-168 平面图、图 1-169 剖面图、图 1-170 风管系统轴测图组成。

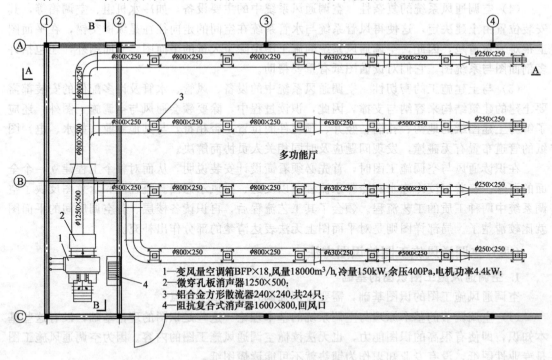

1—变风量空调箱 BFP×18,风量 18000m³/h,冷量 150kW,余压 400Pa,电机功率 4.4kW;
2—微穿孔板消声器 1250×500;
3—铝合金方形散流器 240×240,共 24 只;
4—阻抗复合式消声器 1600×800,回风口

图 1-168　多功能厅空调平面图

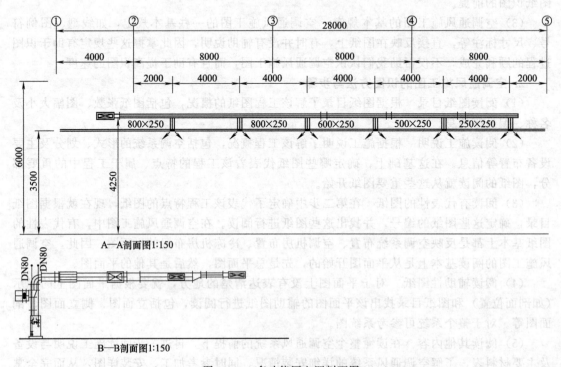

图 1-169　多功能厅空调剖面图

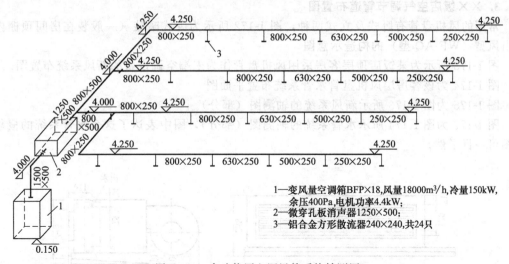

1—变风量空调箱BFP×18,风量18000m³/h,冷量150kW,
余压400Pa,电机功率4.4kW;
2—微穿孔板消声器1250×500;
3—铝合金方形散流器240×240,共24只

图 1-170　多功能厅空调风管系统轴测图

2. 金属空气调节箱总图

在看设备的制造或安装详图时,一般是在概括了解这个设备在管道系统中的地位、用途和工作情况后,从主要的视图开始,找出各视图间的投影关系,并参考明细表,再进一步了解它的构造及零件的装配情况。

图 1-171 所示的叠式金属空气调节箱是一种体积较小、构造较紧凑的空调器,它的构造是标准化的,详细构造见国家标准采暖通风标准图集 T706-3 号的图样。

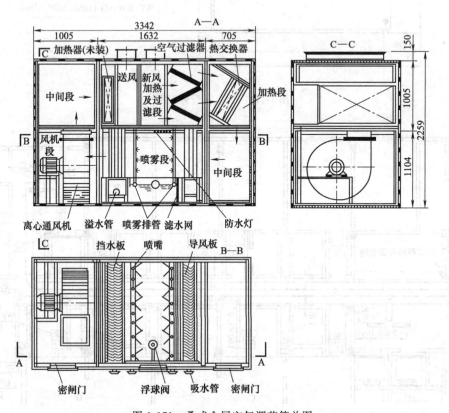

图 1-171　叠式金属空气调节箱总图

3. ××饭店空气调节管道布置图

常用的风机盘管有卧式及立式两种，图 1-172 所示为卧式暗装（一般装在房间顶棚内）前出风型（WF-AQ 型）的构造示意图。

图 1-173 所示为某饭店顶层客房采用风机盘管作为末端空调设备的新风系统布置图。

图 1-174 为该客房层风机盘管水管系统布置平面图。

图 1-175 为图 1-173 所示新风系统的轴测图（部分）。

图 1-176 为图 1-174 所示水管系统的轴测图（部分），图中表达了这个水管系统的概貌，看图可一目了然。

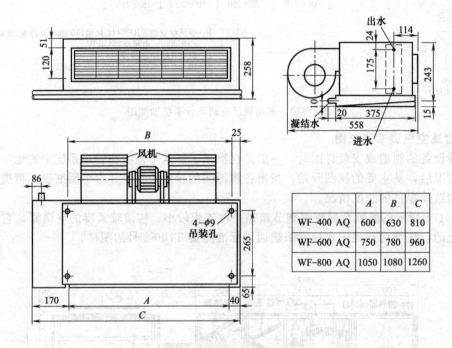

	A	B	C
WF-400 AQ	600	630	810
WF-600 AQ	750	780	960
WF-800 AQ	1050	1080	1260

图 1-172　风机盘管外形图

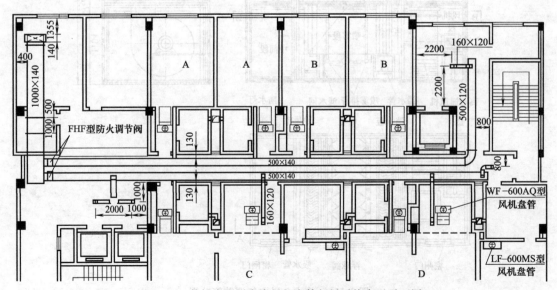

图 1-173　某饭店顶层客房风机盘管新风系统布置平面图

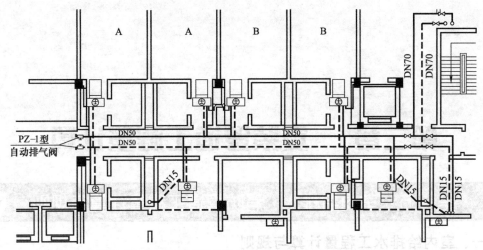

图 1-174　某饭店顶层客房风机盘管水管系统布置平面图

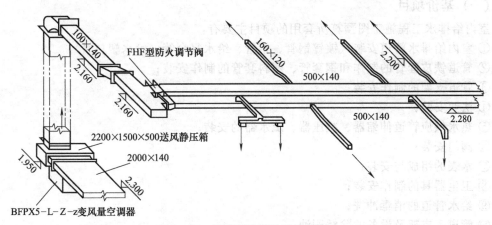

图 1-175　风机盘管新风系统轴测图

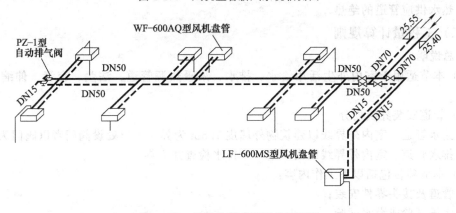

图 1-176　风机盘管水管系统轴测图

本节总结：暖通空调系统的识图并不是机械地翻看图纸，它需要有一定的专业基础，对暖通空调系统的整体了解，前后对照整体分析判断，对于图面不清楚或有疑问的地方也应提出来与设计方进行沟通和了解。应当指出的是，我们所列举的图纸并不能概括所有的工程项目，这就需要我们了解识图的基本过程和基本知识，举一反三，在实际工程中解决实际问题。

第二章　安装管道工程量计算

第一节　室内给排水、消防管道工程量计算与规则

一、室内给排水工程量计算与规则

（一）基价项目

室内给排水工程施工图预算所套用的项目主要有：

① 室内给排水管道安装（镀锌钢管、钢管、给水复合管、给水塑料管）；

② 管道铁皮套管的制作和钢套管、塑料套管的制作安装；

③ 管道支架的制作安装；

④ 法兰安装；

⑤ 热水供应管道伸缩器、减压器、疏水器的安装；

⑥ 阀门安装；

⑦ 水表的组成与安装；

⑧ 卫生器具的制作安装；

⑨ 给水管道的消毒冲洗；

⑩ 管道、支架及设备的除锈刷油；

⑪ 热水供应管道的绝热。

（二）工程量计算规则

1. 总说明

（1）本节适用于室内外生活用给水、排水、采暖热源管道、法兰、套管、伸缩器等的安装。

（2）管道安装界线划分

① 给水管道。室内外界线以建筑物外墙皮 1.5m 为界，入口处设阀门者以阀门为界。

② 排水管道。室内外界线以出户第一个排水检查井为界。

（3）本节项目包括以下工作内容：

① 管道及接头零件安装；

② 水压试验或灌水试验；

③ 室内 DN32 及以内给水、采暖管道均已包括管卡及托钩制作安装；

④ 钢管包括弯管制作与安装（伸缩器除外）；

⑤ 铸铁排水管、塑料排水管均包括管卡及托吊支架、透气帽制作安装。

（4）本节项目不包括以下工作内容：

① 室内外管道沟土方及管道基础；

② DN32 以上的给水、采暖管道支架（按本节相应管道支架另行计算）。

2. 管道长度计算

(1) 说明

① 管道安装中不包括法兰、阀门及伸缩器的制作、安装，按相应项目另行计算。

② 管径小于 DN32 的管道支架是按利用膨胀螺栓安装成品管卡考虑的，如使用吊架安装，吊架的预埋件、吊杆另行计算。

③ 除室内（外）给水、雨水铸铁管外其他的室内外给水、排水管道安装中，接头零件的数量均为综合考虑取定。

④ 定额接头零件含量表中均未包括活接头，实际工程中用了活接头，可按实际数量计算。

(2) 给水管道长度计算　室内给排水工程管道延长米的计算占预算工作量比重较大，是施工图预算的核心。因此给排水管道延长米工程量的计算至关重要，在计算管道延长米时应注意：

① 计算长度时，各种管道均以施工图所示管道中心线长度，以延长米计算，不扣除阀门、管件（包括减压器、疏水器、水表、伸缩器等）所占长度。

② 计算长度时，要区别材质品种、管径和连接方式、安装部位，分别计算工程量，方便以后分别套定额。

③ 水平管道的长度要尽量按平面图上所注尺寸计算；平面图上没有标注尺寸或因计算太繁琐，实际工作中常利用比例尺进行计量。竖直管道的长度要尽量用系统图上的标高差计算。系统图上切忌用比例尺进行计量。将不同规格的管道分别计算，然后汇总。

④ 准确计算管道长度的关键是找准管道变径点的位置。螺纹连接管道的变径点一般在分支三通处，焊接管道的变径点一般在分支后 200mm 处，然后按变径点位置计算每段不同规格管子的长度。

注意：管道的弯头、阀门、穿楼板、穿墙等处一般不会是管道变径点的位置。

⑤ 连接卫生洁具的给水、排水管道，图纸设计有明确要求的，按设计要求计算；没有明确要求的，给水管道计算至卫生洁具进水阀门处（角阀、自闭冲洗阀等）。

(3) 排水管道长度计算

① 排出管长度计算时，应计算到室外第一个检查井，如施工图上没有表示出检查井，则排出管长度计算到外墙皮外 1.5m 处。

② 对于横管长度，施工平面图上不一定能反映准确，因此，应按卫生器具安装图上的尺寸计算；排水横管的长度应是横管起点到排水立管中心的长度，应注意管道变径点的位置。

③ 排水立支管长度就是卫生器具下面除去卫生器具成组安装所包括的排水立管部分，剩下的排水立管的长度。排水立支管的长度应按卫生器具与排水管道分界点处的标高与排水横管标高差计算。在施工图所注尺寸不全时，可按施工实际情况，一般的排水立支管长度约为 400~500mm。

各种卫生器具安装项目中所包括的给水、排水管道与管道延长米计算的界限划分在哪里，这是做准水预算的关键，否则会重复计算或漏算，造成误差。下面分别讲述。

① 洗脸盆、洗涤盆

a. 给水管界限

Ⅰ. 上给水形式：水嘴与水平管的连接的三通处，标高一般为 1.0m。如图 2-1 所示。

Ⅱ. 下给水形式：算至角阀，管标高一般为 0.45m，角阀以上部分的管包含在洗脸盆（洗涤盆）内。如图 2-2 所示。

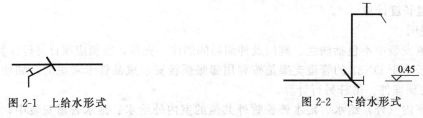

图 2-1　上给水形式　　　　　　　　图 2-2　下给水形式

b. 排水界限

Ⅰ. 一般是排水横支管与器具立支管的交接处（图 2-3），定额中每组洗脸盆（洗涤盆）包含 DN50 承插塑料排水管 0.4m。

Ⅱ. 若排水横管安装高度 $h>0.4$m，则要计算立支管长度，其工程量是高度 h 与 0.4m 的差：即 $(h-0.4\text{m})$/组。如图 2-4 所示。

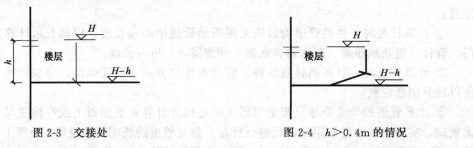

图 2-3　交接处　　　　　　　　　图 2-4　$h>0.4$m 的情况

② 大便器

a. 给水管界限

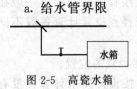

图 2-5　高瓷水箱

Ⅰ. 高瓷水箱。水平管与水箱支管的交叉处。如图 2-5 所示。

Ⅱ. 阀冲洗。一般情况（图 2-6）按标准图安装时是水平管与冲洗管交叉处，定额包含 1.0~1.5m 的冲洗管，特殊时（图 2-7）按整个高度减去定额含量。

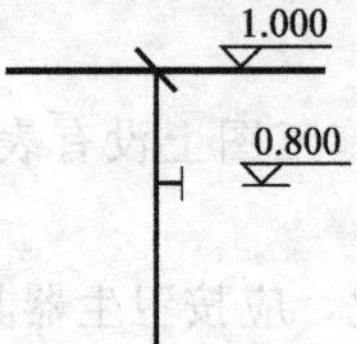

图 2-6　一般情况 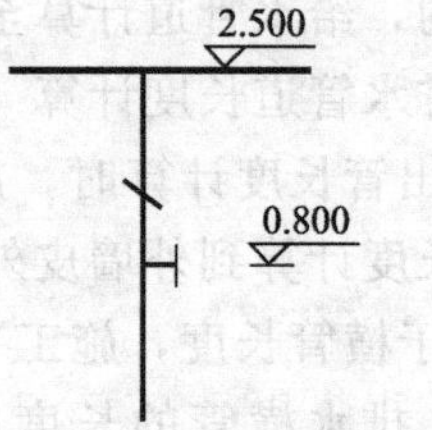　　　　　　　　　图 2-7　特殊情况

Ⅲ. 坐便器（图 2-8）。算至水箱进水管的角阀 0.25m 高处。

b. 排水管界限。每组大便器的定额中包 DN100 排水管 0.4m/组。

图 2-8　坐便器

Ⅰ. 蹲便器（图 2-9）还含存水弯一个，应以存水弯排出口的三通为界。

Ⅱ. 坐便器（图 2-10）本身有水封设施，定额不含存水弯，应以排出口的三通为界。

Ⅲ. 特殊高度时要按 $(h-0.4\text{m})$/组计算排水管工程量。

③ 浴盆：每组浴盆的安装中包含排水管 0.4m/组，也含一个存水弯。

a. 给水。水平管与支管的交接处。

b. 排水。以存水弯排出口的三通为界，同蹲便器的情况。

④ 小便器

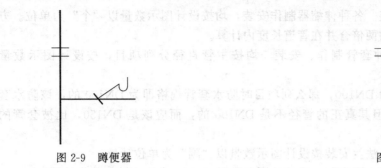

图 2-9 蹲便器

图 2-10 坐便器

a. 给水。参照蹲便器的高水箱或冲洗阀规定。

b. 排水。排水横支管与器具立支管的交接处，定额中包含 DN50 排水管 0.4m/组。

⑤ 淋浴器

a. 给水。水平管与支管的交接处。如图 2-11 所示。

b. 排水。地漏另计。

⑥ 地漏、地面清扫口（图 2-12）

定额中包含排水管 0.4m/个，一般是排水横支管与器具立支管的交接处，特殊高度时要按 $(h-0.4m)/$个计算管道工程量。

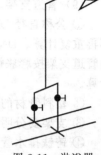

图 2-11 淋浴器

⑦ 排水栓

排水栓定额分类有两种，带存水弯的排水栓，定额内含存水弯一个。不带存水弯的排水栓，定额含排水管 0.5m/个。

排水栓安装形式有Ⅰ型和Ⅱ型，排水管分界如图 2-13、图 2-14 所示。

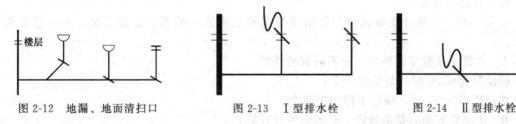

图 2-12 地漏、地面清扫口 图 2-13 Ⅰ型排水栓 图 2-14 Ⅱ型排水栓

⑧ 小便槽

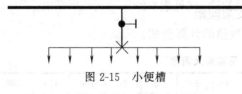

图 2-15 小便槽

a. 给水。算至冲洗花管的高度，阀门、冲洗花管另计算。

b. 排水。一般按地漏的规定计算。如图 2-15 所示。

（4）给水管道冲洗消毒

① 室内给水管道的消毒、冲洗工程量，是以管道直径大小划分档次，按定额划分汇总，定额分为 DN50、DN 100、DN 200、DN 300…按段划分。工程量均按设计图示管道中心长度，以延长米计量，不扣除阀门、管件所占长度，以"m"计量。

② 管道消毒、冲洗项目仅适用于设计和施工验收规范中有此项要求的工程。

【例题】 某工程发生的工程量分别是：DN20，50m；DN40，20m；DN50，100m；DN65，20m；DN80，70m；DN100，10m；DN125，70m。问：怎样计算管道消毒冲洗的工程量？

解：DN50：50＋20＋100＝170m

DN100：20＋70＋10＝100m

DN200：70＋8＝78m

（5）伸缩器制作安装　各种伸缩器制作安装，均按设计图示数量以"个"为单位。方形伸缩器的两臂，按臂长的两倍合并在管道长度内计算。

（6）套管安装　各种套管制作、安装，均按主管直径分列项目，按设计图示数量以"个"为计量单位计算。

注意：例如入户管为 DN100，那么列项目时防水套管规格即为 DN100 的，该防水套管的规格虽是"DN100"，但其真正的管径不是 DN100 的，而应该是 DN150，比被套管的管径大，否则穿不过去。

（7）法兰安装　各种法兰安装按设计图示数量以"副"为单位计量。

（8）阻火圈安装　阻火圈安装，按设计图示数量以"10 个"为计量单位计算。

（9）管道支架

① 公称直径 DN32 以内的室内给水管道安装项目中，已包括了支架的制作安装，所以不再重复计算。DN32 以上的管道支架的制作安装另按管道支架项目套用。管径小于 DN32 的管道支架按膨胀螺栓安装或成品管卡考虑的，如使用吊架安装，吊的预埋件、吊杆另行计算。

② 塑料管材的支架都已包含在管道安装项目之内，不再重复计算。

③ 支架要分明装和暗装。

④ 铸铁排水管、雨水管均包括管卡及托吊支架、通气帽、雨水漏斗的制作安装。

不同材质的管道，需要不同的支架支撑，钢管需要型钢支架，塑料管要塑料管夹，工程量计算也不同。下面举例介绍型钢支架计算方法。

① 定额单位。100kg

② 计算。分步进行，先统计不同规格的支架数量，再根据标准图集计算每个支架的重量，最后计算总重量。

a. 第一步——统计支架数量。管道支架按安装形式一般有：立管支架、水平管支架、吊架。

Ⅰ. 立管支架数量的确定，分不同管径计算。

楼层层高≤5m 时，每层设一个；

楼层层高>5m 时，每层不得少于两个。

Ⅱ. 水平管支架数量的确定，分不同管径计算：

$$支架数量 = \frac{某规格管子的长度}{该管子的最大支架间距}（见表2-1）$$

Ⅲ. 管道吊架。单管吊架数量，同水平管支架数量的计算公式。

表 2-1　水平钢管支架、吊架最大间距

管子公称直径/mm		15	20	25	32	40	50	70	80	100	125	150
支架最大间距/m	保温管	1.5	2	2	2.5	3	3	4	4	4.5	5	6
	非保温管	2.5	3	3.5	4	4.5	5	6	6	6.5	7	8

b. 第二步——重量计算。根据标准图集的具体要求，计算每个规格支架的单个重量，乘以支架数量，再求和计算总重量。不同类型的支架单个重量参考表 2-2～表 2-5 的数据。

表 2-2　砖墙上单管立式支架重量（I1 型）国标 03S402（P78）

公称直径	DN15	DN20	DN25	DN32	DN40	DN50	DN65	DN80
保温管（kg）	0.49	0.5	0.60	0.84	0.87	0.90	1.11	1.32
非保温管（kg）	0.17	0.19	0.20	0.22	0.23	0.25	0.28	0.38

表 2-3　砖墙上单管立式支架重量　国标 03S402（P80＋P33-34）

公称直径	DN50	DN65	DN80	DN100	DN125	DN150	DN200
保温管/kg	1.502	1.726	1.851	2.139	2.547	2.678	4.908
非保温管/kg	1.38	1.54	1.66	1.95	2.27	2.41	4.63

表 2-4　沿墙安装单管托架重量　国标 03S402（P51＋P33-34）

管道	DN15	DN20	DN25	DN32	DN40	DN50	DN65	DN80	DN100	DN125	DN150
保温管/kg	1.362	1.365	1.423	1.433	1.471	1.512	1.716	1.801	2.479	2.847	5.348
非保温管/kg	0.96	0.99	1.05	1.06	1.10	1.14	1.29	1.35	1.95	2.27	3.57

表 2-5　沿墙安装单管滑动支座重量　国标 03S402（P51＋P93＋P29-30）

管道	DN15	DN20	DN25	DN32	DN40	DN50	DN65	DN80	DN100	DN125	DN150
保温管/kg	2.96	3.0	3.19	3.19	3.36	3.43	3.94	4.18	5.02	7.61	10.68
非保温管/kg	2.18	2.23	2.38	2.5	2.65	2.72	3.1	3.34	4.06	6.17	7.89

注：这些表格根据国家建筑标准图集 03S402《室内管道支架及吊架》提供的有关数据汇总而来，仅是个别型号的数据，供学习参考，实际工作时一定要根据最新的标准图集及施工图纸的具体要求认真计算单个重量。

3. 阀门类工程量计算规则

① 阀门按不同管径不同连接方式不同种类分别统计数量。

② 阀门分螺纹阀门和法兰阀门两种。

③ 各种内外螺纹连接的阀门安装均可套用同公称直径的螺纹阀安装定额项目，公称直径相同的螺纹闸阀和螺纹截止阀安装应套用同一定额子目，但两者主要材料费不同，应按定额含量分别计价。

④ 法兰阀门安装，用螺纹法兰与管道安装的阀门安装，按其不同公称直径套用螺纹法兰阀门安装定额；各种用焊接法兰与管道连接的法兰阀门的安装，按不同公称直径套用焊接法兰阀门定额项目。各种法兰阀门安装定额项目中，除主要材料法兰阀门价格未计入定额内，其余的材料如安装阀门配套的法兰、螺栓、螺帽、垫片的价值均已包括在定额中。

⑤ 铸铁给水管中法兰阀门安装，按管道接口材料不同分为青铅接口、膨胀水泥接口、石棉水泥接口三种，每种又按不同公称直径划分子目。每个子目均未计入阀门本身的价格，但包括了法兰、螺栓、螺帽、垫片等。

⑥ 螺纹水表组成与安装中已包括了相应的螺纹闸阀安装，计算阀门安装工程量时不应重复计算。项目中的管件是按钢管连接考虑的，如为铜管件，可作调整，但消耗量不变。

注意：D_e 表示的是管道的外径，其上的阀门若不是塑料阀门时，按其公称直径的规格而定，一般 D_e 比 DN 大 1♯。

4. 低压器具、水表组成与安装工程量计算规则

① 定额单位："组"，每组定额中包含的管件（阀门等）不应重复计算。

② 规格：水表分螺纹水表和焊接法兰水表两种，视其所在管道的管径大小以及连接方式而定，统计数量。

5. 卫生器具制作安装工程量计算规则

(1) 收集口类

① 地漏：定额单位：10 个，按不同管径统计数量。

② 排水栓：阻止杂物进入排水管的设施，功能同地漏算子。定额单位：10 个，按不同

管径统一计数量。

注意：卫生器具本身所带的排水栓可以忽略不计，例如洗脸盆。计算的如盥洗槽、非瓷的拖布池等的排水栓。

（2）检查口类

① 清扫口：定额单位：10个，按不同管径统计。

② 立式检查口：包含在排水立管的安装费用里，不单独计算。

（3）水龙头（水嘴）

① 定额单位：10个。

② 按不同管径划分子目：DN15、DN20、DN25共三档。卫生器具的水龙头（水嘴）包括在卫生器具的安装定额中，不计算；只计算盥洗槽、污水池的水龙头。

（4）卫生器具类　按不同定额划分类型统计数量。

6. 管道的防腐（除锈、刷油）、保温工程量计算规则

（1）刷油漆种类以及遍数可按照设计图或规范要求，执行第十一册《刷油、防腐蚀、绝热工程》相应子目。管道明敷时，通常刷防锈漆一遍，调和漆两遍；埋地暗敷时，通常刷沥青漆两遍。

（2）不同的管材防腐的要求不同：a. 焊接钢管，管道除锈后要刷防锈漆和银粉；b. 镀锌钢管，丝扣处补刷防锈漆后刷银粉；c. 塑料管不用防腐。

（3）室内给水管道（钢管）除锈、刷油工程量，以管道展开面积，并以"m²"计量。按不同管径分别计算管道的外表面积，再求和。其计算公式为

$$F = \pi D L$$

式中　F——管道展开面积，m²；

　　　π——圆周率，取 3.14；

　　　D——钢管外径，m；

　　　L——钢管中心线长度，m。

还可以查表 2-6 计算。

查"焊接钢管绝热、刷油工程量计算表"中的保温厚度 δ 为 0 的一列刷油面积的数值（其数值是按公式法计算出来供大家使用的），单位 m²/m。如 DN50，查表得 0.1885m²/m。

（4）室内给水管道（铸铁管）除锈、刷油工程量，以管道展开面积，并以"m²"计量。其计算公式为：

$$F = 1.2 \pi D L$$

式中　F——管道展开面积，m²；

　　　π——圆周率，取 3.14；

　　　D——钢管外径，m；

　　　L——钢管中心线长度，m。

表 2-6　焊接钢管绝热（m³/m）、刷油（m²/m）工程量计算表

公称直径	绝热层厚度 δ							
	0mm	20mm	25mm	30mm	35mm	40mm	45mm	50mm
DN15	0.0669	0.0027	0.0038	0.0051	0.0065	0.0082	0.0099	0.0119
		0.2246	0.2576	0.2906	0.3236	0.3566	0.3896	0.4225
DN20	0.0855	0.0031	0.0043	0.0057	0.0072	0.0089	0.0107	0.0128
		0.2432	0.2761	0.3091	0.3421	0.3751	0.4081	0.4411

公称直径	绝热层厚度δ							
	δ＝0mm	20mm	25mm	30mm	35mm	40mm	45mm	50mm
DN25	0.1059	0.0035	0.0049	0.0063	0.008	0.0097	0.0117	0.0138
		0.2636	0.2966	0.3296	0.3625	0.3955	0.4285	0.4615
DN32	0.1297	0.004	0.0055	0.007	0.0088	0.0107	0.0128	0.0146
		0.2875	0.3204	0.3534	0.3864	0.4194	0.4521	0.4854
DN40	0.1507	0.0044	0.006	0.0076	0.0096	0.0116	0.0138	0.0151
		0.3083	0.3413	0.3743	0.4073	0.4402	0.4732	0.5062
DN50	0.1885	0.0053	0.0069	0.0089	0.0109	0.0131	0.0155	0.0181
		0.346	0.379	0.412	0.4449	0.4779	0.5109	0.5438
DN65	0.2376	0.0063	0.0083	0.0104	0.0127	0.0152	0.0179	0.0207
		0.3963	0.4292	0.4622	0.4953	0.5281	0.5611	0.5941
DN80	0.2795	0.0071	0.0093	0.0117	0.0143	0.0169	0.0197	0.0228
		0.4371	0.4701	0.503	0.536	0.569	0.6019	0.6349
DN100	0.3580	0.0088	0.0114	0.0142	0.017	0.0201	0.0234	0.0269
		0.5156	0.5486	0.5812	0.6145	0.6475	0.6804	0.7134
DN125	0.4810	0.01	0.0129	0.0159	0.0192	0.226	0.0262	0.03
		0.5752	0.6082	0.6412	0.6804	0.7071	0.7401	0.7731
DN150	0.5181	0.0121	0.0155	0.0191	0.0228	0.0268	0.0309	0.0351
		0.6757	0.7087	0.7417	0.7746	0.8076	0.8406	0.8735
DN200	0.6880	0.0156	0.0198	0.0243	0.0289	0.0338	0.0387	0.0439
		0.8453	0.8782	0.9112	0.6442	0.9772	1.0101	1.0431

注：每行公称直径的数据，上行是绝热工程量，下行是刷油工程量。

（5）管道保温时按不同管径计算管道外保温材料的体积，再求和。防结露做法同保温，只是保温厚度δ值较小

① 公式法 $\quad V=\pi\times(D+1.033\delta)\times(1+3.3\%)\delta\times L$

式中 $\quad D$——管道外径；

δ——绝热层厚度；

3.3%——保温材料允许超厚系数；

L——管道的长度。

② 查表 2-6 计算：查"焊接钢管绝热、刷油工程量表"中不同保温厚度对应的那行保温体积的数值，单位 m^3/m，如 DN50，$\delta=40mm$：$0.0131m^3/m$。

（6）管道防潮层、保护层及刷漆须查表 2-6 计算法：查"焊接钢管绝热、刷油工程量计算表"中不同保温厚度对应的那行保温外刷油面积的数值，单位 m^2/m，如 DN50，$\delta=40mm$：$0.4779m^2/m$。

7. 小型容器制作（水箱）

（1）定额说明

① 钢板水箱安装套定额时，按水箱容量执行相应子目，以"个"为计量单位。各种连接管均未包括，应执行管道安装相应项目。

② 钢板水箱制作套定额时，不扣除人孔、手孔重量，以"kg"为单位计算；法兰和短

管未包括在内，可按相应定额另行计算。

③ 成品玻璃钢水箱安装按水箱容量执行钢板水箱安装项目，人工乘以系数 0.9。

（2）工程量计算 这里主要讲解水箱制作，水箱的安装简单，直接按照体积的不同套相应的定额。

① 水箱的制作。定额单位 100kg。

a. 标准产品。按照标准图集的重量数据。

b. 非标产品计算的方法。内插法（精确），估算法（粗略）。

【例题】 矩形给水箱 10# 的尺寸为 1800×1800×1000，其重量为 794.8kg，11# 的尺寸为 2400×1600×1500，其重量为 907.4kg。

问：非标准水箱 2000×1800×1500 的重量是多少？

解：10# 水箱体积 $V_1 = 1.8×1.8×1.5 = 4.86\text{m}^3$，$G_1 = 794.8\text{kg}$；

11# 水箱体积 $V_2 = 2.4×1.6×1.5 = 5.76\text{m}^3$；$G_2 = 907.4\text{kg}$

非标水箱体积 $V = 2×1.8×1.5 = 5.4\text{m}^3$，那么其重量该是多少千克呢？

内插法公式：
$$\frac{V_2 - V}{V - V_1} = \frac{G_2 - G}{G - G_1}$$

所以：$(5.76 - 5.4)/(5.4 - 4.86) = (907.4 - G)/(G - 794.8)$

解得：$G = 862.36\text{kg}$。

② 水箱的防腐（两种方法）

a. 按重量计算：按照金属构件考虑。

b. 按表面积 S_b 计算。

注意：水箱制作完成后内外都要进行防腐

$$S_b × 2 = (L×B×2 + L×H×2 + B×H×2)×2（内外）$$

c. 水箱的保温

$$V = S_b × \delta$$

d. 水箱保温外的保护层。保护层在保温层的外面，计算保温层的面积应为保温外表面积，水箱保温后的表面尺寸增加了，每面都增了一个保温厚度 δ。

$$S_{bh} = (L+2\delta)×(B+2\delta)×2 + (L+2\delta)×(H+2\delta)×2 + (B+2\delta)×(H+2\delta)×2$$

二、室内消防管道工程定额说明及工程量计算

第七册《消防设备安装工程》主要包括火灾自动报警系统安装、水灭火系统安装、气体灭火系统安装、泡沫灭火系统安装、消防系统调试共五章，其适用范围、工程量计算、消耗量定额使用等均以本册消耗量定额的册说明、各章（节）说明为准。这里主要讲述在基价使用和水灭火系统安装工程量计算时应注意的问题。

（一）定额说明

（1）本部分项目适用于工业和民用建（构）筑物设置的自动喷水灭火系统的管道、各种组件、消火栓、气压水罐的安装及管道支吊架的制作、安装。

（2）界线划分

① 室内外界线：以建筑物外墙皮 1.5m 为界，入口处设阀门者以阀门为界。

② 设在高层建筑内的消防泵间管道与本部分界线，以泵间外墙皮为界。

（3）管道安装项目

① 包括工序内一次性水压试验。

② 镀锌钢管法兰连接项目，管件是按成品，弯头两端是按接短管焊法兰考虑的，项目中包括了直管、管件、法兰等全部安装工序内容，但管件、法兰及螺栓的主材数量应按设计

规定另行计算。

③ 本章也适用于镀锌无缝钢管的安装。

④ 钢管沟槽式连接项目主材不同时可以换算。沟槽式连接已包括了管件的安装费用，管件本身的费用另行计算。

（4）喷头、报警装置及水流指示器安装项目均是按管网系统试压、冲洗合格后安装考虑的，本部分中已包括丝堵、临时短管的安装、拆除及其摊销。

（5）其他报警装置适用于雨淋、干湿两用及预作用报警装置。

（6）温感式水幕装置安装项目中已包括给水三通至喷头、阀门间的管道、管件、阀门、喷头等全部安装内容，但管道的主材数量和喷头数量应按设计数量加损耗另行计算。

（7）集热板的安装位置：当高架仓库分层板上方有孔洞、缝隙时，应在喷头上方设置集热板。

（8）隔膜式气压水罐安装项目中，地脚螺栓是按设备带有考虑的，项目中包括指导二次灌浆用工，但二次灌浆费用另计。

（9）管网冲洗项目是按水冲洗考虑的，若采用水压气动冲洗法时，可按施工方案另行计算。本项目只适用于自动喷水灭火系统。

（10）除定额另有说明外，本部分不包括以下工作内容：

① 除章节另有说明外，阀门、法兰安装，各种套管的制作安装，不锈钢管和管件、钢管和管件及泵房间的管道安装及管道系统强度试验、严密性试验和冲洗等，执行第六册"工艺管道工程"相应项目。

② 消火栓管道、室外给水管道安装及水箱制作安装，执行第八册《给排水、采暖、燃气工程》相应项目。

③ 各种消防泵、稳压泵安装及设备二次灌浆等，执行第一册《机械设备安装工程》相应项目。

④ 各种仪表的安装及带电信号的阀门、水流指示器、压力开关的接线、校线，执行第十册《自动化控制仪表安装工程》相应项目。

⑤ 各种设备支架的制作安装，执行第五册《静置设备与工艺金属结构制作安装工程》相应项目。

⑥ 管道、设备、支架、法兰焊口除锈、刷油防腐，执行第十一册《刷油、防腐蚀、绝热工程》相应项目。

⑦ 系统调试执行本册第五章相应子目。

（11）其他有关规定　设置于管道间、管廊内的管道、阀件（阀门、过滤器、伸缩节、水表等），其项目人工乘以系数1.3。

（二）注意的问题

（1）操作高度　本册的操作高度是按 5m 编制的，若操作高度超过 5m 时，按其超过部分的人工费＋机械费乘以表 2-7 中所对应的系数。

表 2-7　超高系数

标高以内/m	8	12	16	20
超高系数	0.92	0.96	1.00	1.05

（2）执行中应注意的问题

① 镀锌钢管法兰连接项目中已包括了直管、管件、法兰等全部安装工序内容，不应再计取管件、法兰的安装费用，但管件、法兰及螺栓本身的价值应另行计算。

② 钢管沟槽式连接项目已包括了管件的安装费用，管件本身的价值应另行计算。

③ 室内消火栓安装项目中不包括消防按钮的安装，消防按钮的安装应按第一章相应项目另行计算。

④ 根据新图集《全国通用给排水标准图集》045202调整了室外消火栓系统相关子目。室外消火栓安装定额包括自给水干管消火栓三通或给水支管消火栓弯管底座起，至消火栓（包括消火栓、法兰接管、法兰短管、弯管底座或消火栓三通、法兰、阀门等）的全部安装工作。

⑤ 新增措施项目"垂直运输费"适用于工业与民用建筑中安装工程施工时发生的垂直运输费用，包括单层5m以上或多层、高层建筑物中安装工程的垂直运输费用，室外工程不计取垂直运输费。

三、工程量计算实例

以某三层建筑给排水施工图为例，计算该工程的工程量，见图2-16和图2-17。

本施工图为某三层建筑生活给排水。

说明：1. 尺寸单位：标高以m计，其他以mm计。

2. 给水管为PP-R管。

3. 排水部分采用塑料排水管。

应按第八册消耗量定额的规定计算。为了便于计算工程量，可将给水系统与排水系统分别计算。

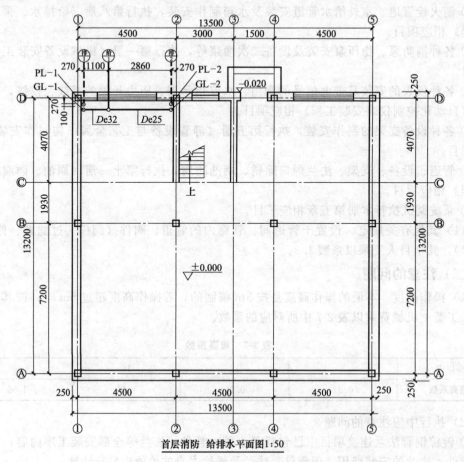

首层消防 给排水平面图1:50

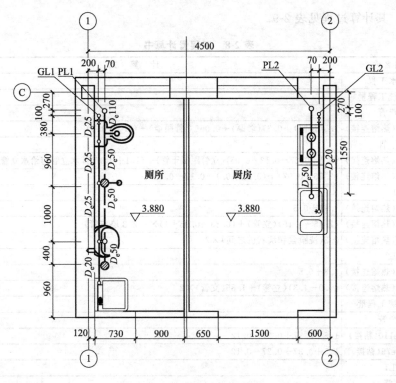

二、三层卫生间厨房给排水平面图1:50

图 2-16 给排水平面图

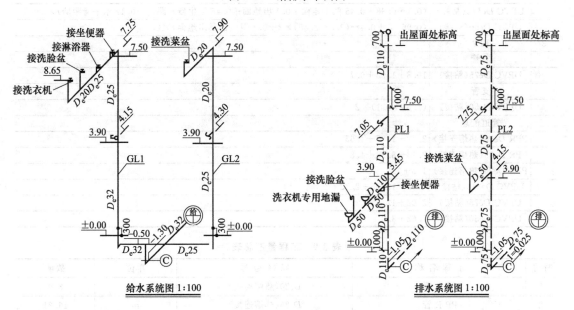

图 2-17 给水排水系统轴测图

注：水龙头离地均为1m。

(1) 计算工程量 计算工程量通常是采用工程量计算表的方法进行，其计算过程见表2-8。

(2) 工程量汇总 为了便于编制预算表套用定额，要把计算出来的工程量中同名称、同规格、同型号、同材料的工程量汇总相加在一起。这一工作通常是采用编制工程量汇总表的办法来完成。其计算过程见表 2-9。

表 2-8　工程量计算书

序号	项目名称	计　算　式
1	给排水工程	
一	给水系统工程量	
1	入户管	
	PPR De32(热熔连接)	1.5(预留)+0.37(墙厚)+0.05(立管距墙)+(1.3−0.5)
2	横干管	
	PPR De32(热熔连接)	(0.1+0.27−0.12−0.05)(立管距横干管)+(1.1+0.07(排水立管与给水立管间距))(横干管)
	PPR De25(热熔连接)	(2.86+0.07)+(0.27+0.1−0.12−0.05)
3	JL1	
	PPR De32(热熔连接)	4.15+0.5
	PPR De25(热熔连接)	(7.75−4.15)(立管)+(0.38+0.96+1)×2(2、3层支管)
	PPR De20(热熔连接)	0.8(洗脸盆和洗衣机之间)×2
4	JL2	
	PPR De25(热熔连接)	4.3+0.5
	PPR De20(热熔连接)	(7.9−4.3)(立管)+1.85(支管)×2
二	排水系统工程量	
1	出户管	
	UPVC De110(粘接)	1.5+0.37+0.27−0.12
	UPVC De75(粘接)	1.5+0.37+0.27−0.12
2	PL1	
	立管	
	UPVC De110(粘接)	3.9+3.6×2+0.7+1.05
	支管	
	UPVC De110(粘接)	(0.1+0.38+0.45低于地面+0.1出地面+0.45卫生器具距离−0.12水平管距墙)×2
	UPVC De50(粘接)	(0.96+1+0.4+(3.9−3.45)×3+0.1卫生器具出地面)×2
3	PL2	
	立管	
	UPVC De75(粘接)	10.8+1.05+0.7
	支管	
	UPVC De50(粘接)	(1.55+0.1)×2
三	管道汇总	
	PPR De32(热熔连接)	2.72+1.37+4.65
	PPR De25(热熔连接)	3.13+8.28+4.8
	PPR De20(热熔连接)	1.6+7.3
	UPVC De110(粘接)	2.02+12.85+2.72
	UPVC De75(粘接)	2.02+12.55
	UPVC De50(粘接)	7.62+3.3

表 2-9　工程量汇总表

序号	工程名称	规格型号	单位	数量
1	PP-R管	D_e20(热熔连接)	m	8.9
2	PP-R管	D_e25(热熔连接)	m	16.21
3	PP-R管	D_e32(热熔连接)	m	8.74
4	UPVC	D_e50(粘接)	m	10.92
5	UPVC	D_e75(粘接)	m	14.57
6	消声UPVC	D_e110(粘接)	个	17.59
7	地漏	DN50	个	4
8	截止阀	D_e32	个	1

续表

序号	工 程 名 称	规 格 型 号	单位	数量
9	截止阀	D_e25	个	3
10	截止阀	D_e20	个	2
11	坐便器		套	2
12	沐浴器		套	2
13	洗脸盆		套	2
14	洗菜盆		套	2
15	洗衣机		台	2
16	手提式干粉灭火器		个	12
17	倒流防止器	D_e32	个	1
18	水表	DN25	个	1

第二节 采暖工程管道工程定额说明及工程量计算

室内采暖工程施工图预算编制中的工程量计算、消耗量定额的套用与室内给排水工程重复部分，这里不再赘述，仅就室内采暖工程中的散热器安装及室内给排水中未讲到的内容进行重点讲述。

一、基价项目

室内采暖工程施工图预算工程量计算项目，根据给排水、采暖、燃气工程消耗量定额的规定，一般划分为：

① 室内管道安装；

② 管道铁皮套管的制作和钢套管、塑料套管的制作安装；

③ 管道支架的制作安装；

④ 法兰安装；

⑤ 伸缩器制作安装；

⑥ 阀门安装；

⑦ 减压阀、疏水器的组成与安装；

⑧ 散热器等供暖器具安装；低温地板辐射采暖管道铺设；

⑨ 膨胀水箱等的制作安装；

⑩ 集气罐制作安装、除污器安装等；

⑪ 温度计、压力表等仪表安装；

⑫ 管道、支架及散热器、水箱等的除锈、刷油或保温。

二、定额说明

（一）供暖器具定额说明

① 供暖器具定额系参照《全国通用暖通空调标准图集》T9N112 "采暖系统及散热器安装" 编制的。

② 各类型散热器不分明装或暗装，均按类型分别编制。

③ 柱型铸铁散热器组成安装项目是按地面安装考虑的，如为挂装，人工乘以系数 1.1，材料、机械不变。

④ 光排管散热器制作、安装项目，单位每 10m 系指光排管长度，联管作为材料已列入

相应项目内，不应重复计算。

⑤ 散热器安装中快速接头安装的人工及材料已计入管道安装中，但其本身的价值应按设计数量另行计算。

⑥ 不带阀门的散热器安装时，每组增加两个活接头的材料费。

⑦ 低温地板辐射采暖系统中，管道敷设项目包括了配合地面浇注用工，不包括与分（集）水器连接的阀门。

⑧ 低温地板辐射采暖中的过滤器安装套用阀门安装相应子目。

(二) 管道工程量定额说明

采暖工程施工图预算主要工程量的计算是管道延长米，因此在计算管道延长米时应特别注意。同时散热器、支架等工程量计算和套用消耗量定额时也应注意：

(1) 计算管道延长米时，不扣除阀门及管件（包括减压器、疏水器、伸缩器）所占长度；

(2) 散热器所占长度应从管道延长米中扣除；

(3) 方形伸缩器的制作安装，本身的主材在计算管道时已经考虑，其两臂的长度应计算到管道延长米内；方形补偿器应该是煨弯制作而成，如果用管件组装，不属于方形伸缩器，按管道计算规则进行。

(4) 室内外采暖管道以入口阀门或建筑外墙皮 1.5m 处为界；

(5) 管道安装不分地沟、架空，仅分室内、外，地沟内的管道安装不能视同管廊内的管道安装，人工费不用乘 1.3 的系数；

(6) 不属于采暖工程的热水管道，不能计取系统调整费；

(7) 厂房柱子突出墙面，管道绕柱子敷设，如属于方形补偿器形式，可以套用方形补偿器制作安装相应项目；

(8) 管道支架制作安装时应注意以下几点：

① 室内公称直径≤DN32mm 的采暖管道安装，其相应管卡、托钩的制作安装已包括在管道安装项目内，不应再重复计算，但其除锈、刷油应单独计算；

② 支架重量按支架所用钢材的图示几何尺寸计算，不扣除切肢开孔等重量；如采用标准图，其重量可按图集所列支架重量计算；

③ 水箱等设备支架如为型钢支架，可与管道支架重量合并，套用支架制作安装相应项目。

三、工程量计算方法

(一) 散热器数量的统计

为方便管道延长米的计算和不带阀门的散热器安装每组增加两个活接头的计算，在统计散热器的数量时，要将散热器支管规格相同者统计在一起，然后再将散热器数量合并计算。

(二) 管道延长米的计算

1. 基本知识

(1) 根据管道的连接方式，找到管道的变径点是计算的关键。

一般通径小于等于 DN32 时，管道采用螺纹连接，其变径点一般在分支三通处；通径大于 DN32mm 时，管道采用焊接，焊接管道的变径点，一般在分支三通后的 200mm 处。如图 2-18 所示。

(2) 煨弯　横干管与立支管连接处，水平支管与散热器连接处，设乙字弯；立管与水平管交叉处，设括弯绕行，如图 2-19 所示。常见管道煨弯的近似增加长度可参考表 2-10。

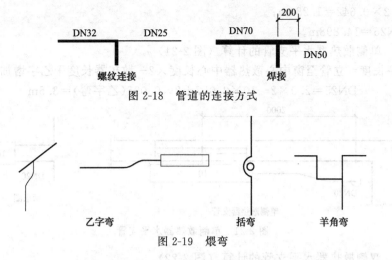

图 2-18　管道的连接方式

图 2-19　煨弯

表 2-10　乙字弯和括弯的增加长度　　　　　　　　　单位：mm

增加煨弯 管道	煨弯	乙　字　弯	括　弯
立管		60	60
支管		35	50

2. 水平管道延长米的计算

（1）水平支管（散热器支管）长度计算

① 水平串联支管长度＝水平串联环路供、回两立管中心管线长度－散热器长度＋乙字弯增加长度。

② 垂直单、双管系统支管长度（供、回）＝立管至窗中心或两组散热器中心长度×2－散热器长度＋乙字弯增加长度。

【例题】　水平串联支管的计算（图 2-20）

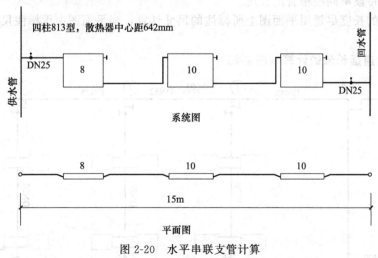

图 2-20　水平串联支管计算

① 水平长度＝供、回两立管中心管线长度－散热器长度＋乙字弯增加长度

　　　DN25＝15－（8＋10＋10）×0.057＋6×0.035（乙字弯）＝13.614m

② 垂直长度＝散热器中心距长×个数

DN25＝2×0.642＝1.284m；

合计 DN25＝14.898m。

【例题】 单侧散热器水平支管的计算（图 2-21）

水平长度＝立管至窗中心散热器中心长度×2－散热器长度＋乙字增加长度

DN25＝2.0×2－10×0.057＋2×0.035（乙字弯）＝3.5m

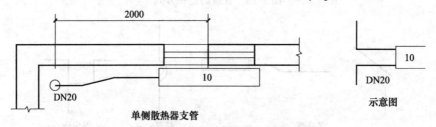

单侧散热器支管

图 2-21 单侧散热器水平支管

【例题】 双侧散热器水平支管的计算（图 2-22）

水平长度＝两组散热器中心长度×2－散热器长度＋乙字弯增加长度

DN20＝3.6×2－（14＋12）×0.057＋4×0.035（乙字弯）＝5.858m

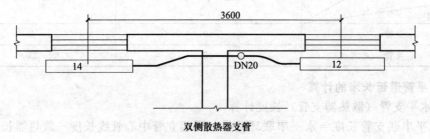

双侧散热器支管

图 2-22 双侧散热器水平支管计算

（2）水平干管长度计算 先根据管道的连接方式，找到管道的变径点。螺纹管道的变径点一般在分支三通处，焊接管道的变径点一般在分支后的 200mm 处。确定变径点后，再按变径位置计算每段不同规格管的长度。

水平管道的长度尽量用平面图上所标注的尺寸计算，当平面图中无标注尺寸时，可用比例尺度量。

3. 垂直管道延长米的计算（图 2-23）

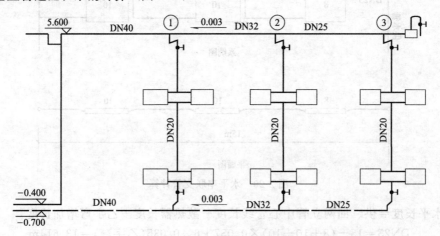

图 2-23 垂直管道延长米计算

（1）垂直支管（散热器立管）长度的计算

① 单管立管长度＝立管上、下端标高差－散热器上、下接口的间距＋管道各种煨弯所增加的长度

② 双管采暖系统中单管立管长度＝立管上、下端标高差＋管道各种煨弯的增加长度

注：煨弯所增加的长度是指立管、上部干管与墙面的距离差（立管乙字弯也可按0.06～0.10m取值），再加上立管与下部干管连接时规范规定的增加长度（当立管高度大于15m时，可按0.3m计取；当立管高度小于15m时，可按0.06～0.1m计取）。

【例题】　立管（DN20）长度＝5.6＋0.7－2×0.642＋2×0.06＝5.136m。

　　　　　合计（DN20）长度＝5.136×3＝15.508m。

（2）垂直干管长度的计算　管道的垂直长度尽量用系统图中的标高差计算。找变径点的标高是准确计算的关键，要熟悉常用散热器的基本尺寸（中心距、厚度、高度，技术参数见表2-13）。

垂直干管长度＝立管上、下端标高差＋各种弯的长度（羊角弯高按0.3m计）

【例题】　干管（DN40）长度＝5.6＋0.4＋0.3＝6.3m。

4. 注意

为了便于计算管道的除锈刷油，绝热工程量计算管道延长米时，一般要将明装、暗装管道、保温管道与非保温管道的长度分开计算，然后再将各种规格相同者合并计算出相应的工程量。

5. 管道在地沟内的弯曲长度、地沟入口处管道的长度应按地沟内管道安装详图计算。

（三）管道套管工程量计算

① 镀锌铁皮套管一般在管道穿墙或穿普通房间的楼板时设置，计算铁皮套管的个数一般就是按不同管径统计管道穿墙或穿楼板的次数。"铁皮套管制作"项目所指的管径为主管（被套管道）的管径，而不是铁皮套管本身的管径。

② 采暖管道穿厨房、卫生间楼板时或特殊情况下穿梁时要设钢套管，钢套管按穿过管管径进行统计，以"个"为单位。

（四）管道支架重量的计算

计算管道支架制作安装重量时，要弄清哪些地方设支架、设几个，支架的单重如何计算等。

1. 室内管道支架的设置原则

（1）散热器支管长度大于1.5m时，应在中间安装管卡或钩钉。

（2）采暖立管管卡的设置：

楼层层高≤5m时，每层设一个；

楼层层高＞5m时，每层不得少于两个。

水平钢管支架间距不得大于表2-11中的间距，如几根水平管共用一个支架且几根管径相差不悬殊时，其支架间距可取其中管径较小的支架间距。

表 2-11　水平钢管支架最大间距表

管子公称直径/mm		15	20	25	32	40	50	70	80	100	125	150
支架最大间距/m	保温管	1.5	2	2	2.5	3	3	4	4	4.5	5	6
	非保温管	2.5	3	3.5	4	4.5	5	6	6	6.5	7	8

2. 管道支架数量的计算

（1）立管支架可按上述立管支架设置原则计算其数量。

（2）水平管道支架一般可按下列方法计算其数量：

① 固定支架数量按图示数量统计；

② 单管活动支架数量 $= \dfrac{某规格管子长度}{该管子的最大支架间距} -$ 该管段固定支架个数；

③ 多管活动支架数量 $= \dfrac{某规格管子长度}{其中最细管的最大支架间距} -$ 该管段固定支架个数；

3. 每个支架重量的计算

① 安装在墙上的单管支架主材规格及单重见表 2-12。

注：本表根据《采暖通风国家标准图集》N112 编制。

② 也可按《采暖通风国家标准图集》N112 上支架的构造和单重计算。

③ 地沟内的多管共用支架的单重要按其设计要求计算，若有设计要求和支架详图时，可参照图 2-24 所示的构造计算，一般横梁每隔 3 个支架加一根。

4. 管道支架的总重量

（不含室内 DN 32mm 管道支架）=（某种规格管子支架的个数）× 该规格管子支架的单重。

表 2-12　安装在墙上的单管支架主材规格及重量

公称直径	滑动支架				固定支架			
	支架横梁规格/mm		每个支架重量/kg		支架横梁及加固梁规格/mm		每个支架重量/kg	
	保温管	不保温管	保温管	不保温管	保温管	不保温管	保温管	不保温管
15	L25×4	L25×4	0.574	0.416	L25×4	L25×4	0.489	0.416
20	L25×4	L25×4	0.574	0.416	L30×4	L30×4	0.598	0.509
25	L30×4	L30×4	0.719	0.527	L35×4	L30×4	0.923	0.509
32	L35×4	L30×4	1.086	0.634	L40×4	L30×4	1.005	0.634
40	L40×4	L30×4	1.194	0.634	L50×5	L35×4	1.565	0.769
50	L40×4	L30×4	1.291	0.705	L50×5	L45×4	1.715	1.331
70	L50×5	L40×4	2.092	1.078	L65×6	L65×5	2.885	1.905
80	L65×5	L45×4	2.624	1.128	L75×6	L65×6	3.487	2.603
100	L65×5	L50×5	3.073	2.300	L90×6	L80×6	5.678	4.719
125	L75×5	L65×5	4.709	3.037	L90×8	L80×8	7.662	6.085
150	L80×8	L76×6	7.638	4.523	L100×8	L90×8	8.900	7.170

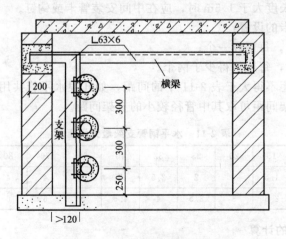

图 2-24　地沟内多管共用支架示例

（五）防腐、绝热工程量计算

（1）管道的除锈、刷油、保温查表 2-6，查表方法同给排水管道。

（2）散热器除锈、刷油

① 钢制散热器，一般在出厂时已经做了除锈、刷油的工作，不用计算；

② 光排管散热器工程量计算按管道的长度计算，散热器除锈、刷油工程量也按管道的计算方法进行；

③ 其他散热器的除锈、刷油工程量应按散热面积计算，各种散热器每片散热面积见表 2-13。

表 2-13　铸铁散热器技术参数

名称	高度/mm		上、下孔中心距 /mm	厚度/mm	宽度/mm	散热面积 /(m²/片)	重量 /(kg/片)
	带腿	中片					
四柱 760 型	760	696	614	53	143	0.235	6.6
四柱 813 型	813	732	642	57	164	0.28	8
圆翼型（ϕ75）		1000		168	215	1.8	38.2
M132 型		584	500	82	132	0.24	6.5
长翼型（大 60）		600	505	280	115	1.175	28
长翼型（小 60）		600	505	200	115	0.860	20

四、工程量计算实例

【例题】　下面以某办公楼室内采暖工程施工图为例，计算该工程的工程量，见图 2-25 和图 2-26。

（一）施工图介绍

1.平面图、系统图

图 2-25 为某办公楼一层、二层采暖平面图；图 2-26 为该办公楼的系统图，该系统为热水采暖。

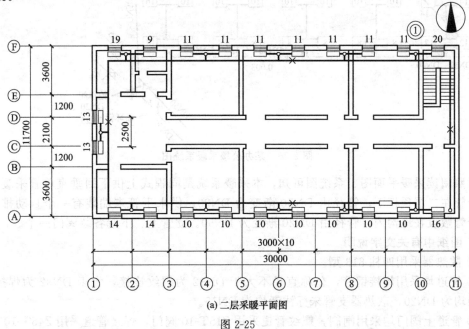

(a)二层采暖平面图

图 2-25

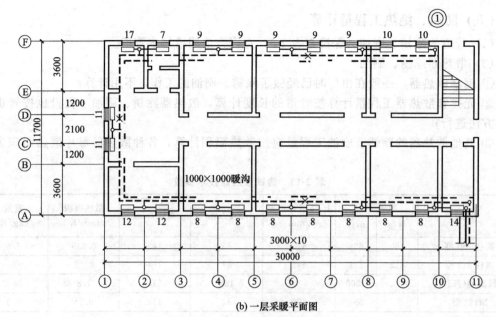

(b) 一层采暖平面图

图 2-25　某办公楼采暖平面图

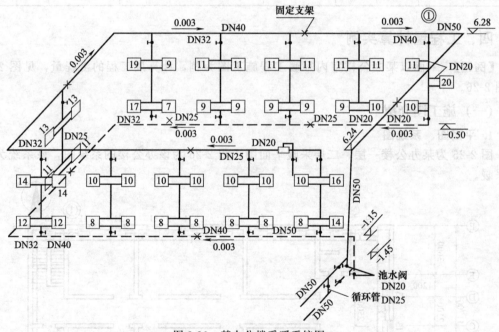

图 2-26　某办公楼采暖系统图

对照阅读采暖平面图、系统图可知，本采暖系统是同程式上供下回垂直单管采暖系统，供水干管在二层顶板下，管径由 DN50 渐变为 DN20，供水干管末端装有一个自动排气阀，回水干管敷设在地沟内，管径由 DN20 渐变为 DN50。立管上、下端各装阀门一个。

2. 图纸中有关文字说明

① 散热器采用四柱 813 型。

② 管道均采用焊接钢管，公称直径不大于 DN32 为螺纹连接，大于 DN32 为焊接。立管管径均为 DN20，散热器支管未标注者均为 DN15。

③ 管道上阀门均采用闸阀，螺纹管道采用 Z15T-10 阀门，焊接管道采用 Z45T-10 阀门。

④ 明装管道、散热器、支架刷红丹防锈漆一遍、银粉漆二遍；地沟内管道、支架刷红丹防锈漆二遍。

⑤ 地沟内采暖管道均用 50mm 厚岩棉管壳保温，保温层外缠玻璃丝布两道。

⑥ 每组散热器设手动排气阀一个。

⑦ 该系统供水管末端设自动排汽阀（DN20）一个。

（二）工程量计算

1. 散热器数量统计（见表 2-14）

表 2-14　散热器数量统计表

散热器支管管径	DN15	DN20	合计
散热器组数/组	40	3	43
散热器片数/片	429	41	470
增加活动接头/个	80	6	

2. 管道延长米计算（详见表 2-15）

表 2-15　管道工程量计算表

	管道名称	单位	计　算　式	数量
明装管道	散热器支管 DN15	m	[3（两组散热器中心距）×9（立管根数）+2.5（两组散热器中心距）×（立管根数）×1]×2（层数）×2（进、回水支管）−0.057（每片散热器厚度）×429（片数）+0.035（每个乙字弯增加长度）×80（乙字弯个数）	96.35
	散热器支管 DN20	m	[3.0/2−0.12（半墙厚）−0.04（DN20 立管距中心墙面净距）]×4+（3.0/2+0.12+0.04）×2−0.057（每片散热器厚度）×41（片数）+0.035（每个乙字弯增加长度）×6	6.55
	放气管 DN15	m	6.28（干管标高）−3.3（二层地面标高）−0.5（放气阀距地面尺寸）+0.3（放气管在干管上的长度）	2.78
	立管 DN20	m	[6.28（干管上端标高）+0.06（上端乙字弯增加长度）]×11（立管根数）−0.64（四柱 813 散热器上、下支管中心距）×23	55.02
	供水干管 DN20	m	3×2−0.12×2−0.04×2	5.68
	供水干管 DN25	m	3.0×6+0.12+0.04	18.16
	供水干管 DN32	m	[3−0.12−0.15（横干管距墙面净距）]+[3.0×3−0.12−0.15−0.2（变径点位移尺寸）]+（11.7−0.12×2−0.15×2）	22.42
	供水干管 DN40	m	3.0×6+0.2−0.12−0.04	18.04
	供水干管 DN50	m	3+0.2+0.04−0.15+[11.7−0.12×2−0.15−0.07（竖干管中心距墙面净距）]+6.24	20.57
暗装（地沟内）管道	立管 DN20	m	1.26（每根立支管长度）×11（立管根数）（见后面列式计算）	13.86
	回水干管 DN20	m	3.0×2	6
	回水干管 DN25	m	3.0×6	18
	回水干管 DN32	m	[3−（1.0+0.12−0.15）−（0.12+0.04）]+[11.7−（1.0+0.12−0.15）×2]+[3−（1.0+0.12−0.15）−0.2] 注（1.0+0.185−0.15）为地沟内干管中心距外墙轴线尺寸 （0.12+0.04）为立管中心距轴线中心尺寸 0.2 为管道连接点前移尺寸	12.4
	回水干管 DN40	m	3.0×6+（0.12+0.04）	18.16
	回水干管 DN50	m	3×3+0.2−0.5−（−1.45）+[（1.0+0.12−0.15）+0.12+1.5] 注：（0.12+0.15）为回水干管出户时距车间外墙轴线尺寸 0.12 为外墙轴线距外墙面尺寸 1.5 为室内干管出外墙皮 1.5m	12.74
	供水干管 DN50	m	1.15+（0.07+0.24+1.5）+0.06	3.02
	循环管 DN25	m	−1.15−（−1.45）	0.3
	泄水管 DN20	m	0.1×2	0.2

地沟内暗装立管长度计算见图 2-25。

$$L(每根立支管长度)=竖直长度+水平长度+乙字弯增加长度$$

即 $L=[0.00-(-0.5)]+(1.0-0.04-0.15)+0.06=1.26(m)$

3. 套管数量的统计（见表 2-16）

表 2-16　套管数量统计表

被套管规格/mm	DN15	DN20	DN25	DN32	DN40	DN50
数量/个	16	13	3	4	2	3

4. 管道支架制作安装重量的计算

公称直径≥DN40 各管段上支架重量的计算式为：

$$t=\sum 该管段上(固定支架的单重×个数+活动支架单重×个数)$$

（1）固定支架的数量由图示统计。

（2）活动支架的数量：

① 竖干管上活动支架的个数按每层一个计算；

② 横干管上活动支架的个数＝该段横管长度/支架最大间距－该段上固定支架个数。

（3）固定支架、活动支架单个重量查表 2-17 可知。

（4）该工程支架制作、安装重量计算见表 2-17。

表 2-17　支架制作、安装重量

支 架 名 称		管径	管长度/m	支架间距/m	支架个数	单个重量/kg	总重/kg
明装支架	横干管活动支架	DN40	18.04	4.5	4	0.634	2.536
	横干管活动支架	DN50	20.57	5.0	4	0.705	2.820
	竖干管活动支架	DN50			2	0.705	1.410
	横干管固定支架	DN40			1	0.769	0.769
	横干管固定支架	DN50			1	1.331	1.331
	小计						8.866
暗装支架	横干管活动支架	DN40	18.36	3.0	6	1.194	7.164
	横干管活动支架	DN50	15.49	3.0	6	1.291	7.746
	横干管固定支架	DN40			1	1.565	1.565
	小计						16.475
合计							25.341

5. 阀门、自动排汽阀、手动排汽阀数量统计（见表 2-18）

表 2-18　阀门、自动排汽阀、手动排汽阀数量

名称	阀门 Z15T-10			阀门 Z45T-10	自动排气阀	手动排气阀
规格	DN15	DN20	DN25	DN50	DN15	DN10
个数	1	25	1	2	1	43

6. 管道、散热器、支架除锈刷油及地沟（暗装）管道绝热工程量计算

（1）散热器除锈、刷油面积

$$S=每片散热器面积×片数=0.28(查表)×470=131.6(m^2)$$

（2）管道除锈、刷油面积

$$S = \sum 某规格管每100m的外表面积 \times \frac{该规格管长度}{100m}$$

计算结果如下：明装管道刷油面积（m²）=3.14×（20.57×0.06+18.04×0.048+22.42×0.04225+18.16×0.0335+66.95×0.02675+99.13×0.0213）=23.76

暗装管道刷油面积（m²）=11.1（计算从略）；

明、暗装管道刷油总面积（m²）=34.86。

（3）管道支架除锈、刷油重量计算　公称直径 DN40 以上的管道支架除锈、刷油重量同制作安装的重量。公称直径≤DN32 的管道支架除锈、刷油重量计算见表 2-19。

从表 2-17 和表 2-19 中可得：

明装管道支架除锈、刷油总重量=8.866+11.44=20.31（kg）

暗装管道支架除锈、刷油总重量=16.475+14.83=31.31（kg）

明、暗装管道支架除锈、刷油总重量=51.62（kg）

（4）管道在地沟内敷设、绝热工程量的计算

管道保温层厚 δ=50mm

地沟管道保温体积 V_{50}=1.3（m³）

地沟管道保护层面积 S=2×41.6=83.2（m²）

以上是该工程施工图预算中全部工程量的计算过程和计算结果，将这些计算结果按消耗量定额相应项目、计量单位分别列项，即为该工程的施工图预算书。

表 2-19　管道支架除锈、刷油重量计算

支架名称	明装管支架						暗装管支架				
	活动支架				固定支架		活动支架			固定支架	
	立管卡		供水干管支架			干管支架		回水干管支架			干管支架	
支架标准图	S119-22		N112.14 页			N112.14		12.14 页			N112.14 页	
管径	DN5	DN20	DN20	DN25	DN32	DN25	DN32	DN20	DN25	DN32	DN25	DN32
横管长/m			5.38	18.28	22.42			6.00	18.00	13.60		
横管支架间距/m			3.0	3.5	4.0			2.0	2.0	2.5		
支架个数	1	22	2	5	5	1	1	3	8	5	1	1
单支架量/(kg/个)	0.14	0.16	0.416	0.527	0.634	0.509	0.634	0.574	0.719	1.086	0.923	1.005
支架重量/kg	0.14	3.52	0.83	2.64	3.17	0.51	0.63	1.72	6.47	6.52	0.92	1.01
小计/kg	11.44							14.83				
合计/kg	26.27											

第三节　通风空调管道工程定额说明及工程量计算

一、基价项目

根据本例的工程内容，通风系统安装套用全国统一安装工程预算定额第九册《通风空调工程》，通风系统的除锈、刷油漆套用第十一册《刷油、防腐蚀、绝热工程》。按以上两册定额划分和排列的分项工程项目如下。

（1）薄钢板通风管道制作安装。

（2）帆布接口制作安装。

（3）调节阀制作安装。

（4）矩形空气分布器制作安装。

（5）矩形空气分布器支架制作安装。

（6）空气加热器金属支架制作安装。

（7）皮带防护罩制作安装。

（8）过滤器安装。

（9）过滤器框架制作安装。

（10）通风设备安装。

（以上属于第九册定额范围）

（11）风管、部件、管架除锈刷油。

① 通风管道（含吊托支架）除锈。

② 金属结构（部件、框架、设备支架）除锈。

③ 通风部件及支架刷油。

（以上属于第十一册定额范围）

二、工程量计算规则

1. 消耗量定额中有关系数调整的规定

① 部件刷油工程量的计算，如果部件为购买的成品件，要按照部件工程量即"个"，乘以消耗量定额附录二"国际通风部件标准重量表"中相应型号、规格的单件重量，以求出该部件的总重量。然后再根据所计算出的"总重量"乘以系数 1.15，即为该部件刷油工程量。

在设计图中未规定成品部件刷油的情况下，成品部件不应再计算刷油费用。

② 各类通风管道，若整个通风系统采用渐缩管均匀送风者，圆形风管按平均直径，矩形风管按平均周长计算，套用相应规格项目，但人工乘以系数 2.5，其他不变。

③ 风管及部件制作安装，型钢未包括镀锌费，如设计要求镀锌时，镀锌费用另计。

2. 各种风管及风管上的附件制作安装

① 薄钢板通风管道和净化通风管道的制作安装项目中，包括弯头、三通、异径管、天圆地方等管件，以及法兰、加固框、吊托支架；但不包括过跨风管落地支架，落地支架应按设备支架子目另计。

② 塑料通风管道制作安装项目中，包括管件、法兰、加固框，但不包括吊托支架，吊托支架另套塑料风管吊托支架相应子目，可按相应定额以"千克"为计量单位计算。塑料风管、复合材料风管制作安装定额所列直径为内径，周长为内周长。

③ 不锈钢板通风管道、铝板通风管道制作安装项目中仅包括管件，不包括法兰和吊托支架，应另计。

④ 复合风管安装项目中包括管件、法兰、加固框、吊托支架的安装。

⑤ 镀锌薄钢板风管项目中的板材是按镀锌薄钢板编制的，如设计要求厚度不同或不用镀锌薄钢板时，板材可以换算，其他不变。

⑥ 制作安装工程量均按施工图示的不同规格，以展开面积计算，不扣除检查孔、测定孔、送风口、吸风口等所占面积。

圆形风管面积　　　　　　　　　　　$S = \pi D L$

矩形风管面积　　　　　　　　　　　$S = 2L(A+B)$

式中　π——圆周率，取 3.14159；

　　　D——圆形风管外径；

　　　L——风管长度；

　　　A——矩形风管边长（在图纸上为可见面）；

B——矩形风管边长（在图纸上为不可见面）。

⑦ 计算风管长度时，一律按施工图示中心线，主管与支管按两中心线交点划分，三通、弯头、变径管、天圆地方等管件包括在内，但不含部件长度。直径和周长以图示尺寸为准展开，咬口重叠部分已包括在定额内，不得另行增加。

⑧ 风管导流叶片制作安装按图示叶片面积计算。

根据规范要求，风管弯头 A 的尺寸大于或等于 500mm 时，应设置导流叶片。导流叶片的面积计算，可采用公式法或查表法。因一般的施工图纸是不会给出导流叶片的详图的，我们多采用查表法进行计算。

例：有风管弯头一个，边长 *A*=500，*B*=630，试计算其导流叶片面积。

解：见表 2-20、表 2-21。

表 2-20　所需导流叶片片数

A 边长/mm	500	600	800	1000	1250	1600	2000
片数	4	4	6	7	8	10	12

表 2-21　每片导流叶片面积

B 边长/mm	200	250	320	400	500	630	800	1000	1250	1600	2000
导流叶片面积/m²	0.075	0.091	0.114	0.14	0.17	0.216	0.273	0.425	0.502	0.623	0.755

查得：*A*=500 对应 4 片，*B*=630 对应 0.216m²/片，

弯头导流叶片面积=片数×面积/片=4×0.216=0.864(m²)

⑨ 设计采用渐缩管均匀送风的系统，圆形风管以平均直径、矩形风管以平均周长计算。

⑩ 柔性软风管安装按图示管道中心线长度以"米"为计量单位，柔性软风管阀门安装以"个"为计量单位。

⑪ 软管（帆布接口）制作安装，按图示尺寸以"平方米"为计量单位。

⑫ 风管检查孔重量按第九册定额附录二"国标通风部件标准重量表"计算。

⑬ 风管测定孔制作安装，按其型号以"个"为计量单位。

⑭ 钢板通风管道、净化通风管道、玻璃钢通风管道、复合材料风管的制作安装中已包括法兰、加固框和吊托架，不得另行计算。

⑮ 不锈钢通风管道、铝板通风管道的制作安装中不包括法兰和吊托架，可按相应定额以"千克"为计量单位另行计算。

⑯ 异径管长度计算，按异径管本身长度的一半分别并入相邻风管长度中。

3. 调节阀、风口等各类通风、空调部件的制作安装工程量

① 标准部件的制作，按其成品重量以"千克"为计量单位，根据设计型号、规格，按第九册定额附录二"国标通风部件标准重量表"计算重量，非标准部件按图示成品重量计算。部件安装按图示规格尺寸（周长或直径）以"个"为计量单位，分别执行相应定额。

② 叶窗及活动金属百叶风口的制作以"平方米"为计量单位，安装按规格以"个"为计量单位。

③ 风帽筝绳制作安装，按其图示规格、长度，以"千克"为计量单位计算工程量。

④ 风帽泛水制作安装，按其图示展开面积尺寸，以"平方米"为计量单位计算工程量。

⑤ 挡水板制作安装工程量按空调器断面面积计算。

⑥ 空调空气处理室上的钢密闭门的制作安装工程量，以"个"为计量单位计算。

⑦ 风机安装按不同型号以"台"为计量单位计算工程量。

⑧ 整体式空调机组、空调器按其不同重量和安装方式以"台"为计量单位计算其安装工程量；分段组装式空调器按重量计算其安装工程量。

⑨ 风机盘管安装，按其安装方式不同以"台"为单位计算工程量。

⑩ 空气加热器、除尘设备安装，按不同重量以"台"为计量单位计算工程量。

⑪ 设备支架的制作安装工程量，依据图纸按重量计算，执行第三册《静置设备与工艺金属结构制作安装工程》定额相应项目和工程量计算规则。

⑫ 电加热器外壳制作安装工程量，按图示尺寸以"千克"为计量单位。

⑬ 风机减震台座制作安装执行设备支架定额，定额内不包括减震器，应按设计规定另行计算。

⑭ 高、中、低效过滤器、净化工作台安装以"台"为单位计算工程量，风淋室安装按不同重量以"台"为单位计算工程量。

⑮ 洁净室安装工程量按重量计算。

4. 注意问题

① 第九册定额未编制无法兰连接通风管道制作安装的定额，发生时可执行有法兰连接通风管道制作安装子目。

② 通风管道和部件的场外运费另行计算。

③ 单件重 100kg 以上的空调设备支架执行第五册相应项目。

④ 人防穿墙套管以套管直径计算；当人防穿墙套管为成品时，定额乘以系数 0.3，人防墙套管价值另计。

⑤ 本空调冷却水系统项目执行第八册《给排水、采暖、燃气工程》中相关项目。

三、工程量计算实例

1. 某通风空调工程的工程概况、施工图与施工说明

(1) 工程概况　本工程为某工厂车间送风系统的安装，其施工图见图 2-27、图 2-28。室外空气由空调箱的固定式钢百叶窗引入，经保温阀去空气过滤器过滤。再由上通阀，进入空气加热器（冷却器），加热或降温后的空气由帆布软管，经风机圆形瓣式启动阀进入风机，由风机驱动进入主风管。再由六根支管上的空气分布器送入室内。空气分布器前均设有圆形蝶阀，供调节风量用。

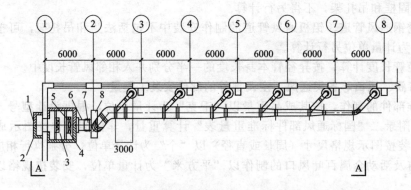

图 2-27　通风系统平面图（编号名称见表 2-22）

(2) 施工说明

① 风管采用热轧薄钢板。风管壁厚：DN500，$\delta=0.75mm$；DN500 以上，$\delta=1.0mm$。

② 风管角钢法兰规格：DN500，∟25×4；DN500 以上，∟30×4。

③ 风管内外表面除锈后刷红丹酚醛防锈漆两道，外表面再刷灰色酚醛调合漆两道。

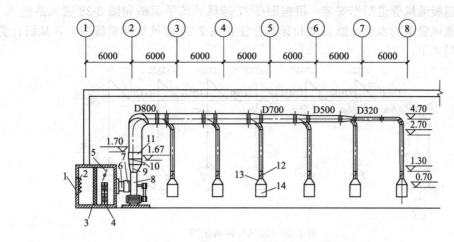

图 2-28 通风系统 A—A 剖面图（编号名称见表 2-22）

④ 所有钢部件内外表面除锈后刷红丹酚醛防锈漆两道，外表面再刷灰色厚漆两道。

⑤ 风管、部件制作安装要求，执行国家施工验收规范有关规定。

（3）设备部件一览表（表 2-22）

表 2-22　设备部件一览表

编号	名　称	型号及规格	单位	数量	备注
1	钢百叶窗	500×400	个	1	20kg
2	保温阀	500×400	个	1	
3	空气过滤器	LWP-D（Ⅰ型）	台	1	
	空气过滤器框架		个	1	41kg
4	空气加热器(冷却器)	SRZ-12×6D	台	2	139kg
	空气加热器支架				G=9.64kg
5	空气加热器上通阀	1200×400	个	1	
6	风机圆形瓣式启动阀	D800	个	1	
7	帆布软接头	D600	个	1	L=300
8	离心式通风机	T4-72No8C	台	1	
	电动机	Y200 L-4 300kW	台	1	
	皮带防护罩	C式Ⅱ型	个	1	G=15.5kg
	风机减震台	CG327 8C	kg	291.3	
9	天圆地方管	D800/560×640	个	1	H=400
10	密闭式斜插板阀	D800	个	1	G=40kg/个
11	帆布软接头	D800	个	1	L=300
12	圆形蝶阀	D320	个	6	
13	天圆地方管	D320/600×300		6	H=200
14	空气分布器	4#　600×300	个	6	
	空气分布器支架		个	6	图 2-30

2. 工程量计算

按照所列分项工程项目，依据工程量计算规则逐项计算工程量。

（1）薄钢板通风管道制作安装　根据图 2-27 通风系统平面图和图 2-28 通风系统 A—A 剖面图，将通风管道的水平投影长度和标高标注在图 2-29 通风管网系统图上，从而计算通风管道的面积如下：

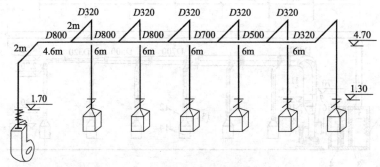

图 2-29　通风管网系统图

① D800。长度 $L=(4.7-1.7)$（标高差）$+2$（水平长度）$+(4.6+6+6)$（水平长度）$=21.6$（m）

面积　　　　　　　$S=21.6\times0.8\times3.1416=54.27(\text{m}^2)$

② D700。长度 $L=6-0.5$（大小头长度）$=5.5$（m）

面积　　　　　　　$S=5.5\times0.7\times3.1416=12.10(\text{m}^2)$

大小头 $D800\times700$，平均直径：$(0.8+0.7)/2=0.75$（m）

面积：　　　　　　$S=0.5\times0.75\times3.1416=1.18(\text{m}^2)$

③ D500：长度 $L=6-0.5$（大小头长度）$=5.5$（m）

面积　　　　　　　$S=5.5\times0.5\times3.1416=8.64(\text{m}^2)$

大小头 $D700\times500$，平均直径：$(0.7+0.5)/2=0.6$（m）

面积　　　　　　　$S=0.5\times0.6\times3.1416=0.95(\text{m}^2)$

④ D320：长度 $L=[6-0.5$（大小头长度）$]$（主管水平长度）$+2\times6$（6根支管水平长度）$+(4.7-1.3)\times6$（6根支管标高差）$=37.9$（m）

面积：　　　　　　$S=37.9\times0.32\times3.1416=38.10(\text{m}^2)$

大小头 $D500\times320$，平均直径：$(0.5+0.32)/2=0.41$（m）

面积：　　　　　　$S=0.5\times0.41\times3.1416=0.65(\text{m}^2)$

⑤ 天圆地方管 $D800/560\times640$，$H=400$，1 个。

面积：　　　$S=[(0.8\times3.1416)/2+0.56+0.64]\times0.4=0.98(\text{m}^2)$

⑥ 天圆地方管 $D320/600\times300$，6 个。

面积：　　　$S=[(0.32\times3.1416)/2+0.6+0.3]\times0.2\times6=1.69(\text{m}^2)$

（2）帆布接口制作安装　帆布软接头 $D600$，$L=300\text{mm}$ 及 $D800$，$L=300\text{mm}$ 各 1 个。

面积：　　　$S=3.1416\times(0.6\times0.3+0.8\times0.3)=1.32(\text{m}^2)$

（3）调节阀制作安装

① 空气加热器上通阀 1200×400，1 个。

制作：查国标通风部件标准重量表得尺寸为 1200×400 的空气加热器上通阀的单体重量为 23.16kg/个。

安装：周长$=2\times(1200+400)=3200$（mm）空气加热器上通阀 1 个。

② 风机圆形瓣式启动阀 $D800$，1 个。

制作：查国标通风部件标准重量表得尺寸为 $D800$ 的风机圆形瓣式启动阀的单体重量为 42.38kg/个。

安装：直径 800mm 风机圆形瓣式启动阀 1 个。

③ 密闭式斜插板阀 D800，1 个。

制作：国标通风部件标准重量表中未列尺寸为 D800 的密闭式斜插板阀的单体重量。由设备部件一览表（表 2-22）查得其单体重量为 40kg/个。

安装：直径 800mm 密闭式斜插板阀 1 个。

④ 圆形蝶阀 D320，6 个。

制作：查国标通风部件标准重量表尺寸为 D320 的圆形蝶阀的单体重量为 5.78kg/个。总重为：5.78kg/个×6 个＝34.68(kg)。

安装：直径 320mm 圆形蝶阀 6 个。

（4）矩形空气分布器制作安装　矩形分布器 600×300，6 个。

制作：查国标通风部件标准重量表尺寸为 600×300 矩形空气分布器的单体重量为 12.42kg/个。总重为：12.42kg/个×6 个＝74.52kg。

安装：周长＝2×(600＋300)＝1800(mm) 矩形空气分布器，6 个。

（5）矩形空气分布器支架制作安装　本例矩形分布器安装在图 2-30 所示的型钢支架上。其重量计算如下：

[(0.41＋0.2)×2＋0.61](角钢长度)×6(个)×2.42(角钢每米重量)＝26.57 (kg)

（6）空气加热器金属支架制作安装　由设备部件一览表（表 2-22）查得空气加热器金属支架单体重量为：G＝9.64kg

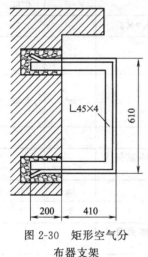

图 2-30　矩形空气分布器支架

（7）皮带防护罩制作安装　由设备部件一览表（表 2-22）查得皮带防护罩（C 式）单体重量为：G＝15.5kg

（8）过滤器安装　LWP-D（Ⅰ型）过滤器：1 台。

（9）过滤器框架制作安装　由设备部件一览表（表 2-22）查得过滤器框架单体重量为：G＝41kg

（10）钢百叶窗制作安装　制作：面积 S＝0.5×0.4＝0.2(m²)

安装：钢百叶窗 500×400，1 个。

（11）通风设备安装　由设备部件一览表（表 2-22）查得：

① 离心式通风机安装：T4-72No8C，1 台；

② 风机减震台制作安装：291.3kg；

③ 空气加热器安装：SRZ-12×6D，2 台，G＝139kg/台。

（12）风管、部件、支架出锈刷油

① 薄钢板风管（包括法兰、吊托支架）内、外除锈、刷油（见以上风管面积计算）

风管内外表面除锈后刷红丹酚醛防锈漆两道，面积：

[54.27＋0.98＋12.10＋1.18＋8.64＋0.95＋38.10＋0.65＋1.69]×2×1.1＝119×2×1.1＝262 (m²)

外表面再刷灰色酚醛调合漆两道，面积：119×1.2＝143(m²)

② 通风部件除锈、刷油

重量：[23.16(加热器上通阀)＋42.38(圆形瓣式启动阀)＋40(斜插板阀)＋34.68(圆形蝶阀)＋74.52(矩形空气分布器)＋20(钢百叶窗)]×1.15＝270(kg)

③ 空气分布器、空气加热器、防护罩、过滤器框架、支架及风机减震台制作安装除锈、刷油

重量：26.57(矩形空气分布器支架)＋9.64(空气加热器金属支架)＋15.5(皮带防护罩)＋41(过滤器框架)＋291.3(风机减震台)＝384(kg)

④ 零星刷油估计（如帆布接口法兰等）：46kg

（13）工程量计算表　本例工程量计算见表2-23。

表 2-23　工程量计算表（工程名称：通风安装工程）

序号	分项工程名称	计　算　式	单位	工程量
1	通风管道制作安装			
①	薄钢板圆形风管 （δ＝1mm 咬口）D800	［(4.7－1.7)(标高差)＋2(水平长度)＋(4.6＋6 ＋6)(水平长度)］×0.8×3.1416	m²	54.27
⑤	天圆地方管 D800/560×640，H＝400，1 个。	［(0.8×3.1416)/2 ＋ 0.56＋0.64］×0.4	m²	0.98
②	薄钢板圆形风管 （δ＝1mm 咬口）D700	［6－0.5(大小头长度)］×0.7×3.1416	m²	12.10
	D800×700 大小头	0.5×(0.8＋0.7)/2×3.1416	m²	1.18
	薄钢板圆形风管（δ＝1mm 咬口） D1120 以下工程量合计	54.27＋0.98＋12.10	m²	67.4
③	薄钢板圆形风管 （δ＝0.75mm 咬口）D500	［6－0.5(大小头长度)］×0.5×3.1416	m²	8.64
	D700×500 大小头	0.5×［(0.7＋0.5)/2］×3.1416	m²	0.95
④	薄钢板圆形风管（δ＝0.75mm 咬口）D320	｛［6－0.5(大小头长度)］(主管水平长度)＋2×6 (6 根支管水平长度)＋(4.7－1.3)×6(6 根支管标 高差)｝×0.32×3.1416	m²	38.10
	D500×320 大小头	0.5×［(0.5＋0.32)/2］×3.1416	m²	0.65
⑥	天圆地方管 D320/600×300，6 个	［(0.32×3.1416)/2 ＋ 0.6＋0.3］×0.2×6	m²	1.69
	薄钢板圆形风管（δ＝0.75mm 咬口）D500 以下工程量合计	8.64＋0.95＋38.10＋0.65＋1.69	m²	50
2	帆布接口制作安装 D600，L＝300mm D800，L＝300mm 各 1 个	3.1416×(0.6×0.3＋0.8×0.3)	m²	1.32
3	调节阀制作安装			
①	空气加热器上通阀 1200×400，1 个	查国标通风部件标准重量表得单体重量为 23.16kg /个		
	制作	23.16(kg /个)×1(个)	kg	23.2
	安装	周长为：2×(1200＋400)＝3200(mm)	个	1
②	风机圆形瓣式启动阀 D800，1 个	查国标通风部件标准重量表得单体重量为 42.38kg /个		
	制作	42.38(kg /个)×1(个)	kg	42.4
	安装	直径为：800mm	个	1
③	密闭式斜插板阀 D800，1 个。	由设备部件一览表（表 2-21）查得其单体重量为 40kg /个		
	制作	40(kg /个)×1(个)	kg	40
	安装	直径为：800mm	个	1
④	圆形蝶阀 D320，6 个	查国标通风部件标准重量表得单体重量为 5.78kg /个		
	制作	5.78(kg/个)×6(个)	kg	34.7
	安装	直径为：320mm	个	6

续表

序号	分项工程名称	计　算　式	单位	工程量
4	矩形空气分布器制作安装 600×300,6 个	查国标通风部件标准重量表得单体重量为 12.42kg/个		
	制作	12.42(kg/个)×6(个)	kg	74.5
	安装	周长为:2×(600+300)=1800(mm)	个	6
5	矩形空气分布器支架制作安装	[(0.41+0.2)×2+0.61](角钢长度)×6 (个)×2.42(角钢每米重量)	kg	26.57
6	空气加热器金属支架,1 个	由设备部件一览表(表 2-21)查得其单体重量为 9.64kg/个		
	制作安装	9.64(kg/个)×1(个)	kg	9.64
7	皮带防护罩	由设备部件一览表(表 2-21)查得其单体重量为 15.5kg/个		
	制作安装	15.5(kg/个)×1(个)	kg	15.5
8	过滤器安装 LWP-D(I 型)	1	台	1
9	过滤器框架	由设备部件一览表(表 2-21)查得其单体重量为 41kg/个		
	制作安装	41(kg/个)×1(个)	kg	41
10	钢百叶窗 500×400			
	制作	0.5×0.4	m²	0.2
	安装	0.5m² 以内	个	1
11	离心式风机安装:T4-72No8C	8 号	台	1
12	风机减震台制作安装	291.3(风机减震台)	kg	291.3
13	空气加热器安装 SRZ-12×6D	139kg/台	台	2
14	设备支架制作安装(50kg 以下)	26.57(空气分布器支架)+9.64(空气加热器金属支架)	kg	36.21
15	风管刷油			
	内外表面除锈后刷红丹酚醛防锈漆	[54.27+0.98+12.10+1.18+8.64+0.95+ 38.10+0.65+1.69]×2×1.1=119×2×1.1	m²	262
	外表面刷灰色酚醛调合漆	119×1.2	m²	143
16	通风部件除锈、刷油	[23.16(加热器上通阀)+42.38(圆形瓣式启动 阀)+40(斜插板阀)+34.68(圆形蝶阀)+74.5(矩 形空气分布器)+20(钢百叶窗)]×1.15	kg	270
17	框架、支架除锈、刷油	26.57(矩形空气分布器支架)+9.64(空气加热 器金属支架)+15.5(皮带防护罩)+41(过滤器框 架)+291.3(风机减震台)	kg	384
	金属结构刷油共	270+384+46(零星)	kg	700

第三章　安装管道工程计价

第一节　编制依据总说明

编制依据是 2012 年《全国统一安装工程预算定额河北省消耗量定额》，总说明如下。

（1）《全国统一安装工程预算定额河北省消耗量定额》（以下简称本定额）是在《全国统一安装工程预算定额》（GYD-201～211—2000、GYD-213—2003）基础上，结合河北省设计、施工、招投标的实际情况，根据现行国家产品标准、设计规范和施工验收规范、质量评定标准、安全操作规程编制的，共分十二册，包括：

第一册　机械设备安装工程（HEBGYD-C01—2012）；

第二册　电气设备安装工程（HEBGYD-C02—2012）；

第三册　热力设备安装工程（HEBGYD-C03—2012）；

第四册　炉窑砌筑工程（HEBGYD-C04—2012）；

第五册　静置设备与工艺金属结构制作安装工程（HEBGYD-C05—2012）；

第六册　工业管道工程（HEBGYD-C06—2012）；

第七册　消防设备安装工程（HEBGYD-C07—2012）；

第八册　给排水、采暖、燃气工程（HEBGYD-C08—2012）；

第九册　通风空调工程（HEBGYD-C09—2012）；

第十册　自动化控制仪表安装工程（HEBGYD-C10—2012）；

第十一册　刷油、防腐蚀、绝热工程（HEBGYD-C11—2012）；

第十二册　建筑智能化系统设备安装工程（HEBGYD-C12—2012）。

（2）本定额适用于河北省行政区域范围内的新建、扩建的安装工程。

（3）本定额中消耗量（除可竞争措施项目消耗量外）是编制施工图预算、最高限价、标底的依据；是工程量清单计价、投标报价、进行工程拨款、竣工结算、衡量投标报价合理性、编制企业定额和工程造价管理的基础或依据；是编制概算定额、概算指标和投资估算指标的主要资料。

（4）本定额是按目前河北省大多数施工企业采用的施工方法、机械化装备程度、合理的工期、施工工艺和劳动组织、正常的施工条件制定的，它反映了社会平均消耗水平，并考虑了下列正常的施工条件：

① 设备、材料、成品、半成品、构件完整无损，符合质量标准和设计要求，附有合格证书和试验记录；

② 安装工程和土建工程之间的交叉作业正常；

③ 安装地点、建筑物、设备基础、预留孔洞等均符合安装要求；

④ 水、电供应均满足安装施工正常使用；

⑤ 正常的气候、地理条件和施工环境。

（5）本定额中各项目的工作内容包括全部施工过程，除说明主要工序外，次要工序虽未说明但均已包括在内。

（6）材料消耗量及价格的确定

① 本定额中的材料消耗量包括直接消耗在施工过程中的主要材料、辅助材料和零星材料等，并计入了相应损耗，其范围包括：从工地仓库、现场集中堆放地点或现场加工地点到操作或安装地点的运输损耗、施工操作损耗，施工现场堆放损耗。

② 材料价格采用《河北省建设工程材料价格》（2012 年）。

③ 凡材料数量加括号的均为未计价材。

④ 用量很少的零星材料，其材料费合并为其他材料费，计入材料费内。

（7）本定额适用于工料单价法，也可用于综合单价法。

（8）安装工程主材均为未计价材料，即定额中一般不包括主要材料费。

（9）技术措施项目费（脚手架搭拆费、高层建筑增加费等）按定额说明中系数计取。

第二节　安装工程费用组成及其计算程序

一、费用组成及说明

以 2012 年《全国统一安装工程预算定额河北省消耗量定额》为例。

2012 年《全国统一安装工程预算定额河北省消耗量定额》共分 12 册，由河北省建设厅颁发，自 2012 年 7 月 1 日执行。为方便理解和使用 2012 年消耗量定额，此处对消耗量定额中的共性问题加以明确，其他相关规定详见各专业相应说明。

（一）消耗量定额的形式

消耗量定额分实体项目和措施项目两部分，措施项目分可竞争措施项目、不可竞争措施项目。

工程费用项目由直接费、间接费、利润、税金等四部分组成。如图 3-1 所示。

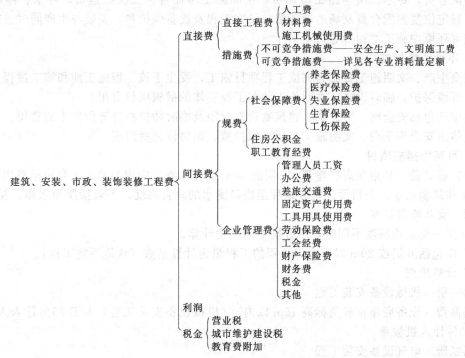

图 3-1　建筑安装工程造价组成

实体项目、不可竞争措施项目消耗量不得调整，可竞争措施项目消耗量在投标报价时投标人可以合理调整。

直接费分直接工程费和措施费。

直接工程费：是指施工过程中耗费的构成工程实体的各项费用，包括人工费、材料费、施工机械使用费。

措施费：是指为完成工程项目施工，发生于该工程施工前和施工过程中非工程实体项目的费用。分可竞争措施项目、不可竞争措施项目。

间接费由规费、企业管理费组成。

规费是指法律法规和省级及以上政府或有关权力部门规定必须缴纳和计提的费用（简称规费）。包括：社会保障费（养老保险费、医疗保险费、失业保险费、生育保险、工伤保险）、住房公积金、职工教育经费。

企业管理费是指建筑安装企业组织施工生产和经营管理所需费用。包括：管理人员工资、办公费、差旅交通费、固定资产使用费、工具用具使用费、劳动保险费、工会经费、财产保险费、财务费。

利润：是指施工企业完成所承包工程获得的盈利。

税金：是指国家税法规定的应计入建筑安装工程造价内的营业税、城市维护建设税及教育费附加等。

税金记取：工程所在地在市区的执行 3.48%；工程所在地在县城、镇的执行 3.41%；工程所在地不在市区、县城、镇的执行 3.28%。

(二) 安装消耗量定额措施费项目的有关规定

不可竞争措施项目包括：安全生产、文明施工费。

可竞争措施项目包括：a. 操作高度增加费；b. 超高费；c. 脚手架；d. 系统调整费；e. 大型机械一次安拆及场外运输费用；f. 其他措施项目（包括生产工具、用具使用费，检验试验配合费，冬季、雨季施工增加费，夜间施工增加费，二次搬运费，停水、停电增加费，工程定位复测配合费及场地清理费，已完工程及设备保护费，安装与生产同时进行增加费，有害环境中施工增加费等）。

1. 不可竞争措施项目

安全生产、文明施工费：为完成工程项目施工，发生于该工程施工前和施工过程中安全生产、环境保护、临时设施、文明施工的非工程实体的措施项目费用。

其中已包括安全网、防护架、建筑物垂直封闭及临时防护栏杆等所发生的费用。

具体由安全施工费、文明施工与环境保护费、临时设施费组成。

2. 可竞争措施项目

(1) 超高费　是指在高层建筑（6 层或 20m 以上）施工应增加的人工和机械费用。

① 建筑物高度，是指设计室外地坪至檐口滴水的垂直高度，不包括屋顶水箱、楼梯间、电梯间、女儿墙等高度。

② 同一建筑物高度不同时，可分别不同高度计算。

③ 应包括 6 层或 20m 以下全部工程的工程量为计算基数（含地下室工程）。

④ 计算规则

第一册　机械设备安装工程

超高费（设备底座正或负标高 15m 以内）（机械设备安装工程）人工 25% 计入人工费，机械 25% 计入机械费。

第二册　电气设备安装工程

超高费_9 层/30m 以下（电气设备安装工程）人工＋机械的 7.56%，其中人工占

11.11％，机械占 88.89％。

第七册　消防设备安装工程

超高费_9 层/30m 以下（消防设备安装工程）人工＋机械的 11.76％，其中人工占 7.14％，机械占 92.86％。

第八册　给排水、采暖、燃气工程

超高费_9 层/30m 以下（给排水、采暖、燃气工程）人工＋机械的 15.12％，其中人工占 11.11％，机械占 88.89％。

第九册　通风空调工程

超高费_9 层/30m 以下（通风空调工程）人工＋机械的 2.34％，其中人工占 33.33％，机械占 66.67％。

第十一册　刷油、防腐蚀、绝热工程

超高费_高度 30m 以内（刷油、防腐蚀、绝热工程）人工＋机械的 22.4％，其中人工占 50％，机械占 50％。

第十二册　建筑智能化系统设备安装工程

超高费_9 层/30m 以下（建筑智能化系统设备安装工程）人工＋机械的 7.56％，其中人工占 11.11％，机械占 88.89％。

（2）系统调试费　适用于采暖、通风空调等。

计算规则：

第八册　给排水、采暖、燃气工程

系统调试费_采暖工程系统调整费　人工＋机械的 13.05％，其中人工占 50.04％，材料占 49.96％。

第九册　通风空调工程

系统调试费_通风空调工程系统调整费　人工＋机械的 10.14％，其中人工占 24.95％，材料占 75.05％。

（3）垂直运输费　垂直运输费是施工时发生的垂直运输机械费用。

① 层高在 5m 以内的单层建筑（无地下室）内的安装工程不计算垂直运输费。

② 垂直运输基准面：室内以室内地坪为基准面，室外以安装现场地坪为基准面。

③ 计算规则：

第二册　电气设备安装工程

垂直运输费（电气设备安装工程）人工＋机械的 1.2％，其中机械占 100％；

第七册　消防设备安装工程

垂直运输费（消防设备安装工程）人工＋机械的 1.2％，其中机械占 100％；

第八册　给排水、采暖、燃气工程

垂直运输费（给排水、采暖、燃气工程）人工＋机械的 1.2％，其中机械占 100％；

第九册　通风空调工程

垂直运输费（通风空调工程）人工＋机械的 1.2％，其中机械占 100％。

（4）脚手架搭拆　计算规则：

第二册　电气设备安装工程

脚手架搭拆费（电气设备安装工程）人工＋机械的 3.36％，其中人工占 25％，材料占 75％；

第三册　热力设备安装工程

脚手架搭拆费（热力设备安装工程 1～5 章）人工＋机械的 3.8％，其中人工占 25％，材料占 75％；

第四册 炉窑砌筑工程

脚手架搭拆费（工程量 500m³ 以内）（炉窑砌筑工程）人工＋机械的 9.5％，其中人工占 25.05％，材料占 74.95％；

第五册 静置设备与工艺金属结构制作安装工程

脚手架搭拆费（静置设备与工艺金属结构制作安装工程第 1 章）人工＋机械的 1.9％，其中人工占 25.26％，材料占 74.74％；

第六册 工业管道工程

脚手架搭拆费（工业管道工程）人工＋机械的 2.66％，其中人工占 25％，材料占 75％。

第七册 消防设备安装工程

脚手架搭拆费（消防设备安装工程）人工＋机械的 4.2％，其中人工占 25％，材料占 75％；

第八册 给排水、采暖、燃气工程

脚手架搭拆费（给排水、采暖、燃气工程）人工＋机械的 4.2％，其中人工占 25％，材料占 75％；

第九册 通风空调工程

脚手架搭拆费（通风空调工程）人工＋机械的 2.34％，其中人工占 24.79％，材料占 75.21％；

第十一册 刷油工程

脚手架搭拆费（刷油工程）人工＋机械的 6.72％，其中人工占 25％，材料占 75％。

第十二册 建筑智能化系统设备安装工程

脚手架搭拆费（建筑智能化系统设备安装工程）人工＋机械的 3.36％，其中人工占 25％，材料占 75％。

（5）操作高度增加费 操作高度增加费是指有楼层的按楼地面至安装物的垂直距离，无楼层的按操作地点（或设计正负零）至操作物的距离而言。操作高度增加费属于超高的人工费降效性质。

① 消耗量定额第二册、第七册规定操作高度离楼地面 5m 以上；第九册为 6m 以上的工程；第八册规定操作高度以 3.6m 为限，超过 3.6m 的工程量，应按规定计算相应操作高度增加费用。

② 上述操作高度增加费均以超过 5m、6m 或 3.6m 以上部分作为计算基数。5m、6m 或 3.6m 以下部分不应作为计算基数。

③ 已在消耗量定额中考虑了操作高度增加因素的项目不应再计算操作高度增加费。

④ 在高层建筑物施工中，可同时计算操作高度增加费和超高费。

⑤ 计算规则

第二册 电气设备安装工程

操作高度增加费（电气设备安装工程）人工＋机械的 27.72％，其中人工占 100％；

第七册 消防设备安装工程

操作高度增加费_操作物高度增加费（标高增加 8m 以内）（消防设备安装工程）人工＋机械的 0.92％，其中人工占 100％；

第八册 给排水、采暖、燃气工程

操作高度增加费_操作物高度增加费（标高±8m 以内）（给排水、采暖、燃气工程）人工＋机械的 0.92％，其中人工占 100％；

第九册 通风空调工程

操作高度增加费（通风空调工程）人工＋机械的 11.7％，其中人工占 100％；

第十一册　刷油、防腐蚀、绝热工程

操作高度增加费_操作高度超过 6m（刷油、防腐蚀、绝热工程）人工＋机械的 60％，其中人工占 50％，机械占 50％；

第十二册　建筑智能化系统设备安装工程

操作高度增加费_操作物高度增加费（标高 10m 以下）（建筑智能化系统设备安装工程）人工＋机械的 21％，其中人工占 100％。

注：超高施工增加费（即操作高度增加费）是指超过 5m、6m 或 3.6m 部分的工程量使用的系数，5m、6m 或 3.6m 以内的工程量不按此系数增加。在计算高层建筑增加费（即超高费）时，不扣除 6 层或 20m 以下的工程量。

（6）其他措施项目

① 生产工具、用具使用费：是指施工生产所需而又不属于固定资产的生产工具、用具等的购置、摊销和维修费用，以及支付给工人自备工具的补贴费用。

② 检验试验配合费：配合工程质量检测机构取样、检测所发生的费用。

③ 冬季施工增加费：当地规定的取暖期间施工所增加的工序、劳动工效降低、保温、加热的材料、人工和设施费用。不包括暖棚搭设、外加剂和冬季施工需要提高混凝土和砂浆强度所增加的费用，发生时另计。

④ 雨季施工增加费：冬季以外的时间施工所增加的工序、劳动工效降低、防雨的材料、人工和设施费用。

⑤ 夜间施工增加费：在合理工期内，必须连续施工而进行夜间施工发生的费用。包括照明设施安拆及使用费、劳动降效、夜间补助费用和白天在塔、炉内施工的照明费用，不包括建设单位要求赶工而采用夜班作业施工所发生的费用。

⑥ 二次搬运费：确因施工场地狭小，或由于现场施工情况复杂，工程所需材料、成品、半成品堆放点距建筑物（构筑物）近边在 150～500m 范围内时，不能就位堆放时而发生的二次搬运费。不包括自建设单位仓库至工地仓库的搬运以及施工平面布置变化所发生的搬运费。

⑦ 停水、停电增加费：是指施工期间由非承包人原因引起的停水和停电每周累计在 8 小时内而造成的停工、机械停滞费用。

⑧ 工程定位复测配合费及场地清理费：是指工程开、竣工时配合定位复测、竣工图绘制的费用及移交时施工现场一次性的清理费用。

⑨ 已完工程及设备保护费：是指工程完工后至正式交付发包人前对已完工程、设备进行保护所采取的措施费及养护、维修费用。

⑩ 安装与生产同时进行增加费：指安装与生产同时进行时，因降效而增加的人工费。

⑪ 有害环境中施工增加费：在民法通则有关规定允许的前提下，改扩建工程，由于车间或装置范围内有害气体或高分贝的噪声等环境因素超过国家标准以致影响身体健而降效所增加费；不包括劳保条例规定应享受的工程保健费。

3. 措施项目计费基数

① 不可竞争措施项目（安全生产、文明施工费）是以直接工程费、可竞争措施费、企业管理费、利润、规费作为计费基数。

② 可竞争措施项目要分册分项计量，以各册实体消耗项目即直接工程费的人工费、机械费之和为计费基数。

二、安装工程费用计算程序

1. 工程费用计算内容及程序

见表 3-1。

2. 费率计费标准

（1）以直接费中人工费＋机械费为基数乘以相应的计费费率来求得间接费和利润。详见表 3-2。

（2）规费的费率是由河北省工程建设造价管理总站结合施工企业规费的实际支出、完成产值、工资总额、职工人数等情况来核准计取标准。规费不参与投标报价竞争。

（3）工程造价管理机构根据安全监督管理机构出具的评价结果并考虑影响安全生产、文明施工投入情况测定具体的安全生产文明施工费费率，分基本费、增加费两部分。评价结果为 70 分及以下者，只记取基本费（0～3.23％），原则按分值采用插入法计算基本费费率。评价结果为 70 分以上（不含 70 分）者，除记取基本费外还要计取增加费（0～0.5％）。

3. 工程类别

（1）工业建筑

① 单层。一类：檐高≥20m，跨度≥24m；二类：檐高≥12m，跨度≥15m；三类：檐高＜12m，跨度＜15m。

② 多层。一类：檐高≥24m，建筑面积≥6000m²；二类：檐高≥12m，建筑面积≥3000m²；三类：檐高＜12m，建筑面积＜3000m²。

（2）民用建筑

① 公共建筑。一类：檐高≥36m，跨度≥30m，建筑面积≥7000m²；二类：檐高≥20m，跨度≥15m，建筑面积≥4000m²；三类：檐高＜20m，跨度＜15m，建筑面积＜4000m²。

② 住宅及其他民用建筑。一类：檐高≥56m，层数≥20 层，建筑面积≥12000m²；二类：檐高≥20m，层数≥7 层，建筑面积≥7000m²；三类：檐高＜20m，层数＜7 层，建筑面积＜7000m²。

（3）说明

① 以单位工程为类别划分单位，在同一类别中有几个特征时，凡符合其中之一者，即为该类工程。

② 高度指从设计室外地面标高至檐口滴水的高度（有女儿墙的算至女儿墙顶面标高）。

表 3-1 安装工程造价计算表

序号	费用项目			计 算 方 法
1	直接费	直接工程费	①人工费 ②材料费 ③机械费	—
		措施费 （可竞争措施费）	④人工费 ⑤材料费 ⑥机械费	（①＋③）×基价措施人工消耗量比例 （①＋③）×基价措施材料消耗量比例 （①＋③）×基价措施机械消耗量比例
1.1	直接费中的人工费＋机械费			①＋③＋④＋⑥
2	企业管理费			1.1×费率
3	利润			1.1×费率
4	规费			1.1×费率
5	价款调整			按合同确认的方式、方法计算
6	安装生产、文明施工费			（1＋2＋3＋4＋5）×费率
7	税金			（1＋3＋4＋5＋6）×费率
8	工程造价			1＋3＋4＋5＋6＋7

注：本计价程序中直接费不含安全生产、文明施工费。

表 3-2　安装工程费用标准（包工包料）

序号	费用项目	计费基数	费率/%		
			一类工程	二类工程	三类工程
1	直接费	—	—		
2	企业管理费	直接费中人工费＋机械费	22	17	15
3	利润		12	11	10
4	规费		27（投标保价、结算时按核准费率计取）		
5	安全生产、文明施工费	1＋2＋3＋4	基本费：3.23% 增加费：0～0.5%		
6	税金		3.48%、3.41%、3.28%		

三、工程量清单计价

工程量清单是工程量清单计价的基础，是编制最高限价（招标控制价）或标底、投标报价、签订合同价、支付工程进度款、调整工程量、价款调整、办理竣工结算以及索赔的主要依据。由分部分项工程量清单、措施项目清单、其他项目清单、规费项目清单、税金项目清单组成。

1. 工程量清单编制

工程量清单编制应由具有编制能力的招标人或委托具有相应资质的工程造价咨询人来完成，作为招标文件组成部分。招标文件中应列的清单如下。

《GB 50500—2013　建设工程工程量清单计价规范》的有关规定，实行工程量清单计价，建筑安装工程造价则由分部分项工程费、措施项目费、其他项目费和规费、税金组成，见图 3-2。

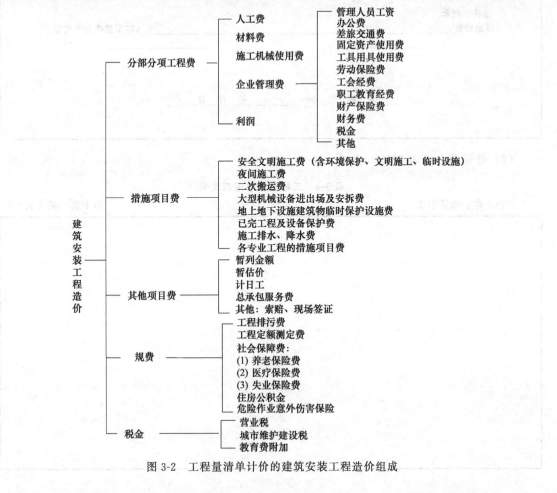

图 3-2　工程量清单计价的建筑安装工程造价组成

（1）封面　按规定的内容填写、签字、盖章，造价员编制的工程量清单应由负责审核的造价工程师签字、盖章（表3-3）。

表3-3　工程量清单封面

预算书1　　　　　　　　　　　　　工程

工程量清单

招标人：_____
（单位盖章）

法定代表人或
委托代理人：_____
（签字盖章）

工程造价
咨询人：_____
（单位盖章及成果专用章）

法定代表人或
委托代理人：_____
（签字盖章）

造价工程师
或造价员：_____

_____
（签字盖执业专用章）

_____

编　制　时　间：_____ 年　月　日

（2）总说明（见表3-4）

表3-4　工程量清单编制说明

工程名称：预算书1　　　　　　　　　　　　　　　　　　　　　　第1页　共1页

（3）分部分项工程量清单与计价表（见表 3-5）

表 3-5　分部分项工程量清单与计价表

工程名称：预算书 1　　　　　　　　　　　　　　　　　　　　第 1 页　共 1 页

序号	项目编码	项目名称	项 目 特 征	计量单位	工程数量	金额（元）	
						综合单价	合价

（4）措施项目清单与计价表　见表 3-6。

（5）其他项目清单与计价表　见表 3-7。

（6）暂列金额明细表　招标人在工程量清单中暂列并包括在合同价款中的一笔款项。用于施工合同签订时尚未确定或者不可预见的所需材料、设备、服务的采购，施工中可能发生的工程变更、合同约定调整因素出现时的工程价款调整以及发生的索赔、签证等的费用。招标人如不能详列，可只列暂列金额总额，投标人将总额计入投标总价中，见表 3-8。

（7）暂估价表　招标人在工程量清单中提供的用于支付必然发生但暂时不能确定价格的材料或设备的单价以及专业工程的金额，包括材料暂估价、设备暂估价和专业工程暂估价。见表 3-9。

（8）总承包服务费计价表　总承包人为配合协调招标人另行发包的专业工程项目实施、招标人供应材料或设备时所发生的管理费用、服务费用、采购保管费用。不包括招标人另行发包的专业工程施工单位使用总承包人的机械、脚手架等而支付的费用。见表 3-10。

（9）计日工表　计日工是发包人提出的施工图纸以外的可能发生的、少量的零星项目或工作。按合同中约定的综合单价计价。此表项目名称、数量由招标人填写，单价由投标人自主报价，见表 3-11。

表 3-6　总价措施项目清单与计价表

工程名称：预算书 1　　　　　　　　　　　　　　　　　　　　第 1 页　共 1 页

序号	项目编码	项 目 名 称	金额（元）
		1　安全生产、文明施工费	
		安全生产、文明施工费	
	/	小计	
		2　其他总价措施项目	
		冬季施工增加费	
		雨季施工增加费	
		夜间施工增加费	
		……	
	/	小计	

注：总价措施项目是指以总价计价的措施项目，即此类项目在相关工程现行国家计量规范、省建设行政主管部门无工程量计算规则，以费率计算的项目。

表 3-7 其他项目清单与计价表

工程名称：预算书 1 　　　　　　　　　　　　　　　　　　　　第 1 页　共 1 页

序号	项 目 名 称	金额/元
1	暂列金额	明细详见表 3-8
2	暂估价	明细详见表 3-9
2.1	材料暂估价	—
2.2	设备暂估价	—
2.3	专业工程暂估价	
3	总承包服务费	明细详见表 3-10
4	计日工	明细详见表 3-11
—	本页小计	

表 3-8 暂列金额明细表

工程名称：预算书 1 　　　　　　　　　　　　　　　　　　　　第 1 页　共 1 页

序号	名 称	暂列金额/元	备 注
1			
2			
3			
4			
5			
6			
—	合 计		—

表 3-9 暂估价表

工程名称：预算书 1 　　　　　　　　　　　　　　　　　　　　第 1 页　共 1 页

序号	暂估价名称	规格或工程内容	单位	暂估价/元	备注
1	材料暂估价				
1.1					
1.2					
2	设备暂估价				
2.1					
2.2					
3	专业工程暂估价				
3.1					
3.2					
	小计				

表 3-10 总承包服务费计价表

工程名称：预算书 1 　　　　　　　　　　　　　　　　　　第 1 页 共 1 页

序号	项目名称	项目金额/元	费率/%	金额/元
1	招标人另行发包专业工程	—	—	—
1.1	××××工程			
1.2	××××工程			
	小计			
2	投标人供应材料、设备	—	—	—
	合计			

表 3-11 计日工表

工程名称：预算书 1 　　　　　　　　　　　　　　　　　　第 1 页 共 1 页

序号	名称	规格型号	计量单位	综合单价/元
1	人工	—	—	—
1.1				
2	材料	—	—	—
2.1				
3	机械	—	—	—
3.1				

2. 工程量清单计价

工程量清单报价主要由投标人完成，投标人投标报价时应提交以下内容。

（1）封面 见表 3-12。

表 3-12 封面

投标总价

招标人：＿＿＿＿＿＿＿＿＿＿＿＿＿＿＿＿＿＿＿＿＿＿＿＿

工程名称：预算书 1＿＿＿＿＿＿＿＿＿＿＿＿＿＿＿＿

投标总价(小写)：＿＿＿＿＿＿＿＿＿＿＿＿＿＿＿＿＿

　　　(大写)：＿＿＿＿＿＿＿＿＿＿＿＿＿＿＿＿＿

投标人：＿＿＿＿＿＿＿＿＿＿＿＿＿＿＿＿＿＿＿＿(单位盖章)

法定代表人或
委托代理人：＿＿＿＿＿＿＿＿＿＿＿＿＿＿＿＿(签字盖章)

造价工程师
或造价员：＿＿＿＿＿＿＿＿＿＿＿＿＿＿＿(签字盖执业专用章)

＿＿＿＿＿＿＿＿＿＿

编制时间：＿＿＿＿ 年 月 日

（2）总说明　见表3-13。

表3-13　工程量清单报价说明

工程名称：预算书1　　　　　　　　　　　　　　　　　　　第1页　共1页

| |
| |
| |

（3）单位工程费汇总表（见表3-14）

表3-14　单位工程费汇总表

工程名称：预算书1　　　　　　　　　　　　　　　　　　　第1页　共1页

序号	名　称	计算基数	费率(%)	金额(元)	其中:(元)		
					人工费	材料费	机械费
1	单位工程1合计	/	/				
1.1	分部分项工程量清单计价合计	/	/				
1.2	措施项目清单计价合计	/	/				
1.2.1	单价措施项目工程量清单计价合计	/	/				
1.2.2	其他总价措施项目清单计价合计	/	/				
1.3	其他项目清单计价合计	/	/		/	/	/
1.4	规费				/	/	/
1.5	安全生产、文明施工费				/	/	/
1.6	税金	税前造价			/	/	/
2	单位工程2合计	/	/				
2.1	分部分项工程量清单计价合计	/	/				
2.2	措施项目清单计价合计	/	/				
2.2.1	单价措施项目工程量清单计价合计	/	/				
2.2.2	其他总价措施项目清单计价合计	/	/				
2.3	其他项目清单计价合计	/	/		/	/	/
2.4	规费				/	/	/
2.5	安全生产、文明施工费				/	/	/
2.6	税金	税前造价			/	/	/
/	合计		/				

（4）分部分项工程量清单与计价表　见表3-5。

（5）措施项目清单与计价表　见表3-6。

（6）其他项目清单与计价表　见表3-7。

（7）分部分项工程量清单综合单价分析表　见表3-15。

（8）措施项目费分析表　见表3-16。

表3-15　分部分项工程量清单综合单价分析表

工程名称：预算书1　　　　　　　　　　　　　　　　　　　第1页　共1页

序号	项目编号(定额编号)	项目名称	单位	数量	综合单价(元)	合价(元)	综合单价组成/元				人工单价/(元/工日)
							人工费	材料费	机械费	管理费和利润	

表 3-16　总价措施项目费分析表

工程名称：预算书1　　　　　　　　　　　　　　　　　　　　　　　　　第 1 页　共 1 页

序号	项目编号（定额编号）	项目名称	计算基数（元）	费率（%）	金额（元）	其中：(元)				人工单价/(元/工日)
						人工费	材料费	机械费	管理费和利润	

第三节　给排水工程预算编制实例

一、 给排水套用定额的施工图预算

1. 套用定额的有关说明

所套用的定额为 2012 年《全国统一安装工程预算定额河北省消耗量定额》中的第八册《给排水、采暖、燃气工程》。

(1) 管道系统

① 室内外给水铸铁管包括接头零件所需的人工，但接头零件价格应另行计算。

② 管道（钢管、不锈钢管）卡箍、卡套连接可执行钢管（沟槽连接）相应项目。

③ 公称直径大于 DN100 的镀锌钢管焊接时，可执行钢管（焊接）相应项目，焊口二次镀锌费用据实计算。

④ 钢套管、塑料套管、铁皮套管制作安装定额是按被套管管径编制的。

⑤ 钢管安装包括弯管制作与安装（伸缩器除外）。铜管、不锈钢管安装项目，可执行第六册"工艺管道"相应项目。

⑥ 管道安装的工作内容中已包括了水压试验。定额中另列有"管道压力试验"项目，是针对因其他原因造成长时间停工，再行施工后需重新打压，或有特殊要求进行二次打压所设置的子目。正常施工时不能计算。

⑦ 如设计要求仅冲洗不消毒时，应扣除材料费中漂白粉的含量，其余不变。

⑧ 管道消毒、冲洗项目仅适用于设计和施工验收规范中有此项要求的工程。

(2) 阀门类

① 螺纹阀门安装适用于各种内外螺纹连接的阀门安装，未计价材中"阀门连接件"是指活接头、外螺纹接头或外牙直通等连接管件，如设计数量与定额不同时，可做调整，人工不变。

② 法兰阀门安装适用于各种法兰阀门的安装，如仅为一侧法兰连接时，法兰、带帽螺栓及钢垫圈数量减半。

③ 各种法兰连接用垫片均按石棉橡胶成品垫计算。

④ 三通调节阀安装按相应阀门安装项目乘以系数 1.5。

⑤ 浮标液面计 FQ-Ⅱ型安装是按《采暖通风国家标准图集》N102-3 编制的，如设计与此不符时，可做调整。

⑥ 阀门（热熔连接）项目适用于与管道直接热熔连接的阀门，如阀门通过外牙直通与管道连接，应执行螺纹阀门安装项目。

(3) 低压器具、水表组成与安装

① 减压器、疏水器组成与安装是按《采暖通风国家标准图集》N108 编制的，如实际组成与此不同时，阀门和压力表数量可按设计用量进行调整。

② 减压器安装按其高压侧的直径规格套用相应项目。

③ 螺纹水表安装中的"水表连接件"是指活接头、内牙直通、外牙直通等管件。

④ 带旁通管及止回阀的法兰水表安装是按河北省《05系列建筑标准设计图集》编制的，如实际安装形式与定额不同时，阀门、管件数量可按设计用量进行调整。

⑤ 水表安装不分冷、热水表，均执行水表组成安装相应项目；定额已包括配套阀门的安装人工及材料，如阀门或管件材质不同时，可按实际调整。

⑥ 远传式水表、热量表不包括电气接线。

（4）卫生器具制作安装

① 本部分所有卫生器具安装项目，均参照《全国通用给水排水标准图集》中有关标准图集计算。

② 浴盆安装适用于各种型号和材质的浴盆，但不包括浴盆支座和浴盆周边的砌砖、瓷砖粘贴。

③ 洗脸盆、洗涤盆适用于各种型号，但台式洗脸盆安装不包括台板及支架。

④ 化验盆安装中的单联、双联、三联化验龙头适用于成品件安装。

⑤ 蹲式大便器安装，已包括了固定大便器的垫砖，但不包括大便器蹲台砌筑。

⑥ 大、小便槽水箱托架安装已按标准图集计算在相应项目内。

⑦ 太阳能热水器安装未包括上、下水管安装，应执行第八册第一章"管道安装"相应项目。

（5）管道的防腐（除锈、刷油）、保温

① 本部分适用于金属表面的手工、动力工具、干喷射除锈及化学除锈工程。

② 各种管件、阀件及设备上人孔、管口凸凹部分的除锈已综合考虑在本章项目内。

③ 手工、动力工具除锈分轻、中、重三种，区分标准如下。

轻锈：部分氧化皮开始破裂脱落，红锈开始发生。

中锈：部分氧化皮破裂脱落，成堆粉状，除锈后用肉眼能见到腐蚀小凹点。

重锈：大部分氧化皮脱落，成片状锈层或凸起的锈斑，除锈后出现麻点或麻坑。

④ 喷射除锈标准

a. Sa3级。除净金属表面上油脂、氧化皮、锈蚀产物等一切杂物，呈现均一的金属本色，并有一定的粗糙度。

b. Sa2.5级。完全除去金属表面的油脂、氧化皮、锈蚀产物等一切杂物，可见的阴影条纹、斑痕等残留物不得超过单位面积的5％。

c. Sa2级。除去金属表面上的油脂、锈皮、疏松氧化皮、浮锈等杂物，允许有紧附的氧化皮。

⑤ 喷射除锈按Sa2.5级标准确定。若变更级别标准，如按Sa3级则人工、材料、机械乘以系数1.1，按Sa2级或Sa1则乘以系数0.9。

⑥ 本部分不包括除微锈（标准：氧化皮完全紧附，仅有少量锈点），发生时按轻锈项目乘以系数0.2。

⑦ 油罐项目可参照气柜子目计算。

⑧ 因施工需要发生的二次除锈，应另行计算。

⑨ 本部分适用于金属面、管道、设备、通风管道、金属结构与玻璃布面、石棉布面、玛脂面、抹灰面等刷（喷）油漆工程。

⑩ 金属面刷油不包括除锈工作内容。

⑪ 各种管件、阀件和设备上人孔、管口凹凸部分的刷油已综合考虑在项目内。

⑫ 油罐项目可参照气柜子目计算。

⑬ 本部分主材与稀干料可换算，但人工与材料消耗量不变。

⑭ 本部分按安装地点就地刷（喷）油漆考虑，如安装前管道集中刷（喷）油，人工乘以系数 0.7（暖气片除外）。

⑮ 标志色环等零星刷油，执行本章相应项目，其人工乘以系数 2.0。

⑯ 如单独进行管件、阀门的刷油、防腐工作，管件、阀门的刷油、防腐按相应管道项目乘以系数 1.3。

（6）小型容器制作（水箱）

① 本部分系参照《国家建筑标准设计图集》编制，适用于给排水、采暖系统中一般低压碳钢容器的制作和安装。

② 钢板水箱安装套定额时，按水箱容量执行相应子目，以"个"为计量单位。各种连接管均未包括，应执行管道安装相应项目。

③ 各类水箱均未包括支架制作安装，如为型钢支架，应执行第八册第一章"一般管道支架"项目，混凝土或砖支座可按土建相应项目执行。

④ 水箱制作包括水箱本身及人孔的重量。法兰、短管、水位计、内外人梯均未包括在定额内，发生时，可另行计算。

⑤ 成品玻璃钢水箱安装按水箱容量执行钢板水箱安装项目，人工乘以系数 0.9。

（7）其他说明

① 设置于管道间、管廊内的管道、阀门、法兰、支架安装是指给排水、采暖工程中的管道、阀门、法兰、支架进入了管道间安装的那部分工程量，按人工乘以 1.3 计算。

② 各类泵、风机等设备，可执行第一册《机械设备安装工程》消耗量定额相应子目。

2. 工程概况

以第二章第一节第三部分工程量计算实例某三层给排水工程为例讲解。

（1）工程地址 该工程位于河北省唐山市某县。

（2）工程用途及所属单位 该工程位于河北省唐山市某县个人投资，属于一般商业楼。

（3）工程结构 框架结构。给排水平面布置图及给排水系统图见图 2-16、图 2-17。

（4）该工程承包方式 包工包料。

（5）资金来源 该工程投资属于个体自筹资金。

（6）工程类别 该工程属于三类工程。

（7）工程量计算表 见表 2-8，表 2-9。

（8）主要设备业主自行采购，该部分工程施工单位仅计取安装费。

3. 编制步骤

（1）阅读图纸，熟悉施工内容 施工图中，给出了设计施工说明和施工图图例，熟悉每个图例的含义，明确施工的内容和具体的参数要求。

（2）工程量的统计 依据给排水工程施工图预算工程量计算规则的要求，分别计算各项工程量并将其汇总成表。工程量计算表和汇总表见表 2-8、表 2-9 为方便学习，现将表 2-9 复制如下。

表 2-9 工程量汇总表

序　　号	工程名称	规格型号	单位	数量
1	PP-R 管	$D_e 20$（热熔连接）	m	8.9
2	PP-R 管	$D_e 25$（热熔连接）	m	16.21
3	PP-R 管	$D_e 32$（热熔连接）	m	8.74
4	UPVC	$D_e 50$（粘接）	m	8.84
5	UPVC	$D_e 75$（粘接）	m	14.57
6	消声 UPVC	$D_e 110$（粘接）	个	17.29

序　　号	工程名称	规格型号	单位	数量
7	地漏	DN50	个	4
8	截止阀	D_e32	个	1
9	截止阀	D_e25	个	3
10	截止阀	D_e20	个	2
11	坐便器		套	2
12	沐浴器		套	2
13	洗脸盆		套	2
14	洗菜盆		套	2
15	洗衣机		台	2
16	手提式干粉灭火器		个	12
17	倒流防止器	D_e32	个	1
18	水表	DN25	个	1

（3）选套定额　根据统计的工程量分别套用相应的定额。从工程量统计表中可知，该工程应套用 2012 年《全国统一安装工程预算定额河北省消耗量定额》第八册《给排水、采暖、燃气工程（HEBGYD-C08-2012)》中的相关数据。并根据定额计算出直接工程费和措施项目费。直接工程费具体数据见表 3-17；措施项目费见表 3-18。

表 3-17　单位工程概预算表（A4 竖）主材单列

工程名称：预算书 1　　　　　　　　　　　　　　　　　　　　　　　　　　第 1 页　共 3 页

序号	定额编号	子目名称	工程量		价值（元）		其中（元）		
			单位	数量	单价	合价	人工费	材料费	机械费
1	8-270	室内管道　塑料给水管（热熔连接）管外径（20mm 以内）	10m	0.89	86.69	77.15	49.13	27.44	0.59
	Q80001@1	PP-R De20	m	9.08	5.47	49.66			
2	8-271	室内管道　塑料给水管（热熔连接）管外径（25mm 以内）	10m	1.62	91.94	149.03	94.34	53.62	1.07
	Q80001@2	PP-R De25	m	16.53	9.33	154.26			
3	8-272	室内管道　塑料给水管（热熔连接）管外径（32mm 以内）	10m	0.87	101.74	88.92	55.06	33.28	0.58
	Q80001@3	PP-R De32	m	8.91	12.23	109.03			
4	8-303	室内管道　承插塑料排水管（零件黏接）公称直径（50mm 以内）	10m	0.88	128.19	113.32	79.03	34.29	0
	KZ7W0031@1	承插塑料排水管 upvcDe50	m	8.55	13.16	112.5			
5	8-304	室内管道　承插塑料排水管（零件黏接）公称直径（75mm 以内）	10m	1.46	198.88	289.77	174.84	114.93	0
	KZ7W0031@2	承插塑料排水管 upvcDe75	m	14.03	14.66	205.69			

序号	定额编号	子目名称	工程量		价值（元）		其中（元）		
			单位	数量	单价	合价	人工费	材料费	机械费
6	8-305	室内管道　承插塑料排水管（零件黏接）公称直径100mm以内	10m	1.73	316.36	546.99	229.27	317.19	0.54
	KZ7W0031@3	消声 UPVC De110	m	14.73	41.91	617.38			
7	8-642	地漏安装　50	10个	0.4	93.71	37.48	35.28	2.2	0
	QD8W0104@1	地漏　DN50	个	4	8.62	34.48			
8	8-496	阀门安装　阀门（热熔连接）公称直径（25mm以内）	个	1	20.87	20.87	13.2	7.22	0.45
	PTOW0027@2	截止阀 De32	个	1.01	12	12.12			
9	8-495	阀门安装阀门（热熔连接）公称直径（20mm以内）	个	3	19.63	58.89	36	21.54	1.35
	PTOW0027@1	截止阀 De25	个	3.03	7.5	22.73			
10	8-495	阀门安装阀门（热熔连接）公称直径（20mm以内）	个	2	19.63	39.26	24	14.36	0.9
	PTOW0027@3	截止阀 De20	个	2.02	5.5	11.11			
11	8-610	大便器安装　坐式　坐箱式	10套	0.2	684.1	136.82	66.6	70.22	0
	QD4W0120	水箱	个	2.02	50	101			
	Q800088	软管	根	2.02	5	10.1			
	QD8W0135	水箱配件	套	2.02	12	24.24			
	QD8W0281@1	坐便器	个	2.02	260	525.2			
12	8-599	淋浴器安装　冷热水	10组	0.2	131.1	26.22	18.72	7.5	0
	QD8W0156	双管成品淋浴器	套	2	180	360			
13	8-583	洗脸盆安装　冷热水	10组	0.2	1283.08	256.62	63.84	192.78	0
	Q800088	软管	根	4.04	5	20.2			
	Q80W0064	混合龙头	个	2.02	25	50.5			
	Q800060	洗脸盆	个	2.02	60	121.2			
14	8-591	洗涤盆安装　冷热水	10组	0.2	614.3	122.86	45.24	77.62	0
	QD1W0023@1	洗涤盆	个	2.02	60	121.2			
	Q800061@1	龙头	个	4.04	25	101			
15	8-496	阀门安装阀门（热熔连接）公称直径（25mm以内）	个	1	20.87	20.87	13.2	7.22	0.45
	PTOW0027@4	倒流防止器 De32	个	1.01	40	40.4			
16	8-545	螺纹水表组成、安装　公称直径（25mm以内）	组	1	14.88	14.88	13.2	1.68	0
	Q800031	水表连接件	个	2.02	17	34.34			

序号	定额编号	子目名称	工程量		价值(元)		其中(元)		
			单位	数量	单价	合价	人工费	材料费	机械费
	QC1W3051@1	螺纹水表	个	1	60	60			
	PTOW0027@5	阀门	个	1.01	30	30.3			
17	补充设备001	洗衣机	台	1	1300	1300	0	0	0
18	补充设备002	手提式干粉灭火器	具	12	60	720	0	0	0
		合计				6948.61	1010.95	983.09	5.93

表3-18　措施项目预算表

工程名称：预算书1　　　　　　　　　　　　　　　　　　　　第1页　共2页

项目编码	项目名称	单位	数量	单价	合价	其中：(元)		
						人工费	材料费	机械费
一	可竞争措施项目				340.22	201.54	126.48	12.2
3	脚手架				42.71	10.68	32.03	
8-956	脚手架搭拆费(给排水、采暖、燃气工程)	元	1	42.71	42.71	10.68	32.03	
5	垂直运输费				12.2			12.2
8-991	垂直运输费(给排水、采暖、燃气工程)	元	1	12.2	12.2			12.2
7	生产工具用具使用费				35.69		35.69	
8-980	给排水、采暖、燃气工程 生产工具、用具使用费	%	1	35.69	35.69		35.69	

工程名称：预算书1　　　　　　　　　　　　　　　　　　　　　　　　　第2页,共2页

项目编码	项 目 名 称	单位	数量	单价	合价	其中:(元)		
						人工费	材料费	机械费
8	检验试验配合费				10.88	4.37	6.51	
8-981	给排水、采暖、燃气工程　检验试验配合费	%	1	10.88	10.88	4.37	6.51	
9	冬季施工增加费				9.15	4.98	4.17	
8-982	给排水、采暖、燃气工程　冬季施工增加费	%	1	9.15	9.15	4.98	4.17	
10	雨季施工增加费				21.35	11.49	9.86	
8-983	给排水、采暖、燃气工程　雨季施工增加费	%	1	21.35	21.35	11.49	9.86	
11	夜间施工增加费				10.68	6.41	4.27	
8-984	给排水、采暖、燃气工程　夜间施工增加费	%	1	10.68	10.68	6.41	4.27	
12	二次搬运费				28.16	15.25	12.91	
8-986	给排水、采暖、燃气工程　二次搬运费	%	1	28.16	28.16	15.25	12.91	
13	停水停电增加费				27.66	14.95	12.71	
8-988	给排水、采暖、燃气工程　停水、停电增加费	%	1	27.66	27.66	14.95	12.71	
14	工程定位复测场地清理费				9.86	6	3.86	
8-987	给排水、采暖、燃气工程 工程定位复测配合费及场地清理费	%	1	9.86	9.86	6	3.86	
15	已完工程及设备保护费				6.4	1.93	4.47	
8-985	给排水、采暖、燃气工程 已完工程及设备保护费	%	1	6.4	6.4	1.93	4.47	
16	施工与生产同时进行增加费				62.74	62.74		
8-989	给排水、采暖、燃气工程 安装与生产同时进行增加费	%	1	62.74	62.74	62.74		
17	在有害身体健康的环境中施工降效增加费				62.74	62.74		
8-990	给排水,采暖、燃气工程 有害环境中施工增加费	%	1	62.74	62.74	62.74		
	合计				340.22	201.54	126.48	12.2

具体计算过程详见表 3-1 安装工程造价计算表。具体的计算比例详见本章第一节。

（4）根据建筑安装工程费用的组成，计算其他费用　根据工程概况可知，该工程属于三类工程，再依据建筑安装工程的取费标准，将计算的总费用汇总成表，见表 3-19。

表 3-19　单位工程费用表

项目名称：预算书 1　　　　　　　　　　　　　　　　　　　　　　第 1 页　共 1 页

序号	费用名称	取费说明	费率	费用金额（元）
一、	安装工程	安装工程		8432.75
一	直接费	人工费＋材料费＋机械费＋未计价材料费		5268.85
1	人工费	人工费＋组价措施项目人工费		1212.49
2	材料费	材料费＋组价措施项目材料费		1109.57
3	机械费	机械费＋组价措施项目机械费		18.13
4	未计价材料费	主材费＋组价措施项目主材费		2928.66
5	设备费	设备费＋组价措施项目设备费		2020
二	企业管理费	预算人工费＋组价措施预算人工费＋预算机械费＋组价措施预算机械费	15	184.59
三	规费	预算人工费＋组价措施预算人工费＋预算机械费＋组价措施预算机械费	27	332.26
四	利润	预算人工费＋组价措施预算人工费＋预算机械费＋组价措施预算机械费	10	123.06
五	价款调整	人材机价差＋独立费		0
1	人材机价差	人材机价差		0
2	独立费	独立费		0
六	安全生产、文明施工费	安全生产、文明施工费		220.4
七	税金	直接费＋设备费＋企业管理费＋规费＋利润＋价款调整＋安全生产、文明施工费	3.48	283.59
八	工程造价	直接费＋设备费＋企业管理费＋规费＋利润＋价款调整＋安全生产、文明施工费＋税金		8432.75
二、	工程造价	专业造价总合计		8432.75
含税工程造价：捌仟肆佰叁拾贰元柒角伍分				

（5）编写施工图预算说明

① 工程简介。本工程工程位于河北省唐山市个人投资，属于一般商业楼。该工程投资属于个体自筹资金，三类工程，主要设备业主自行采购，该部分工程施工单位仅计取安装费。

② 编制依据

a. 给排水平面布置图及给排水系统图见图 2-16，图 2-17；

b. 定额采用：河北省建设厅编制出版的《河北安装工程消耗量定额》各册 2012 版本；

c. 取费标准：根据《河北省安装工程费用标准》2012 版本计取，工程类别按三类执行；税金按市区执行；

d. 装置性材料：根据《河北省安装工程材料单价》计取；

e. 机械调整：根据冀建质 [2009] 117 号文计取，河北省住房和城乡建设厅《关于调整2008 年〈河北省安装工程施工机械台班单价〉部分机械台班单价的通知》；

f. 人工调整：根据冀建质 [2010] 553 号文计取，河北省住房和城乡建设厅、河北省发展和改革委员会《关于调整现行建设工程计价依据中综合用工单价的通知》；

g. 规费参见：河北省建设厅《关于调整 2012 年〈河北省建筑、安装、市政、装饰装修工程费用标准〉中规费费用标准的通知》；

h. 按照常规的《施工组织设计》考虑。

（6）整理并装订施工图预算书

施工图预算书的装订次序如下。

① 封面（表 3-20）。

表 3-20 封面

建 设 工 程 预 算 书

工程名称：<u>预算书 1</u>

建筑面积：<u> </u>平方米

工程造价：<u> 8432.75 </u>元

单方造价：<u> </u>元/平方米

建设单位：<u> </u>

施工单位：<u> </u>

造价工程师
或造价员：<u> </u>（签字盖章）

校 对 人：<u> </u>（签字盖章）

审 定 人：<u> </u>（签字盖章）

编制单位：<u> </u>（签字盖章）

编制日期：<u> 2014 年 2 月 10 日 </u>

② 施工图预算说明。

③ 单位工程费用表（表 3-19）。

④ 单位工程概预算表（A4 竖）主材单列（表 3-17）。

⑤ 措施项目预算表（表 3-18）。

⑥ 主要材料价格表（表 3-21）。

表 3-21 单位工程主材表

工程名称：预算书 1 ·· 第 1 页 共 2 页

序号	名称及规格	单位	数量	市场价	市场价合计
1	承插塑料排水管 upvc De50 公称直径（50mm 以内）	m	8.548	13.16	112.5
2	承插塑料排水管 upvc De75 公称直径（75mm 以内）	m	14.031	14.66	205.69
3	消声 UPVC De110 公称直径（100mm 以内）	m	14.731	41.91	617.38
4	截止阀 De25 公称直径（20mm 以内）	个	3.03	7.5	22.73
5	截止阀 De32 公称直径（25mm 以内）	个	1.01	12	12.12
6	截止阀 De20 公称直径（20mm 以内）	个	2.02	5.5	11.11
7	倒流防止器 De32 公称直径（25mm 以内）	个	1.01	40	40.4
8	阀门公称直径（25mm 以内）	个	1.01	30	30.3
9	PP-R De20 管外径（20mm 以内）	m	9.078	5.47	49.66
10	PP-R De25 管外径（25mm 以内）	m	16.534	9.33	154.26

序号	名称及规格	单位	数量	市场价	市场价合计
11	PP-R De32 管外径(32mm 以内)	m	8.915	12.23	109.03
12	水表连接件	个	2.02	17	34.34
13	洗脸盆	个	2.02	60	121.2
14	龙头冷热水	个	4.04	25	101
15	软管	根	6.06	5	30.3
16	混合龙头	个	2.02	25	50.5
17	螺纹水表公称直径(25mm 以内)	个	1	60	60
18	洗涤盆冷热水	个	2.02	60	121.2
19	水箱	个	2.02	50	101
20	地漏 DN5050	个	4	8.62	34.48
21	水箱配件	套	2.02	12	24.24
22	双管成品淋浴器	套	2	180	360
23	坐便器坐式 坐箱式	个	2.02	260	525.2
24	洗衣机	台	1	1300	1300.00
25	手提式干粉火火器	个	12	60	720.00
	合计				4948.64

二、工程量清单计价

近年来广泛使用的工程量清单计价，将施工过程中的实体性消耗和措施性消耗分开，对于措施性消耗费用只列出项目名称，由投标人根据招标文件要求和施工现场情况、施工方案自行确定，以体现出以施工方案为基础的造价竞争；对于实体性消耗费用，则列出具体的工程数量，投标人要报出每个清单项目的综合单价。

（1）给排水清单编制实例 某三层综合楼室内给排水工程工程量汇总表见表2-9。

① 制作工程量清单封面（表3-22）。

② 编写总说明（表3-23）。

表3-22 工程量清单封面格式

<u>某三层综合楼</u>   工程

工 程 量 清 单

招标人：××单位公章
　　　　（单位盖章）

法定代表人或
委托代理人：<u>×××法定代表人</u>
　　　　　　（签字盖章）

工程造价××工程造价咨询企业资质
咨询人：专用章
　　　　（单位盖章及成果专用章）

法定代表人或××工程造价咨询企业
委托代理人：法定代表人
　　　　　　（签字盖章）

造价工程师或造价号：<u>××签字盖造价工程师或造价员专用章</u>（签字盖执业专用章）

编制时间：<u>××××年××月××日</u>

表 3-23　工程量清单编制说明

工程名称：某办公楼

一、工程概况

1. 工程地址：该工程位于河北省唐山市。

2. 工程用途及所属单位：该工程位于河北省唐山市个人投资，属于一般商业楼。

3. 工程结构：框架结构。

4. 该工程承包方式：包工包料。

5. 资金来源：该工程投资属于个体自筹资金。

6. 工程类别：该工程属于三类工程。

二、招标控制价包括范围

为本次招标的办公楼施工图的给排水部分

三、招标控制价包括的依据

1. 招标文件提供的工程量清单。

2. 招标文件中有关计价的要求。

3. 办公楼施工图纸。

4.《建设工程工程量清单计价规范》GB 50500—2008 与省规程。

5. 现行建设行政主管部门颁布有关工程量清单招投标管理办法及有关政策、法规、规定。

③ 编制分部分项工程量清单与计价表（表 3-24）。

表 3-24　分部分项工程量清单与计价表

工程名称：某三层综合楼　　　　　　　　　　　标段：　　　　　　　　　　第 1 页　共 2 页

序号	项目编码	项目名称	项目特征描述	计量单位	工程量	金额（元）		
						综合单价	合价	其中：暂估价
1	031001006001	塑料管	1. 安装部位：室内 2. 介质：给水 3. 材质、规格：PP-R De20 4. 连接形式：热熔连接	m	8.9			
2	031001006002	塑料管	1. 安装部位：室内 2. 介质：给水 3. 材质、规格：PP-R De25 4. 连接形式：热熔连接	m	16.21			
3	031001006003	塑料管	1. 安装部位：室内 2. 介质：给水 3. 材质、规格：PP-R De32 4. 连接形式：热熔连接	m	8.74			
4	031001006004	塑料管	1. 安装部位：室内 2. 介质：给水 3. 材质、规格：UPVC De50 4. 连接形式：胶连接	m	8.84			
5	031001006005	塑料管	1. 安装部位：室内 2. 介质：给水 3. 材质、规格：UPVC De75 4. 连接形式：胶连接	m	14.57			
			本页小计					

工程名称:某三层综合楼　　　　标段:　　　　第 2 页　共 2 页

序号	项目编码	项目名称	项目特征描述	计量单位	工程量	金额(元)		
						综合单价	合价	其中:暂估价
6	031001006006	塑料管	1. 安装部位:室内 2. 介质:给水 3. 材质、规格:消声 UPVC De110 4. 连接形式:胶连接	m	17.29			
7	031004014001	给、排水附(配)件	1. 材质:钢制 2. 型号、规格:DN50	个	1			
8	031003005001	塑料阀门	1. 规格:截止阀 De32 2. 连接形式:热熔连接	个	1			
9	031003005002	塑料阀门	1. 规格:截止阀 De25 2. 连接形式:热熔连接	个	3			
10	031003005003	塑料阀门	1. 规格:截止阀 De20 2. 连接形式:热熔连接	个	2			
11	031004006001	大便器	1. 材质:陶瓷 2. 组装形式:坐式	组	2			
12	031004010001	淋浴器	材质、规格:钢制、冷热水	套	2			
13	031004003001	洗脸盆	1. 材质:陶瓷 2. 组装形式:钢管组成冷热水 3. 附件名称、数量:冷热水混合开关	组	2			
14	031004004001	洗涤盆	1. 材质:陶瓷 2. 组装形式:冷热水 3. 附件名称、数量:开关:回转龙头	组	2			
15	031003012001	倒流防止器	1. 材质:塑料 2. 型号、规格:De32 3. 连接形式:热熔连接	套	1			
16	031003013001	水表	1. 安装部位(室内外):室内 2. 型号、规格:DN25 3. 连接形式:螺纹连接	组	1			
17	03B001	洗衣机		台	1			
18	03B002	手提式干粉灭火器		具	1			
			本页小计					
			合计					

注:为计取规费等的使用,可在表中增设其中:"定额人工费"。

④ 编制措施项目清单与计价表（表 3-25）。

表 3-25　总价措施项目清单与计价表

工程名称：预算书 1　　　　　　　　　　标段：　　　　　　　　　　第 1 页　共 1 页

序号	项目编码	项目名称	计算基础	费率（%）	金额（元）	调整费率（%）	调整后金额（元）	备注
1	1	生产工具用具使用费						
2	2	检验试验配合费						
3	3	冬季施工增加费						
4	4	雨季施工增加费						
5	5	夜间施工增加费						
6	6	二次搬运费						
7	7	工程定位复测场地清理费						
8	8	停水停电增加费						
9	9	已完工程及设备保护费						
10	11	施工与生产同时进行增加费用						
11	12	有害环境中施工增加费						
合计								

编制人（造价人员）：　　　　　　　　　　　　　　　　　　复核人（造价工程师）：

注：1. "计算基础"中安全文明施工费可为"定额基价"、"定额人工费"或"定额人工费＋定额机械费"，其他项目可为"定额人工费"或"定额人工费＋定额机械费"。

2. 按施工方案计算的措施费，若无"计算基础"和"费率"的数值，也可只填"金额"数值，但应在备注栏说明施工方案出处或计算方法。

⑤ 编制其他项目清单。具体格式见表 3-7。本实例中由于数目不计，不再列出。

（2）工程量清单计价

① 根据招标单位提供的分部分项工程量清单与计价表（表 3-24），编制分部分项工程量清单与计价表，见表 3-26。

表 3-26　分部分项工程和单价措施项目清单与计价表

工程名称：预算书 1　　　　　　　　　　标段：　　　　　　　　　　第 1 页　共 3 页

序号	项目编码	项目名称	项目特征描述	计量单位	工程量	综合单价	合价	其中 暂估价
1	031001006001	塑料管	1. 安装部位：室内 2. 介质：给水 3. 材质、规格：PP-R De20 4. 连接形式：热熔连接	m	8.9	15.73	140	
2	031001006002	塑料管	1. 安装部位：室内 2. 介质：给水 3. 材质、规格：PP-R De25 4. 连接形式：热熔连接	m	16.21	20.27	328.58	
本页小计							468.58	

序号	项目编码	项目名称	项目特征描述	计量单位	工程量	金额(元)		
						综合单价	合价	其中 暂估价
3	031001006003	塑料管	1. 安装部位:室内 2. 介质:给水 3. 材质、规格:PP-R De32 4. 连接形式:热熔连接	m	8.74	24.34	212.73	
4	031001006004	塑料管	1. 安装部位:室内 2. 介质:给水 3. 材质、规格:UPVC De50 4. 连接形式:胶连接	m	8.84	27.92	246.81	
5	031001006005	塑料管	1. 安装部位:室内 2. 介质:给水 3. 材质、规格:UPVC De75 4. 连接形式:胶连接	m	14.57	37.19	541.86	
6	031001006006	塑料管	1. 安装部位:室内 2. 介质:给水 3. 材质、规格:消声 UPVC De110 4. 连接形式:胶连接	m	17.29	70.87	1225.34	
7	031004014001	给、排水附(配)件	1. 材质:钢制 2. 型号、规格:DN50	个	1	81.3	81.3	
8	031003005001	塑料阀门	1. 规格:截止阀 De32 2. 连接形式:热熔连接	个	1	40.96	40.96	
9	031003005002	塑料阀门	1. 规格:截止阀 De25 2. 连接形式:热熔连接	个	3	30.52	91.56	
10	031003005003	塑料阀门	1. 规格:截止阀 De20 2. 连接形式:热熔连接	个	2	28.5	57	
11	031004006001	大便器	1. 材质:陶瓷 2. 组装形式:坐式	组	2	407.51	815.02	
12	031004010001	淋浴器	材质、规格:钢制、冷热水	套	2	195.59	391.18	
13	031004003001	洗脸盆	1. 材质:陶瓷 2. 组装形式:钢管组成冷热水 3. 附件名称、数量:冷热水混合开关	组	2	232.73	465.46	
14	031004004001	洗涤盆	1. 材质:陶瓷 2. 组装形式:冷热水 3. 附件名称、数量:开关:回转龙头	组	2	178.52	357.04	
15	031003012001	倒流防止器	1. 材质:塑料 2. 型号、规格:De32 3. 连接形式:热熔连接	套	1	64.89	64.89	
16	031003013001	水表	1. 安装部位(室内外):室内 2. 型号、规格:DN25 3. 连接形式:螺纹连接	组	1	112.72	112.72	
17	03B001	洗衣机		台	1	1300	1300	
18	03B002	手提式干粉灭火器		具	1	720	720	
19	1	生产工具用具使用费		项	1	35.8	35.8	
			本页小计				6759.67	

工程名称：预算书1　　　　　　　　标段：　　　　　　　　第3页　共3页

序号	项目编码	项目名称	项目特征描述	计量单位	工程量	综合单价	合价	其中 暂估价
20	2	检验试验配合费		项	1	12.02	12.02	
21	3	冬季施工增加费		项	1	10.43	10.43	
22	4	雨季施工增加费		项	1	24.3	24.3	
23	5	夜间施工增加费		项	1	12.31	12.31	
24	6	二次搬运费		项	1	32.08	32.08	
25	7	工程定位复测场地清理费		项	1	11.4	11.4	
26	8	停水停电增加费		项	1	31.49	31.49	
27	9	已完工程及设备保护费		项	1	6.91	6.91	
28	11	施工与生产同时进行增加费用		项	1	78.67	78.67	
29	12	有害环境中施工增加费		项	1	78.67	78.67	
30	031301017001	脚手架搭拆			1	45.52	45.52	
		本页小计					343.8	
		合计					7572.05	

注：为计取规费等的使用，可在表中增设其中："定额人工费"。

② 措施项目清单与计价表（表3-27）

表3-27　总价措施项目清单与计价表

工程名称：预算书1　　　　　　　　标段：　　　　　　　　第1页　共2页

序号	项目编码	项目名称	计算基础	费率（%）	金额（元）	调整费率（%）	调整后金额（元）	备注
1	1	生产工具用具使用费			35.8			
2	2	检验试验配合费			12.02			
3	3	冬季施工增加费			10.43			
4	4	雨季施工增加费			24.3			
5	5	夜间施工增加费			12.31			
6	6	二次搬运费			32.08			
7	7	工程定位复测场地清理费			11.4			

序号	项目编码	项目名称	计算基础	费率（%）	金额（元）	调整费率（%）	调整后金额（元）	备注
8	8	停水停电增加费			31.49			
9	9	已完工程及设备保护费			6.91			
10	11	施工与生产同时进行增加费用			78.67			
11	12	有害环境中施工增加费			78.67			
		合计			334.08			

编制人（造价人员）：　　　　　　　　　　　　　　　　复核人（造价工程师）：

注：1. "计算基础"中安全文明施工费可为"定额基价"、"定额人工费"或"定额人工费＋定额机械费"，其他项目可为"定额人工费"或"定额人工费＋定额机械费"。

2. 按施工方案计算的措施费，若无"计算基础"和"费率"的数值，也可只填"金额"数值，但应在备注栏说明施工方案出处或计算方法。

③ 单位工程费汇总表（表3-28）

表3-28　单位工程费汇总表

工程名称：预算书1　　　　　　　　　　　　　　　　　　　第1页　共1页

序号	名称	计算基数	费率（%）	金额（元）	其中：（元）		
					人工费	材料费	机械费
1	分部分项工程量清单计价合计	分部分项合计	—	7192.45	1013.95	5901.83	18.31
2	措施项目清单计价合计	措施项目合计＋安全生产、文明施工费	—	674.46	202.19	126.88	
2.1.1	安装工程安全生产、文明施工费	FBFXGCF＋CSXMF＋QTXMHJ＋GF(7905.14)	3.73	294.86	—		
3	其他项目清单计价合计	其他项目合计	—		—		
4	规费	规费合计		333.3			
4.1	安装工程规费	RGYSJ＋JXYSJ(1234.44)	27	333.3			
5	税金	分部分项工程量清单计价合计＋措施项目清单计价合计＋其他项目清单计价合计＋规费(8200.21)	3.48	285.37			
—	合计	—	—	8485.58	1216.14	6028.71	18.31

④ 分部分项工程量清单综合单价分析表（表3-29）

表3-29　分部分项工程量清单综合单价分析表

工程名称：预算书1　　　　　　　　　　　　　　　　　　　第1页　共5页

序号	项目编号（定额编号）	项目名称	单位	数量	综合单价（元）	合价（元）	综合单价组成（元）				人工单价（元/工日）
							人工费	材料费	机械费	管理费和利润	
1	031001006001	塑料管 1. 安装部位：室内 2. 介质：给水 3. 材质、规格：PP-R De20 4. 连接形式：热熔连接	m	8.9	15.73	140	5.52	8.66	0.13	1.42	

序号	项目编号（定额编号）	项目名称	单位	数量	综合单价（元）	合价（元）	综合单价组成（元）				人工单价（元/工日）
							人工费	材料费	机械费	管理费和利润	
1.1	8-270	室内管道　塑料给水管（热熔连接）管外径(20mm 以内)	10m	0.89	156.45	139.24	55.2	86.62	0.66	13.97	60
1.2	8-991	垂直运输费（给排水、采暖、燃气工程）	元	1	0.75	0.75			0.6	0.15	
2	031001006002	塑料管 1. 安装部位：室内 2. 介质：给水 3. 材质、规格：PP-R De25 4. 连接形式：热熔连接	m	16.21	20.27	328.58	5.82	12.82	0.14	1.49	
2.1	8-271	室内管道　塑料给水管（热熔连接）管外径(25mm 以内)	10m	1.621	201.83	327.17	58.2	128.25	0.66	14.72	60
2.2	8-991	垂直运输费（给排水、采暖、燃气工程）	元	1	1.42	1.42			1.14	0.28	
3	031001006003	塑料管 1. 安装部位：室内 2. 介质：给水 3. 材质、规格：PP-R De32 4. 连接形式：热熔连接	m	8.74	24.34	212.73	6.3	16.28	0.14	1.62	
3.1	8-272	室内管道　塑料给水管（热熔连接）管外径(32mm 以内)	10m	0.874	242.41	211.87	63	162.83	0.66	15.92	60
3.2	8-991	垂直运输费（给排水、采暖、燃气工程）	元	1	0.84	0.84			0.67	0.17	
4	031001006004	塑料管 1. 安装部位：室内 2. 介质：给水 3. 材质、规格：UPVC De50 4. 连接形式：胶连接	m	8.84	27.92	246.81	8.94	16.61	0.11	2.26	
4.1	8-303	室内管道　承插塑料排水管（零件黏接）公称直径(50mm 以内)	10m	0.884	277.8	245.58	89.4	166.05		22.35	60
4.2	8-991	垂直运输费（给排水、采暖、燃气工程）	元	1	1.19	1.19			0.95	0.24	
5	031001006005	塑料管 1. 安装部位：室内 2. 介质：给水 3. 材质、规格：UPVC De75 4. 连接形式：胶连接	m	14.57	37.19	541.86	12	22.01	0.14	3.03	
5.1	8-304	室内管道　承插塑料排水管（零件黏接）公称直径(75mm 以内)	10m	1.457	370.06	539.18	120	220.06		30	60

工程名称：预算书1　　　　　　　　　　　　　　　　　　　　　　　　　第3页　共5页

序号	项目编号（定额编号）	项目名称	单位	数量	综合单价（元）	合价（元）	综合单价组成（元）				人工单价（元/工日）
							人工费	材料费	机械费	管理费和利润	
5.2	8-991	垂直运输费（给排水、采暖、燃气工程）	元	1	2.63	2.63			2.1	0.53	
6	031001006006	塑料管 1. 安装部位:室内 2. 介质:给水 3. 材质、规格:消声 UPVC De110 4. 连接形式:胶连接	m	17.29	70.87	1225.34	13.26	54.05	0.19	3.37	
6.1	8-305	室内管道　承插塑料排水管（零件黏接）公称直径（100mm 以内）	10m	1.729	706.66	1221.82	132.6	540.52	0.31	33.23	60
6.2	8-991	垂直运输费（给排水、采暖、燃气工程）	元	1	3.45	3.45			2.76	0.69	
7	031004014001	给、排水附（配）件 1. 材质:钢制 2. 型号、规格:DN50	个	1	81.3	81.3	35.28	36.68	0.42	8.92	
7.1	8-642	地漏安装 50	10 个	0.4	201.96	80.78	88.2	91.71		22.05	60
7.2	8-991	垂直运输费（给排水、采暖、燃气工程）	元	1	0.52	0.52			0.42	0.1	
8	031003005001	塑料阀门 1. 规格:截止阀 De32 2. 连接形式:热熔连接	个	1	40.96	40.96	16.2	19.72	0.79	4.25	
8.1	8-497	阀门安装　阀门（热熔连接）公称直径（32mm 以内）	个	1	40.71	40.71	16.2	19.72	0.59	4.2	60
8.2	8-991	垂直运输费（给排水、采暖、燃气工程）	元	1	0.25	0.25			0.2	0.05	
9	031003005002	塑料阀门 1. 规格:截止阀 De25 2. 连接形式:热熔连接	个	3	30.52	91.56	12	14.76	0.6	3.16	
9.1	8-495	阀门安装　阀门（热熔连接）公称直径（20mm 以内）	个	3	30.33	90.99	12	14.76	0.45	3.12	60
9.2	8-991	垂直运输费（给排水、采暖、燃气工程）	元	1	0.57	0.57			0.45	0.12	
10	031003005003	塑料阀门 1. 规格:截止阀 De20 2. 连接形式:热熔连接	个	2	28.5	57	12	12.74	0.6	3.17	

工程名称：预算书 1 第 4 页 共 5 页

序号	项目编号 （定额编号）	项目名称	单位	数量	综合单价（元）	合价（元）	综合单价组成（元）				人工单价（元/工日）
							人工费	材料费	机械费	管理费和利润	
10.1	8-495	阀门安装 阀门（热熔连接）公称直径（20mm 以内）	个	2	28.31	56.62	12	12.74	0.45	3.12	60
10.2	8-991	垂直运输费（给排水、采暖、燃气工程）	元	1	0.38	0.38			0.3	0.08	
11	031004006001	大便器 1. 材质：陶瓷 2. 组装形式：坐式	组	2	407.51	815.02	33.3	365.38	0.4	8.43	
11.1	8-610	大便器安装 坐式 坐箱式	10 套	0.2	4070.05	814.01	333	3653.8		83.25	60
11.2	8-991	垂直运输费（给排水、采暖、燃气工程）	元	1	1	1			0.8	0.2	
12	031004010001	淋浴器 材质、规格：钢制、冷热水	套	2	195.59	391.18	9.36	183.75	0.11	2.37	
12.1	8-599	淋浴器安装 冷热水	10 组	0.2	1954.5	390.9	93.6	1837.5		23.4	60
12.2	8-991	垂直运输费（给排水、采暖、燃气工程）	元	1	0.27	0.27			0.22	0.05	
13	031004003001	洗脸盆 1. 材质：陶瓷 2. 组装形式：钢管组成冷热水 3. 附件名称、数量：冷热水混合开关	组	2	232.73	465.46	31.92	192.34	0.39	8.08	
13.1	8-583	洗脸盆安装 冷热水	10 组	0.2	2322.38	464.48	319.2	1923.38		79.8	60
13.2	8-991	垂直运输费（给排水、采暖、燃气工程）	元	1	0.97	0.97			0.77	0.2	
14	031004004001	洗涤盆 1. 材质：陶瓷 2. 组装形式：冷热水 3. 附件名称、数量：开关、回转龙头	组	2	178.52	357.04	22.62	149.91	0.27	5.73	

序号	项目编号（定额编号）	项目名称	单位	数量	综合单价（元）	合价（元）	综合单价组成（元）				人工单价（元/工日）
							人工费	材料费	机械费	管理费和利润	
14.1	8-591	洗涤盆安装　冷热水	10组	0.2	1781.85	356.37	226.2	1499.1		56.55	60
14.2	8-991	垂直运输费（给排水、采暖、燃气工程）	元	1	0.67	0.67			0.54	0.13	
15	031003012001	倒流防止器 1. 材质:塑料 2. 型号、规格:De32 3. 连接形式:热熔连接	套	1	64.89	64.89	13.2	47.62	0.61	3.46	
15.1	8-496	阀门安装　阀门（热熔连接）公称直径（25mm 以内）	个	1	64.69	64.69	13.2	47.62	0.45	3.42	60
15.2	8-991	垂直运输费（给排水、采暖、燃气工程）	元	1	0.2	0.2			0.16	0.04	
16	031003013001	水表 1. 安装部位（室内外）:室内 2. 型号、规格:DN25 3. 连接形式:螺纹连接	组	1	112.72	112.72	13.2	96.02	0.16	3.34	
16.1	8-545	螺纹水表组成、安装公称直径（25mm 以内）	组	1	112.52	112.52	13.2	96.02		3.3	60
16.2	8-991	垂直运输费（给排水、采暖、燃气工程）	元	1	0.2	0.2			0.16	0.04	
17	03B001	洗衣机	台	1	1300	1300		1300			
17.1	补充主材001	洗衣机	台	1	1300	1300		1300			
18	03B002	手提式干粉灭火器	具	1	720	720		720			
18.1	补充主材002	手提式干粉灭火器	具	12	60	720		60			

第四节　采暖系统套用定额的施工图预算编制实例

一、工程概况

以第二章第二节"采暖工程管道工程定额说明及工程量计算中"的工程量计算实例中的某办公楼室内采暖工程施工图为例。

（1）工程地址　该工程位于河北省某市。

（2）工程用途及所属单位　该工程位于河北省某市办公楼。

（3）工程结构　框架结构。采暖平面及系统图见图 2-25 和图 2-26。

（4）该工程承包方式　包工包料。

（5）工程类别　该工程属于三类工程。

（6）工程量计算表　见表 2-14～表 2-19。

（7）主要设备业主自行采购，该部分工程施工单位仅计取安装费。

二、编制步骤

1. 阅读图纸，熟悉施工内容

施工图中，给出了设计施工说明和施工图图例，熟悉每个图例的含义，明确施工的内容和具体的参数要求。

2. 工程量的统计

依据给排水工程施工图预算工程量计算规则的要求，分别计算各项工程量并将其汇总成表。工程量计算表见表 2-14～表 2-19。

3. 选套定额

根据统计的工程量分别套用相应的定额。从工程量统计表中可知，该工程应套用 2012 年《全国统一安装工程预算定额河北省消耗量定额》第八册《给排水、采暖、燃气工程（HEBGYD-C08-2012)》中的相关数据。并根据定额计算出直接工程费和措施项目费。计算过程同给排水工程，具体数据略。

4. 根据建筑安装工程费用的组成，计算其他费用

根据工程概况可知，该工程属于三类工程，再依据建筑安装工程的取费标准，将计算的总费用汇总成表（同给排水），具体数据略。

5. 编写施工图预算说明

（1）工程简介　本工程工程位于河北省某市，属于一般办公楼。该工程三类工程，主要设备业主自行采购，该部分工程施工单位仅记取安装费。

（2）编制依据

① 采暖平面及系统图见图 2-25 和图 2-26；

② 定额采用：河北省建设厅编制出版的《河北安装工程消耗量定额》各册 2012 版本；

③ 取费标准：根据《河北省安装工程费用标准》2012 版本计取，工程类别按三类执行；税金按市区执行；

④ 装置性材料：《河北省安装工程材料单价》计取；

⑤ 机械调整：根据冀建质 [2009] 117 号文计取，河北省住房和城乡建设厅《关于调整 2008 年《河北省安装工程施工机械台班单价》部分机械台班单价的通知》；

⑥ 人工调整：根据冀建质 [2010] 553 号文计取，河北省住房和城乡建设厅、河北省发展和改革委员会《关于调整现行建设工程计价依据中综合用工单价的通知》；

⑦ 规费参见：河北省建设厅《关于调整 2012 年〈河北省建筑、安装、市政、装饰装修工程费用标准〉中规费费用标准的通知》；

⑧ 按照常规的《施工组织设计》考虑。

6. 整理并装订施工图预算书

施工图预算书的装订次序如下：

① 封面；

② 施工图预算说明；

③ 单位工程费用表；

④ 单位工程概预算表（A4 竖）主材单列；

⑤ 措施项目预算表；

⑥ 主要材料价格表。

第五节　通风空调系统预算编制实例

一、通风空调系统套用定额的施工图预算编制实例

（一）工程概况

图 3-3、图 3-4 是某试验楼排风工程施工图，以该施工图为例，介绍通风空调安装工程预算的编制方法。

1. 施工图设计说明

（1）试验楼各试验室通风柜排风共采用 P1～P4 4 个系统，其风管规格、走向，风机规格型号、安装方式等完全相同。故本施工图只编制 P1 系统。

（2）排风管采用厚度为 4mm 硬聚氯乙烯塑料板制成，在每个通风柜与风管连接处，安装 $\phi250$ 塑料蝶阀一个，在通风机进口处安装 X600 塑料圆形拉链式蝶阀一个。

（3）通风机采用 4-72 型离心式塑料通风机。

（4）通风机基础采用钢支架，用 8♯槽钢和 L50×5 角钢焊接制成；钢架下垫 $\phi100 \times 40$ 橡皮防震共 4 点，每点 3 块，其下再做素混凝土基础及软木一层；在安放钢架时，基础必须校正水平；钢支架除锈后刷红丹防锈漆一遍、灰调合漆二遍。

（5）排风管支干管安装要求平整垂直，不漏风；管道竖井部分风管安装需与土建密切配合，在所有竖风管安装完毕后土建再砌墙；支吊架搁置在每层地板上和风管竖井砌墙中。

2. 概况

（1）工程地址　该工程位于河北省某市。

（2）工程用途及所属单位　该工程位于河北省某实验楼。

（3）工程结构　框架结构。采暖平面及系统图见图 3-3 和图 3-6。

（4）该工程承包方式　包工包料

（5）工程类别　该工程属于三类工程。

（6）工程量计算表　见表 3-32。

（7）主要设备业主自行采购，该部分工程施工单位仅计取安装费。

（二）编制的依据

根据施工图纸、设计说明及 2012 年《全国统一安装工程预算定额河北省消耗量定额》，编制该排风安装工程预算书。

（三）编制步骤

1. 阅读图纸，熟悉施工内容

施工图中，给出了设计施工说明和施工图图例，熟悉每个图例的含义，明确施工的内容和具体的参数要求。

2. 工程量的统计

依据给排水工程施工图预算工程量计算规则的要求，分别计算各项工程量并将其汇总成表。表 3-30 反映了该排风系统工程量的计算过程。

3. 选套定额

根据统计的工程量分别套用相应的定额。从工程量统计表中可知，该工程应套用 2012 年《全国统一安装工程预算定额河北省消耗量定额》第九册《通风空调工程》中的相关数据。并根据定额计算出直接工程费和措施项目费。见表 3-31，表 3-32。

表 3-30　排风工程量计算表

工程量名称	单位	计 量 公 式	合计数量
离心式塑料通风机 6#	台	1×4(每个系统一台)	4
塑料圆形拉链式蝶阀 ϕ600	kg	1×4(每台风机一个)×13.91(kg/个)	55.64
塑料圆形蝶阀 ϕ250	kg	[2×3(1～3 层)+1(4 层)]×4(4 个系统)×2.35(kg/个)	658
塑料圆形风管 δ=4 ϕ250	m²	[0.3×7(剖面图)+1.2×3(1～3 层平面图)+(0.6+0.48)(4 层平面图)]×0.25×3.14×4	21.29
塑料圆形风管 δ=4 ϕ300	m²	[(0.6+0.48)×3(1～3 层平面图)+(6.85-2.95)(系统图标高差)]×0.3×3.14×4	26.90
塑料圆形风管 δ=4 ϕ350	m²	(14.64-6.85)(系统图标高差)×0.35×3.14×4	34.28
塑料圆形风管 δ=4 ϕ400	m²	[(15.53-14.65+16.65-15.53)(系统图标高差)+1.8(4 层平面图)+(1.8+0.15)(屋面平面图)]×0.4×3.14×4	28.88
塑料圆形风管 δ=4 ϕ600	m²	0.15(屋面平面图)×0.6×3.14×4	1.13
塑料矩形风管 δ=4 480×420	m²	1.2(屋面平面图)×(0.48+0.42)×2×4	8.64
帆布连接管	m²	[(0.2×0.6×3.14)(圆形)+[0.2×(0.48+0.42)×2](矩形)]×4	2.94
风机减震台座	个	4×4×3	48
风管吊托架	kg	9.1kg/个×4(每层一个)×4	145.6
设备支架	kg	8# 槽钢 0.95×2+0.79×4×8.04×4+0.79×2×3.77×4	186.56
	m²	0.48×0.42×4	0.8
金属支架刷防锈漆一遍	kg	145.6+186.56	332.14
金属支架刷灰调和漆二遍	kg	145.6+186.56	332.14

表 3-31　单位工程概预算表（A4 竖）主材单列

工程名称：某办公楼　　　　　　　　　　　　　　　　　　第 1 页　共 2 页

序号	定额编号	子目名称	工程量		价值(元)		其中(元)		
			单位	数量	单价	合价	人工费	材料费	机械费
1	9-378	离心式通风机安装 6#	台	4	233.95	935.8	770.4	165.4	0
	ZE1W0189@1	离心式通风机	台	4	2500	10000			
	补充设备 001	风机减震台座	台	48	300	14400			
2	9-523	塑料阀门　蝶阀 T354-1 圆形 ϕ250	100kg	6.58	6999.81	46058.75	19009.62	14863.23	12185.9
3	9-523	塑料阀门　蝶阀 T354-1 圆形 ϕ600	100kg	0.56	6999.81	3894.69	1607.44	1256.82	1030.43
4	9-494	塑料圆形风管　直径× 壁厚 300 以下×3mm 制安	10m²	2.13	3591.78	7646.9	4433.86	589.95	2623.1
	BK1W0009@2	硬聚氯乙烯板　δ=4	m²	24.7	52	1284.21			
5	9-494	塑料圆形风管　直径× 壁厚 300 以下×3mm 制安	10m²	2.69	3591.78	9661.89	5602.19	745.4	3314.3

序号	定额编号	子目名称	工程量		价值(元)		其中(元)		
			单位	数量	单价	合价	人工费	材料费	机械费
	BK1W0009@3	硬聚氯乙烯板　δ＝4	m²	31.2	52	1622.61			
6	9-496	塑料圆形风管　直径×壁厚630以下×4mm制安	10m²	3.43	2262.92	7757.29	4413.89	806.47	2536.93
	BK1W0009@3	硬聚氯乙烯板　δ＝4	m²	39.76	52	2067.77			
7	9-496	塑料圆形风管　直径×壁厚630以下×4mm制安	10m²	2.89	2262.92	6535.31	3718.59	679.43	2137.29
	BK1W0009@3	硬聚氯乙烯板　δ＝4	m²	33.5	52	1742.04			
8	9-496	塑料圆形风管　直径×壁厚630以下×4mm制安	10m²	0.11	2262.92	255.71	145.5	26.58	83.63
	BK1W0009@3	硬聚氯乙烯板　δ＝4	m²	1.31	52	68.16			
9	9-504	塑料矩形风管　周长×壁厚2000以下×4mm制安	10m²	0.86	2577.54	2226.99	1287.71	227.46	711.83
	BK1W0009@3	硬聚氯乙烯板　δ＝4	m²	10.02	52	521.16			
10	9-543	塑料柔性接口及伸缩节　有法兰	m²	2.94	754.1	2217.05	1095.44	478.31	643.3
11	9-341	风管吊托支架	100kg	1.46	933.24	1358.8	532.9	714.63	111.27
12	9-341	设备支架 CG327 50kg以下	100kg	1.87	933.24	1741.05	682.81	915.67	142.57
13	9-504	矩形尼龙网框　周长1800	10m²	0.08	2577.54	206.2	119.23	21.06	65.91
	BK1W0009@2	硬聚氯乙烯板　δ＝4	m²	0.93	52	48.26			
14	11-7	手工除锈　一般钢结构轻锈	100kg	3.32	33.35	110.77	61.78	6.74	42.25
15	11-113	一般钢结构刷油　红丹防锈漆　第一遍	100kg	3.32	27.75	92.17	41.85	8.07	42.25
	DE1W0003@1	醇酸防锈漆 G53-1	kg	3.85	10	38.53			
16	11-122	一般钢结构刷油　调和漆第一遍	100kg	3.32	25.45	84.53	39.86	2.42	42.25
	DC1W0003@1	酚醛调和漆各色	kg	2.66	12	31.89			
17	11-123	一般钢结构刷油　调和漆第二遍	100kg	3.32	25.37	84.26	39.86	2.16	42.25
	DC1W0003@1	酚醛调和漆各色	kg	2.32	12	27.9			
		合计				122720.69	43602.93	21509.8	25755.46

表 3-32 措施项目预算表

工程名称：某办公楼 　　　　　　　　　　　　　　　　　　　　第 1 页　共 2 页

项目编码	项 目 名 称	单位	数量	单价	合价	其中:(元)		
						人工费	材料费	机械费
一	可竞争措施项目				28090.63	15168.85	12921.78	
1	操作高度增加费							
2	超高费							
3	脚手架				1631.43	404.46	1226.97	
9-610	脚手架搭拆费(通风空调工程)	元	1	1614.74	1614.74	400.29	1214.45	
11-2794	脚手架搭拆费(刷油工程)	元		16.69	16.69	4.17	12.52	
4	系统调整费				6997.21	1745.8	5251.41	
9-612	系统调试费_通风空调工程系统调整费	元	1	6997.21	6997.21	1745.8	5251.41	
5	垂直运输费							
6	大型机械一次安拆及场外运输费							
7	生产工具、用具使用费				2434.48		2434.48	
9-632	通风空调工程 生产工具、用具使用费	%	1	2422.11	2422.11		2422.11	
11-2805	刷油、防腐蚀、绝热工程 生产工具用具使用费	%	1	12.37	12.37		12.37	
8	检验试验配合费				742.15	298.25	443.9	
9-633	通风空调工程 检验试验配合费	%	1	738.37	738.37	296.73	441.64	
11-2806	刷油、防腐蚀、绝热工程 检验试验配合费	%	1	3.78	3.78	1.52	2.26	
9	冬季施工厂增加费				624.22	339.86	284.36	
9-634	通风空调工程 冬季施工增加费	%	1	621.05	621.05	338.13	282.92	
11-2807	刷油、防腐蚀、绝热工程 冬季施工增加费	%	1	3.17	3.17	1.73	1.44	
10	雨季施工增加费				1456.53	783.75	672.78	
9-635	通风空调工程 雨季施工增加费	%	1	1449.13	1449.13	779.77	669.36	
11-2808	刷油、防腐蚀、绝热工程 雨季施工增加费	%	1	7.4	7.4	3.98	3.42	
11	夜间施工增加费				728.27	436.96	291.31	
9-636	通风空调工程 夜间施工增加费	%	1	724.57	724.57	434.74	289.83	
11-2809	刷油、防腐蚀、绝热工程 夜间施工增加费	%	1	3.7	3.7	2.22	1.48	
12	二次搬运费				1921.23	1040.38	880.85	
9-638	通风空调工程 二次搬运费	%	1	1911.47	1911.47	1035.09	876.38	

工程名称：某办公楼   第 2 页　共 2 页

项目编码	项目名称	单位	数量	单价	合价	其中：(元)		
						人工费	材料费	机械费
11-2811	刷油、防腐蚀、绝热工程　二次搬运费	%	1	9.76	9.76	5.29	4.47	
13	停水停电增加费				1886.55	1019.57	866.98	
9-640	通风空调工程　停水、停电增加费	%	1	1876.97	1876.97	1014.39	862.58	
11-2813	刷油、防腐蚀、绝热工程　停水、停电增加费	%	1	9.58	9.58	5.18	4.4	
14	工程定位复测场地清理费				672.78	409.22	263.56	
9-639	通风空调工程　工程定位、复测配合费及场地清理费	%	1	669.36	669.36	407.14	262.22	
11-2812	刷油、防腐蚀、绝热工程　工程定位、复测配合费及场地清理费	%	1	3.42	3.42	2.08	1.34	
15	已完工程及设备保护费				436.96	131.78	305.18	
9-637	通风空调工程　已完工程及设备保护费	%	1	434.74	434.74	131.11	303.63	
11-2810	刷油、防腐蚀、绝热工程　已完工程及设备保护费	%	1	2.22	2.22	0.67	1.55	
16	施工与生产同时进行增加费				4279.41	4279.41		
9-641	通风空调工程　安装与生产同时进行增加费	%	1	4257.67	4257.67	4257.67		
11-2814	刷油、防腐蚀、绝热工程　安装与生产同时进行增加费	%	1	21.74	21.74	21.74		
17	在有害身体健康的环境中施工降效增加费				4279.41	4279.41		
9-642	通风空调工程　有害环境中施工增加费	%	1	4257.67	4257.67	4257.67		
11-2815	刷油、防腐蚀、绝热工程　有害环境中施工增加费	%	1	21.74	21.74	21.74		
	合计				28090.63	15168.85	12921.78	

4. 根据建筑安装工程费用的组成，计算其他费用

根据工程概况可知，该工程属于三类工程，再依据建筑安装工程的取费标准，将计算的总费用汇总成表 3-33。

表 3-33　单位工程费用表

项目名称：某办公楼　　　　　　　　　　　　　　　　　　　　　　　　第 1 页　共 1 页

序号	费用名称	取费说明	费率	费用金额
一、	安装工程	安装工程		208505.09
一	直接费	人工费＋材料费＋机械费＋未计价材料费		136411.35
1	人工费	人工费＋组价措施项目人工费		58771.78
2	材料费	材料费＋组价措施项目材料费		34431.58
3	机械费	机械费＋组价措施项目机械费		25755.46
4	未计价材料费	主材费＋组价措施项目主材费		17452.53
5	设备费	设备费＋组价措施项目设备费		14400
二	企业管理费	预算人工费＋组价措施预算人工费＋预算机械费＋组价措施预算机械费	15	12679.08
三	规费	预算人工费＋组价措施预算人工费＋预算机械费＋组价措施预算机械费	27	22822.35
四	利润	预算人工费＋组价措施预算人工费＋预算机械费＋组价措施预算机械费	10	8452.72
五	价款调整	人利机价差＋独立费		0
1	人材机价差	人材机价差		0
2	独立费	独立费		0
六	安全生产、文明施工费	安全生产、文明施工费		6727.63
七	税金	直接费＋设备费＋企业管理费＋规费＋利润＋价款调整＋安全生产、文明施工费	3.48	7011.96
八	工程造价	直接费＋设备费＋企业管理费＋规费＋利润＋价款调整＋安全生产、文明施工费＋税金		208505.09
二、	工程造价	专业造价总合计		208505.09

含税工程造价：贰拾万捌仟伍佰零伍元零玖分

表 3-34　单位工程主材表

工程名称：某办公楼　　　　　　　　　　　　　　　　　　第 1 页　共 1 页

序号	名称及规格	单位	数量	市场价	市场价合计
1	硬聚氯乙烯板　δ＝4	m²	25.624	52	1332.47
2	硬聚氯乙烯板　δ＝4	m²	115.803	52	6021.75
3	酚醛调和漆各色	kg	4.982	12	59.79
4	醇酸防锈漆 G53-1	kg	3.853	10	38.53
5	离心式通风机 6#	台	4	2500	10000
	合计				17452.54

5. 编写施工图预算说明

（1）工程简介　本工程工程位于河北省某市，属于一般实验楼。该工程属三类工程，主要设备业主自行采购，该部分工程施工单位仅计取安装费。

（2）编制依据

① 通风施工图见图 3-3～图 3-7；

② 定额采用：2012 年《全国统一安装工程预算定额河北省消耗量定额》；

③ 取费标准：根据《河北省安装工程费用标准》2008 版本计取，工程类别按三类执行；税金按市区执行；

④ 装置性材料：根据《河北省安装工程材料单价》计取；

⑤ 机械调整：根据冀建质［2009］117 号文计取，河北省住房和城乡建设厅《关于调整 2008 年〈河北省安装工程施工机械台班单价〉部分机械台班单价的通知》；

⑥ 人工调整：根据冀建质［2010］553 号文计取，河北省住房和城乡建设厅、河北省发展和改革委员会《关于调整现行建设工程计价依据中综合用工单价的通知》；

⑦ 规费参见：河北省建设厅《关于调整 2012 年〈河北省建筑、安装、市政、装饰装修工程费用标准〉中规费费用标准的通知》；

⑧ 按照常规的《施工组织设计》考虑。

6. 整理并装订施工图预算书

施工图预算书的装订次序如下：

① 封面；

② 施工图预算说明；

③ 单位工程费用表（见表 3-33）；

④ 单位工程概预算表（A4 竖）主材单列（见表 3-31）；

⑤ 措施项目预算表（见表 3-32）；

⑥ 主要材料价格表（见表 3-34）。

表 3-34　主要材料价格表

工程名称：某办公楼　　　　　　　　　　　　　　　　　　第 1 页　共 2 页

序号	材料编码	材料名称	规格、型号	单位	单价（元）
1	C00562	垫圈	10～20	10 个	0.83
2	C01738	角钢	∟60	kg	5.71
3	C01739	角钢	∟63	kg	5.25
4	C01875	精制六角带帽螺栓	M8×75	10 套	2.5

序号	材料编码	材料名称	规格、型号	单位	单价/元
5	C02839	软聚氯乙烯板	δ2～8	kg	9
6	C02841	软聚氯乙烯板	δ4	m²	75
7	C03842	硬聚氯乙烯板	δ2～30	kg	14
8	C03844	硬聚氯乙烯板	δ6	m²	94
9	C03845	硬聚氯乙烯板	δ8	m²	128
10	C03848	硬聚氯乙烯焊条	φ4	kg	8.8
11	CLFBFB1	材料费		元	1
12	CLFBFB2	材料费		元	1
13	Z02104@1	离心式通风机	6#	台	2500
14	Z03843@1	硬聚氯乙烯板 δ=4	δ3～8	m²	52
15	Z03843@2	硬聚氯乙烯板 δ=4	δ3～8	m²	52

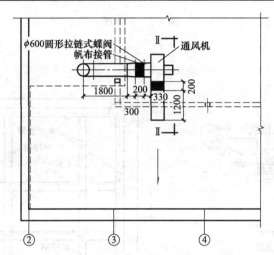

图 3-3　屋面平面图

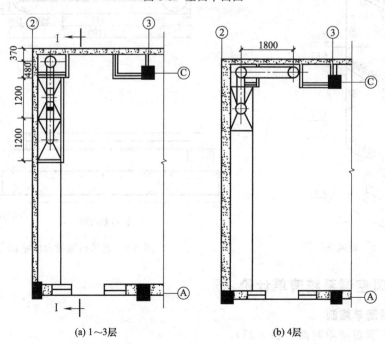

(a) 1～3层　　　　　　　　　(b) 4层

图 3-4　平面图

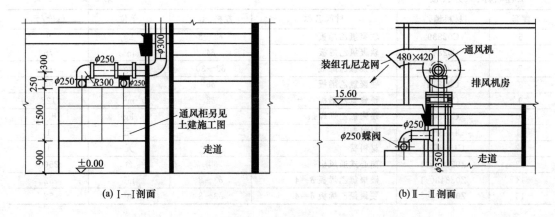

(a) Ⅰ—Ⅰ剖面　　　　　　　　　(b) Ⅱ—Ⅱ剖面

图 3-5　剖面图

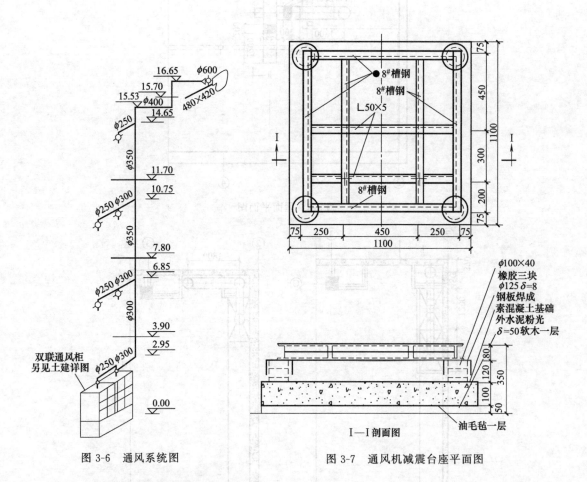

图 3-6　通风系统图　　　　　　　图 3-7　通风机减震台座平面图

二、通风空调系统清单计价

1. 工程量清单编制

① 制作工程量清单封面（表 3-35）。

② 编写总说明（表 3-36）。

表 3-35　工程量清单封面格式

某实验楼　　　　工程

工 程 量 清 单

招标人：××单位公章　　　　　　　　　法定代表人或
　　　　（单位盖章）　　　　　　　　　委托代理人：×××法定代表人
　　　　　　　　　　　　　　　　　　　　　　　　　（签字盖章）

工程造价××工程造价咨询企业资质　　　法定代表人或××工程造价咨询企业
咨询人：专用章　　　　　　　　　　　　委托代理人：法定代表人
　　　（单位盖章及成果专用章）　　　　　　　　　　　（签字盖章）

造价工程师或造价员：　　××签字盖造价工程师或造价员专用章　　　（签字盖执业专用章）

编制时间：　××××年××月××日

表 3-36　工程量清单编制说明

工程名称：某办公楼

一、工程概况
1. 工程地址：该工程位于河北省某市。
2. 工程用途及所属单位：该工程位于河北省某实验楼。
3. 工程结构：框架结构。
4. 该工程承包方式：包工包料。
5. 工程类别：该工程属于三类工程。
6. 工程量计算表见表 3-30。
7. 主要设备业主自行采购，该部分工程施工单位仅计取安装费。
二、招标控制价包括范围
为本次招标的实验楼施工图的空调通风部分。
三、招标控制价包括的依据
1. 招标文件提供的工程量清单；
2. 招标文件中有关计价的要求；
3. 实验楼施工图纸；
4.《建设工程工程量清单计价规范》GB 50500—2013 与省规程；
5. 现行建设行政主管部门颁布有关工程量清单招投标管理办法及有关政策、法规、规定。

③ 编制分部分项工程量清单与计价表（表 3-37）

表 3-37 分部分项工程和单价措施项目清单与计价表

工程名称：预算书 1　　　　　　标段：　　　　　　　　第 1 页 共 2 页

序号	项目编码	项目名称	项目特征描述	计量单位	工程量	金额（元）		
						综合单价	合价	其中：暂估价
1	030702005001	塑料通风管道	1. 名称：塑料通风管 2. 形状：圆形 3. 规格：$\phi250$ 4. 板材厚度：$\delta=4$ 5. 管件、法兰等附件及支架设计要求：风管吊托支架：型钢	m²	21.3			
2	030702005002	塑料通风管道	1. 名称：塑料通风管 2. 形状：圆形 3. 规格：$\phi300$ 4. 板材厚度：$\delta=4$ 5. 管件、法兰等附件及支架设计要求：风管吊托支架：型钢	m²	26.9			
3	030702005003	塑料通风管道	1. 名称：塑料通风管 2. 形状：圆形 3. 规格：$\phi350$ 4. 板材厚度：$\delta=4$ 5. 管件、法兰等附件及支架设计要求：风管吊托支架：型钢	m²	34.3			
4	030702005004	塑料通风管道	1. 名称：塑料通风管 2. 形状：圆形 3. 规格：$\phi400$ 4. 板材厚度：$\delta=4$ 5. 管件、法兰等附件及支架设计要求：风管吊托支架：型钢	m²	28.9			
5	030702005005	塑料通风管道	1. 名称：塑料通风管 2. 形状：圆形 3. 规格：$\phi600$ 4. 板材厚度：$\delta=4$ 5. 管件、法兰等附件及支架设计要求：风管吊托支架：型钢	m²	1.13			
6	030702005006	塑料通风管道	1. 名称：塑料通风管 2. 形状：矩形 3. 规格：周长＝1800 4. 板材厚度：$\delta=4$ 5. 管件、法兰等附件及支架设计要求：风管吊托支架：型钢	m²	8.64			
7	030703005001	塑料阀门	1. 类型：塑料蝶阀 2. 规格：圆形 $\phi250$	个	10			
			本页小计					

序号	项目编码	项目名称	项目特征描述	计量单位	工程量	金额(元)		
						综合单价	合价	其中:暂估价
8	030703005002	塑料阀门	1. 类型:塑料拉链式蝶阀 2. 规格:圆形 φ600	个	4			
9	030703019001	柔性接口	1. 名称:帆布连接管 2. 材质:帆布 3. 规格:表面积 10m² 以内	m²	2.9			
10	030702005007	塑料通风管道	1. 名称:矩形尼龙网框 2. 形状:矩形 480×420 3. 规格:周长＝1800 4. 板材厚度:尼龙网框	m²	8			
11	030701002001	除尘设备	1. 名称:通风机 2. 型号:离心式通风机 6# 3. 支架形式、材质:型钢	台	4			
12	031201003001	金属结构刷油	1. 除锈级别:轻锈 2. 油漆品种:红丹防锈漆 3. 结构类型:型钢 4. 涂刷遍数、漆膜厚度:一遍	kg	331			
13	031201003002	金属结构刷油	1. 油漆品种:调和漆 2. 结构类型:型钢 3. 涂刷遍数、漆膜厚度:两遍	kg	331			
14	030704001001	通风工程检测、调试		系统	1			
15	1	生产工具用具使用费		项	1			
16	2	检验试验配合费		项	1			
17	3	冬季施工增加费		项	1			
18	4	雨季施工增加费		项	1			
19	5	夜间施工增加费		项	1			
20	6	二次搬运费		项	1			
21	7	工程定位复测场地清理费		项	1			
22	8	停水停电增加费		项	1			
23	9	已完工程及设备保护费		项	1			
24	10	地上、地下设施、建筑物的临时保护措施		项	1			
25	11	施工与生产同时进行增加费用		项	1			
26	12	有害环境中施工增加费		项	1			
27	031301017001	脚手架搭拆			1			
		本页小计						
		合计						

注:为计取规费等的使用,可在表中增设其中:"定额人工费"。

④ 编制措施项目清单与计价表（表 3-38）。

表 3-38　总价措施项目清单与计价表

工程名称：预算书 1　　　　　　　　标段：　　　　　　　　第 1 页　共 1 页

序号	项目编码	项目名称	计算基础	费率（%）	金额（元）	调整费率（%）	调整后金额（元）	备注
1	1	生产工具用具使用费						
2	2	检验试验配合费						
3	3	冬季施工增加费						
4	4	雨季施工增加费						
5	5	夜间施工增加费						
6	6	二次搬运费						
7	7	工程定位复测场地清理费						
8	8	停水停电增加费						
9	9	已完工程及设备保护费						
10	10	地上、地下设施、建筑物的临时保护措施						
11	11	施工与生产同时进行增加费用						
12	12	有害环境中施工增加费						
		合计						

编制人（造价人员）：　　　　　　　　　　　　　　复核人（造价工程师）：

注：1. "计算基础"中安全文明施工费可为"定额基价"、"定额人工费"或"定额人工费＋定额机械费"，其他项目可为"定额人工费"或"定额人工费＋定额机械费"。

2. 按施工方案计算的措施费，若无"计算基础"和"费率"的数值，也可只填"金额"数值，但应在备注栏说明施工方案出处或计算方法。

⑤ 编制其他项目清单。具体格式见表 3-7。本实例中由于数目不计，不再列出。

2. 工程量清单计价

① 根据招标单位提供的分部分项工程量清单与计价表（表 3-7），编制分部分项工程量清单与计价表，见表 3-39。

表 3-39　分部分项工程和单价措施项目清单与计价表

工程名称：预算书 1　　　　　　　　标段：　　　　　　　　第 1 页　共 3 页

序号	项目编码	项目名称	项目特征描述	计量单位	工程量	综合单价	合价	暂估价
1	030702005001	塑料通风管道	1. 名称：塑料通风管 2. 形状：圆形 3. 规格：φ250 4. 板材厚度：δ＝4 5. 管件、法兰等附件及支架 设计要求：风管吊托支架：型钢	m²	21.3	502.36	10700.27	
2	030702005002	塑料通风管道	1. 名称：塑料通风管 2. 形状：圆形 3. 规格：φ300 4. 板材厚度：δ＝4 5. 管件、法兰等附件及支架 设计要求：风管吊托支架：型钢	m²	26.9	502.36	13513.48	
			本页小计				24213.75	

工程名称:预算书1　　　　标段:　　　　　　　　第2页　共3页

序号	项目编码	项目名称	项目特征描述	计量单位	工程量	金额(元)		
						综合单价	合价	其中
								暂估价
3	030702005003	塑料通风管道	1. 名称:塑料通风管 2. 形状:圆形 3. 规格:φ350 4. 板材厚度:δ=4 5. 管件、法兰等附件及支架设计要求:风管吊托支架:型钢	m²	34.3	337.3	11569.39	
4	030702005004	塑料通风管道	1. 名称:塑料通风管 2. 形状:圆形 3. 规格:φ400 4. 板材厚度:δ=4 5. 管件、法兰等附件及支架设计要求:风管吊托支架:型钢	m²	28.9	337.3	9747.97	
5	030702005005	塑料通风管道	1. 名称:塑料通风管 2. 形状:圆形 3. 规格:φ600 4. 板材厚度:δ=4 5. 管件、法兰等附件及支架设计要求:风管吊托支架:型钢	m²	1.13	337.3	381.15	
6	030702005006	塑料通风管道	1. 名称:塑料通风管 2. 形状:矩形 3. 规格:周长=1800 4. 板材厚度:δ=4 5. 管件、法兰等附件及支架设计要求:风管吊托支架:型钢	m²	8.64	551.84	4767.9	
7	030703005001	塑料阀门	1. 类型:塑料蝶阀 2. 规格:圆形 φ250	个	10	538.58	5385.8	
8	030703005002	塑料阀门	1. 类型:塑料拉链式蝶阀 2. 规格:圆形 φ600	个	4	1138.54	4554.16	
9	030703019001	柔性接口	1. 名称:帆布连接管 2. 材质:帆布 3. 规格:表面积 10m² 以内	m²	29	901.95	2615.66	
10	030702005007	塑料通风管道	1. 名称:矩形尼龙网框 2. 形状:矩形 480×420 3. 规格:周长=1800 4. 板材厚度:尼龙网框	m²	8	375.93	3007.44	
11	030701002001	除尘设备	1. 名称:通风机 2. 型号:离心式通风机 6# 3. 支架形式、材质:型钢	台	4	3270.1	13080.4	
			本页小计				55109.87	

序号	项目编码	项目名称	项目特征描述	计量单位	工程量	综合单价	合价	其中 暂估价
12	031201003001	金属结构刷油	1. 除锈级别:轻锈 2. 油漆品种:红丹防锈漆 3. 结构类型:型钢 4. 涂刷遍数、漆膜厚度: 一遍	kg	331	0.87	287.97	
13	031201003002	金属结构刷油	1. 油漆品种:调和漆 2. 结构类型:型钢 3. 涂刷遍数、漆膜厚度: 两遍	kg	331	0.81	268.11	
14	030704001001	通风工程检测、调试		系统	1	4587.58	4587.58	
15	1	生产工具用具使用费		项	1	1507.09	1507.09	
16	2	检验试验配合费		项	1	505.59	505.59	
17	3	冬季施工增加费		项	1	439.03	439.03	
18	4	雨季施工增加费		项	1	1022.98	1022.98	
19	5	夜间施工增加费		项	1	518.45	518.45	
20	6	二次搬运费		项	1	1350.38	1350.38	
21	7	工程定位复测场地清理费		项	1	479.83	479.83	
22	8	停水停电增加费		项	1	1325.69	1325.69	
23	9	已完工程及设备保护费		项	1	290.9	290.9	
24	10	地上、地下设施、建筑物的临时保护措施		项	1			
25	11	施工与生产同时进行增加费用		项	1	3311.53	3311.53	
26	12	有害环境中施工增加费		项	1	3311.53	3311.53	
27	031301017001	脚手架搭拆			1	1075.95	1075.95	
			本页小计				20286.61	
			合计				99606.23	

注:为计取规费等的使用,可在表中增设其中:"定额人工费"。

② 措施项目清单与计价表（表3-40）

表3-40　总价措施项目清单与计价表

工程名称：预算书1　　　　　　　　　标段：　　　　　　　　　　　　第1页　共1页

序号	项目编码	项目名称	计算基础	费率（%）	金额（元）	调整费率（%）	调整后金额（元）	备注
1	1	生产工具用具使用费			1507.09			
2	2	检验试验配合费			505.59			
3	3	冬季施工增加费			439.03			
4	4	雨季施工增加费			1022.98			
5	5	夜间施工增加费			518.45			
6	6	二次搬运费			1350.38			
7	7	工程定位复测场地清理费			479.83			
8	8	停水停电增加费			1325.69			
9	9	已完工程及设备保护费			290.9			
10	10	地上、地下设施、建筑物的临时保护措施						
11	11	施工与生产同时进行增加费用			3311.53			
12	12	有害环境中施工增加费			3311.53			
		合计			14063			

编制人（造价人员）：　　　　　　　　　　　　　　　　　复核人（造价工程师）：

注：1. "计算基础"中安全文明施工费可为"定额基价"、"定额人工费"或"定额人工费＋定额机械费"，其他项目可为"定额人工费"或"定额人工费＋定额机械费"。

2. 按施工方案计算的措施费，若无"计算基础"和"费率"的数值，也可只填"金额"数值，但应在备注栏说明施工方案出处或计算方法。

③ 单位工程费汇总表（表3-41）

表3-41　单位工程费汇总表

工程名称：预算书1　　　　　　　　　　　　　　　　　　　第1页　共1页

序号	名称	计算基数	费率（%）	金额（元）	其中：（元）		
					人工费	材料费	机械费
1	分部分项工程量清单计价合计	分部分项合计	—	84467.28	28638.07	29449.59	15376
2	措施项目清单计价合计	措施项目合计＋安全生产、文明施工费	—	19381.25	8310.5	4750.8	
2.1.1	安装工程安全生产、文明施工费	FBFXGCF＋CSXMF＋QTXMHJ＋GF（113734.56）	3.73	4242.3	—		
3	其他项目清单计价合计	其他项目合计	—		—	—	
4	规费	规费合计	—	14127.78			
4.1	安装工程规费	RGYSJ＋JXYSJ（52325.12）	27	14127.78			
5	税金	分部分项工程量清单计价合计＋措施项目清单计价合计＋其他项目清单计价合计＋规费（117976.31）	3.48	4105.58			
—	合计	—	—	122081.89	36948.57	34200.39	15376

④ 分部分项工程量清单综合单价分析表（表3-42）

表3-42　分部分项工程量清单综合单价分析表

工程名称：预算书1　　　　　　　　　　　　　　　　　　　　　　　　　　第1页　共4页

序号	项目编号（定额编号）	项目名称	单位	数量	综合单价（元）	合价（元）	综合单价组成（元）				人工单价（元/工日）
							人工费	材料费	机械费	管理费和利润	
1	030702005001	塑料通风管道 1.名称:塑料通风管 2.形状:圆形 3.规格:ϕ250 4.板材厚度:$\delta=4$ 5.管件、法兰等附件及支架 设计要求:风管吊托支架:型钢	m²	21.3	502.36	10700.27	208.26	88.03	123.21	82.87	
1.1	9-494	塑料圆形风管　直径×壁厚300以下×3mm制安	10m²	2.13	5023.65	10700.37	2082.6	880.3	1232.08	828.67	60
2	030702005002	塑料通风管道 1.名称:塑料通风管 2.形状:圆形 3.规格:ϕ300 4.板材厚度:$\delta=4$ 5.管件、法兰等附件及支架 设计要求:风管吊托支架:型钢	m²	26.9	502.36	13513.48	208.26	88.03	123.21	82.87	
2.1	9-494	塑料圆形风管　直径×壁厚300以下×3mm制安	10m²	2.69	5023.65	13513.62	2082.6	880.3	1232.08	828.67	60
3	030702005003	塑料通风管道 1.名称:塑料通风管 2.形状:圆形 3.规格:ϕ350 4.板材厚度:$\delta=4$ 5.管件、法兰等附件及支架 设计要求:风管吊托支架:型钢	m²	34.3	337.3	11569.39	128.76	83.85	74.01	50.69	
3.1	9-496	塑料圆形风管　直径×壁厚630以下×4mm制安	10m²	3.43	3373.04	11569.53	1287.6	838.46	740.06	506.92	60
4	030702005004	塑料通风管道 1.名称:塑料通风管 2.形状:圆形 3.规格:ϕ400 4.板材厚度:$\delta=4$ 5.管件、法兰等附件及支架 设计要求:风管吊托支架:型钢	m²	28.9	337.3	9747.97	128.76	83.85	74.01	50.69	

序号	项目编号（定额编号）	项目名称	单位	数量	综合单价（元）	合价（元）	综合单价组成（元）				人工单价（元/工日）
							人工费	材料费	机械费	管理费和利润	
4.1	9-496	塑料圆形风管　直径×壁厚 630 以下×4mm 制安	10m²	2.89	3373.04	9748.09	1287.6	838.46	740.06	506.92	60
5	030702005005	塑料通风管道 1. 名称:塑料通风管 2. 形状:圆形 3. 规格:ϕ600 4. 板材厚度:δ＝4 5. 管件、法兰等附件及支架设计要求:风管吊托支架:型钢	m²	1.13	337.3	381.15	128.76	83.85	74.01	50.69	
5.1	9-496	塑料圆形风管　直径×壁厚 630 以下×4mm 制安	10m²	0.113	3373.04	381.15	1287.6	838.46	740.06	506.92	60
6	030702005006	塑料通风管道 1. 名称:塑料通风管 2. 形状:矩形 3. 规格:周长＝1800 4. 板材厚度:δ＝4 5. 管件、法兰等附件及支架设计要求:风管吊托支架:型钢	m²	8.64	551.84	4767.9	210.72	169.36	95.27	76.5	
6.1	9-504	塑料矩形风管　周长×壁厚 2000 以下×4mm 制安	10m²	0.864	3759.31	3248.04	1490.4	866.46	823.88	578.57	60
6.2	9-341	风管吊托支架	100kg	1.456	1043.84	1519.83	366	490.82	76.42	110.6	60
7	030703005001	塑料阀门 1. 类型:塑料蝶阀 2. 规格:圆形 ϕ250	个	10	538.58	5385.8	190.1	148.63	121.86	77.99	
7.1	9-523	塑料阀门　蝶阀 T354-1 圆形	100kg	0.658	8185.05	5385.76	2889	2258.85	1851.96	1185.24	60
8	030703005002	塑料阀门 1. 类型:塑料拉链式蝶阀 2. 规格:圆形 ϕ600	个	4	1138.54	4554.16	401.86	314.21	257.61	164.87	
8.1	9-523	塑料阀门　蝶阀 T354-1 圆形	100kg	0.5568	8185.05	4554.16	2889	2258.85	1851.96	1185.24	60

工程名称:预算书1

序号	项目编号 (定额编号)	项目名称	单位	数量	综合单价 (元)	合价 (元)	综合单价组成(元)				人工单价 (元/工日)
							人工费	材料费	机械费	管理费和利润	
9	030703019001	柔性接口 1. 名称:帆布连接管 2. 材质:帆布 3. 规格:表面积 10m² 以内	m²	2.9	901.95	2615.66	372.6	162,69	218.81	147.85	
9.1	9-543	帆布连接管	m²	2.9	901.95	2615.66	372.6	162.69	218.81	147.85	60
10	030702005007	塑料通风管道 1. 名称:矩形尼龙网框 2. 形状:矩形 480×420 3. 规格:周长＝1800 4. 板材厚度:尼龙网框	m²	8	375.93	3007.44	149.04	86.65	82.39	57.85	
10.1	9-504	矩形尼龙网框,周长 1800	10m²	0.8	3759.31	3007.45	1490.4	866.46	823.88	578.57	60
11	030701002001	除尘设备 1. 名称:通风机 2. 型号:离心式通风机 6♯ 3. 支架形式、材质:型钢	台	4	3270.1	13080.4	363.71	2770.81	35.73	99.85	
11.1	9-378	离心式通风机安装 6♯	台	4	2782.1	11128.4	192.6	2541.35		48.15	60
11.2	9-341	通风机支架	100kg	1.87	1043.84	1951.98	366	490.82	76.42	110.6	60
12	031201003001	金属结构刷油 1. 除锈级别:轻锈 2. 油漆品种:红丹防锈漆 3. 结构类型:型钢 4. 涂刷遍数、漆膜厚度:一遍	kg	331	0.87	287.97	0.31	0.16	0.25	0.15	
12.1	11-7	手工除锈　一般钢结构 轻锈	100kg	3.31	41.18	136.31	18.6	2.03	12.72	7.83	60
12.2	11-113	一般钢结构刷油　红丹防锈漆 第一遍	100kg	3.31	45.68	151.2	12.6	14.03	12.72	6.33	60
13	031201003002	金属结构刷油 1. 油漆品种:调和漆 2. 结构类型:型钢 3. 涂刷遍数、漆膜厚度:两遍	kg	331	0.81	268.11	0.24	0.19	0.25	0.12	
13.1	11-122	一般钢结构刷油　调和漆 第一遍	100kg	3.31	41.23	136.47	12	10.33	12.72	6.18	60

工程名称:预算书1

序号	项目编号(定额编号)	项目名称	单位	数量	综合单价(元)	合价(元)	综合单价组成(元)				人工单价(元/工日)
							人工费	材料费	机械费	管理费和利润	
13.2	11-123	一般钢结构刷油　调和漆第二遍	100kg	3.31	39.95	132.23	12	9.05	12.72	6.18	60
14	030704001001	通风工程检测、调试	系统	1	4587.58	4587.58	1077.4	3240.83		269.35	
14.1	9-612	系统调试费-通风空调工程系统调整费	元	1	4587.58	4587.58	1077.4	3240.83		269.35	

安装电气工程实务篇

第一章　安装电气工程概述

第一节　安装电气工程基本知识

一、电路的基本知识

1. 电路的组成

电路由电源、负载和导电线路3个部分组成。其中电源的作用是为电路提供能量，如发电机利用机械能或核能转化为电能，蓄电池利用化学能转化为电能，光电池利用光能转化为电能等；负载则将电能转化为其他形式的能量加以利用，如电炉将电能转化为热能，电动机将电能转化为机械能等；导电线路则是将电源和负载进行连接，包括导线、开关等设备。

电路的工作状态有三种。

（1）通路　将电源和电路接通，构成闭合回路，电路中就有电流通过，如图1-1所示。

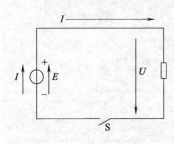

图 1-1　电路的工作状态

在内电路中，电流方向由负到正，是电位升的方向，即电动势的正方向；在外电路中，电流方向由正到负，是电位降的方向，即电压的正方向。

（2）短路　短路是闭合电路的一种特殊形式，它是指闭合电路中外电路的总电阻或者某分电路的电阻接近零的状态，称为整个电路或某分电路的短路。其特征是电流往往很大，它会烧坏绝缘、损坏设备，当然也可以利用短路电流所产生的高温进行金属焊接等。

（3）断路（开路）　整个电路中的某一部分断开，表现出无限大的电阻，使电路呈不闭合、无电流通过的状态。断路一般是外电路的断路，如利用开关故意造成的断路，包括工作断路和事故断路。

2. 三相交流电路

（1）正弦交流电路　电动势的大小与方向均随时间按正弦规律变化的电路称为正弦交流电路。

正弦交流电路是由正弦交变电源激励产生的。正弦交流理想电压源就是输出正弦电压的电源。如图1-2所示，电压 $u_s(t)$、随时间变化的曲线，称为正弦波形。

角频率、幅值和初相位称为正弦交流电的三要素。随时间按正弦规律变化的电压、电流称为正弦电压和正弦电流。在我国的供电系统中，交流电的频率是50Hz，周期是0.02s，角频率是314rad/s。

（2）三相交流电源的连接　三个最大值相等，角频率

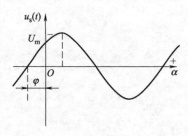

图 1-2　正弦交流理想电压源

相同而初相位不同，按正弦规律变化的电源称为三相电源。若初相互差 120°时，则称为对称三相电源。

三相制得以广泛应用，主要是它与单相交流电相比具有许多优点。单相交流电路瞬时功率随时而变，而对称三相交流电路总的瞬时功率恒定，三相电动机比单相电动机性能平稳可靠；在输送功率相同、电压相同和距离、线路损失相等的情况下，采用三相制输电可以比单相制节约材料。如图 1-3 所示为对称三相电动势的波形图。

目前低压系统中多采用三相四线制的供电方式，如图 1-4 所示。

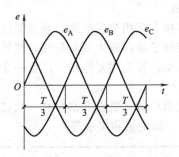

图 1-3　对称三相电动势的波形图

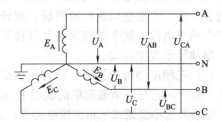

图 1-4　三相四线制电路

三相四线制是把发电机的三个线圈的末端连接在一起，成为一个公共端点（称中性点），由中性点引出的输电线称为中性线，用符号 N 表示。中性线通常与大地相连，并把接地的中线称为零点，而把接地的中性线叫做零线。从三个线圈的始端引出的输电线叫做相线，俗称火线，分别用 A、B、C 表示，相位相差 120°。

三相四线制可输送两种电压：一种是相线与相线之间的电压称为线电压，另一种是相线与中性线间的电压，叫相电压，并且线电压是相电压的 $\sqrt{3}$ 倍。在相位上线电压总超前相电压 30°。

使用交流电的用电电气很多，属于单相负载的有白炽灯、日光灯、小功率电热器及单相感应电动机等。此类单相负载是连接在三相电源的任意一根相线和零线上工作的，如图 1-5 所示。三相负载可由单相负载组成，也可由单个三相负载构成。通常把各相负载性质（感性、容性或阻性）相同，阻值相等，叫做对称的三相负载，如三相电动机、三相电炉等；各相负载不同，叫做不对称三相负载。

（3）三相负载的连接　把三相负载分别接在三相电源的一根相线和中性线之间的接法称为三相负载的星形连接，如图 1-5 所示。其中电源线 A、B、C 为三根相线，N 为中性线，Z_a、Z_b、Z_c 为各相线的阻抗值。

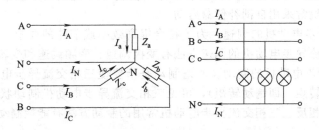

图 1-5　单相负载连接与三相负载的星形连接

把通过各相负载的电流称为负载的相电流，负载两端的电压称为负载的相电压。负载的相电压就等于电源的相电压，三相负载的线电压就是电源的线电压。

星形负载接上电源后就有电流产生。流过每相负载的电流叫做相电流。把流过相线的电

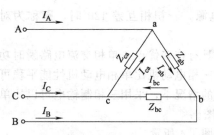

图 1-6　三相负载的三角形连接

流叫做线电流。线电流的大小等于相电流。

由于中性线为三相电路的公共回线，所以中性线电流为三个电流的矢量和。

把三相负载分别在三相电源每两根相线之间的连接称为三角形连接，如图 1-6 所示。在三角形连接中，由于各相负载是接在两根相线之间，因此负载的相电压就是电源的线电压。

3. 三相电动机

（1）三相异步电动机的工作原理　当定子三相绕组接上三相交流电源，通过绕组的三相电流会产生一个在空间旋转的磁场。旋转的磁场由于与转子导体发生相对运动，使转子导体上产生感应电流。这个旋转磁场又与转子导体上的感应电流发生相互作用，产生一个电磁转矩，驱动转子发生转动。

（2）三相电动机的铭牌　每台三相交流异步电动机出厂前，机壳上都钉有一块铭牌，如图 1-7 所示，它是一个最简单的说明书（主要包括型号、额定值和接法等）。

Y 系列是小型笼式三相异步电动机；例如型号为 Y160M2-2 的电动机，其中 Y 代表 Y 系列异步电动机；160 代表机座中心高度为 160mm；M 代表中机座；前面的 2 代表铁芯长度代号；后面的 2 代表电机的旋转磁场的磁极数。

三相交流异步电动机			
型号	Y280M-2	功率	90kW
电压	380V	电流	164A
接法	Y	转速	2970r/min
频率	50Hz	绝缘等级	B
工作方式	S1	防护等级	IP44
重量	551kg	效率	0.92
××电机股份有限公司		2006年×月×日	

图 1-7　Y 系列三相交流异步电动机的铭牌

（3）三相交流异步电动机的启动、调速与制动

① 三相交流异步电动机的启动。三相交流异步电动机接上电源，转速由零开始运转，直至稳定运转状态的过程，称为启动。三相交流异步电动机的启动要求是启动电流小，启动转矩足够大，启动时间短。笼形三相交流异步电动机的启动方法有直接启动（全压启动）和降压启动两种。

把三相交流异步电动机三相定子绕组直接加上额定电压的启动称为直接启动。此方法启动最简单，投资少，启动时间短，启动可靠，但启动电流大。是否采用直接启动，取决于电源的容量及启动频繁的程度。

降压启动的主要目的是为了限制启动电流，但问题是在限制启动电流的同时，启动转矩也受到限制，因此它只适用于在轻载或空载情况下启动。最常用的启动方法有 Y-△ 换接启动和自耦补偿器启动。对容量较大或正常运行时接成 Y 形连接而不能采用△形启动的笼形三相交流异步电动机常采用自耦补偿器启动。

② 三相交流异步电动机的调速。为了符合提高效率或节能的要求，在工作过程中有时需要调速。三相交流异步电动机的调速方法有变极调速、变频调速和变转差率调速。

③ 三相交流异步电动机的制动。所谓制动是指要使三相交流异步电动机产生一个与旋转方向相反的电磁转矩（即制动转矩），可见三相交流异步电动机制动状态的特点是电磁转矩方向与转动方向相反。三相交流异步电动机常用的制动方法有能耗制动、反接制动和回馈制动。

二、电气工程材料

1. 绝缘导线

具有绝缘包层（间层或多层）的导线称为绝缘导线。导线的线芯要求导电性能良好、机

械强度大、质地均匀、表面光滑且耐腐蚀性能好。导线的绝缘层要求绝缘性能良好、质地柔韧、耐侵蚀，且具有一定的机械强度。

绝缘导线按线芯材料分铜芯和铝芯；按线芯股数分为单股和多股；按结构分为单芯、双芯和多芯；根据绝缘材料可分为塑料绝缘导线和橡皮绝缘导线等。

常用的绝缘导线规格为 $0.50mm^2$、$0.70mm^2$、$1.0mm^2$、$1.5mm^2$、$2.5mm^2$、$4mm^2$、$6mm^2$、$10mm^2$、$25mm^2$、$35mm^2$、$50mm^2$、$70mm^2$、$95mm^2$、$120mm^2$、$150mm^2$、$185mm^2$ 和 $240mm^2$ 等。

常用绝缘导线的型号、名称和用途见表 1-1。

表 1-1　常用绝缘导线的型号、名称和用途

型　号	名　称	用　途
BX(BLX)	铜(铝)芯橡皮绝缘导线	适用于交流 500V 及以下，直流 1000V 及以下的电气设备及照明装置
BXF(BLXF)	铜(铝)芯氯丁橡皮绝缘导线	
BXR	铜芯橡皮绝缘软线	
BV(BLV)	铜(铝)芯聚氯乙烯绝缘导线	适用于交流 500V 及以下，直流 1000V 及以下的各种交流、直流电气装置，电工仪表、仪器，电信设备，动力及照明线路固定敷设
BVV(BLVV)	铜(铝)芯聚氯乙烯绝缘聚氯乙烯护套圆型导线	
BVVB(BLWB)	铜(铝)芯聚氯乙烯绝缘聚氯乙烯护套平型导线	
BVR	铜芯聚氯乙烯绝缘软线	
ZR-BV	阻燃铜芯塑料线	
NH-BV	耐火铜芯塑料线	
RV	铜芯聚氯乙烯绝缘软线	适用于 250V 室内连接小型电器，移动或半移动敷设
RVB	铜芯聚氯乙烯绝缘平型软线	
RVS	铜芯聚氯乙烯绝缘绞型软线	
RXS	铜芯橡胶绝缘棉纱编织绞型软电线	
RX	铜芯橡胶绝缘棉纱编织圆型软电线	
BBX	铜芯橡胶绝缘玻璃丝编织线	适用于电压分别有 500V 及 250V 两种，用于室内外明装固定敷设或穿管敷设
BBLX	铝芯橡胶绝缘玻璃丝编织线	

橡皮绝缘导线可用于室外敷设，长期工作温度不得超过 60℃，额定电压不超过 250V 的橡皮绝缘导线用于照明线路。例如：BLXF-4 表示导线截面为 $4mm^2$ 的铝芯橡皮线。

塑料绝缘导线。塑料绝缘导线具有耐油、耐腐蚀及防潮等特点，常用于电压 500V 以下室内照明线路，可穿管敷设及直接在墙上敷设。例如：BV-2.5 表示导线截面为 $2.5mm^2$ 的塑料铜芯线；BV-10 表示导线截面为 $10mm^2$ 的铜芯塑料电线。

另外，大于 $6mm^2$ 绝缘导线须做接线端子，方便与设备相连接。接线端子样式如图 1-8 所示。

2. 电缆

电缆是一种多芯导线，即在一个绝缘软套内裹有多根相互绝缘的线芯。电缆按导线材质可分为铜芯电缆、铝芯电缆；按用途可分为电力电缆、控制电缆、通信电缆、射频电缆等；按绝缘方式可分为橡皮绝缘、油浸纸绝缘、塑料绝缘；按芯数可分为单芯、双芯、三芯及多芯。电缆型号的组成和含义见表 1-2。

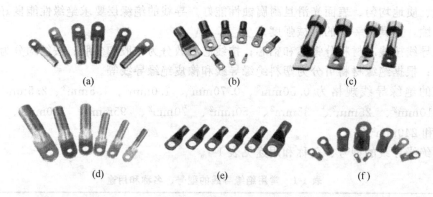

(a) (b) (c)

(d) (e) (f)

图 1-8 接线端子样式

表 1-2 电缆型号的组成和含义

性能	类别	电缆种类	线芯材料	内护层	其他特征	外护层	
						第一数字	第二数字
ZR—阻燃		Z—纸绝缘	T—铜（略）	Q—铅护套	P—屏蔽	2—双钢带	1—纤维护套
NH—耐火	K—控制电缆	X—橡皮	L—铝	L—铝护套	C—重型	3—细圆钢丝	2—聚氯乙烯护套
	Y—移动式软电缆	V—聚氯乙烯	V—聚氯乙烯护套	F—分相铝包	4—粗圆钢丝	3—聚乙烯护套
	P—信号电缆	Y—聚乙烯	H—橡胶护套			
	H—电话电缆	YJ—交联聚乙烯	Y—聚乙烯护套			

（1）电力电缆 电力电缆是用来输送和分配大功率电能的导线。无铠装的电缆适用于室内、电缆沟内、电缆桥架内和穿管敷设；钢带铠装电缆适用于直埋敷设。电缆的基本结构由导电线芯、绝缘层、保护层三部分组成。电力电缆的结构如图 1-9 所示。

① 导电线芯。通常采用高电导率的油浸纸绝缘电力电缆线芯的截面分为 $2.5mm^2$、$4mm^2$、$6mm^2$、$10mm^2$、$25mm^2$、$35mm^2$、$50mm^2$、$70mm^2$、$95mm^2$、$120mm^2$、$150mm^2$、$185mm^2$ 和 $240mm^2$ 等 19 种规格。线芯的形状很多，有圆形、半圆形和椭圆形等。当线芯面积大于 $25mm^2$，通常是采用多股导线绞合并压紧而成，这样可以增加电缆的柔软性并使结构稳定。

② 绝缘层。通常采用纸绝缘、橡皮绝缘及塑料绝缘等材料作绝缘层，其中纸绝缘应用最广，它具有耐压强度高、耐热性能好和使用年限长等优点。

③ 保护层。纸绝缘电力电缆的保护层分内层和外层两部分。内护层用于保护电缆的绝缘不受潮湿和防止电缆浸渍剂外流，以及轻度的机械损伤。外护层用于防止电缆受

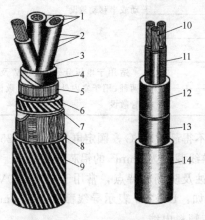

(a) 油浸纸绝缘电力电缆 (b) 交联聚乙烯绝缘电力电缆

图 1-9 电力电缆结构

1—铝芯（或铜芯）；2—油浸纸绝缘层；3—麻筋（填料）；4—油浸纸（统包绝缘）；5—铝包（或铅包）；6—涂沥青的纸带（内护层）；7—涂沥青的麻包（内护层）；8—钢铠（外护层）；9—麻包（外护层）；10—铝芯（或铜芯）；11—交联聚乙烯（绝缘层）；12—聚氯乙烯护套（内护层）；13—钢铠（或铝铠）；14—聚氯乙烯外壳

到机械损伤和强烈的化学腐蚀。我国常用电力电缆型号及名称见表 1-3。

表 1-3 常用电力电缆型号及名称

型号		名称
铜芯	铝芯	
VV	VLV	聚氯乙烯绝缘聚氯乙烯护套电力电缆
VV_{22}	VLV_{22}	聚氯乙烯绝缘钢带铠装聚氯乙烯护套电力电缆
ZR-VV	ZR-VLV	阻燃聚氯乙烯绝缘聚氯乙烯护套电力电缆
$ZR-VV_{22}$	$ZR-VLV_{22}$	阻燃聚氯乙烯绝缘钢带铠装聚氯乙烯护套电力电缆
NH-VV	NH-VLV	耐火聚氯乙烯绝缘聚氯乙烯护套电力电缆
$NH-VV_{22}$	$NH-VLV_{22}$	耐火聚氯乙烯绝缘钢带铠装聚氯乙烯护套电力电缆
YJV	YJLV	交联聚乙烯绝缘聚氯乙烯护套电力电缆
YJV_{22}	$YJLV_{22}$	交联聚乙烯绝缘钢带铠装聚氯乙烯护套电力电缆

例如，VV_{22}-4×35＋1×10 表示 4 芯截面为 35mm^2 和 1 芯截面为 10mm^2 的铜芯聚氯乙烯绝缘钢带铠装聚氯乙烯护套电力电缆。

另外，电力电缆在与设备连接时，由于导电线芯截面大和数量多，一般都是先做成电缆终端头后，再与设备相连。电缆终端头结构如图 1-10 所示。

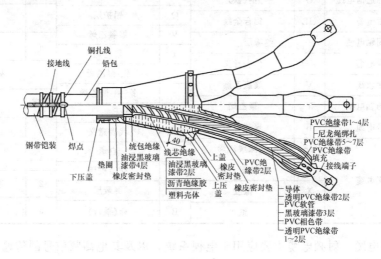

图 1-10 电缆终端头结构

（2）预制分支电缆 预制分支电缆不用在现场加工制作电缆分支接头和电缆绝缘穿刺线夹分支，是由生产厂家按照电缆用户要求的主、分支电缆型号、规格、截面、长度及分支位置等指标，在制造电缆时直接从主干电缆上加工制作出带分支的电缆。预制分支电缆可以广泛应用在住宅楼、办公楼、写字楼、商贸楼、教学楼、科研楼等各种中、高层建筑中，作为供、配电的主、干线电缆使用。

例如，预分支电缆型号表示如下：YFD-ZR-VV-4×150＋1×70/4×16＋1×10，表示主干电缆为 4 芯 150mm^2 和 1 芯 70mm^2 的铜芯阻燃聚氯乙烯绝缘聚氯乙烯护套电力电缆，分支电缆为 4 芯 16mm^2 和 1 芯 10mm^2 的铜芯阻燃聚氯乙烯绝缘聚氯乙烯护套电力电缆。

预制分支电缆附件规格、型号较多，尤其以中、高层建筑在电缆井或电缆通道中安装时所需附件最多。

① 吊头。是预制分支电缆作垂直安装时，在主电缆顶端作为安装起吊用的附件。用户在选型确定预制分支电缆主电缆截面后，只需在图纸上注明配备"吊头"，制造商即会按照相应的主电缆截面予以制作。

② 吊挂横梁。是在预制分支电缆垂直安装场合下，预制分支电缆直吊后，通过挂钩和吊头，挂于该横梁上。建筑设计部门和建筑施工部门在确定采用预制分支电缆后，在主体建筑的吊挂横梁部位，应充分考虑其承重强度，尤其是在高层建筑中和使用大截面电缆时。

③ 挂钩。垂直安装场合下使用。安装于吊挂横梁上，预制分支电缆起吊后挂在挂钩上。

④ 支架。在预制分支电缆起吊敷设后，对主电缆进行紧固、夹持的附件。

⑤ 缆夹。将主电缆夹持、紧固在支架上。

（3）通信电缆　通信电缆可分为对称式通信电缆、同轴通信电缆及光缆。通信电缆符号的意义见表1-4。

表1-4　通信电缆符号的意义

用　途		导　体		内　护　层		铠　装　层	
字母	代表意义	字母	代表意义	字母	代表意义	字母	代表意义
H	市内电话电缆	T	铜导线	GW	皱纹铜管	0	无
HB	电话线	L	铝导线	LW	皱纹铝管		
HE	长途对称通信电缆	G	钢（铁）	L	铝护层	2	双钢带
HJ	局用电缆	HL	铝合金线	Q	铅护层	3	细圆钢丝
HD	干线同轴电缆		绝缘层	V	聚氯乙烯	4	粗圆钢丝
HP	配线电缆	字母	代表意义	Y	聚乙烯		
HZ	电话软线	V	聚氯乙烯	A	铝-聚乙烯		外被层
S	射频同轴电缆	Y	聚乙烯	S	钢-铝-聚乙烯		
P	信号电缆	B	聚苯乙烯		特征	数字	代表意义
				字母	代表意义	0	无
		YE	泡沫聚乙烯	C	自承	1	纤维层
HS	电视电缆	F	聚四氯乙烯	J	交换机用	2	聚氯乙烯护套
		X	橡胶	P	屏蔽层		
		Z	纸	B	扁（平行）	3	聚乙烯护套

（4）射频电缆　射频电缆主要应用于电视系统，以及其他高频信号的传输系统。结构如图1-11和图1-12所示。

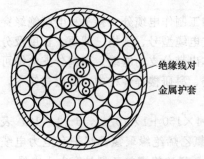

图1-11　50对同心式电缆截面示意图

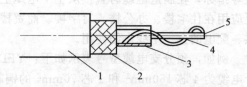

图1-12　半空气-绳管绝缘同轴射频电缆结构
1—聚氯乙烯护套；2—软圆铜线编织；
3—聚氯乙烯管；4—聚乙烯绳；5—导电线芯

3. 配线用管材

在配线施工中，为了使导线免受腐蚀和外来机械损伤，常将绝缘导线穿在导管内敷设。由金属材料制成的导管称为金属导管。金属导管有水煤气管、金属软管和薄壁钢管等。由绝缘材料制成的导管称为绝缘导管。绝缘导管有硬塑料管、半硬塑料管、软塑料管和塑料波纹管等。常用配线的管材有金属导管和塑料导管两类。

(1) 金属导管 常用的金属管有厚壁钢管、薄壁钢管、金属波纹管和普利卡套管 4 类。薄壁钢管又称电线管。

① 厚壁钢管。厚壁钢管又称水煤气管，有镀锌和不镀锌之分。常用来暗配于一些潮湿场所或直埋于地下，也可以沿建筑物、墙壁或支吊架敷设。

② 薄壁钢管。薄壁钢管又称电线管，其管壁较薄，管子的内、外壁涂有一层绝缘漆，适用于干燥场所敷设。

③ 金属软管。金属软管又称蛇皮管。它由双面镀锌薄钢带加工压边卷制而成，轧缝处有的加石棉垫，有的不加。金属软管既有相当好的机械强度，又有很好的弯曲性，常用于弯曲部位较多的场所和设备出口处。

(2) 塑料导管 建筑电气工程中常用的塑料导管有 2 种：硬质塑料管（PVC 塑料管）、半硬质塑料管。

① PVC 塑料管。PVC 硬质塑料管常用于民用建筑或室内有酸、碱腐蚀性介质的场所。PVC 硬质塑料管的规格见表 1-5。环境温度在 40℃ 以上的高温场所不应使用，在发生有机械冲击、碰撞、摩擦等易受机械损伤的场所也不应使用。

表 1-5 常见 PVC 硬质塑料管规格

标准直径/mm	16	20	25	32	40	50	63
标准壁厚/mm	1.7	1.8	1.9	2.5	2.5	3.0	3.2
最小内径/mm	12.2	15.8	20.6	26.6	34.4	43.1	55.5

② 半硬质塑料管。多用于一般居住和办公室建筑等干燥场所的电气照明工程以及暗敷布线中。

4. 型材

① 扁钢。扁钢可用来制作各种抱箍、撑铁、拉铁和配电设备的零配件、接地母线及接地引线等。

② 角钢。角钢是钢结构中最基本的钢材，可作单独构件或组合使用，广泛用于桥梁、建筑输电塔构件、横担、撑铁、接户线中的各种支架及电器安装底座、接地体等。

③ 工字钢。工字钢由两个翼缘和一个腹板构成。工字钢广泛用于各种电气设备的固定底座、变压器台架等。

④ 圆钢。圆钢主要用来制作各种金属、螺栓、接地引线及钢索等。

⑤ 槽钢。槽钢一般用来制作固定底座、支撑和导轨等。

⑥ 钢板。薄钢板分镀锌钢板和不镀锌钢板。钢板可制作各种电器及设备的零部件、平台、垫板和防护壳等。

⑦ 铝板。铝板用来制作设备零部件、防护板、防护罩及垫板等。

三、常见电气设备

1. 低压开关柜

低压开关柜也称低压配电屏或柜，常直接设置在配电变压器低压侧作为配电主盘，有时也用作较重要负荷的配电分盘，一般要求安装在专用电气房间（配电室）或被相对隔离开的专门场地内。按结构形式的不同，又分为固定开启式和抽屉式两种。

2. 动力配电箱和照明配电箱

动力配电箱就近设置于工厂车间和其他负载场地，直接向 500V 以下工频交流用电设备供电。由于具体适用条件的差异和新产品的不断出现，使之具有多种系列，XL 型是最常见的，各系列按其一次接线方案的要求，在箱内装设熔断器、自动开关、组合开关和磁力启动器等电器。

成套照明配电箱适用于工业与民用建筑在交流 50Hz、额定电压 500V 以下的照明和小动力控制回路中作线路的过载、短路保护以及线路正常转换用。进户线进户后，先经总开关，然后再分支供给分路负荷。总开关、分支开关和熔断器、漏电保护器等均装在配电箱内。

3. 变压器

变压器是用来变换电压等级的电气设备。建筑供配电系统中使用的变压器一般为三相电力变压器。由于电力变压器容量大，工作温升高，因此要采用不同的结构方式加强散热。常用的三相电力变压器，有油浸式和干式之分。

（1）三相油浸式电力变压器　三相油浸式电力变压器是将绕组和铁芯浸泡在油中，用油做介质散热。三相油浸式电力变压器的外形与结构如图 1-13 所示。

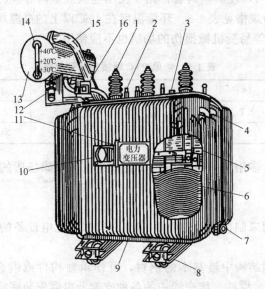

图 1-13　三相油浸式电力变压器的外形与结构
1—高压套管；2—低压套管；3—分接开关；4—油箱；5—铁芯；6—绕组及绝缘层；
7—放油阀门；8—小车；9—接地螺栓；10—信号式温度计；11—铭牌；
12—吸湿器；13—贮油柜（油枕）；14—油位计；15—安全气道；16—气体继电器

（2）干式电力变压器　干式电力变压器是将绕组和铁芯置于气体（空气或六氟化硫气体）中，为了使铁芯和绕组结构更稳固，一般用环氧树脂浇注。干式电力变压器的造价比油浸式电力变压器高，通常用于防火要求较高的场所，建筑物内的变配电所要求使用干式电力变压器。

（3）变压器的型号　变压器型号用汉语拼音字母和数字表示，其排列顺序见图 1-14。

例如，S7-500/10 表示三相铜绕组油浸自冷式变压器，设计序号为 7，容量为 500kV·A，高压绕组额定电压为 10kV。

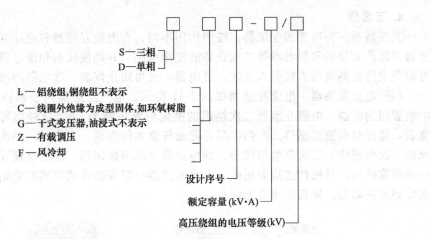

图 1-14 变压器型号表示

目前，我国新型配电变压器是按国际电工委员会 IEC 标准推荐的容量序列，其额定容量等级有（单位为 kV·A）：10、20、30、40、50、63、80、100、125、160、200、250、315、400、500、630、800、1000、1250、1600、2000 等。10kV 油浸式电力变压器的容量有 250kV·A、500kV·A、1000kV·A、2000kV·A、4000kV·A、8000kV·A 和 10000kV·A 等。

（4）变压器的安装方式　变压器的安装形式有杆上安装、户外露天安装和室内安装等。

① 杆上安装。杆上安装是将变压器固定在电杆上，用电杆为支架离开地面架设。要求位置正确，附件齐全，油浸变压器油位正常，无渗油现象，如图 1-15 所示。

② 户外露天安装。户外露天安装是将变压器安装在户外露天，固定在钢筋混凝土基础上，如图 1-16 所示。

③ 室内安装。室内变压器安装是将变压器安装在室内。变压器安装应位置正确，附件齐全，油浸变压器油位正常，无渗油现象。母线中心线应与变压器套管中心相符，并要进行母线接触面的处理，确保接触面接触良好。

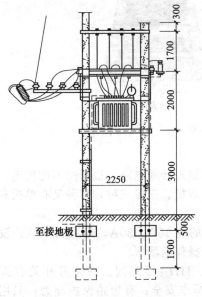

图 1-15　变压器杆上安装

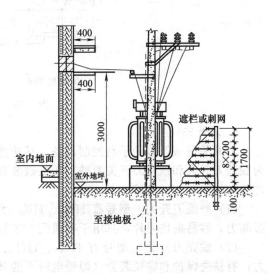

图 1-16　变压器户外安装

4. 互感器

互感器是一种特殊的变压器。按照作用不同，有电流互感器和电压互感器之分。使用互感器可以扩大仪表和继电器等二次设备的使用范围，并能使仪表和继电器与主电路绝缘，既可避免主路的高电压直接引入仪表、继电器，又可防止仪表、继电器的故障影响主电路。

（1）电流互感器　电流互感器如图 1-17 所示。电流互感器用于提供测量仪表和断电保护装置用的电源。电流互感器二次绕组的额定电流一般为 5A，这样就可以用一只 5A 的电流表，通过与电流互感器二次侧串联，测量任意大的电流。工作时，一次绕组串联在供电系统的一次电路中，二次绕组与仪表、继电器等串联形成回路。注意电流互感器二次侧必须有一端可靠接地，且极性连接应正确。电流互感器一般安装在成套的配电柜、金属架上，可用螺栓固定在墙壁、楼板或钢板上。

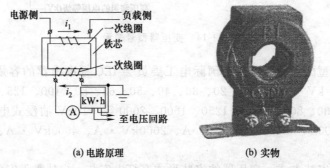

（a）电路原理　　　　（b）实物

图 1-17　电流互感器

（2）电压互感器　电压互感器相当于一个降压变压器，当工作时，一次绕组并联在供电系统的一次电路中，二次绕组与仪表、继电器的电压线圈并联。电压互感器二次侧额定电压一般为 100V。电压互感器分单相和三相、户内和户外，其外形如图 1-18 所示。

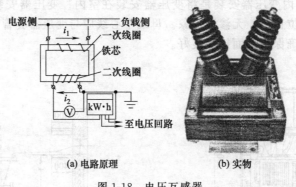

（a）电路原理　　　　（b）实物

图 1-18　电压互感器

5. 刀开关

刀开关是最简单的手动控制设备，其功能是不频繁地接通电路。根据闸刀的构造，可分为胶盖刀开关和铁壳刀开关两种。按极数分有单极、双极、三极三种，每种又有单投和双投之分。

（1）胶盖刀开关　型号有 HK_1、HK_2 型。常用的有 15A、30A，最大为 60A；没有灭弧能力，容易损伤刀片，只用于普通配电工程不频繁操作的场所。

（2）铁壳刀开关　型号有 HH_3、HH_4、HH_{10}、HH_{11} 等系列。铁壳刀开关有灭弧能力；有铁壳保护和联锁装置（即带电时不能开门），操作安全；有短路保护能力；只用在不频繁操作的场合。铁壳刀开关容量选择一般为电动机额定电流的 3 倍。

刀开关应垂直安装在开关板上，并使静触头在上方，以防止误合闸。刀开关外形如图1-19所示。

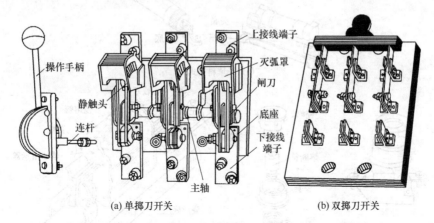

(a) 单掷刀开关　　　　　　　(b) 双掷刀开关

图 1-19　三相刀开关

6. 熔断器

熔断器用来防止电路和设备长期通过过载电流和短路电流，是有断路功能的保护元件。它由金属熔件（熔体、熔丝）、支持熔件的接触结构组成。

（1）瓷插式熔断器　构造简单，国产熔体规格有 0.5~100A 等多种型号。

（2）螺旋式熔断器　构造简单，型号为 RL1 型。它由瓷帽、瓷座、铜片螺纹和熔管等组成。该熔断器熔管内已配好熔件，并有指示片，一旦熔断，连在熔丝上的弹簧即将指示片顶出，于是在瓷帽上的玻璃孔可见。需要更换熔丝管。常用于配电柜中，属于快速型熔断器。

（3）封闭式熔断器　构造简单，采用耐高温的密封保护管，内装熔丝或熔片。当熔丝熔化时，管内气压很高，能起到灭弧的作用，还能避免相间短路。这种熔断器常用在容量较大的负载上作短路保护。大容量的能达到 1kA。

（4）填充料式熔断器　在填充料式熔断器中，有两个冲成栅状的铜片，其间用低熔点的锡桥联结，围成筒形卧入瓷管中。当发生短路时，锡桥迅速熔化，铜片的作用是增大和石英砂的接触面积，让熔化时电弧的热量尽快散去。此种熔断器断流能力可达到 1000A，灭弧能力强，断电所需时间短。

（5）自复熔断器　近代低压电器容量逐渐增大，低压配电线路的短路电流也越来越大，要求用于系统保护开关元件的分断能力也不断提高，为此出现了一些新型限流元件，如自复熔断器等。应用时和外电路的低压断路器配合工作，效果很好。

自复熔断器选择熔丝时，应区别负载情况分别考虑。对于照明等冲击电流很小的负载，熔体的额定电流应等于或稍大于电路的实际工作电流，一般熔体额定电流为电路实际工作电流的 1.1~1.5 倍。对于启动电流较大的负载，如电动机等，熔体额定电流为电路实际工作电流的 1.5~2.5 倍。

熔断器的安装要求是熔丝的容量应与保护电气的容量相匹配，其安装距离应便于更换熔体，并按接线标志进行接线。熔断器的结构如图 1-20 所示。

7. 断路器的安装

低压断路器是工程中应用最广泛的一种控制设备，曾称自动开关或空气开关。它既可带负荷通断电路，又能在短路、过负荷和失压时自动跳闸，并且具有很好的灭弧能力。常用作配电箱中的总开关或分路开关。

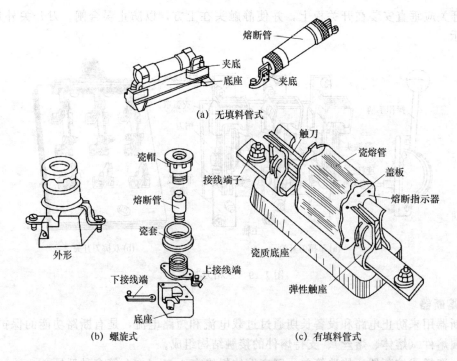

图 1-20 熔断器的结构

低压断路器一般应垂直安装，且不宜安装在容易振动的地方，灭弧罩位于上部，裸露在外部的导线端子应加以绝缘保护，其操作机构调试应符合相关要求。

常用的低压断路器有 DZ 系列、DW 系列等，新型号有 C 系列、S 系列、K 系列等。低压断路器外形如图 1-21 所示。

图 1-21 低压断路器外形

低压断路器型号如下所示：

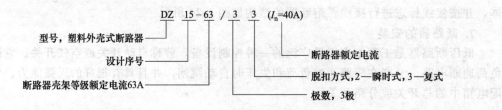

其中：断路器极数有 1P、2P、3P、4P，是指切断线路的导线根数。1P 就是切断一根导线；2P 就是同时切断 2 根导线，依次类推。1P、2P 用于单相，3P、4P 用于三相。

8. 接触器

接触器也称电磁开关，它是利用电磁铁的吸力来控制触头动作的。接触器按其电流可分为直流接触器和交流接触器两类，在工程中常用交流接触器。

接触器主要技术数据有额定电压、额定电流（均指主触头）、电磁线圈额定电压等。应用中一般选其额定电流大于负载工作电流，通常负载额定电流为接触器额定电流的 70%～80%。交流接触器用符号 CJ 表示。其型号示例：CJ12-B40/3，其中 12 是设计序号，B 是有栅片灭弧，容量 40A，三极。接触器外形如图 1-22 所示。

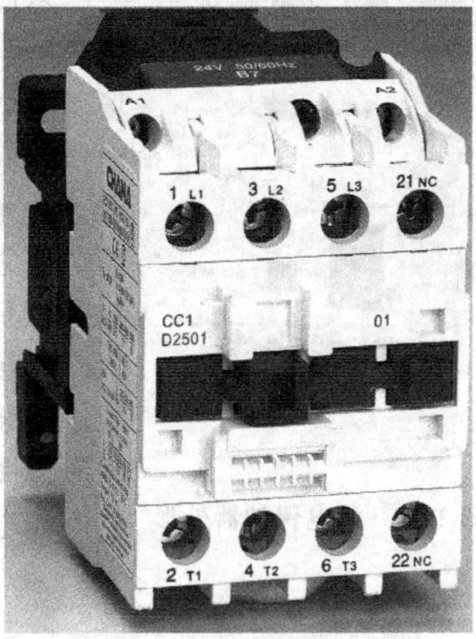

图 1-22 接触器外形

9. 继电器

继电器是一种电控制器件。它具有控制系统（又称输入回路）和被控制系统（又称输出回路）之间的互动关系。通常应用于自动化的控制电路中，它实际上是用小电流去控制大电流运作的一种"自动开关"。故在电路中起着自动调节、安全保护、转换电路等作用。

继电器原理如图 1-23 所示。

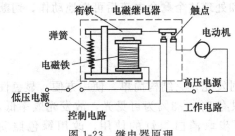

图 1-23 继电器原理

继电器有以下几种。

（1）热继电器 热继电器主要用于电动机和电气设备的过负荷保护。它的主要组成部分有热元件、双金属片构成的动触头、静触头及调节元件。

电动机和电气设备在运行中发生过负荷是经常的，对瞬时性过负荷，只要电动机绕组温升不超过允许值，就不能立即切断电路使电动机停运；在工作电路中由于某种原因，发生瞬时性过载，只要不影响安全供电，不影响设备安全，也不能立即切断。但如果过负荷很严重，而且过负荷时间已很长，则不允许电动机和电路中的设备再继续运行，以免加速电动机绕组绝缘和电气设备绝缘老化，甚至烧坏电动机绕组和电气设备。热继电器就是用来实现上述要求的保护电器。

（2）时间继电器 时间继电器是用在电路中控制动作时间的继电器。它利用电磁原理或机械动作原理来延时触点的闭合或断开。时间继电器种类繁多，有电磁式、电动式、空气阻尼式、晶体管式等。

（3）中间继电器 中间继电器是将一个输入信号变成一个或多个输出信号的继电器，它的输入信号是通电和断电，它的输出信号是接点的接通或断开，用以控制各个电路。

继电器外形如图 1-24 所示。

10. 漏电保护器

漏电保护器又称漏电保护开关，是为防止人身误触带电体漏电而造成人身触电事故的一种保护装置，它还可以防止由漏电而

图 1-24 继电器外形

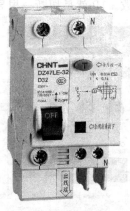

图 1-25　漏电保护器外形

引起的电气火灾和电气设备损坏事故。

不同场所应安装不同的漏电断路器。对容易触电的危害性较大的场所，要求用灵敏度比较高的漏电断路器。在潮湿场所比在干燥场所触电的危险性要大得多，一般应安装动作电流为 15～30mA，动作时间在 0.1s 之内的漏电断路器。

注意：由名称上可有"触电保护器"、"漏电开关"、"漏电继电器"等之分。凡称"保护器"、"漏电器"、"开关"者均带有自动脱扣器。凡称"继电器"者，则需要与接触器或低压断路器配套使用，间接动作。漏电保护器安装在进户线的配电盘上或照明配电箱内，安装在电度表之后，熔断器（或胶盖刀闸）之前。漏电保护器外形如图 1-25 所示。

漏电保护器型号如下所示：

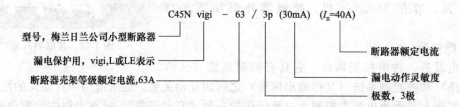

C45N vigi － 63 / 3p (30mA) (I_n=40A)

型号，梅兰日兰公司小型断路器
漏电保护用，vigi,L或LE表示
断路器壳架等级额定电流,63A
极数，3极
漏电动作灵敏度
断路器额定电流

漏电保护器是利用系统的剩余电流反应和动作，正常运行时系统的剩余电流几乎为零，故它的动作整定值可以整定得很小（一般为 mA 级），当系统发生人身触电或设备外壳带电时，出现较大的剩余电流，漏电保护器则通过检测和处理这个剩余电流后可靠地动作，切断电源。

四、建筑电气常用灯具

(1) 白炽灯　白炽灯靠钨丝白炽体的高温热辐射发光，它结构简单，使用方便，显色性好。尽管白炽灯的功率因数近于 1，但因热辐射中只有 2%～3% 为可见光，故发光效率低，平均寿命约为 1000h，经不起震动。目前，我国逐步取消白炽灯的使用，改用绿色照明光源。

普通白炽灯一般适用于照度要求低，开关次数频繁的室内外场所。其规格有 15W、25W、40W、60W、100W、150W、200W、300W 和 500W 等，电压一般为 220V。白炽灯灯头形式分为插口式和螺口式两种，其一般结构如图 1-26 所示。

(2) 荧光灯　荧光灯由镇流器、灯管、启动（辉）器和灯座等组成。灯内抽真空后封入汞粒，并充入少量氩、氮、氖等气体。是一种低压的汞蒸气弧光放电灯。

最常见的荧光灯是直形玻璃管状，有 T12（直径38mm）、T8（直径26mm）和 T5（直径16mm）三种，T5光效高达 104lm/W，另外也有各种紧凑型荧光灯。另外还有环管和异型管等。荧光灯按光色分为日光色、白色及彩色等，其构造如图 1-27 所示。

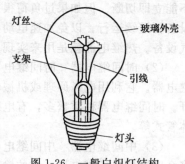

图 1-26　一般白炽灯结构

(3) 卤钨灯　卤钨灯也是一种热辐射光源，在被抽成真空的玻璃壳内除充以惰性气体外，还充入少量的卤族元素如氟、氯、溴、碘。卤钨灯包括碘钨灯、溴钨灯，其结构如图 1-28 所示。在白炽灯泡内充入微量的卤化物，其发光效率比白炽灯高 30%，适用于体育场、

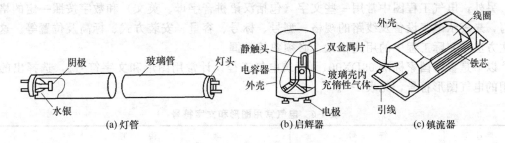

图 1-27　荧光灯的构造

广场及机场等场所。安装时必须水平安装。

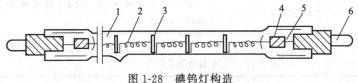

图 1-28　碘钨灯构造

1—石英玻璃管；2—灯丝；3—支架；4—钼箔；5—导丝；6—电极

（4）高压水银灯　高压水银灯也称高压汞灯，其外泡及内管中均充入惰性气体氮和氩，内管中装有少量水银，外泡内壁里还涂有荧光粉，工作时内管中水银蒸气压力很高，所以称为高压水银灯。经常用在道路、广场和施工现场的照明中。高压水银灯按构造的不同可以分为外镇流高压水银灯和自镇流高压水银灯两种。自镇流式使用方便，不用安装镇流器。其结构如图 1-29 所示。

（5）高压钠灯　高压钠灯是广泛应用在交通照明及一些大型公共场所的新型光源。在外泡壳内装有放电管，它是用半透明氧化铝陶瓷或全透明刚玉制成的，它耐高温，放电管内充有钠、汞和氙气，具有省电、光效高及透雾能力强等特点。常用于道路、隧道等场所的照明。

（6）氙灯　氙灯是一种弧光放电灯，管内充有氙气。它采用高压氙气放电产生很强的白光，和太阳光相似，其显色性很

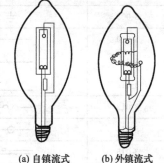

(a) 自镇流式　(b) 外镇流式

图 1-29　高压汞灯的结构

好、发光效率高、功率大、体积小、亮度高、启动方便，有"小太阳"的美称。广泛适用于广场、飞机场、海港等大面积的照明，近些年也用于汽车的大灯照明。

（7）霓虹灯　又称氖气灯，是一种辉光放电光源。霓虹灯不作为照明用光源，常用于建筑、娱乐等场所的装饰彩灯。

五、电气常用图形和文字符号

在电气图中，由于电气设备元器件很多，所以用图形符号和文字符号来加以区别。每个符号都代表一定的含义，理解和掌握了这些符号和它们的相互关系，识读电气图就十分方便。

① 图形符号是构成电气图的基本单元。电气工程图形符号的种类很多，一般都画在电气系统图、平面图、原理图和接线图上，用于标明电气设备、装置、元器件及电气线路在电气系统中的位置、功能和作用。

② 文字符号是用于标明电气设备、元件和装置的功能、状态或特征，为电气技术中项目代号提供种类字母代码和功能字母代码。

另外，电气工程图中常用一些文字（包括汉语拼音字母、英文）和数字按照一定的格式书写，来表示电气设备及线路的规格、型号、标号、容量、安装方式、标高及位置等。这些标注方法在实际工程中的用途很大，必须熟练掌握。

以下是参考国家标准 09DX001《建筑电气工程设计常用图形和文字符号》，选择出的最常用的电气图形符号，见表 1-6。

表 1-6 电气常用图形和文字符号

序 号	符 号	说 明
3-001	 ===	直流
3-002	 ∼	交流
3-003	3/N∼400/230V 50Hz	交流三相带中性线 400V（相线和中性线间的电压为 230V），50Hz
3-004	3/N∼50Hz/TN-S	交流三相 50Hz，具有一个直接接地点且中性线与保护导体全部分开的系统
3-005	+	正极
3-006	−	负极
3-007	N	中线（中性线）
3-008	M	中间线
3-009	⊥	接地，地一般符号
3-010	 ——	连线、连接、连线组（导线、电缆、电线、传输通路）
3-011	 —///—	三根导线
3-012	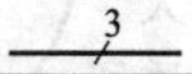 —3—	三根导线
3-013	 —∿—	柔性连接
3-014	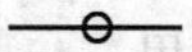 —⊙—	屏蔽导体
3-015	 —/—	绞合导线
3-016	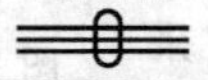 —⊝—	电缆中的导线
3-017	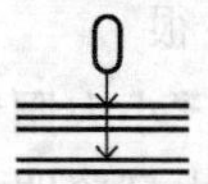	示例 五根导线，其中箭头所指的两根导线在同一根电缆内
3-093	 ⊠	整流器/逆变器
3-094	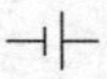 —⊣⊢	原电池或蓄电池组
3-095	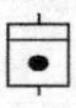 ⊡	电度表（瓦时计） Watt-hour meter
3-096	⊡→	无功电度表 Var-hour meter
3-097		隔离开关
3-098	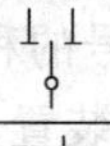	具有中间断开位置的双向隔离开关
3-099		负荷开关（负荷隔离开关）
3-100		具有由内装的测量继电器或脱扣器触发的自动释放功能的负荷开关

序号	符 号	说 明
3-101		断路器
3-194		电度表(瓦时计)
3-195		灯,一般符号　lamp,general symbol 信号灯　一般符号　Signal lamp,general symbol 如果要求指示颜色,则在靠近符号处标出下列代码: RD—红　red YE—黄　yellow GN—绿　green BU—蓝　blue WH—白　white 如果要求指示灯类型,则在靠近符号处标出下列代码: Ne—氖　neon Xe—氙　xenon Na—钠气　sodium vapour Hg—汞　mercury I—碘　iodine IN—白炽　incandescent EL—电发光　electroluminescent ARC—弧光　arc FL—荧光　fluorescent IR—红外线　infra-red UV—紫外线　ultra-violet LED—发光二极管　light emitting diode
3-196		闪光型信号灯　Signal lamp,flashing type
3-197		电喇叭　Horn
3-198		电铃　Bell
3-199		报警器　Siren
3-200		蜂鸣器　Buzzser
3-201		电动汽笛　Whistle,electrically operated
	E	接地线　Ground conductor
		连线、连接　Connection 连线组　Group of connections 示例 —导线　conductor　　　　—电线　line —电缆　cable　　　　　　—传输通路　transmission path
4-009		具有埋入地下连接点的线路 Line with a buried joint
4-010	E	接地极　Earthed pole
4-011	E	接地线　Ground conductor
4-012		水下(海底)线路　Submarine line

序号	符　号	说　明
4-013	 ─○─	架空线路　Dverhead line
4-014	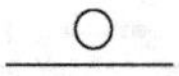 ○	管道路线　Line within a duct 　　　　　Line within a pipe 附加信息可标注在管道线路的上方,如管孔的数量
4-015	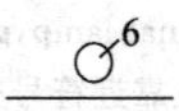 ○⁶	Additional information may be shown above the line representing the duct route,for example the number of ways. 示例:6孔管道的线路　Line within a six-way-duct
4-016	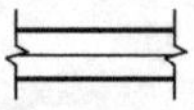	电缆桥架线路　Line of cable tray 注:本符号用电缆桥架轮廓和连线组组合而成
4-017	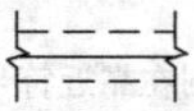	电缆沟线路　Line of cable trench 注:本符号用电缆沟轮廓和连线组组合而成
4-018	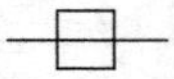	过孔线路　Line passing through an access chamber
4-019	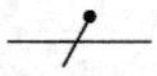	中性线　Neutral conductor
4-020	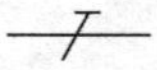	保护线　Protective conductor
4-021	PE	保护接地线　Protective earthing conductor
4-022	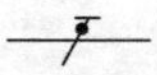	保护线和中性线共用线　Combined protective and neutral conductor
4-023	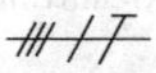	示例:具有中性线和保护线的三相配线　Three-phase wiring with neutral conductor and protective conductor
4-024		向上配线　Wiring going up wards
4-025		向下配线　Wiring going down wards
4-026		垂直通过配线　Wiring passing through vertically
4-038	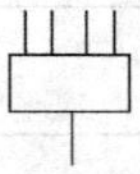	配电中心　Distribution center 示出五路馈线
4-039	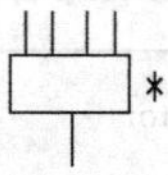 *	符号就近标注种类代码"*",表示的配电柜(屏)、箱、合: 种类代码 AP,表示为动力配电箱 种类代码 APE,表示为应急电力配电箱 种类代码 AL,表示为照明配电箱 种类代码 ALE,表示为应急照明配电箱
4-040	○	盒(箱)一般符号
4-041	⊙	连接盒　Connection box 接线盒　Junction box
4-042		用户端　供电输入设备　示出带配线 equipment The symbol is shown with wiring.
4-043		电动机启动器一般符号　Motor starter,general symbol
4-044		调节-启动器　Starter-regulator
4-045		可逆式电动机直接在线接触器式启动器

续表

序　号	符　　　号	说　　　明
4-046		星-三角启动器　Star-delta starter
4-047		自耦变压器式启动器　Starter with auto-transformer
4-048		带可控整流器的调节-启动器 Starter-regulator with thyristors
4-049		（电源）插座，一般符号　Socketoutlet(power)，general symbol Receptacle outlet(power)，general symbol
4-050		（电源）多个插座示出三个　Multiple socket outlet(power) The symbol is shown with three outlets.
4-051		带保护接点（电源）插座 Socket outlet(power)with protective contact
4-052		根据需要可在"＊"处用下述文字区别不同插座 1P—单相（电源）插座 3P—三相（电源）插座 1C—单相暗敷（电源）插座 3C—三相暗敷（电源）插座
4-053		1EX—单相防爆（电源）插座 3EX—三相防爆（电源）插座 1EN—单相密闭（电源）插座 3EN—三相密闭（电源）插座
4-054		带护板的（电源）插座 Socket outlet(power)with shutter
4-055		带单极开关的（电源）插座 Socket outlet(power)with single-pole switch
4-056		带联锁开关的（电源）插座 Socket outlet(power)with interlocked switch
4-057		具有隔离变压器的插座　示例：电动剃刀用插座 Socket outlet(power)with isolating transformer，for example： shaver outlet
4-058		开关一般符号 Switch，general symbol
4-059		根据需要"＊"用下述文字标注在图形符号旁边区别不同类型 开关 C—暗装开关 EX—防爆开关 EN—密闭开关
4-060		暗装单联单控开关
4-061		暗装双联单控开关
4-062		暗装三联单控开关
4-063		两控单极开关 Two-way single pole switch
4-064		中间开关　Intermediate switch 等效电路图　Equivalent circuit diagram
4-065		暗装声光控（触摸）延时开关

序 号	符 号	说 明
4-066		单极拉线开关 Pull-cord single pole switch
4-067		按钮 Push-button
4-068	⊚*	根据需要"*"用下述文字标注在图形符号旁边区别不同类型开关： 2—二个按钮单元组成的按钮盒 3—三个按钮单元组成的按钮盒 EX—防爆型按钮 EN—密闭型按钮
4-069	⊗	带有指示灯的按钮 Push-button with indicator lamp
4-070		防止无意操作的按钮（例如借助打碎玻璃罩） Push-button protected against unintentional operation, for instance by means of a break-glass cover
4-071	□	限时设备 Period limiting equipment 定时器 Timer
4-072		定时开关 Time switch
4-073		钥匙开关 Key-operated switch 看守系统装置 Watchman's system device
4-074	⊗	灯一般符号 Lamp, general symbol 如果要求指出灯光源类型,则在靠近符号处标出下列代码： Na=钠气 Hg=汞 I=碘 IN=白炽 ARC=弧光 FL=荧光 IR=红外线 UV=紫外线 MH=金属卤化物灯 Metal halide lamp HI=石英灯 Halogen incandescent lamp
4-075	⊗*	如需要指出灯具种类,则在"*"位置标出数字或下列字母： W—壁灯 Wall lamp C—吸顶灯 Ceiling lamp R—筒灯 Recessed down lights EN—密闭灯 Enclosed lamp EX—防爆灯 Explosion-proof lamp G—圆球灯 Globe lamp P—吊灯 Pendant lamp L—花灯 Lustre, chandelier LL—局部照明灯 Local lighting lamp SA—安全照明 Safety lighting ST—备用照明 Standby lighting
4-076 4-077 4-078		荧光灯,一般符号 F Luorescent lamp, general symbol 发光体,一般符号 Luminaire, general symbol 示例:三管荧光灯 Luminaire with three fluorescent tubes 五管荧光灯 Luminaire with five fluorescent tubes

序号	符 号	说 明
4-079		二管荧光灯 Luminaire with two fluorescent tubes
4-080 4-081	*	如需要指出灯具种类,则在"*"位置标出下列字母: EN—密闭灯 Enclosed lamp EX—防爆灯 Explosion-proof lamp
4-082		投光灯,一般符号 Projector,general symbol
4-083		聚光灯 Spot light
4-084		泛光灯 Flood light
4-094	M	电动机 Motor
4-095	G	发电机 Generator
4-096	M	电动阀 Electrical Valve
4-097	M	电磁阀 Solenoid Valve
4-098		风机盘管 Fan-coil unit
4-099		窗式空调器 Window air conditioner
5-109		综合布线配线架(用于概略图) Cross connect,premises distribution(overview diagram)
5-110	HUB	集线器 Hub
5-111	CP	集合点 Consolidation point
5-112		电话机一般符号 Telephone set,general symbol
5-113		防爆电话机,一般符号 Telephone set, explosion-proof type general symbol
5-114		对讲机内部电话设备 Audio intercommunication equipment
5-115 5-116	 简化型	分线盒的一般符号 Junction box,general symbol 可加注:$\dfrac{N-B}{C}\Big\vert\dfrac{d}{D}$ 其中:N—编号 B—容量 C—线序 d—现有用户数 D—设计用户数
5-117		室内分线盒 Indoor distribution box 加注同 5-115
5-118		室外分线盒 Outdoor distribution box 加注同 5-115
5-119 5-120	 简化型	分线箱的一般符号 Junction box,general symbol 示例:分线箱(简化型加标注) 加注同 5-115

续表

序号	符　号	说　明
5-121		壁龛分线箱　Built-in junction box
5-122	简化型　W	示例：分线箱（简化形加标注） 加注同 5-115
5-123	⊠	架空交接箱　Overhead cross connection box
5-124	▷◁	落地交接箱　Floor cross connection box
5-125	▶◀	壁龛交接箱　Builtin-in cross connection box
5-126	──○TP	电话出线座　Telephone outlet holder
5-127		电信插座的一般符号　Socket outlet(telecommunications),general symbol 可用以下的文字或符号区别不同插座 TP—电话　Telephone FX—传真　Facsimile M—传声器　Microphone LS—扬声器　Loudspeaker FM—调频　Frequency modulation TV—电视　Television
5-128	nTO	信息插座　Telecommunications outlets n 为信息孔数量,例如： TO—单孔信息插座 1-Telecommunications outlets 2TO—二孔信息插座 2-Telecommunications outlets 4TO—四孔信息插座 4-Telecommunications outlets
5-129	──○nTO	6TO—六孔信息插座 6-Telecommunications outlets nTO—n 孔信息插座 n-Telecommunications outlets
5-220	Y	手动火灾报警按钮　Manual station
5-203	CT	缆式线型定温探测器　Cable line-type fixed temperature detector
5-204	↓	感温探测器　Heat detector
5-205	↓N	感温探测器（非地址码型）　Heat detector(non-addressable code type)
5-206	S	感烟探测器　Smoke detector
5-207	SN	感烟探测器（非地址码型）　Smoke detector(non-addressble code type)
5-208	SEX	感烟探测器（防爆型）　Smoke detector(explosion-proof type)
5-209	∧	感光火灾探测器　Flame detector
5-210	⋈	气体火灾探测器（点式）　Gas detector(point type)
5-211	S↓	复合式感烟感温火灾探测器　Combination detector, smoke and heat
5-239	○	火灾电话插孔（对讲电话插孔）　Jack for two-way telephone
5-240	◻	火灾报警扬声器　Fire alarm loudspeaker

续表

序号	符号	说明
5-241	IC	消防联动控制装置 Integrated fire control device
5-242	AFE	自动消防设备控制装置 Device for controlling automatic fire equipments
5-243	EEL	应急疏散指示标志灯 Emergency exit indicating luminaires
5-244	EEL →	应急疏散指示标志灯（向右） Emergency exit indicating luminaires(right)
5-245	EEL ←	应急疏散指示标志灯（向左） Emergency exit indicating luminaires(left)
5-246	EL	应急疏散照明灯 Emergency escape indicating sign luminaires
5-247		消火栓　Hydrant
5-418		三路分配器　Splitter,three-way
5-419		四路分配器　Splitter,four-way
5-420		信号分支，一般符号　Single tap-off,general symbol
5-421		用户分支器示出一路分支　Subscriber's tap-off The symbol is shown with a single tap-off on line
5-422		用户二分支器　Subscriber's tap-off,two-way
5-423		用户四分支器　Subscriber's tap-off,four-way
5-424		天线，一般符号
5-425		匹配终端　Matched termination
5-426		分配器，两路，一般符号　Splitter,two-way,general symbol
5-703	V	视频通路（电视） Telecommunication-line,video channel(elevision)
5-704	R	射频线路 Telecommunication-line,radio frequency
5-705	GCS	综合布线系统线路　CCS line
5-706	B	广播线路　Broadcast line
5-707	F	电话线路或电话电路　Telephone line or circuit
5-708	T	数据传输线路　Transmission of data line
	*	需要注明扬声器的型式时在符号附近注"＊"用下述文字标注： C—吸顶式安装型扬声器　Loudspeaker,ceiling mounted type R—嵌入式安装型扬声器　Loudspeaker,flush type W—壁挂式安装型扬声器　Loudspeaker,wall mounted type
		电动蝶阀

序号	标注方式	说　明	示　　例
6-001	$\dfrac{a}{b}$	用电设备 a—设备编号或设备位号 b—额定功率(kW 或 kV·A)	$\dfrac{P01B}{37kW}$　热媒泵的位号为 P01B,容量为 37kW
6-002	$-a+b/c$	概略图电气箱(柜、屏)标注 a—设备种类代号 b—设备安装位置的位置代号 c—设备型号	－AP1＋1·B6/XL21-15 动力配电箱种类代号－AP1,位置代号＋1?6 即安装位置在一层 B、6轴线,型号 XL21-15
6-003	$-a$	平面图电气箱(柜、屏)标注 a—设备种类代号	－AP1 动力配电箱－AP1,在不会引起混淆时可取消前缀"－"即表示为 AP1
6-004	$a\ b/c\ d$	照明、安全、控制变压器标注 a—设备种类代号 b/c—一次电压/二次电压 d—额定容量	TL1 220/36V 500VA 照明变压器 TU 变比 220/36V 容量 500VA
6-005	$a\ b\dfrac{c\times d\times L}{e}f$	照明灯具标注 a—灯数 b—型号或编号(无则省略) c—每盏照明灯具的灯泡数 d—灯泡安装容量 e—灯泡安装高度(m),"－"表示吸顶安装 f—安装方式 L—光源种类	$5-BYS80\ \dfrac{2\times40\times FL}{3.5}CS$ 5 盏 BYS-80 型灯具,灯管为二根 40W 荧光灯管灯具链吊安装,安装高度距地 3.5m
6-006	线路的标注 a—线缆编号 b—型号 $a\ b-c(d\times e+$ $f\times g)i-j\ h$	c—线缆根数 d—电缆线芯数 e—线芯截面(mm²) f—PE、N 线芯数 g—线芯截面(mm²) i—线缆敷设方式 j—线缆敷设部位 h—线缆敷设安装高度(m) 上述字母无内容则省略该部分	WP201 YJV-0.6/1kV-2 (3×150＋2×70)SC80-ws 3.5 电缆号为 WP201 电缆型号、规格为 YJV-0.6/1kV-(3×150＋2×70) 2 根电缆并联连接 敷设方式为穿 DN80 焊接钢管沿墙明敷 线缆敷设高度距地 3.5m
6-007	$\dfrac{a\times b}{c}$	电缆桥架标注 a—电缆桥架宽度(mm) b—电缆桥架高度(mm) c—电缆桥架安装高度(m)	$\dfrac{600\times150}{3.5}$ 电缆桥架宽度(600mm) 桥架高度(150mm) 安装高度距地 3.5m
6-008	$\underline{\dfrac{a-b-c-d}{e-f}}$	电缆与其他设施交叉点标注 a—保护管根数 b—保护管直径(mm) c—保护管长度(m) d—地面标高(m) e—保护管埋设深度(m) f—交叉点坐标	$\dfrac{6-DN100-1.1m--0.3m}{-1.1m-A=174.2355;B=243.621}$ 电缆与设施交叉,交叉点坐标为 A＝174.235 B＝243.621　埋设 6 根长 1.1m DN100 焊接钢管,钢管埋设深度为 －1m(地面标高为－0.3m)
6-009	$a-b(c\times2\times d)e-f$	电话线路的标注 a—电话线缆编号 b—型号(不需要可省略) c—导线对数	W1-HPVV(25×2×0.5)M-MS W1 为电话电缆号 电话电缆的型号、规格为 HPVV (25×2×0.5)

续表

序号	标注方式	说　明	示　例
6-009		d—线缆截面 e—敷设方式和管径(mm) f—敷设部位	电话电缆敷设方式为用钢索敷设 电话电缆沿墙面敷设
6-010	$\frac{a\times b}{c}d$	电话分线盒、交接箱的标注 a—编号 b—型号(不需要标注可省略) c—线序 d—用户数	$\frac{\sharp 3\times NF\text{-}3\text{-}10}{1\sim 12}6$ ♯3 电话分线盒的型号规格为 NF-3-10,用户数为 6 户,接线线序为 1~12
6-011	$\frac{a}{b}c$	断路器整定值的标注 a—脱扣器额定电流 b—脱扣整定电流值 c—短延时整定时间(瞬断不标注)	$\frac{500A}{500A\times 3}0.2s$ 断路器脱扣额定电流为 500A,动作整定值为 500A×3,短延时整定值为 0.2s
6-012	L1 L2 L3 U V W	相序 交流系统电源第一相 交流系统电源第二相 交流系统电源第三相 交流系统设备端第一相 交流系统设备端第二相 交流系统设备端第三相	
6-013	N	中性线	
6-014	PE	保护线	
6-015	PEN	保护和中性共用线	

序号	名　称	标注文字符号	英 文 名 称	备注
		线路敷设方式的标注		
7-001	穿焊接管敷设	SC	Run in welded steel conduit	
7-002	穿电线管敷设	MT	Run in electrical mealic tubing	
7-003	穿硬塑料管敷设	PC	Run in rigid PVC conduit	
7-004	穿阻燃半硬聚氯乙烯管敷设	FPC	Run in flame retardant semiflexible PVC conduit	
7-005	电缆桥架敷设	CT	Installed in cable tray	
7-006	金属线槽敷设	MR	Installed in metallic roceway	
7-007	塑料线槽敷设	PR	Installed in PVC raceway	
7-008	用钢索敷设	M	Supported by messenger wire	
7-009	穿聚氯乙烯塑料波纹电线管敷设	KPC	Run in corrugated PVC conduit	
7-010	穿金属软管敷设	CP	Run in flexible metal conduit	
7-011	直接埋设	DB	Direct burying	
7-012	电缆沟敷设	TC	Installed in cable trough	
7-013	混凝土排管敷设	CE	Installed in conerete encasement	
		导线敷设部位的标注		
7-014	沿或跨梁(屋架)敷设	AB	Along or across beam	
7-015	暗敷在梁内	BC	Concealed in bearm	

序号	名 称	标注文字符号	英 文 名 称	备注
		导线敷设部位的标注		
7-016	沿或跨柱敷设	AC	Along or across column	
7-017	暗敷设在柱内	CLC	Concealed in column	
7-018	沿墙面敷设	WS	On wall surface	
7-019	暗敷设在墙内	WC	Concealed in wall	
7-020	沿天棚或顶板面敷设	CE	Along ceiling or slab surface	
7-021	暗敷设在屋面或顶板内	CC	Concealed in ceiling or slab	
7-022	吊顶内敷设	SCE	Recessed in ceiling	
7-023	地板或地面下敷设	FC	In floor or ground	
		灯具安装方式的标注		
7-024	线吊式自在器线吊式	SW	Wire suspension type	
7-025	链吊式	CS	Catenary suspension type	
7-026	管吊式	DS	Conduit suspension type	
7-027	壁装式	W	Wall mounted type	
7-028	吸顶式	C	Ceiling mounted type	
7-029	嵌入式	R	Flush type	也适用于暗装配电箱
7-030	顶棚内安装	CR	Recessed in ceiling	
7-031	墙壁内安装	WR	Recessed in wall	
7-032	支架上安装	S	Mounted on support	
7-033	柱上安装	CL	Mounted on columm	
7-034	座装	HM	Holder mounting	

序号	标注文字符号	名称	单位	英文名称	备注
8-001	U_n	系统标称电压	V	nominal system voltage	GB/T 15544—1995 3.14
8-002	U_r	设备的额定电压	V	roted voltage of equipment	GB/T 15544—1995 4.1
8-003	I_r	额定电流	A	rated current	
8-004	f	频率	Hz	frequency	
8-005	P_n	设备安装功率	kW	installed capacity	
8-006	P	计算有功功率	kW	calculate active power	
8-007	Q	计算无功功率	kvar	calculate reactive power	
8-008	S	计算视在功率	kVA	calculate apparent powr	
8-009	S_r	额定视在功率	kVA	rated apparent power	
8-010	I_c	计算电流	A	calculate current	
8-011	I_{st}	启动电流	A	starting current	
8-012	I_p	尖峰电流	A	peak current	
8-013	I_s	整定电流	A	setting value of a current	
8-014	I_k	稳定短路电流	kA	steady-state short-circuit current	GB/T 15544—1995 3.10
8-015	$Cos\phi$	功率因数		power factor	
8-016	U_{kr}	阻抗电压	%	impedance voltage	GB/T 15544—1995 4.1
8-017	i_p	短路电流峰值	kA	peak short-circuit current	GB/T 15544—1995 3.8
8-018	S''_{kq}	短路容量	MVA	short-circuit power	

续表

序号	符号	说 明
3-129		手动操作开关一般符号 Manually operated switch, general symbol
3-130	形式1	一个手动三极开关 One switch, triple pole, manually operated
3-131	形式2	
3-132	形式1	三个手动单极开关 Three switchs, single pole, manually operated
3-133	形式2	
3-134		具有动合触点且自动复位的按钮开关 Push-button switch make contact and automatic return
3-135		避雷器 Surge diverter Lightning arrester

第二节　电气照明工程识图

一、供配电系统

（1）供电系统的组成　电能是国民经济各部门和社会生活中的重要能源和动力。电能不是由发电厂直接提供给用户使用的，必须通过输电线路和变电站这一中间环节来实现，这种由发电厂的发电机、升压及降压变电设备、电力网及电力用户（用电设备）组成的系统称为电力系统。电力系统的组成如图1-30所示。

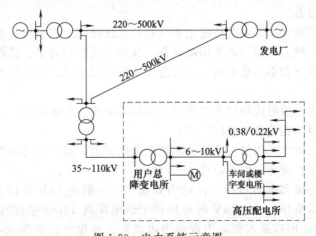

图1-30　电力系统示意图

① 发电厂。发电厂是生产电能的场所。在发电厂可以把自然界中的一次能源转换为用户可以直接使用的二次能源——电能。根据发电厂所取用的一次能源的不同，主要有火力发

电、水力发电、核能发电、太阳能发电、风力发电、潮汐发电、地热发电等形式。无论发电厂采用哪种发电形式，最终将其他能源转换为电能的设备是发电机。

② 变电所。变电所是变换电压、交换电能和分配电能的场所，由变压器和配电装置组成。按变压的性质和作用又可分为升压变电所和降压变电所，按变电所的地位和作用不同，又分为枢纽变电所、地区变电所和用户变电所。

③ 电力网。电力网的主要作用是变换电压、传送电能，由升压和降压变电所和与之对应的电力线路组成，负责将发电厂生产的电能经过输电线路，送到用户（用电设备）。建筑供配电线路多为 380/220V 低压线路，分为架空线路和埋地电缆线路。

④ 电力用户。电力用户主要是消耗电能的场所，将电能通过用电设备转换为满足用户需求的其他形式的能量，如电动机将电能转换为机械能；电热设备将电能转换为热能；照明设备将电能转换为光能等。根据消费电能的性质与特点，电力用户可分为工业电力用户和民用电力用户。

电力用户根据供电电压分为高压用户和低压用户，高压用户额定电压 1kV 以上，低压用户的额定电压一般是 220V/380V。

(2) 低压配电系统　低压配电系统由配电装置（配电盘）和配电线路组成。配电方式分为放射式、树干式、混合式及链式等，如图 1-31 所示。

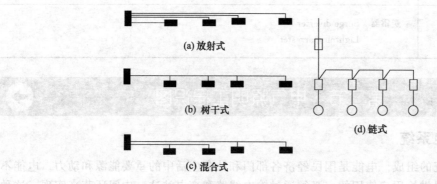

(a) 放射式

(b) 树干式

(c) 混合式

(d) 链式

图 1-31　低压配电方式

放射式配电方式的各个负荷独立受电，供电可靠，但设备和材料的用量大，一般用于供电安全性要求高的设备。

树干式配电方式由变压器或低压配电箱（柜）低压母线上仅引出一条干线，沿干线走向再引出若干条支线，然后再引至各个用电设备。这种方式结构简单、投资和有色金属用量较少，但在供电可靠性方面不如放射式。一般适用于供电可靠性无特殊要求，负荷容量小、布置均匀的用电设备。

混合式配电方式是放射式与树干式相结合的接线方式。在优缺点方面介于放射式与树干式之间。这种方式目前在建筑中应用广泛。

链式配电方式与树干式相似，适用于距离配电所较远，而彼此之间相距又较近的不重要的小容量设备，连接的设备一般不超过 3～4 台。

(3) 供电电压等级和电力负荷　在电力系统中，一般将 1kV 及以上的电压称为高压，1kV 以下的电压称为低压。6～10kV 的电压用于送电距离 10km 左右的工业与民用建筑供电，380V 电压用于民用建筑内部动力设备供电或向工业生产设备供电，220V 电压多用于向生活设备、小型生产设备及照明设备供电。采用三相四线制供电方式可得到 380/220V 两种电压。

在电力系统中，负荷是指发电机或变电所供给用户的电力。电力负荷根据其重要性和中断供电后在政治上、经济上所造成的损失或影响分为一级负荷、二级负荷和三级负荷。我国的电力负荷划分的三个等级见表1-7。

表1-7　电力负荷的分级

序号	等　级	说　　明
1	一级负荷	一级负荷为供电中断将造成人身伤亡者;供电中断将在政治、经济上造成重大损失者,如发生重大设备损坏、重大产品报废事故,采用重要原材料生产的产品大量报废,国民经济中重点企业的连续生产过程被打乱并需要长时间才能恢复等;供电中断将影响有重大政治、经济意义的用电单位者,如重要铁路枢纽、重要通信枢纽、重要宾馆,经常用于国际活动的有大量人员集中的公共场所等
2	二级负荷	二级负荷为中断供电将在政治、经济上造成较大损失者,如主要设备损坏、大量产品报废、连续生产过程被打乱而需较长时间才能恢复,重点企业大量减产等;中断供电系统将影响重要用电单位的正常工作负荷者;中断供电将造成大型影剧院、大型商场等较多人员集中重要公共场所秩序混乱的
3	三级负荷	不属于一级和二级的电力负荷

电力负荷的供电要求应符合表1-8。

表1-8　电力负荷的供电要求

序号	项　目	内　容
1	一级负荷供电要求	一级负荷中应由两个独立电源供电,当一个电源发生故障时,另一个电源应不致同时受损坏。在一级负荷中的特别重要负荷,除上述两个独立电源外,还必须增设应急电源。为保证特别重要负荷的供电,严禁将其他负荷接入应急供电系统。应急电源一般有独立于正常电源的发电机组、干电池、蓄电池、供电网络中有效的独立于正常电源的专门馈电线路
2	二级负荷供电要求	二次负荷应由两回路供电,当发生电力变压器故障或线路常见故障时,不中断供电或中断后能迅速恢复。在负荷较小或地区供电条件困难时,二级负荷可由一回路10kV(或6kV)及以上专用架空线供电
3	三级负荷供电要求	无特殊要求

（4）低压配电 TN 系统　低压配电系统（TN 系统），分为 TN-C 系统、TN-S 系统和 TN-C-S 系统，从系统中引出中性线（N）、保护线（PE）或保护性中性线（PEN），为确保供电安全，除电源中性点直接接地外，以 PE 线和 PEN 线还必须设置重复接地。

TN 系统，电源有一点与地直接连接，电气装置的可导电外壳通过 PE 线与该点连接；TN-C 系统为中性线与保护线合一的供电系统；TN-S 系统为中性线与保护线分开的供电系统；TN-C-S 系统为一部分中性线与保护线合一的供电系统。低压配电 TN 系统如图 1-32 所示。

二、照明配电系统

（1）电气照明的方式与分类

① 照明的方式。根据工作场所对照度的不同要求，照明方式可分为一般照明、局部照明和混合照明三种方式，参见表 1-9。

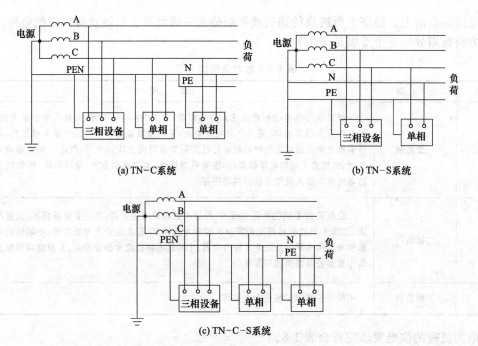

图 1-32　低压配电的 TN 系统

(a) TN-C系统　　(b) TN-S系统　　(c) TN-C-S系统

表 1-9　室内照明方式

序号	照明方式	说　　明
1	一般照明	灯具比较均匀地布置在整个工作场所,而不考虑局部照明的特殊要求,这种人工设置的照明称为一般照明方式
2	局部照明	为满足某些部位对照度的特殊要求,在较小范围内或有限空间内设置的照明,称为局部照明。如写字台上设置的台灯及商场橱窗内设置的投光照明,都属于局部照明
3	混合照明	由一般照明和局部照明共同组成的照明布置方式,称为混合照明

② 照明的分类。在建筑电气工程中，常用电气照明的分类见表 1-10。

表 1-10　常用电气照明的分类

序号	类　别	说　　明
1	正常照明	在正常情况下,使用的室内外照明称为正常照明。所有正在使用的房间及供工作、生活、运输、集会等公共场所均应设置正常照明。常用的工作照明均属于正常照明。正常照明一般单独使用,也可与应急照明、值班照明同时使用,但控制线路必须分开
2	事故照明	事故照明是指在正常照明因故障熄灭后,供事故情况下暂时继续工作或疏散人员的照明。在由于工作中断或误操作容易引起爆炸、火灾和人身事故或将造成严重政治后果和经济损失的场所,应设置事故照明。事故照明宜布置在可能引起事故的工作场所以及主要通道和出入口 暂时继续工作用的事故照明,其工作面上的照度不低于一般照明照度的 10%,疏散人员用的事故照明,主要通道上的照度不应低于 0.5lx
3	值班照明	在工作和非工作时间内供值班人员用的照明。值班照明可利用正常照明中能单独控制的一部分或全部,也可利用应急照明的一部分或全部作为值班照明使用
4	警卫照明	警卫照明是指用于警卫地区周围的照明。可根据警戒任务的需要,在厂区或仓库区等警卫范围内装设
5	障碍照明	障碍照明是指设在飞机场四周的高建筑上或有船舶航行的河流两岸建筑上表示障碍标志用的照明。可按民航和交通部门的有关规定装设

（2）常用照明配电系统

① 住宅照明配电系统。如图 1-33 所示为典型的住宅照明配电系统。它以每一楼梯间作为一单元，进户线引至楼的总配电箱，再由干线引至每一单元的配电箱，各单元配电箱采用树干式（或放射式）向各层用户的分配电箱馈电。

为了便于管理，住宅楼的总配电箱和单元配电箱一般装在楼梯公共过道的墙面上。分配电箱可装设电能表，以便用户单独计算电费。

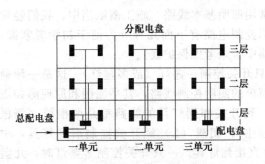

图 1-33　住宅的照明配电系统

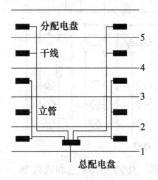

图 1-34　多层公共建筑的照明配电系统

② 多层公共建筑的照明配电系统。如图 1-34 所示为多层公共建筑（如办公楼、教学楼等）的照明配电系统。其进户线直接进入大楼的传达室或配电间的总配电箱，由总配电箱采取干线立管式向各层分配电箱馈电，再经分配电箱引出支线向各房间的照明器和用电设备供电。

③ 照明配电箱。照明配电箱应尽量靠近负载中心偏向电源的一侧，并应放在便于操作、便于维护、适当兼顾美观的位置。配电盘的作用半径主要决定于线路电压损失、负载密度和配电支线的数目，单相分配电箱的作用半径一般不宜超过 20～30m。

照明配电箱的每一出线回路（一相线一零线）是直接和灯相连接的照明供电线路。每一出线回路的负载不宜超过 2kW，熔断器不宜超过 20A，所接灯数不应超过 25 只（若接有插座时，每一插座可按 60W 考虑），在次要场所可增至 30 只。若每个灯具内装有两只荧光灯管时，允许接 50 只灯管。

在配电箱内应设置总开关。至于每个支路是否需要设开关，主要决定于控制方式，但每个支路应设置保护装置。为了出线方便，一个分配电盘的支路一般不宜超过 9 个。各支路的负载应尽可能三相平衡，最大相和最小相负载的电流差不大于 30%。

三、电气照明线路

（1）照明供电线路　照明供电线路一般有单相三线制（220V）和三相五线制（380V/220V）两种。

① 220V 单相三线制。一般小容量（负荷电流为 15～20A）照明负荷，可采用 220V 单相三线制交流电源，如图 1-35 所示。它由外线路上一根相线、一根中性线和一根保护线组成。

② 380V/220V 三相五线制。大容量（负荷电流在 30A 以上）照明负荷，一般采用 380V/220V 三相五线制交流电源。这种供电方式先将各种单相负荷平均分配，再分别接在每一根相线和中性线、保护线之间，如图 1-36 所示。当三相负荷平衡时，中性线上没

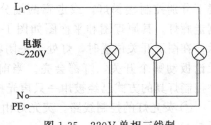

图 1-35　220V 单相三线制

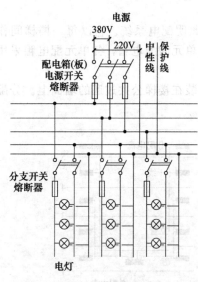

图 1-36　380V/220V 三相四线制

有电流，所以在设计电路时应尽可能使各相负荷平衡。

③ 照明线路的基本组成。照明线路的基本组成如图 1-37 所示。图中由室外架空线路电杆上到建筑物外墙支架上的线路称为引下线（即接户线）；从外墙到总配电箱的线路称为进户线；由总配电箱至分配电箱的线路称为干线；由分配电箱至照明灯具的线路称为支线。

（2）常用照明基本线路　施工图纸当中，我们经常见到的照明控制电路有下面几种（为便于初学者掌握，本部分线路中暂未考虑保护线）。

① 一只开关控制一盏灯（或多盏灯）。这是一种最常用、最简单的照明控制线路，其平面图和原理图如图 1-38 所示。到开关和到灯具的线路都是两根线（两根线不需要标注），相线（L）经开关控制后到灯具，中性线（N）直接到灯具。一只开关控制多盏灯时，几盏灯均应并联接线。

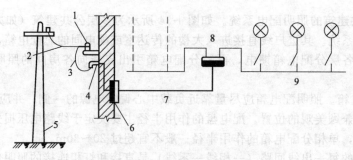

图 1-37　照明线路的基本组成
1—绝缘子；2—引下线；3—进户线；4—保护管；5—电杆；
6—总配电箱；7—干线；8—分配电箱；9—支线

② 多个开关控制多盏灯。当一个空间有多盏灯需要多个开关单独控制时，可以适当把控制开关集中安装，相线（L）可以共用接到各个开关，开关控制后分别连接到各个灯具，中性线（N）直接到各个灯具，如图 1-39 所示。

③ 两个开关控制一盏灯。用两只双控开关在两处控制同一盏灯，通常用于楼上楼下分别控制楼梯灯，或走廊两端分别控制走廊灯。其原理图和平面图如图 1-40 所示。在图示开关位置时，灯处于关闭状态，无论扳动哪个开关，灯都会亮。当前，这

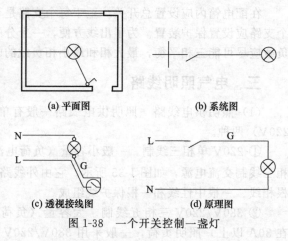

(a) 平面图　　(b) 系统图

(c) 透视接线图　　(d) 原理图

图 1-38　一个开关控制一盏灯

种控制灯具的方式已经被用一只声光控开关控制一盏灯的方式所替代。

④ 荧光灯的控制线路。荧光灯由镇流器、灯管和启辉器等附件构成，其电气照明图如图 1-41 所示。

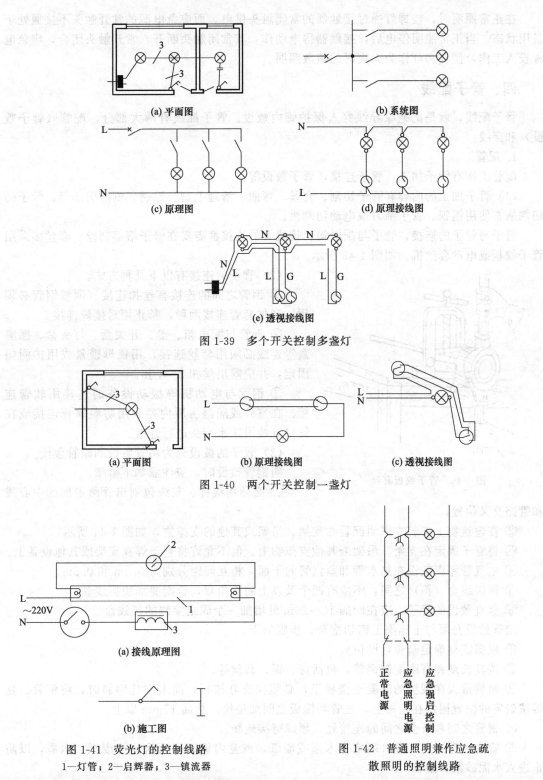

(a) 平面图 (b) 系统图

(c) 原理图 (d) 原理接线图

(e) 透视接线图

图 1-39 多个开关控制多盏灯

(a) 平面图 (b) 原理接线图 (c) 透视接线图

图 1-40 两个开关控制一盏灯

(a) 接线原理图

(b) 施工图

图 1-41 荧光灯的控制线路

1—灯管；2—启辉器；3—镇流器

图 1-42 普通照明兼作应急疏散照明的控制线路

⑤ 普通照明兼作应急疏散照明的控制线路。该线路为双电源、双线路控制，常作为高层建筑楼梯的照明。

当发生火灾时，楼梯正常照明电源停电，将线路强行切入应急照明电源供电，此时楼梯照明灯作疏散照明用，其控制原理如图 1-42 所示。

在正常照明时，楼梯灯通过接触器的常闭触头供电，而应急电源的常开触头不接通处于备用状态。当正常照明停电后，接触器得电动作，其常闭触头断开，常开触头闭合，应急电源投入工作，使楼梯灯作为火灾时的疏散照明。

四、管子配线

管子配线，就是把绝缘导线穿入保护管内敷设。管子配线有两大部分，配管（管子敷设）和穿线。

1. 配管

配管工作有管子加工，管子连接，管子敷设等。

（1）管子加工的内容有管子切割、套丝、弯曲、清理毛刺、除锈、刷防腐漆等。管子的切割通常使用钢锯、管子割刀或电动切割机。

管子与管子的连接，管子与配电箱、接线盒的连接都需要在管子端部套丝。套丝多采用管子绞板或电动套丝机。如图1-43所示。

（2）管子的连接有以下几种方式。

① 钢管之间的连接有丝扣连接（薄壁钢管必须用）和加套管连接两种，禁止用对接焊连接。

② 钢管与配电箱、盘、开关盒、灯头盒、插座盒等连线必须用套丝连接，用锁母锁紧或用护圈帽固定，并应露出丝扣2～4扣。

③ 钢管与电动机等振动设备的连接用软管连接。在室外或潮湿房屋内要采用防湿软管连接或在管口处装设防水弯头进行连接。

（3）管子的敷设分为明管敷设和暗管敷设。

明钢管敷设时，应注意如下事项。

① 必须用线锤、灰线包划出管路走向的中心线和管路交叉位置。

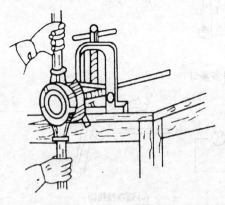

图1-43　管子绞板套丝

② 在建筑物上安装支撑明配管的支架、吊架或其他的支撑物，如图1-44所示。

③ 将管子固定在支架、吊架或其他支撑物上，但不允许将管子焊在支架或其他设备上。

④ 电气管路应敷设在热水管和蒸汽管的下面，相互间距分别为0.2m和0.5m。

⑤ 两接线盒（箱）之间，不应有四个及以上的直角弯，否则要加装接线盒。

⑥ 竖直敷设的管子，应在间隔10～20m处增加一个固定穿线的接线盒。

暗管敷设必须与土建施工密切配合，步骤如下。

① 根据图样确定暗管敷设位置。

② 按其长度和弯度配制钢管，包括弯、锯、套丝等。

③ 暗管敷设在现浇的混凝土楼板里，必须在支好楼板，尚未绑扎钢筋时，将钢管、盒等按确定的位置固定在模板上，在管和模板之间加垫块，垫高15mm以上。

④ 钢管之间和管盒之间的连接处，须焊跨接地线。

⑤ 管内须穿铅丝，管口须堵上木塞或废纸，或盒内填满硬质泡沫或废纸、木屑，以防止进入水泥砂浆、杂物。

⑥ 暗管敷设时应注意：不能穿越混凝土基础，否则应改为明管敷设，并以金属软管等作补偿装置；暗管敷设在楼板内的位置应尽量与主筋平行，并且不使其受损，如重叠时，暗管应在钢筋上面或在上、下两层钢筋之间；现浇楼板厚度为80mm时，管外径不应超过40mm，楼板厚为120mm时，管外径不应超过50mm，否则改为明敷设或将管敷设在垫层

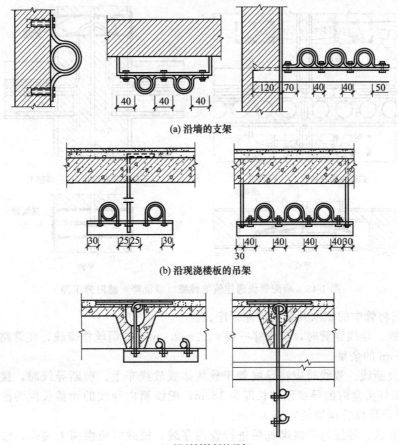

(a) 沿墙的支架

(b) 沿现浇楼板的吊架

(c) 沿预制楼板的吊架

图 1-44 明配管沿墙、梁、板的敷设方式

内，但这时在灯头盒位置要预埋木砖，以便混凝土凝固后可取出木砖配管安装灯头盒。

⑦ 配管时还应注意根据管路的长度、弯头的多少等实际情况在管路中间适当设置接线盒。其设置原则为：安装电器的部位应设置接线盒；线路分支处或导线规格改变处应设置接线盒；水平敷设管路遇下列情况之一时，中间应增设接线盒，且接线盒的位置应便于穿线：管子长度每超过 30m，无弯曲时；管子长度每超过 20m，有一个弯曲时；管子长度每超过 15m，有两个弯曲时；管子长度每超过 8m，有三个弯曲时。垂直敷设的管路遇下列情况之一时，应增设固定导线用的接线盒：导线截面 50mm^2 及以下，长度超过 18m；管子通过建筑物变形缝时应设接线盒作补偿装置。

暗管在预制楼板上的敷设同上，只是灯头盒的安装需在楼板上定位凿孔。如暗管通过建筑物的伸缩（或沉降）缝时，在伸缩缝两边设接线箱，钢管要断开，分别接在接线箱上，并且在两管之间焊接好跨接软地线。如图 1-45 所示。

2. 管内穿线

（1）管内穿线工艺流程　管内穿线的工艺流程为：选择导线→扫管→穿带线→放线与断线→导线与带线的绑扎→管口带护口→导线连接→线路绝缘摇测。

① 选择导线。应根据设计图纸要求选择导线。进户线的导线宜使用橡胶绝缘导线。相线、中性线及保护线的颜色加以区分，用淡蓝色的导线为中性线，用黄绿颜色相间的导线为保护地线。

② 扫管。管内穿线一般应在支架全部架设完毕及建筑抹灰、粉刷及地面工程结束后进

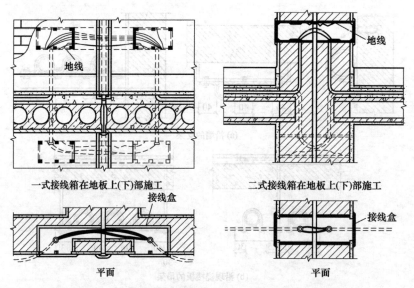

图 1-45　暗配管线遇建筑物伸缩（或沉降）缝时施工图

行，在穿线前将管中的积水及杂物清除干净。

③ 穿带线。导线穿管时，应先穿一根 $\phi1.2\sim2.0mm$ 的钢丝作带线，在管路的两端均应留有 $10\sim15mm$ 的余量。

④ 放线及断线。放线时应将导线置于放线架或放线车上。剪断导线时，接线盒、开关盒、插座盒及灯头盒内的导线预留长度为 15cm；配线箱内导线的预留长度为配电箱箱体周长的 1/2；出户导线的预留长度为 1.5m。

⑤ 管内穿线。导线与带线绑扎后进行管内穿线，拉线时应由两人操作，较熟练的一人担任送线，另一人担任拉线，两人送拉动作要配合协调，不可硬送硬拉，以免将引线或导线拉断；同一回路的导线应穿于同一根钢管内，导线在管内不得有扭结及接头，其接头应放在接线盒（箱）内；设计规范规定，管内导线包括绝缘层在内的总截面积不应大于管子内径截面积的 40%，以利于导线的散热。

⑥ 绝缘摇测。线路敷设完毕后，要进行线路绝缘电阻值摇测，检验是否达到设计规定的导线绝缘电阻。

（2）穿管敷设时，管内穿线应符合以下规定：

① 穿管敷设的绝缘导线，其绝缘额定电压不能低于 500V；

② 管内所穿导线含绝缘层在内的总截面积不要大于管内径截面积的 40%；

③ 导线在管内不要有接头或扭结，接头应放在接线盒（箱）内；

④ 同一交流回路的导线应该穿在同一钢管内。

（3）不同回路、不同电压等级以及交流与直流回路，导线不得穿在同一管内，但下列几种情况或设计有特殊规定的除外：

① 电压为 50V 及以下的回路；

② 同一台设备的电机回路和无抗干扰要求的控制回路；

③ 照明花灯的所有回路；

④ 同类照明的几个回路，但管内导线的根数不能超过 8 根。

（4）管内穿线五项原则

① 开关必须控制相线，零线地线串接灯；

② 配管路口加接线盒，箱盒间配整管；

③ 管内穿线至少 2 根线；

④ 管内电线不允许有接头，接头只在箱与盒；

⑤ 灯头只接控制线、零线、保护线。

五、电缆敷设

电缆的敷设方式主要有直埋、沟内和桥架等。

（1）电缆直埋敷设　埋地敷设的电缆宜采用有外护层的铠装电缆。在无机械损伤的场所，可采用塑料护套电缆或带外护层的（铅、铝包）电缆。

电缆直埋敷设的施工程序为：电缆检查→挖电缆沟→电缆敷设→铺砂盖砖→盖盖板→埋标桩。

直埋敷设时，电缆埋设深度不应小于 0.7m，穿越农田时不应小于 1m。在寒冷地区，电缆应埋设于冻土层以下。电缆沟的宽度，根据电缆的根数与散热所需的间距而定。电缆沟的形状一般为梯形，电缆直接埋地敷设如图 1-46 所示。

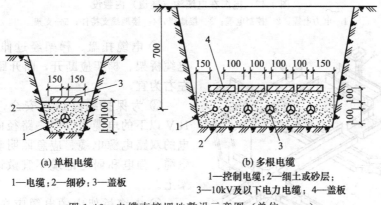

（a）单根电缆

1—电缆；2—细砂；3—盖板

（b）多根电缆

1—控制电缆；2—细土或砂层；
3—10kV 及以下电力电缆；4—盖板

图 1-46　电缆直接埋地敷设示意图（单位：mm）

电缆进入建筑物时，所穿保护管应超出建筑物散水坡 100mm，电缆在拐弯、接头、终端和进出建筑物等地段应设明显的主位标志。

（2）电缆沟内敷设　电缆在专用电缆沟或隧道内敷设，是室内外常见的电缆敷设方法。电缆沟一般设在地面下，由砖砌成或由混凝土浇筑而成，沟顶部用混凝土盖板封住。

沟内电缆与热力管道的净距，平行时不应小于 1m，交叉时不应小于 0.5m。如不满足要求，应采取隔热保护措施。

电缆敷设在电缆沟或隧道的支架上时，高压电力电缆应放在低压电力电缆的上层；电力电缆应放在控制电缆的上层；强电控制电缆应放在弱电控制电缆的上层；若电缆沟或隧道两侧均有支架时，1kV 以下的电力电缆与控制电缆应与 1kV 以上的电力电缆分别敷设在不同侧的支架上。电缆在电缆沟（隧道）内敷设如图 1-47 所示。

（3）电缆桥架敷设　架设电缆的构架称为电缆桥架。电缆桥架按结构形式分为托盘式、梯架式、组合式和全封闭式；按材质分为钢电缆桥架和铝合金电缆桥架。

电缆桥架是金属电缆有孔托盘、无孔托盘、梯架及组合式托盘的统称。托盘式电缆桥架空间布置形式如图 1-48 所示。

电缆桥架敷设技术要求。

① 电缆桥架（托盘、梯架）水平敷设时的距地高度，一般不宜低于 2.5m；无孔托盘（槽式）桥架距地高度可降低到 2.2m。垂直敷设时应不低于 1.8m。低于上述高度时应加金属盖板保护，但敷设在电气专用房间内的除外。

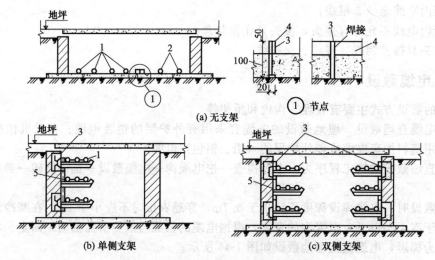

图 1-47　电缆在电缆沟（隧道）内敷设
1—电力电缆；2—控制电缆；3—接地线；4—接地线支持件；5—支架

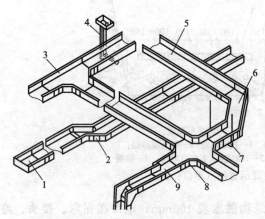

图 1-48　托盘式电缆桥架空间布置形式
1—封堵；2—铰链接板；3—水平三通；4—批臂组合；5—直通桥架；6—水平弯通；7—吊杆组合；8—水平四通；9—变宽直通

② 电缆托盘、梯架经过伸缩沉降缝时，电缆桥架、梯架应断开，断开距离以 100mm 左右为宜。

③ 为保护线路运行安全，1kV 以上和 1kV 以下的电缆、以同一路径向一级负荷供电的双路电源电缆、应急照明和其他照明的电缆、强电和弱电电缆不宜敷设在同一层桥架上。

④ 电缆桥架内的电缆应在首端、尾端、转弯及每隔 50m 处，设置编号、型号、规格及起止点等标记。

六、电气竖井内配线

电气竖井内配线一般适用于多层和高层民用建筑中强电及弱电垂直干线的敷设，是高层建筑特有的一种综合配线方式。

高层民用建筑与一般的民用建筑相比，室内配电线路的敷设有一些特殊情况。一方面是由于电源一般在最底层，用电设备分布在各个楼层直至最高层，配电主干线垂直敷设且距离很大；另一方面是消防设备配线和电气主干线有防火要求。这就形成了高层建筑室内线路敷设的特殊性。

除了层数不多的高层住宅可采用导线穿钢管在墙内暗敷设以外，层数较多的高层民用建筑，由于低压供电距离长，供电负荷大，为了减少线路电压损失及电能损耗，干线截面积都比较大，一般干线是不能暗敷设在建筑物墙体内的，必须敷设在专用的电气竖井内。

（1）电气竖井的构造　电气竖井就是在建筑物中从底层到顶层留出一定截面积的井道。竖井在每个楼层上设有配电小间，它是竖井的一部分。这种敷设配电主干线上升的电气竖井，每层都有楼板隔开，只留出一定的预留孔洞。考虑防火要求，电层竖井安装工程完成后，将预留孔洞多余的部分用防火材料封堵。为了维修方便，竖井在每层均设有向外开的维护检修防火门。因此，电气竖井实质上由每层配电小间上下及配线连接构成。

电气竖井的大小根据线路及设备的布置确定，而且必须充分考虑配线及设备运行的操作和维护距离。竖井大小除满足配线间隔及端子箱、配电箱布置所必需尺寸外，并宜在箱体前留出不小于 0.8m 的操作、维护距离。图 1-49 所示为一个电气竖井配电设备布置方案。

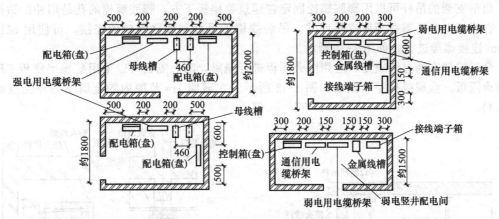

图 1-49　电气竖井配电设备布置方案

（2）电气竖井内配线　电气竖井内常用的配线方式为金属管、金属线槽、电缆桥架等。

在电气竖井内除敷设干线回路外，还可以设置各层的电力、照明分线箱及弱电线路的端子箱等电气设备。

竖井内高压、低压和应急电源的电气线路，相互间应保持 0.3 m 及以上距离或采取隔离措施，并且高压线路应设有明显标志。

强电和弱电如受条件限制必须设在同一竖井内，应分别布置在竖井两侧或采取隔离措施以防止强电对弱电的干扰。

电气竖井内应敷设有接地干线和接地端子。

① 金属管配线。在多、高层民用建筑中，采用金属管配线时，配管由配电室引出后，一般可采用水平吊装（见图 1-50）的方式进入电气竖井内，然后沿支架在竖井内垂直敷设。

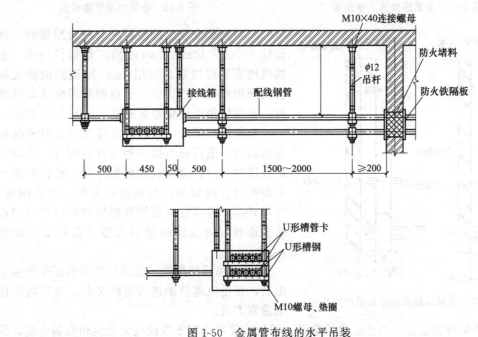

图 1-50　金属管布线的水平吊装

在竖井内，绝缘导线穿钢管布线穿过楼板处，应配合土建施工，把钢管直接预埋在楼板上，不必留置洞口，也不再需要进行防火封堵。

② 金属线槽配线。利用金属线槽配线施工比较方便，线槽水平吊装可以用角钢支架支撑，角钢支架的吊杆可以用膨胀螺栓固定在建筑物楼板下方，膨胀螺栓的孔是用冲击钻打出的，在楼板上并不需要预留或预埋件。吊装线槽的吊杆与膨胀螺栓的连接，可使用 M10×40mm 连接螺母进行，如图 1-51 所示。

金属线槽在通过墙壁处，应用防火隔板进行隔离，防火隔板可以采用矿棉半硬板 EF-85 型耐火隔板。金属线槽穿墙做法如图 1-52 所示。在离墙 1m 范围内的金属线槽外壳应涂防火涂料。

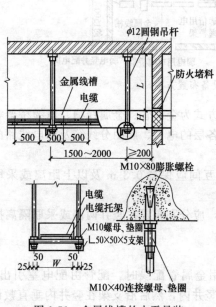

图 1-51 金属线槽的水平吊装

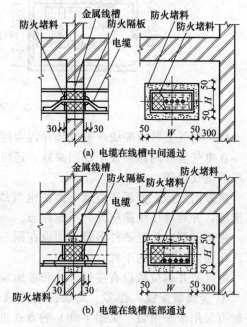

(a) 电缆在线槽中间通过

(b) 电缆在线槽底部通过

图 1-52 金属线槽穿墙吊装

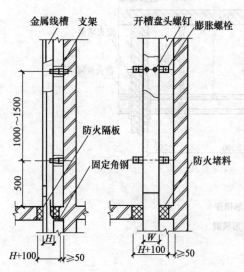

图 1-53 金属线槽沿墙穿楼板的安装

金属线槽穿过楼板处应设置预留洞，并预埋 40mm×40mm×4mm 固定角钢做边框。金属线槽安装好以后，再用 4mm 厚钢板做防火隔板与预埋角钢边框固定，预留洞处用防火墙料密封。金属线槽沿墙穿楼板的安装如图 1-53 所示。

金属线槽配线，电线或电缆在引出线槽时要穿金属管，电线或电缆不得有外露部分，管与线槽连接时，应在金属线槽侧面开孔。孔径与管径应相吻合，线槽切口处应整齐光滑，严禁用电、气焊开孔，金属管应用锁紧螺母和护口与线槽连接孔连接。由金属线槽引入端子箱的安装如图 1-54 所示。

③ 电缆桥架配线。低压电缆由低压配电室引出后，可沿电缆桥架进入电缆竖井，然后再沿桥架垂直上升。

电缆桥架特别适合于全塑电缆的敷设。桥架不仅可以用于敷设电力电缆和控制电缆，同

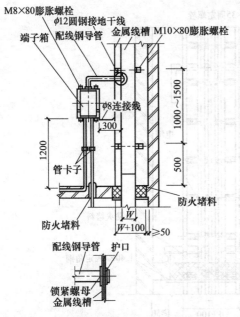

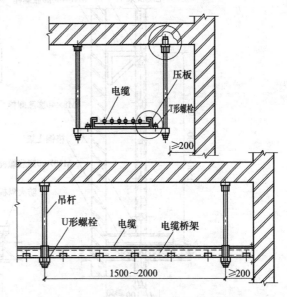

图 1-54 金属线槽引入端子箱的安装   图 1-55 电缆桥架吊杆水平吊装做法

时也可用于敷设自动控制系统的控制电缆。

电缆桥架的固定方法很多,较常见的是用膨胀螺栓固定,这种方法施工简单、方便、省工、准确,省去了在土建施工中预埋件的工作。

在电气竖井设备安装中,电缆桥架吊杆水平吊装做法如图 1-55 所示。图中使用的 $\phi 12mm$ 吊杆吊挂 U 形槽钢,做桥架的吊架、梯架用 M8×30mm T 形螺栓和压板固定在 U 形槽钢上。吊杆用 M10×40mm 连接螺母与膨胀螺栓连接,吊杆间距为 1.5～2m。电缆在梯架上是单层布置,用塑料卡带将电缆固定在梯架上。

电缆桥架的梯架在竖井内垂直安装时,是梯架在竖井墙体上用 50mm×50mm×5mm 角钢制成的三角形支架和同规格的角钢固定,在竖井楼板上用两根 10mm 槽钢和 50mm×50mm×5mm 角钢支架固定,如图 1-56 所示。

敷设在垂直梯架上的电缆采用塑料电缆卡子固定。

电缆桥架在穿过竖井时,应在竖井墙壁或楼板处预留洞口。配线完成后,洞口处应用防火隔模板及防火墙料隔离。电缆桥架穿竖井的做法如图 1-57 所示。

电缆桥架和金属线槽区别在于:桥架的外观有很多种,比如镀锌、喷塑、镀锌＋喷塑,但线槽好像就是镀锌;电缆桥架一般宽度＞200mm,金属线槽宽度＜200mm;电缆桥架主要用于敷设电缆,金属线槽主要用于敷设导线;电缆桥架型式有梯式、槽式、托盘式、组合式等多种,金属线槽就一种,约等于槽式电缆桥架;在定额中,一般情况电缆桥架安装费用中已含有支、吊架的材料费,而金属线槽不包含。

七、电气设施的安装

1. 灯具的安装

灯具的安装包括吸顶灯安装、壁灯安装、荧光灯安装及装饰灯具安装等。常用安装方式有悬吊式、壁装式、吸顶式及嵌入式等。灯具安装方式如图 1-58。

照明灯具安装应注意以下几点。

(1) 安装的灯具应配件齐全,无机械损伤和变形,油漆无脱落,灯罩无损坏;螺口灯头接线必须将相线接在中心端子上,零线接在螺纹的端子上;灯头外壳不能有破损和漏电。

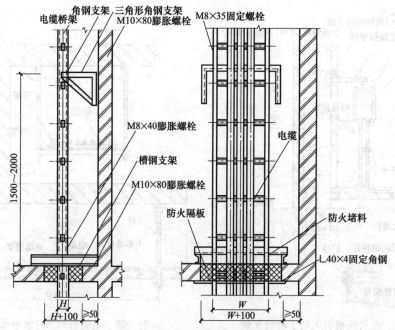

图 1-56　竖井内电缆桥架垂直安装

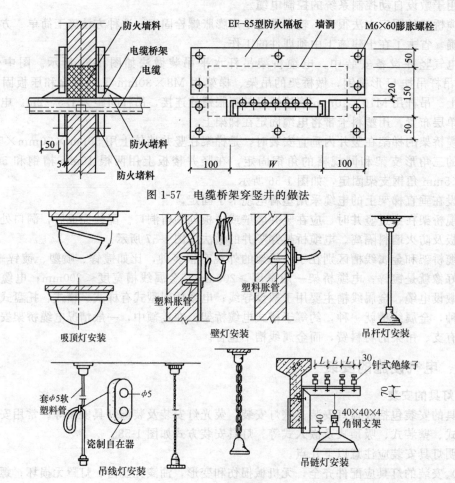

图 1-57　电缆桥架穿竖井的做法

图 1-58　灯具安装方式

（2）灯具安装高度按施工图纸设计要求施工，若图纸无要求时，室内一般在 2.5m 左右，室外在 3m 左右；地下建筑内的照明装置应有防潮措施。室外安装的灯具，距地面的高度不宜小于 3m；当在墙上安装时，距地面的高度不应小于 2.5m。

（3）嵌入顶棚内的装饰灯具应固定在专设的框架上，电源线不应贴近灯具外壳，灯线应留有余量，固定灯罩的框架边缘应紧贴在顶棚上，嵌入式日光灯管组合的开启式灯具、灯管应排列整齐。

（4）灯具重量大于 3kg 时，要固定在螺栓或预埋吊钩上，并不得使用木楔，每个灯具固定用螺钉或螺栓不少于 2 个，当绝缘台直径在 75mm 及以下时，可采用 1 个螺钉或螺栓固定。

（5）软线吊灯，灯具重量在 0.5kg 及以下时，采用软电线自身吊装，大于 0.5kg 的灯具用吊链；吊灯的软线两端应做保护扣，两端芯线搪锡。当装升降器时，要套塑料软管，并采用安全灯头；当采用螺口头时，相线要接于螺口灯头中间的端子上。

（6）在危险性较大及特殊危险场所，当灯具距地面高度小于 2.4m 时，应使用额定电压为 36V 及以下的照明灯具或采取保护措施。灯具不得直接安装在可燃物件上；当灯具表面高温部位靠近可燃物时，应采取隔热、散热措施。

（7）固定花灯的吊钩，其圆钢直径不应小于灯具吊挂销钩的直径，且不得小于 6mm。对大型花灯、吊装花灯的固定及悬吊装置，应按灯具重量的 1.25 倍做荷载试验。

（8）公共场所用的应急照明灯和疏散指示灯，应有明显的标志。无专人管理的公共场所照明宜装设自动节能开关。

（9）每套路灯应在相线上装设熔断器。由架空线引入路灯的导线，在灯具入口处应做防水弯。

2. 开关的安装

开关的安装方式分为明装和暗装；灯开关的操作方式分为扳把式、跷板式及声光控制式开关等；按控制方式分为单控开关、双控开关和电子开关等。触摸开关、声控开关是一种自控关灯开关，一般安装在走廊、过道上，距地高度 1.2～1.4m。

暗装开关在布线时，考虑用户今后用电的需要，一般要在开关上端设一个接线盒，接线盒距顶棚约 15～20cm。近年来，考虑到室内装修美观效果，设计师往往在设计电气线路时，尽量使电源先到灯具后到开关，不再使用接线盒。住宅及民用建筑常采用暗装跷板开关，其安装方式如图 1-59 所示。

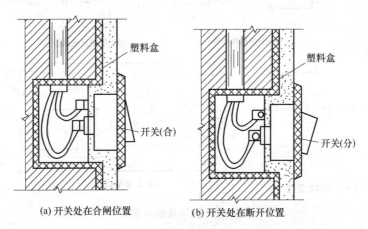

(a) 开关处在合闸位置　　　(b) 开关处在断开位置

图 1-59　暗装跷板开关的安装

开关安装时应注意以下几点。

（1）同一场所开关的标高应一致，且应操作灵活、接触可靠。

（2）照明开关安装位置应便于操作，各种开关距地面一般为 1.4m，开关边缘距门框为 0.15～0.2m，且不得安在门的反手侧。跷板开关的扳把应上合下分，但双控开关除外。

（3）照明开关应接在相线上。

（4）在多尘和潮湿场所应使用防水防尘开关。

（5）在易燃、易爆场所，开关一般应装在其他场所控制，或用防爆型开关。

（6）明装开关应安装在符合规格的圆方或木方上，住宅严禁装设床头开关或以灯头开关代替其他开关开闭电灯，不宜使用拉线开关。

3. 插座的安装

插座是各种移动电器的电源接口，插座分为单相双孔、单相三孔、单相五孔、三相四孔、安全型及防溅型插座等。

插座的安装程序为：测位→划线→打眼→预埋螺栓→上木台→装插座→接线→装盖。

（1）插座安装时应注意以下几点：

① 住宅用户一律使用同一牌号的安全型插座，同一处所的安装高度宜一致。

② 住宅使用安全插座时，其距地面高度不应小于 200mm，如设计无要求，安装高度可为 0.3m；对于用电负荷较大的家用电器（如空调、电热水器等）应单独安装插座。

③ 车间及试验室的明暗插座，一般距地面高度不应低于 0.3m，特殊场所暗装插座不应低于 0.15m；托儿所、幼儿园、小学校等场所宜选用安全插座，其安装高度距地面应为 1.8m；潮湿场所应使用安全型防溅插座。

④ 住宅插座回路应单独装设漏电保护装置。带有短路保护功能的漏电保护器，应确保有足够的灭弧距离；电流型漏电保护器应定期检查试验按钮动作的可靠性。

（2）插座接线　插座应按有关规定进行接线，俗称"左零右火上地"，即：单相双孔插座，面对插座的右孔或上孔与相线连接，左孔或下孔与零线连接；单相三孔插座面对插座的右孔与相线连接，左孔与零线连接；单相三孔和三相四孔或五孔插座的接地或接零均应在插座的上孔；插座的接地端子不应与零线端子直接连接；插座接线如图 1-60 所示。

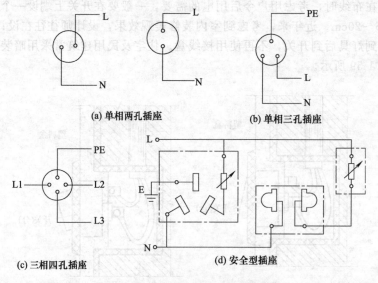

(a) 单相两孔插座　　　(b) 单相三孔插座

(c) 三相四孔插座　　　(d) 安全型插座

图 1-60　插座接线示意图

4. 风扇的安装

风扇分为吊扇、壁扇等。吊扇是住宅、民用建筑等公共场所中常见的设备。吊扇一般由叶片和电机构成，叶片直径规格分为 900mm、1200mm、1400mm 和 1500mm 等，额定电压为 220V。

吊扇安装前应预埋挂钩，并安装牢固，挂钩直径不应小于吊扇挂销钉的直径，且不小于 8mm，如图 1-61 所示；吊扇叶片距地高度不小于 2.5m；要求接线正确，转动时无明显颤动和异常声响。

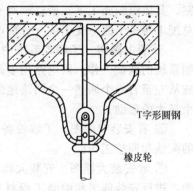

图 1-61 吊扇的安装

八、电气工程图阅读

（1）阅读程序 阅读电气工程图，应该按照一定的顺序进行阅读，才能比较迅速全面地读懂图纸，完全实现读图的意图和目的。建筑电气工程图的阅读顺序是按照设计总说明、电气总平面图、电气系统图、电气平面图、控制原理图、二次接线图和分项说明、图例、电缆、设备清册、大样图、设备材料表和其他专业图样并进，如图 1-62 所示。

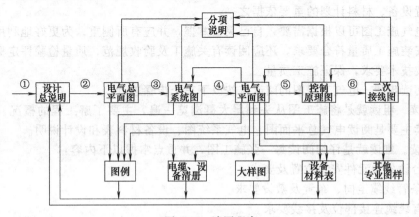

图 1-62 读图程序

（2）阅读要点 阅读建筑电气工程图必须熟悉电气工程图基本知识（表达形式、通用画法、图形符号、文字符号）和建筑电气工程图的特点，同时掌握一定的阅读方法，才能比较迅速全面地读懂图样，以完全实现读图的意图和目的。

阅读建筑电气工程图的方法没有统一规定。但当我们拿到一套建筑电气工程图时，面对一大摞图样，究竟如何下手？按经验来说，即：了解概况先浏览，重点内容反复看；安装方法找大样，技术要求查规范。

① 看标题栏及图样目录。了解工程名称、项目内容、设计日期及图样数量和内容等。

② 看总说明。了解工程总体概况及设计依据来源，了解图样中未能表达清楚的各有关事项。如供电电源的来源、电压等级、线路敷设方法、设备安装高度及安装方式、补充使用的非国标图形符号、施工时应注意的事项等。有些分项局部问题是分项工程的图样上说明的，看分项工程图时也要先看设计说明。

③ 看系统图。各分项工程的图样中都包含有系统图。如变配电工程的供电系统图、电力工程的电力系统图、照明工程的照明系统图以及电话、网络、电视系统图等。看系统图的目的是了解系统的基本组成，主要电气设备、元器件等连接关系及它们的规格、型号、参数等，掌握该系统的组成概况。

④ 看平面布置图。平面布置图是建筑电气工程图中的重要图样之一，例如变配电所电气设备安装平面图（还应有剖面图）、电力平面图、照明平面图、防雷接地平面图等，都是用来表示设备安装位置、线路敷设部位、敷设方法及所用导线型号、规格、数量、管径大小的。在通过阅读系统图，了解了系统组成概况之后，就可依据平面图编制工程预算和施工方

案，具体组织施工了。所以，对平面图必须熟读。阅读平面图时，一般可按此顺序：进线→总配电箱→干线→支干线→分配电箱→用电设备。

⑤ 看电路图。了解各系统中用电设备的电气自动控制原理，用来指导设备的安装和控制系统的调试工作。因电路图多是采用功能布局法绘制的，看图时应依据功能关系从上至下或从左至右一个回路一个回路地阅读。熟悉电路中各电器的性能和特点，对读懂图样将是一个极大的帮助。

⑥ 看安装接线图。了解设备或电器的布置与接线。与电路图对应阅读，进行控制系统的配线和调校工作。

⑦ 看安装大样图。安装大样图是用来详细表示设备安装方法的图样，是依据施工平面图，进行安装施工和编制工程材料计划时的重要参考图样。特别是对于初学安装者更显重要，甚至可以说是不可缺少的。安装大样图多采用《全国通用电气装置标准图集》。

⑧ 看设备材料表。设备材料表提供了该工程的使用的设备、材料的型号、规格和数量，是编制购置设备、材料计划的重要依据之一。

阅读电气施工图可以根据需要，自己灵活掌握，并应有所侧重。为更好地利用图样指导施工，使安装施工质量符合要求，还应阅读有关施工及验收规范、质量检验评定标准。以详细了解安装技术要求，保证施工质量。

(3) 阅读步骤　电气工程图的阅读应按以下三个步骤进行。

① 粗读。粗读就是将施工图从头到尾大概浏览一遍，主要了解工程的概况，做到心中有数。粗读主要是阅读电气总平面图、电气系统图、设备材料表和设计说明。

② 细读。细读就是仔细阅读每一张施工图，并重点掌握以下内容：

a. 每台设备和元件安装位置及要求。

b. 每条管线缆走向、布置及敷设要求。

c. 所有线缆连接部位及接线要求。

d. 所有控制、调节、信号、报警工作原理及参数。

e. 系统图、平面图及关联图样标注一致，无差错。

f. 系统层次清楚、关联部位或复杂部位清楚。

g. 土建、设备、采暖、通风等其他专业分工协作明确。

③ 精读。精读就是将施工图中的关键部位及设备、贵重设备及元件、电力变压器、大型电机及机房设施、复杂控制装置的施工图重新仔细阅读，系统熟练地掌握中心作业内容和施工图要求。

九、电气照明工程识图案例

某办公科研楼是一栋两层平顶楼房，图 1-63～图 1-65 分别为该楼的配电系统图和一、二层照明平面图。

对于本工程，我们进行如下阅读并分析、掌握相关资讯：

(1) 施工说明

① 电源为三相四线 380/220V，接户线为 BLV-500V-4×16mm²，自室外架空线路引入，进户时在室外埋设接地极进行重复接地。

② 化学实验室、危险品仓库按爆炸性气体环境分区为 2 号，并按防爆要求进行施工。

③ 配线：所有电线均采用 BV-500V 塑料铜线穿管敷设，图中照明回路导线未标注者均为 BV-2×2.5mm²，二三根穿 SC15，四五根穿 SC20，六根以上穿 SC25。为理解方便，本案例照明回路未接保护地线。

④ 灯具代号说明：G—隔爆灯；J—节能半圆吸顶灯；H—花灯；F—防水防尘灯；B—

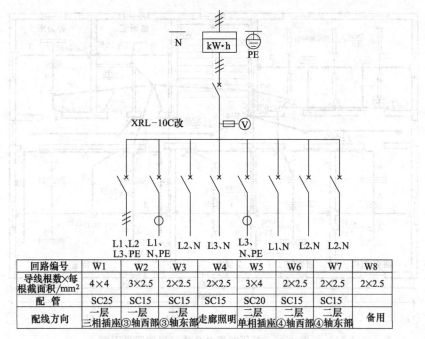

回路编号	W1	W2	W3	W4	W5	W6	W7	W8
导线根数×每根截面积/mm²	4×4	3×2.5	2×2.5	2×2.5	3×4	2×2.5	2×2.5	2×2.5
配管	SC25	SC15	SC15	SC15	SC20	SC15	SC15	
配线方向	一层三相插座③轴	一层③轴西部	一层③轴东部	走廊照明	二层单相插座④轴	二层④轴西部	二层④轴东部	备用

图 1-63　某办公科研楼照明配电系统图

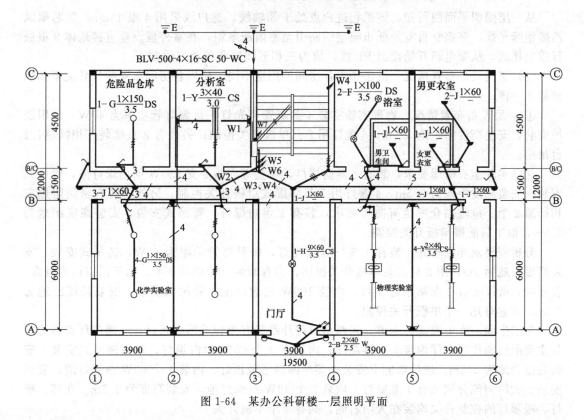

图 1-64　某办公科研楼一层照明平面

壁灯；Y—荧光灯。注：灯具代号是按原来的习惯用汉语拼音的第一个字母标注，属于旧代号。

（2）进户线　根据阅读建筑电气工程平面图的一般规律，按电源入户方向依次阅读，即进户线→配电箱→干线回路→分支干线回路→分支线及用电设备。

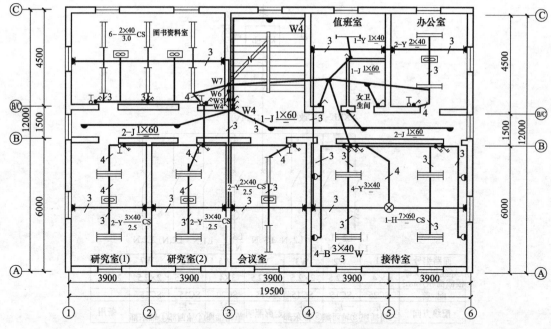

图 1-65　某研究所办公楼二层照明平面图

从一层照明平面图可知，该工程进户点处于③轴线，进户线采用 4 根 16mm² 铝芯聚氯乙烯绝缘导线，穿钢管自室外低压架空线路引至室内配电箱，在室外埋设垂直接地体 3 根进行重复接地，从配电箱开始接出 PE 线，成为三相五线制和单相三线制。

（3）照明设备布置情况　由于楼内各房间的用途不同，所以各房间布置的灯具类型和数量都不一样。

① 一层设备布置情况。物理实验室装 4 盏双管荧光灯，每盏灯管功率为 40W，采用链吊安装，安装高度为距地 3.5m，4 盏灯用 2 只单极开关控制；另外有 2 只暗装三相插座；2台吊扇。

化学实验室有防爆要求，装有 4 盏防爆灯，每盏灯内装 1 支 150W 的白炽灯泡，管吊式安装，安装高度距地为 3.5m，4 盏灯用 2 只防爆式单极开关控制，另外还装有密闭防爆三相插座 2 个。危险品仓库也有防爆要求，装有 1 盏防爆灯，管吊式安装，安装高度距地为3.5m，由 1 只防爆单极开关控制。

分析室要求光色较好，装有 1 盏三管荧光灯，每只灯管功率为 40W，链吊式安装，安装高度距地为 3m，用 2 只暗装单极开关控制，另有暗装三相插座 2 个。由于浴室内水气多，较潮湿，所以装有 2 盏防水防尘灯，内装 100W 白炽灯泡，管吊式安装，安装高度距地为3.5m，2 盏灯用一个单极开关控制。

男卫生间、女更衣室、走道、东西出口门外都装有半圆球形吸顶灯。一层门厅安装的灯具主要起装饰作用，厅内装有 1 盏花灯，内装有 9 个 60W 的白炽灯，采用链吊式安装，安装高度距地为 3.5m。进门雨棚下安装 1 盏半圆球形吸顶灯，内装 1 个 60W 白炽灯泡，吸顶安装。大门两侧分别装有 1 盏壁灯，内装 2 个 40W 白炽灯泡，安装高度为 2.5m。花灯、壁灯、吸顶灯的控制开关均装在大门右侧，共有 4 个单极开关。

② 二层设备布置情况。接待室安装了三种灯具。花灯 1 盏，内装 7 个 60W 白炽灯泡，为吸顶安装；三管荧光灯 4 盏，每只灯管功率为 40W，吸顶安装；壁灯 4 盏，每盏内装 3 个40W 白炽灯泡，安装高度为 3m；单相带接地孔的插座 2 个，暗装；总计 9 盏灯由 11 个单极开关控制。会议室装有双管荧光灯 2 盏，每只灯管功率为 40W，链吊安装，安装高度为

2.5m，两只开关控制；另外还装有吊扇 1 台，带接地插孔的单相插座 2 个。研究室（1）和（2）分别装有三管荧光灯 2 盏，每只灯管功率 40W，链吊式安装，安装高度为 2.5m，均用 2 个开关控制；另有吊扇 1 台，带接地插孔的单相插座 2 个。

图书资料室装有双管荧光灯 6 盏，每只灯管功率 40W，链吊式安装，安装高度为 3m；吊扇 2 台；6 盏荧光灯由 6 个开关控制，带接地插孔的单相插座 2 个。办公室装有双管荧光灯 2 盏，每只灯管功率为 40W，吸顶安装，各由 1 个开关控制；吊扇 1 台，带接地插孔的单相插座 2 个。值班室装有 1 盏单管荧光灯，吸顶安装；还装有 1 盏半圆球形吸顶灯，内装 1 只 60W 白炽灯泡；2 盏灯各自用 1 个开关控制，带接地插孔的单相插座 2 个。女卫生间、走道、楼梯均装有半圆球形吸顶灯，每盏 1 个 60W 的白炽灯泡，共 7 盏。楼梯灯采用 2 只双控开关分别在二楼和一楼控制。

（4）各配电回路负荷分配　根据图 1-63 所示配电系统图可知，该照明配电箱设有三相进线总开关和三相电能表，共有 8 条回路，其中 W1 为三相回路，向一层三相插座供电；W2 向一层③轴线西部的室内照明灯具及走廊供电；W3 向③轴线以东部分的照明灯具供电；W4 向一层部分走廊灯和二层走廊灯供电；W5 向二层单相插座供电；W6 向二层④轴线西部的会议室、研究室、图书资料室内的灯具、吊扇供电；W7 为二层④轴线东部的接待室、办公室、值班室及女卫生间的照明、吊扇供电；W8 为备用回路。

考虑到三相负荷应尽量均匀分配的原则，W2～W8 支路应分别接在 L1、L2、L3 三相上。因 W2、W3、W4 和 W5、W6、W7 各为同一层楼的照明线路，应尽量不要接在同一相上，因此，可将 W2、W6 接在 L1 相上，将 W3、W7 接在 L2 相上，将 W4、W5 接在 L3 相上。

（5）各配电回路连接情况　各条线路导线的根数及其走向是电气照明平面图的主要表现内容。然而，要真正认识每根导线及导线根数的变化原因，是初学者的难点之一。为解决这一问题，在识别线路连接情况时，应首先了解采用的接线方法是在开关盒、灯头盒内接线，还是在线路上直接接线；其次是了解各照明灯具的控制方式，应特别注意分清哪些是采用 2 个甚至 3 个开关控制一盏灯的接线，然后再一条线路一条线路地查看，这样就不难搞清楚导线的数量了。下面根据照明电路的工作原理，对各回路的接线情况进行分析。

① W1 回路。W1 回路为一条三相回路，外加一根 PE 线，共 4 条线，引向一层的各个三相插座。导线在插座盒内进行共头连接。

② W2 回路。W2 回路的走向及连接情况：W2、W3、W4 各一根相线和一根中性线，加上 W2 回路的一根 PE 线（接防爆灯外壳）共 7 根线，由配电箱沿轴线引出到 B/C 轴线交叉处开关盒上方的接线盒内。其中，W2 在③轴线和 B/C 轴线交叉处的开关盒上方的接线盒处与 W3、W4 分开，转而引向一层西部的走廊和房间，其连接情况示意图如图 1-66 所示。

W2 相线在③与 B/C 轴线交叉处接入一只暗装单极开关，控制西部走廊内的两盏半圆球形吸顶灯，同时往西引至西部走廊第一盏半圆球形吸顶灯的灯头盒内，并在灯头盒内分成三路。第一路引至分析室门侧面的二联开关盒内，与两只开关相接，用这 2 只开关控制三管荧光灯的 3 只灯管，即 1 开关控制 1 只灯管，另 1 开关控制 2 只灯管，以实现开 1 只、2 只、3 只灯管的任意选择。第二路引向化学实验室右边防爆开关的开关盒内，这只开关控制化学实验室右边的 2 盏防爆灯。第三路向西引至走廊内第二盏半圆球形吸顶灯的灯头盒内，在这个灯头盒内又分成三路，一路引向西部门灯；一路引向危险品仓库；一路引向化学实验室左侧门边防爆开关盒。

3 根中性线在③轴线与 B/C 轴线交叉处的接线盒处分开，一路和 W2 相线一起走，同时还有一根 PE 线，并和 W2 相线同样在一层西部走廊灯的灯头盒内分支，另外 2 根随 W3、

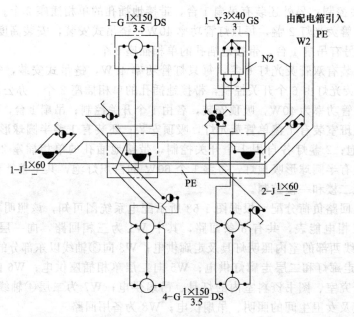

图1-66　W2回路连接情况

W4引向东侧和二层。

　　③ W3回路的走向和连接情况。W3、W4相线各带一根中性线，沿③轴线引至③轴线和B/C轴线交叉处的接线盒，转向东南引至一层走廊正中的半圆球形吸顶灯的灯头盒内，但W3回路的相线和中性线只是从此通过（并不分支），一直向东至男卫生间门前的半圆球形吸顶灯灯头盒；在此盒内分成三路，分别引向物理实验室西门、浴室和继续向东引至更衣室门前吸顶灯灯头盒；并在此盒内再分成三路，又分别引向物理实验室东门、更衣室及东端门灯。

　　④ W4回路的走向和连接情况。W4回路在③轴线和B/C轴线交叉处的接线盒内分成两路，一路由此引上至二层，向二层走廊灯供电。另一路向一层③轴线以东走廊灯供电。该分支与W3回路一起转向东南引至一层走廊正中的半圆球形吸顶灯，在灯头盒内分成三路，一路引至楼梯口右侧开关盒，接开关；第二路引向门厅花灯，直至大门右侧开关盒，作为门厅花灯及壁灯等的电源；第三路与W3回路一起沿走廊引至男卫生间门前半圆球形吸顶灯；再到更衣室门前吸顶灯及东端门灯。其连接情况示意图如图1-67所示。

　　⑤ W5回路的走向和线路连接情况。W5回路是向二层单相插座供电的，W5相线（L3）、中性线（N）和接地保护线（PE）共3根4mm²的导线穿PVC管由配电箱直接引向二层，沿墙及地面暗配至各房间单相插座。线路连接情况示意图如图1-67所示。

　　⑥ W6回路的走向和线路连接情况。W6相线和中性线穿PVC管由配电箱直接引向二层，向④轴线西部房间供电。线路连接情况可自行分析。在研究室（1）和研究室（2）房间中从开关至灯具、吊扇间导线根数标注依次是4、4、3，其原因是两只开关不是分别控制两盏灯，而是分别同时控制两盏灯中的1支灯管和2支灯管。

　　⑦ W7回路的走向和连接情况。W7回路同W6回路一起向上引至二层，再向东至值班室灯位盒，然后再引至办公室、接待室。连接情况示意图如图1-68所示。

　　对于前面几条回路，分析的顺序都是从开关到灯具，反过来，也可以从灯具到开关进行阅读。例如，图1-65中接待室西边门东侧有7只开关，④轴线上有2盏壁灯，导线的根数是递减的（3→2），这说明两盏壁灯各用1只开关控制。这样还剩下5只开关，还有3盏灯

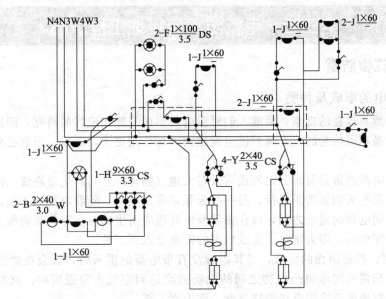

图 1-67 W3、W4 回路连接情况

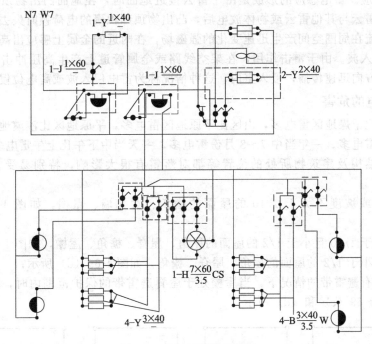

图 1-68 W7 回路连接情况

具。④～⑤轴线间的 2 盏荧光灯，导线根数标注都是 3 根，其中必有 1 根是中性线，剩下的必定是 2 根开关线了。由此可推定，这 2 盏荧光灯是由 2 只开关共同控制的，即每只开关同时控制 2 盏灯中的 1 支灯管和 2 支灯管，利于节能。这样，剩下的 3 只开关就是控制花灯的了。

以上分析了各回路的连接情况，并分别画出了部分回路的连接示意图。在实际工程中，设计人员是不绘制这种照明接线图的。但看图时不是先看接线图，而是做到看了施工平面图，脑子里就能想象出一个相应的接线图，而且还要能想象出一个立体布置的概貌。这样也就基本能把照明图看懂了。

第三节　电气防雷与接地工程识图

一、建筑物防雷

（一）雷电的形成及种类

雷电是自然界存在的现象，目前人们对雷电的形成只能作定性的研究，而雷电对生命财产造成的损失是不可估量的，尤其对供电设施的破坏作用更大，所以，采取必要的防雷措施显得更为重要。

雷是带有电荷的雷云与雷云之间或雷云对大地（物体）之间产生急剧放电的一种自然现象。一般认为某些云积累带正电荷，另一些云积累带负电荷，随着电荷的积累，电压逐渐增高，在带有不同电荷的雷云之间，或在雷云及由其感应而生的存在于建筑物等上面的不同电荷之间发生击穿放电，即为雷电。造成危害的雷电有以下三种。

① 直击雷。接近地面的雷云，当其附近没有带电荷的雷云时，就会在地面凸出物上感应异性电荷。当雷云同地面凸出物之间的电场强度达到空气击穿强度时，就会发生击穿放电。这种雷云对地面凸出物直接击穿放电，称为直击雷。

② 雷电感应。雷电感应的形成是由于雷云接近地面时，在地面凸出物顶部感应出大量异性电荷，当雷云与其他雷云或物体放电后，凸出物顶部积聚的电荷顿时失去约束，呈现出高电压，雷电流在周围空间产生迅速变化的强磁场，在附近的金属上感应出高电压。

③ 雷电侵入波。由于雷击作用，在架空线路或金属管道上产生高压冲击波，并沿线路或管道的两个方向迅速传播，侵入室内，这种情况称为雷电侵入波或高电位侵入。

（二）雷电的危害

潮湿地区比干燥地区雷电多，山区比平原地区雷电多，平原地区比沙漠地区雷电多，陆地比湖海地区雷电多。一年当中 7～8 月份雷电多，一天当中下午比上午雷电多。

建筑物的结构及建筑物所处的位置等都对落雷有很大影响，特别易受雷击的部位主要有：

① 平屋顶或坡度不大于 1/10 的屋面的檐角、女儿墙、屋檐，如图 1-69 （a）、（b）所示；

② 坡度小于 1/10 且小于 1/2 的屋面的屋角、屋脊、檐角、屋檐，如图 1-69 （c）所示；

③ 坡度不小于 1/2 的屋面的屋角、屋脊、檐角，如图 1-69 （d）所示；

④ 在屋脊有避雷带的情况下，当屋檐处于屋脊避雷带的保护范围内时，屋檐上可不设避雷带，如图 1-69 （c）和 （d）所示。

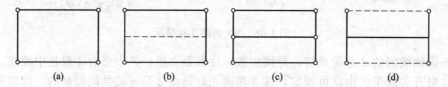

图 1-69　建筑物易受雷击的部位

图中实线为易受雷击部位；虚线为不易受雷击部位；圆点为雷击率最高部位。

（三）建筑物的防雷等级

根据《民用建筑电气设计规范》（JGJ/T 16—2008）的规定，按建筑物的重要性、使用性质和发生雷电的可能性及后果，将民用建筑的防雷分为三级，见表 1-11。

表 1-11　建筑物的防雷等级

序号	项　目	内　容
1	一级防雷建筑物	(1)具有特别重要用途的建筑物；如国家级的会堂,办公、科研、教学建筑,档案馆,大型博展馆,特大型和大型的铁路旅客站,国际性航空港,通信枢纽,国宾馆,大型旅游建筑,电视塔等 (2)国家级重点文物保护的建筑物和构筑物 (3)高度超过100m的建筑物 (4)凡房屋中有易燃、易爆物质的建筑物
2	二级防雷建筑物	(1)重要的或人员密集的大型建筑物,如部、省级办公楼,省级会堂、档案馆、博展、体育、交通、通信、广播等建筑;大型商店、影剧院等 (2)省级重点文物保护的建筑物和构筑物 (3)19层及以上的住宅建筑和高度超过50m的其他民用建筑物 (4)省级及以上的大型计算中心和装有重要电子设备的建筑物
3	三级防雷建筑物	(1)当年计算雷击次数大于或等于0.05次/年时,或通过调查确认需要防雷的建筑物 (2)在建筑群中最高或位于建筑群边缘高度超过20m的建筑物 (3)高度为15m及以上的烟囱、水塔等孤立的建筑物或构筑物。在雷电活动较弱地区(年平均雷暴日不超过15天)其高度可为20m及以上 (4)历史上雷害事故严重地区或雷害事故较多地区的较重要建筑物

（四）防雷装置

由于雷电有不同的危害形式，所以相应采用不同的防雷措施来保护建筑物和人类。

防雷装置主要由接闪器、引下线和接地装置组成。其作用原理是：将雷电引向自身并安全导入地中，从而使被保护的建筑物免遭雷击。

1. 接闪器

接闪器是指直接受雷击的避雷针、避雷带（线）、避雷网、避雷器以及用作接闪的金属屋面和金属构件等。接闪器用于接受雷电流。

（1）避雷针　避雷针是在建筑物突出部位或独立装设的针形导体，可吸引改变雷电的放电电路，通过引下线和接地体将雷电流导入大地。

避雷针主要适用于保护细高的建筑物和构筑物，如烟囱和水塔等，或用来保护建筑物顶面上的附加突出物，如天线、冷却塔。对较低矮的建筑和地下建筑及设备，要使用独立避雷针，独立避雷针按要求用圆钢焊制铁塔架，顶端装避雷针体。避雷针在地面上的保护半径约为避雷针高度的1.5倍。工程上经常采用多支避雷针，其保护范围是几个单支避雷针保护范围的叠加。如图1-70、图1-71所示。

避雷针一般用镀锌钢管或镀锌圆钢制成，其长度在1m以下时，圆钢直径不小于12m；钢管直径不小于20mm。避雷针长度在1～2m时，圆钢直径不小于16mm，钢管直径不小于25mm。烟囱顶上的避雷针，圆钢直径不小于20mm，钢管直径不

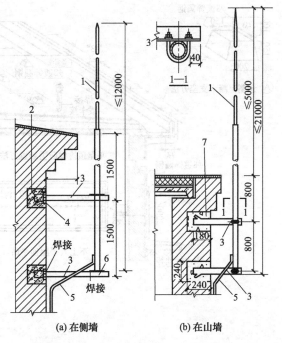

(a)在侧墙　　　　(b)在山墙

图 1-70　安装在建筑物墙上的避雷针

1—接闪器；2—钢筋混凝土梁；3—支架；4—预埋铁板；
5—接地引下线；6—支持板；7—预制混凝土块

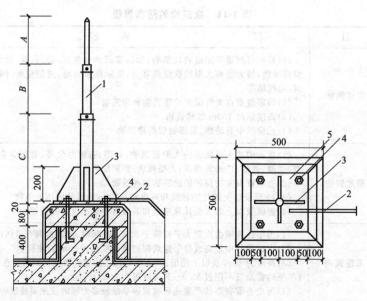

图 1-71　安装在屋面上的避雷针
1—避雷针；2—引下线；3—筋板；4—地脚螺栓；5—底板

小于 40mm。建筑物避雷针应和建筑物顶部的其他金属物体连成一个整体的电气通路，并与避雷引下线连接可靠。

（2）避雷带和避雷网　避雷带是利用小型截面圆钢或扁钢做成的条形长带，作为接闪器装于建筑物易遭雷直击的部位，如屋脊、屋檐和女儿墙等，是建筑物屋面防直击雷普遍采用的措施。避雷带在上人和不上人屋面上的安装如图 1-72、图 1-73 所示。

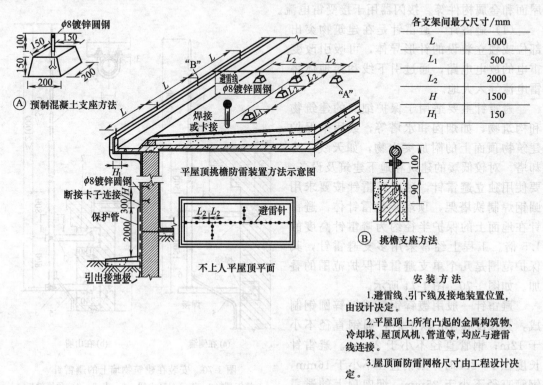

各支架间最大尺寸/mm	
L	1000
L_1	500
L_2	2000
H	1500
H_1	150

安 装 方 法
1.避雷线、引下线及接地装置位置，由设计决定。
2.平屋顶上所有凸起的金属构筑物、冷却塔、屋顶风机、管道等，均应与避雷线连接。
3.屋顶面防雷网格尺寸由工程设计决定。

图 1-72　避雷带在不上人屋面上的安装

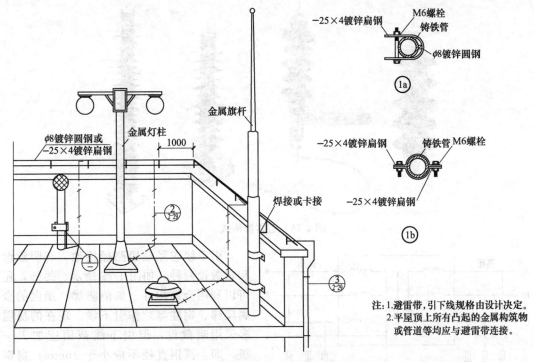

注：1.避雷带，引下线规格由设计决定。
　　2.平屋顶上所有凸起的金属构筑物
　　　或管道等均应与避雷带连接。

图 1-73　避雷带在上人屋面上的安装

　　避雷网是在较重要的建筑物上和面积较大的屋面上纵横敷设出避雷带组成的网格形状导体（暗装避雷网是利用建筑物屋面板内钢筋作为接闪装置）。避雷网可以做成笼式，高层建筑以建筑物外形构成一个整体较密的金属大网笼，实行较全面的保护。我国高层建筑多采用此形式。如图 1-74 所示。

　　避雷带和避雷网易采用镀锌圆钢和镀锌扁钢，优先采用镀锌圆钢。镀锌圆钢直径不应小于 12mm，镀锌扁钢截面不应小于 $100mm^2$，其厚度不应小于 4mm，一般采用－25×4 或－40×4。

　　（3）避雷线　避雷线一般采用截面不小于 $35mm^2$ 的镀锌钢绞线，架设在架空线路上方，以保护架空线路免受直接雷击。避雷线的作用原理与避雷针相同，只是保护范围要小一些。

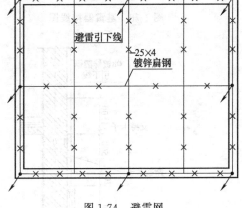

图 1-74　避雷网

　　（4）避雷器　避雷器是用来防护雷电波沿线路侵入建筑物内，使电气设备免遭破坏的电气元件。正常时，避雷器的间隙保持绝缘状态，不影响系统的运行；当因雷击有高压波沿线路袭来时，避雷器间隙被击穿，强大的雷电流导入大地；当雷电流通过以后，避雷器间隙又恢复绝缘状态，供电系统正常运行。常用的避雷器有阀式避雷器、管式避雷器等。避雷器样式和接线如图 1-75、图 1-76 所示。

2. 引下线

　　引下线是连接接闪器与接地装置的金属导体，是将雷电流引入大地的通道。一般采用镀锌圆钢或镀锌扁钢，应优先使用镀锌圆钢。圆钢直径不应小于 8mm；扁钢截面不应小于 $48mm^2$，其厚度不应小于 4mm，一般采用－40×4 镀锌扁钢。

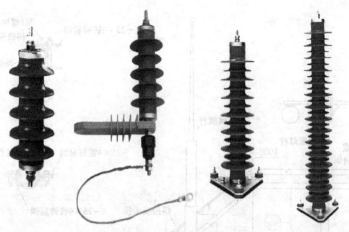

图 1-75　避雷器样式

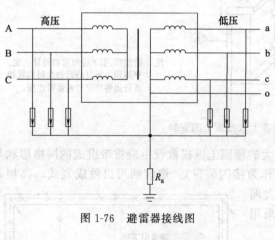

图 1-76　避雷器接线图

引下线应经最短路径接地，有明敷设和暗敷设两种，如图 1-77 所示。另外，还可以利用金属构件（如消防梯、烟囱的金属爬梯、钢柱等）作引下线。现在的房屋多采用暗敷设，但引下线截面应加大一级，即：圆钢直径不应小于 10mm；扁钢截面不应小于 $80mm^2$。

明敷引下线安装应在建筑物外墙装饰工程完成后进行。先在外墙预埋支持卡子，且支持卡子间距应均匀，然后将引下线固定在支持卡子上，固定方法可为焊接、套环卡固定等。采用多根专设引下线

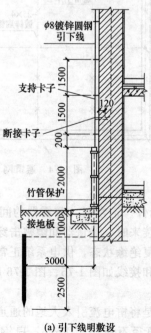

(a) 引下线明敷设

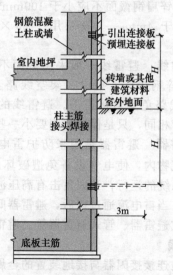

(b) 引下线暗敷设

图 1-77　引下线敷设

时，宜在各引下线距地面 1.8m 以下处设置断接卡。明敷引下线应平直、无急弯，其坚固件及金属支持件均应采用镀锌材料，在引下线距地面 1.7m 至地面下 0.3m 的一段加装塑料或钢管保护。

暗设引下线可利用建筑物钢筋混凝土中的主筋（直径不小于 16mm）作为引下线，每条引下线不得少于两根。

利用混凝土内钢筋或钢柱作为引下线，同时利用其基础作接地体时，应在室内、外的适当位置距地面 0.3m 以上从引下线上焊接出测试连接板，供测量、接人工接地体和等电位联结用。当仅利用混凝土内钢筋作为引下线并采用埋于土壤中的人工接地体时，应在每根引下线上距地面不低于 0.3m 处设暗装断接卡，其上端应与引下线主筋焊接。如图 1-78 所示。

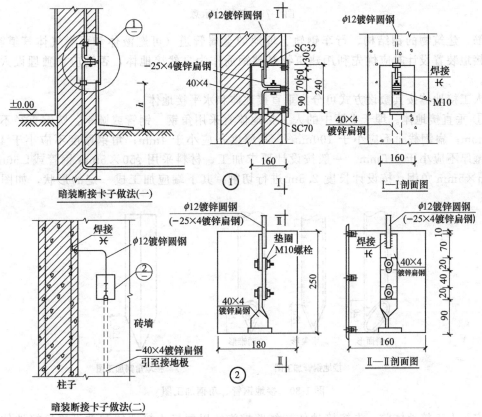

注：
1. 暗装断接卡子盒用2mm冷轧钢板制作。
2. 压接螺栓应镀锌，规格为M10×30。
3. 所有螺栓（包括箱门螺栓）均应用防水油膏封闭。
4. 箱体安装高度h和内外油漆颜色由设计选定。
5. 当断接卡不需要断开时，可直接焊接连接。

图 1-78　断接卡子安装

3. 接地装置

接地装置是接地体和接地线的总和。它的作用是将引下线的雷电流通过接地体迅速散流到大地土壤中去。

（1）接地体　接地体是埋入土壤中或混凝土基础中作散流用的导体，可分为自然接地体和人工接地体，如直接与大地接触的各种金属构件、人工打入地下专作接地用的经过加工的各种型钢和钢管等。如图 1-79 所示。

自然接地体是指利用建筑物基础直接与大地接触的各种金属构件，如钢筋混凝土基础中

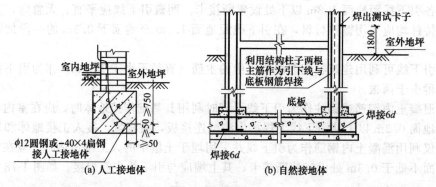

图 1-79　接地体示意

的钢筋，建筑物的钢结构、行车钢轨、埋地的金属管道（可燃液体和可燃气体管道除外）等。接地装置设计时应优先利用建筑物基础钢筋作为自然接地体，否则应单独埋设人工接地体。

人工接地体按其敷设方式可分为垂直接地体和水平接地体。

① 垂直接地体。埋于土壤中的人工接地体宜采用角钢、钢管或圆钢：圆钢直径不应小于 10mm；扁钢截面不应小于 $100mm^2$，其厚度不应小于 4mm；角钢厚度不应小于 4mm；钢管壁厚不应小于 3.5mm。一般按设计要求加工，材料采用 $\phi50 \times 5$ 钢管或 $\llcorner 50mm \times 50mm \times 5mm$ 角钢，按设计长度 2.5m 进行切割。其下端应加工成一定的形状，如图 1-80 所示。

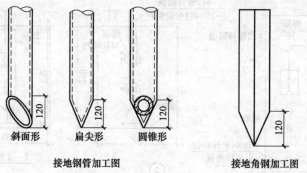

图 1-80　接地钢管、角钢加工图

安装人工接地体前，先按接地体的线路挖沟，以便打入接地体和敷设连接接地体的扁钢。按设计规定测出接地网的线路，在此线路挖掘出深为 0.8～1.0m、宽为 0.5m 的沟，沟的中心线与建（构）筑物的基础距离不得小于 2m。

在打入地下时一般采用打桩法。一人扶着接地体，另一人用大锤打接地体顶端。接地体与地面应保持垂直。按设计位置将接地体打在沟的中心线上，接地体露出沟底面上的长度为 150～200mm（沟深为 0.8～1.0m）时，接地体的有效深度不应小于 2m，使接地体顶端距自然地面的距离为 600mm，接地体间距一般不小于 5m。接地体的上端部可与扁钢（－40mm×4mm）或圆钢（$\phi16mm$）相连，用作接地体的加固以及作为接地体与接地线之间的连接板，连接后可回填土，垂直接地体的连接方法如图 1-81 所示。

② 水平接地体。水平接地体的形式有带型、环型和放射型等，多用于环绕建筑四周的联合接地，常用－40×4 的镀锌扁钢。当接地体沟挖好后，应侧向敷设在地沟内，顶部距地面埋设深度不小于 0.6m；多根接地体水平敷设时间距不小于 5m。

（2）接地线　人工接地线包括接地引线、接地干线和接地支线。一般采用镀锌扁钢或镀

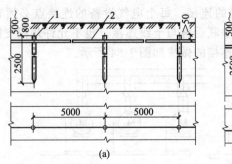
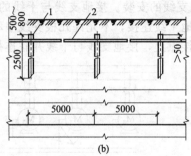

图 1-81　垂直接地体

1—接地体；2—接地线

锌圆钢制作。移动式电气设备可采用有色金属作为人工接地线，但严禁使用裸铝导线作接地线。

接地体间的扁钢安装。接地体安装完毕后，可按设计要求敷设扁钢。扁钢应检查和调直后放置于沟内，依次将扁钢与接地体焊接；扁钢应侧放而不可平放，扁钢应在接地体顶面以下约 100mm 处连接。

① 接地干线安装。接地干线通常选用截面不小于 12mm×4mm 的镀锌扁钢或直径不小于 6mm 的镀锌圆钢。

接地线支持卡子之间的距离；水平部分为 0.5～1.5m；垂直部分为 1.5～3.0m；转弯部分为 0.3～0.5m。设计要求接地的金属框架和金属门窗，应就近与接地干线连接可靠，连接处有防电化学腐蚀的措施，室内接地干线的安装如图 1-82 所示。

接地线在穿越墙壁、楼板和地坪处应加套钢管或采取其他保护措施，钢套管与接地线做电气连接；当接地线跨越建筑物变形缝时应设补偿装置，如图 1-83 所示。

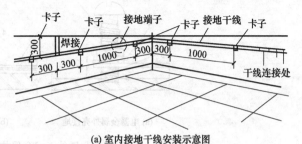

(a) 室内接地干线安装示意图

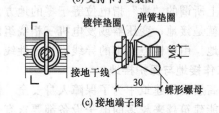

(b) 支持卡子安装图　　(c) 接地端子图

图 1-82　室内接地干线安装图

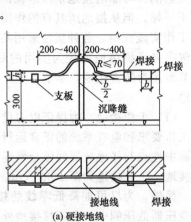

(a) 硬接地线

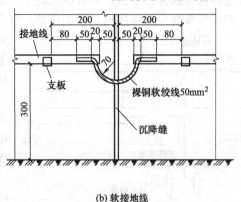

(b) 软接地线

图 1-83　接地线通过伸缩沉降缝连接示意图

② 接地支线的安装。接地支线与干线的连接，每个电气设备的连接点必须有单独的接地支线与接地干线连接，不允许几根支线串联后再与干线连接，也不允许几根支线并联在干线的一个连接点上，接地支线与干线并联连接的做法如图 1-84 所示。

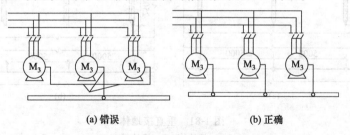

(a) 错误　　　　　　　　　(b) 正确

图 1-84　多个电气设备的接地连接示意图

接地支线与用电设备金属外壳或金属构架的连接，应采用螺钉或螺栓进行压接，若接地线为软线则应在两端装设接线端子，如图 1-85 所示。

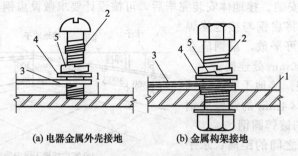

(a) 电器金属外壳接地　　　　　　(b) 金属构架接地

图 1-85　设备金属外壳或金属构架与接地线的连接

1—电气金属外壳或金属构架；2—连接螺栓；3—接地支线；4—镀锌垫圈；5—弹簧垫圈

二、建筑物接地

电气上所谓的"地"指电位等于零的地方。一般认为，电气设备的任何部分与大地作良好的连接就是接地；变压器或发电机三相绕组的连接点称为中性点，如果中性点接地，则称为工作接地。由中性点引出的导线称为中性线。

1. 工作接地与保护接地

现代高层民用建筑中为了保障人身安全、供电的可靠性以及用电设备的正常运行，特别是现代智能建筑越来越多的电子设备都要求有一个完整的、可靠的接地系统来保证，这些建筑需要接地的设备及构件很多，而且接地的要求也不一样，但从接地所具有的作用可归纳为三大类，即防雷接地、工作接地、保护接地。许多工作实践证明，各种接地采用共用接地体是解决多系统接地的较为实用的最佳方案。上节所述为防雷接地，本节主要介绍后两种接地。

（1）工作接地　为保证电力设备达到正常工作要求和电气系统的正常运行需要，在电源中性点与接地装置间做金属连接称为工作接地。工作接地如图 1-86 所示。

另外，为尽可能降低零线的接地电阻，除变压器低压侧中性点直接接地外，将零线上一处或多处再次进行接地，称为重复接

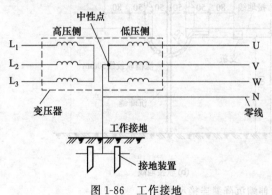

图 1-86　工作接地

地。在供电线路每次进入建筑物处都应该做
重复接地，如图 1-87 所示。

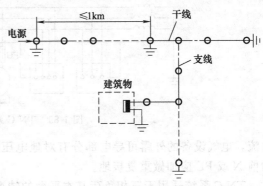

　　重复接地电阻一般规定不得大于 10Ω，
当与防雷接地合一时，不得大于 4Ω；漏电
保护装置后的中性线不允许设重复接地。

　　（2）保护接地　保护接地是指保护建筑
物内的人身免遭间接接触的电击（即在配电
线路及设备在发生接地故障情况下的电击）
和在发生接地故障情况下避免因金属壳体间
有电位差而产生打火引发火灾。当配电回路
发生接地故障时产生足够大的接地故障电流

图 1-87　重复接地

时，使配电回路的保护开关迅速动作，从而及时切除故障回路电源达保护目的。

　　《民用建筑电气设计规范》明确规定以下电力装置的外露可导电部分必须保护接地；电机、变压器、电器、手握式及移动式电器；电力设备传动装置；室内外配电装置的金属构架；配电屏与控制屏的框架；电缆的金属外皮及电力电缆接线盒、终端盒；电力线路的金属保护管、各种金属接线盒。

　　在电气施工图中，常见低压电网保护接地系统为 TN 系统，其分 3 种方式：TN-S 系统、TN-C 系统和 TN-C-S 系统。

　　T—Through（通过）表示电力网的中性点（发电机、变压器的星形联结的中间结点）是直接接地系统；

　　N—Nerutral（中性点）表示电气设备正常运行时不带电的金属外露部分与电力网的中性点采取直接的电气连接，即"保护接零"系统；

　　① TN-S 系统。S—Separate（分开，指 PE 与 N 分开）即五线制系统，三根相线分别是 L1、L2、L3，一根中性线 N，一根保护线 PE，仅电力系统中性点一点接地，用电设备的外露可导电部分直接接到 PE 线上，如图 1-88 所示。

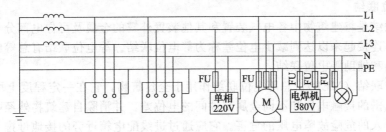

图 1-88　TN-S 系统的接地方式

　　TN-S 系统中的 PE 线上在正常运行时无电流，电气设备的外露可导电部分无对地电压，当电气设备发生漏电或接地故障时，PE 线中有电流通过，使保护装置迅速动作，切断故障，从而保证操作人员的人身安全。一般规定 PE 线不允许断线和进入开关。N 线（工作零线）在接有单相负载时，可能有不平衡电流。

　　TN-S 系统适用于工业与民用建筑等低压供电系统，是目前我国在低压系统中普遍采取的接地方式。

　　② TN-C 系统。C—Common（公共，指 PE 与 N 合一）即四线制系统，三根相线分别为 Ll、L2、L3，一根中性线与保护地线合并的 PEN 线，用电设备的外露可导电部分接到 PEN 线上，如图 1-89 所示。

　　在 TN-C 系统接线中，当存在三相负荷不平衡或有单相负荷时，PEN 线上呈现不平衡

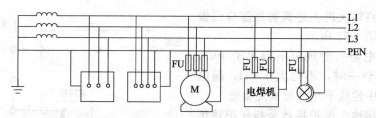

图 1-89 TN-C 系统的接地方式

电流，电气设备的外露可导电部分有对地电压的存在。由于 N 线不得断线，故在进入建筑物前 N 或 PE 应加做重复接地。

TN-C 系统适用于三相负荷基本平衡的情况，同时也适用于有单相 220V 的便携式、移动式的用电设备。

③ TN-C-S 系统。即四线半系统，在 TN-C 系统的末端将 PEN 分开为 PE 线和 N 线，分开后不允许再合并，如图 1-90 所示。

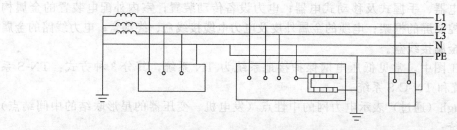

图 1-90 TN-C-S 系统的接地方式

在该系统的前半部分具有 TN-C 系统的特点，在系统的后半部分却具有 TN-S 系统的特点。目前，一些民用建筑物的电源入户后，将 PEN 线分为 N 线和 PE 线。

该系统适用于工业企业和一般民用建筑。当负荷端装有漏电保护装置，干线末端装有接零保护时，也可用于新建住宅小区。

2. 等电位联结

等电位联结是将建筑物中各电气装置和其他装置外露的金属及可导电部分与人工或自然接地体同导体连接起来以达到减少电位差称为等电位联结。等电位联结有总等电位联结、局部等电位联结和辅助等电位联结。

总等电位联结（MEB）：总等电位联结作用于全建筑物，它在一定程度上可降低建筑物内间接接触电击的接触电压和不同金属部件间的电位差，并消除自建筑物外经电气线路和各种金属管道引入的危险故障电压的危害。它应通过进线配电箱近旁的接地母排（总等电位联结端子板）将下列可导电部分互相连通：

——进线配电箱的 PE（PEN）母排；

——公用设施的金属管道，如上、下水、热力、燃气等管道；

——建筑物金属结构；

——如果设置有人工接地，也包括其接地极引线。

住宅楼做总等电位联结后，可防止 TN 系统电源线路中的 PE 和 PEN 线传导引入故障电压导致电击事故，同时可减少电位差、电弧、电火花发生的概率，避免接地故障引起的电气火灾事故和人身电击事故；同时也是防雷安全所必需。因此，在建筑物的每一电源进线处，一般设有总等电位联结端子板，由总等电位联结端子板与进入建筑物的金属管道和金属结构构件进行连接。如图 1-91 所示。

辅助等电位联结（SEB）：在导电部分间，用导线直接连通，使其电位相等或相近，称

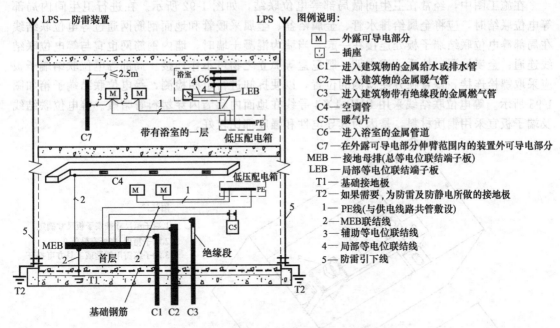

图 1-91　总等电位联结与接地示例

作辅助等电位联结。

局部等电位联结（LEB）：在一局部场所范围内将各可导电部分连通，称作局部等电位联结。它可通过局部等电位联结端子板将下列部分互相连通：

——PE 母线或 PE 干线；

——公用设施的金属管道；

——建筑物金属结构；

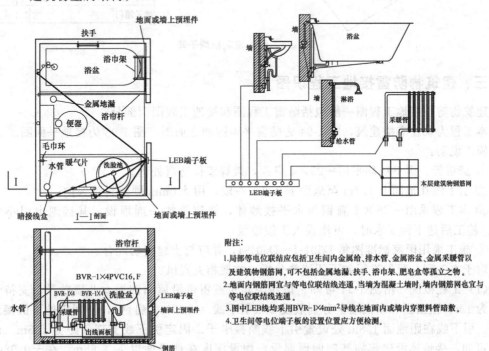

附注：
1.局部等电位联结应包括卫生间内金属给、排水管、金属浴盆、金属采暖管以及建筑物钢筋网，可不包括金属地漏、扶手、浴巾架、肥皂盒等孤立之物。
2.地面内钢筋网宜与等电位联结线连通，当墙为混凝土墙时，墙内钢筋网也宜与等电位联结线连通。
3.图中LEB线均采用BVR-1×4mm²导线在地面内或墙内穿塑料管暗敷。
4.卫生间等电位端子板的设置位置应方便检测。

图 1-92　卫生间局部等电位联结

在施工图中，经常在卫生间做局部等电位联结，如图 1-92 所示。在进行卫生间内局部等电位联结时，应将金属给排水管、金属浴盆、金属采暖管和地面钢筋网通过等电位联结线在局部等电位联结端子板处连接在一起。当墙为混凝土墙时，墙内钢筋网也宜与等电位联结线连通；金属地漏、扶手、浴巾架、肥皂盒等孤立之物可不作连接。局部等电位联结端子板应采取螺栓连接，设置在方便检测的位置，以便拆卸进行定期检测，等电位联结端子箱如图 1-93 所示。等电位联结线采用 BVR-1×4 导线在地面内和墙内穿塑料管暗敷。等电位联结线及端子板宜采用铜质材料，是因为其导电性和强度都比较好。

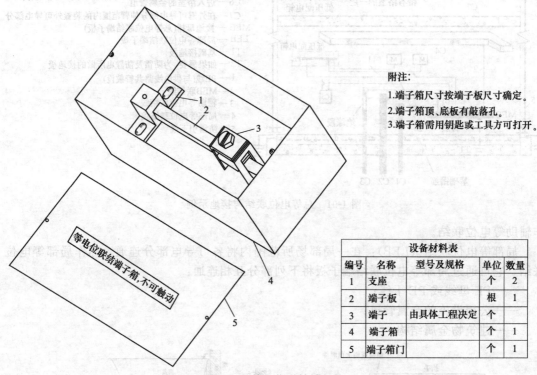

附注：
1.端子箱尺寸按端子板尺寸确定。
2.端子箱顶、底板有敲落孔。
3.端子箱需用钥匙或工具方可打开。

设备材料表				
编号	名称	型号及规格	单位	数量
1	支座		个	2
2	端子板		根	1
3	端子	由具体工程决定	个	
4	端子箱		个	1
5	端子箱门		个	1

图 1-93　等电位联结端子箱

三、建筑物防雷接地工程识图

建筑物防雷接地工程图一般包括防雷工程图和接地工程图两部分。

本工程为某住宅楼建筑，图 1-94 为防雷平面图和立面图，图 1-95 为接地平面图。

施工说明：

① 避雷带、引下线均采用－25×4 扁钢，镀锌或作防腐处理；

② 引下线在地面上 1.7m 至地面下 0.3m 一段，用 φ50mm 硬塑料管保护；

③ 本工程采用－25×4 扁钢作水平接地体，绕建筑物一周埋设，其接地电阻不大于 10Ω。施工后达不到要求时，可增设人工接地极；

④ 施工采用国家标准图集 D501-1～D501-4，并应与土建密切配合。

对于本工程，我们进行如下阅读并分析、掌握相关资讯。

(1) 工程概况　由图 1-94 可知，该住宅建筑避雷带沿屋面四周女儿墙敷设，支持卡子间距为 1m。在西面和东面墙上分别敷设 2 根引下线（－25×4 扁钢），与埋于地下的接地体连接。引下线在距地面 1.8m 处设置引下线断接卡子。固定引下线支架间距为 1.5m。由图 1-95 可知，接地体沿建筑物基础四周埋设，埋设深度在地平面以下 1.65m，在－0.68m 开始向外，距基础中心距离为 0.65m。

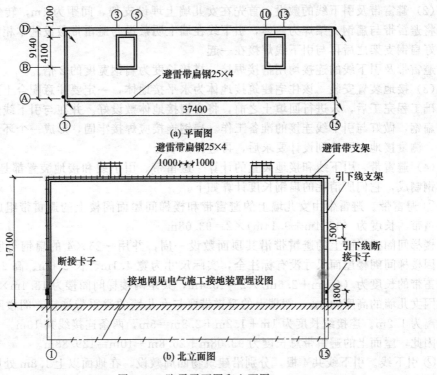

(a) 平面图

(b) 北立面图

图 1-94 防雷平面图和立面图

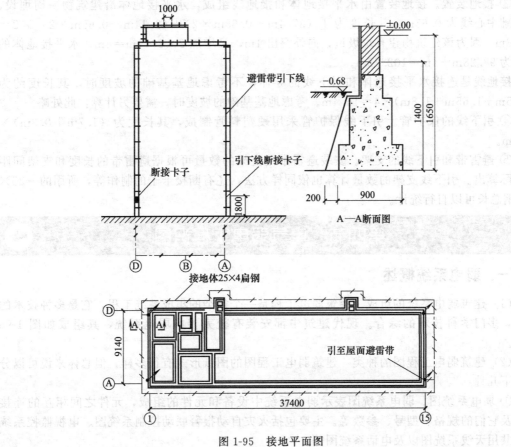

A—A 断面图

图 1-95 接地平面图

（2）避雷带及引下线的敷设　首先在女儿墙上埋设支架，间距为 1m，转角处为 0.5m，然后将避雷带与扁钢支架焊为一体，引下线在墙上明敷设与避雷带敷设基本相同，也是在墙上埋好扁钢支架之后再与引下线焊接在一起。

避雷带及引下线的连接均用搭接焊接，搭接长度为扁钢宽度的 2 倍。

（3）接地装置安装　该住宅建筑接地体为水平接地体，一定要注意配合土建施工，在土建基础工程完工后，未进行回填土之前，将扁钢接地体敷设好。并在与引下线连接处，引出一根扁钢，做好与引下线连接的准备工作。扁钢连接应焊接牢固，形成一个环形闭合的电气通路，测量接地电阻达到设计要求后，再进行回填土。

（4）避雷带、引下线和接地装置的计算　避雷带、引下线和接地装置都是采用$-25×4$的扁钢制成，它们所消耗的扁钢长度计算如下。

① 避雷带。避雷带由女儿墙上的避雷带和楼梯间屋面阁楼上的避雷带组成，女儿墙上的避雷带的长度为 $(37.4m+9.14m)×2=93.08m$。

楼梯间阁楼屋面上的避雷带沿其顶面敷设一周，并用$-25×4$的扁钢与屋面避雷带连接。因楼梯间阁楼屋面尺寸没有标注全，实际尺寸为宽 4.1m、长 2.6m、高 2.8m。屋面上的避雷带的长度为 $(4.1m+2.6m)×2=13.4m$，共距两楼梯间阁楼为 $13.4m×2=26.8m$。

因女儿墙的高度为 1m，阁楼上的避雷带要与女儿墙的避雷带连接，阁楼距女儿墙最近的距离为 1.2m。连接线长度为 $1m+1.2m+2.8m=5m$，两条连接线共 10m。

因此，屋面上的避雷带总长度为 $93.08m+26.8m+10m=129.88m$。

② 引下线。引下线共 4 根，分别沿建筑物四周敷设，在地面以上 1.8m 处用断接卡子与接地装置连接，引下线的长度为 $(17.1m+1m-1.8m)×4=65.2m$。

③ 接地装置。接地装置由水平接地体和接地线组成，水平接地体沿建筑物一周埋设，距基础中心线为 0.65m，其长度为 $[(37.4m+0.65m×2)+(9.14m+0.65m×2)]×2=98.28m$。因为该建筑物建有垃圾道，向外突出 1m，又增加 $2×2×1m=4m$，水平接地体的长度为 $98.28m+4m=102.28m$。

接地线是连接水平接地体和引下线的导体，不考虑地基基础的坡度时，其长度约为 $(0.65m+1.65m+1.8m)×4=16.4m$。考虑地基基础的坡度时，需要另计算，此处略。

④ 引下线的保护管。引下线保护管采用硬塑料管制成，其长度为 $(1.7m+0.3m)×4=8m$。

⑤ 避雷带和引下线的支架。安装避雷带用支架的数量可根据避雷带的长度和支架间距按实际算出。引下线支架的数量计算也依同样方法，还有断接卡子的制作等，所用的$-25×4$扁钢总长可以自行统计。

第四节　电气弱电工程识图

一、弱电系统概述

（1）建筑弱电系统的组成　建筑弱电工程是一个复杂的集成系统工程，它是多种技术的集成，多门学科技术的综合。现代建筑中都安装有较完善的弱电系统，其组成如图 1-96 所示。

（2）建筑弱电工程图的种类　建筑弱电工程图的图纸形式有很多样，但总体来说可以分为以下几种：

① 弱电系统图。弱电系统图表示弱电系统中设备和元件的组成，元件之间相互的连接关系及它们的规格、型号、参数等。主要包括火灾自动报警联动控制系统图、电视监控系统图、共用天线系统图以及电话系统图等。

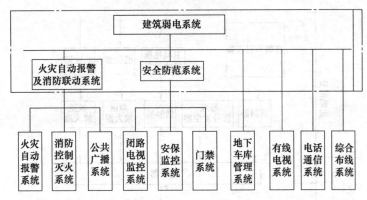

图 1-96　建筑弱电系统的组成

　　② 弱电平面图。弱电平面图是决定弱电装置、设备、元件和线路平面布置的图纸，与强电平面图类似，主要包括火灾自动报警平面图、防盗报警装置平面图、电视监控装置平面图、综合布线平面图、卫星接收及有线电视平面图等。

　　③ 弱电系统装置原理图。弱电装置原理框图是说明弱电设备的功能、作用、原理的图纸，通常用于系统调试，一般由设备厂家负责。主要火灾自动报警联动控制原理结构框图、电视监控系统结构框图等。

二、有线电视系统

　　电视是日常生活中的重要组成部分，有线电视、数字电视与卫星电视接收系统已成为住宅建筑必须设置的基本系统，把节目送给千家万户，所以被人们称为 CATV（Cable Television）。

　　1. 有线电视系统的组成

　　有线电视系统由前端、干线传输和用户分配网络 3 部分组成，如图 1-97 所示。

　　（1）前端部分　前端部分包括电视接收天线、UHF-VHF 变换器、频道放大器、视频信号发生器、自播节目设备、调制器、混合器以及传输电缆等器件。有的系统还有卫星电视接收设备。

　　（2）干线传输部分　干线指室外的远距离传输线，它可以把一个信号中心与较远的几个接收群连接起来。山区的 CATV 系统有时干线长达数千米。干线越长，信号的衰减便越大。随着环境温度的变化，电缆的信号衰减量也变化。为了保证末端信号有足够的电平，需加入干线放大器，以补偿电平的衰减。

　　（3）用户分配网络部分　CATV 系统的用户分配网络部分主要包括分配放大器、线路延长放大器、分配器、分支器和输出端（即用户）。

　　① 分配放大器（线路放大器）。用于传输过程中因用户增多、线路延长后，信号损失的补偿，通常置于干线传输的末端，用来提高干线放大器输出端口的信号电平，满足分配网络信号的要求。一般采用全频道放大器。

　　② 分配器。分配器将一路信号均等地分成几路信号输出，常用的有二分配器、三分配器、四分配器和六分配器等。

　　分配网络的设计是根据用户终端分布情况来确定网络的组成形式，然后按每个用户终端的信号电平为 $(68 \pm 6)dB\mu V$ 的要求确定所用器件的规格、数量。在设计过程中应考虑到分配器的分配损耗、分支器的插入损耗及电缆的损耗等因素。

　　③ 分支器。分支器是以较小的插入损失，从干线上取出一部分信号送给各用户终端。

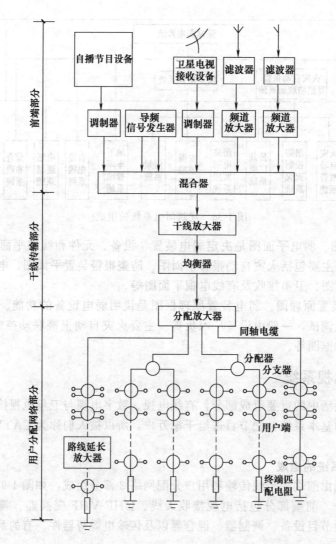

图 1-97　典型 CATV 系统的组成

通常由变压器型定向耦合器和分配器组成。在一分支器的支路输出端接上二分配器，就成为二分支器，接上四分配器就成为四分支器。常用的分支器有二分支器和四分支器。分配器、分支器的外形如图 1-98 所示。

分支器的插入损耗：对于 VHF 频段的信号，在电缆上每串接一个分支器，信号损耗可按 1～1.5dB 计算；对于 UHF 频段，则可按 2.5～3dB 计算。

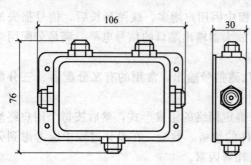

图 1-98　分配器、分支器的外形

④ 视频电缆。在传输分配网络中各元件之间的连接线一般选用同轴电缆。同轴电缆应单独配管敷设，不能靠近强电流线路平行敷设。

同轴电缆由一根导线作芯线，周围充填聚乙烯绝缘物，外层为屏蔽铜网，保护层为聚乙烯护套。同轴电缆的阻抗特性为 75Ω，在有线电视系统中广泛使用。同轴电缆常用的型号有 SYV、SDV、SYKV 等。在前端至用户分配网络之间的主干线一般用 SYV-75-9 型，用户分配网络中的干线可用 SYV-75-7 型，从分配网络到用户终端的分支线可用 SYV-75-5 型。这种电缆损耗较少。型号中，9 表示屏蔽网的内径 9mm；5 表示屏蔽网的内径为 5mm。如图 1-99 所示。

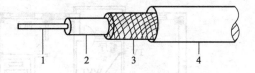

图 1-99　射频同轴电缆

1—单芯（或多芯）铜线；2—聚乙烯绝缘层；3—铜丝编织（即外导体屏蔽层）；4—绝缘保护层

目前，当干线传输距离大于 3km 时，采用光纤（缆）传输的造价并不高于电缆传输。而且距离越远越能显示出光纤（缆）传输的优越性，性能价格比越高。有线电视系统的光纤（缆）传输就是通过光发送机将有线电视系统内的全部全频电视信号调制成波长为 1310nm 的激光信号，经光纤（缆）传输后，由光接收机再还原成高频电视信号。

⑤ 用户终端。用户终端为供给电视机信号的接线盒，称为电视插座板，有单孔和双孔板之分，单孔插座板仅输出电视信号，双孔插座既有电视信号，又有调频广播信号。其接线如图 1-100 所示。

2. 有线电视系统工程图识读

有线电视系统工程图主要包括有线电视系统图和有线电视平面图，两者用于描述有线电视系统的连接关系和系统施工方法，系统中部件的参数和安装位置在图中都标注清楚。

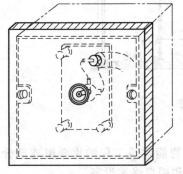

图 1-100　用户终端盒

（1）有线电视系统图　某住宅楼有线电视系统图，如图 1-101 所示。从图中可以看出，该共用天线电视系统采用分配器与分支器向用户提供电视信号的方式。系统干线选用 SYKV-75-9 型同轴电缆，用管径为 25mm 的水煤气钢管穿管理地引入，在 3 层处由二分配器分为两条分支线，分支线采用 SYKV-75-7 型同轴电缆，穿管径为 20mm 的硬塑料管暗敷设。在每一楼层用四分支器将信号通过 SYKV-75-5 型同轴电缆传输至用户端，穿管径为 16mm 的硬塑料管暗敷设。

（2）有线电视系统平面图　某住宅楼一个单元标准楼层的有线电视系统平面图，如图 1-102 所示。从图中可看出标准层有用户终端 4 处，均引自层分配器箱 VP。

三、电话通信系统

电话是人类最重要的通信工具。民用建筑是生产、生活和社会活动的重要场所，人员集中，所以对通信系统要求很高。

随着数据通信技术的发展，现代电话通信都逐步采用数字式传输技术，选用数字程控电话。一般住宅、办公楼等都在建筑施工时预先设置电话电缆线的接口。

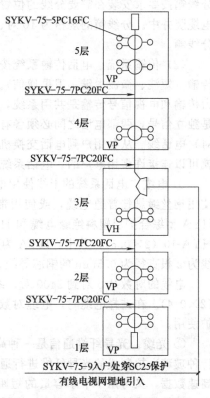

SYKV-75-5PC16FC

5层

VP

SYKV-75-7PC20FC

4层

VP

SYKV-75-7PC20FC

3层

VH

SYKV-75-7PC20FC

2层

VP

SYKV-75-7PC20FC

1层

VP

SYKV-75-9入户处穿SC25保护

有线电视网埋地引入

图 1-101　某住宅楼有线电视系统图

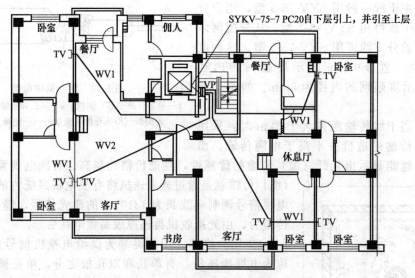

图 1-102 某住宅楼有线电视平面图

1. 电话通信系统的组成

电话通信系统已成为各类建筑物内必须设置的系统，是智能建筑工程的重要组成部分。电话通信系统有三个组成部分，即电话交换设备、传输系统和用户终端设备。

（1）交换设备 交换设备主要是指电话交换机，是接通电话用户之间通信线路的专用设备。

电话系统干线电缆与进户连接要使用电话分线箱，也叫电话组线箱或电话交接箱。电话分线箱按要求安装在需要分线的位置，建筑物内的分线箱为暗装在楼道中，高层建筑安装在电缆竖井中。分线箱的规格为 10 对、20 对、30 对等，可按需要分线的数量选择适当规格的分线箱。

（2）传输系统 电话传输系统按传输媒介分为有线传输（明线、电缆、光纤等）和无线传输（短波、微波中继、卫星通信）。电话信号的传输与电力传输和电视信号传输不同，电力传输和电视信号传输是共用系统，一个电源或一个信号可以分配给多个用户，而电话信号是独立信号，两部电话之间必须各有两根导线直接连接。因此有一部电话机就要有两根（一对）电话线。从各用户到电话交换机的电话线路数量很大，这不像供电线路，只要几根导线就可以连接许多用电户的。电话系统所使用的传输材料有如下一些。

① 电缆。电话系统的干线使用电话电缆。室外埋地敷设时使用铠装电缆，架空敷设时使用钢丝绳悬挂普通电缆，或使用带自承钢丝绳的电缆，室内使用普通电缆。常用电缆有 HYA 型综合护层塑料绝缘电缆和 HPVV 型铜芯全聚氯乙烯电缆。例如，电缆规格标注为 HYA-10（2×0.5），其中：HYA 为型号，10 表示电缆内有 10 对电话线，2×0.5 表示每对线为 2 根直径为 0.5mm 的铜芯导线。

电缆的对数从 5 对到 2400 对，线芯有直径 0.5mm 和 0.4mm 两种规格，如 HYA22-20（2×0.4）。在选择电缆时，电缆对数要比实际设计用户数多 20% 左右，作为线路增容和维护使用。

② 光缆。光导纤维通信是一种崭新的信号传输手段。光缆利用激光通过超纯石英（或特种玻璃）拉制成的光导纤维进行通信。光缆既可用于长途干线通信，传输近万路电话以及高速数据，又可用于中小容量的短距离市内通信，还可用于市局同交换机之间以及闭路电视、计算机终端网络的线路中。光缆通信容量大、中继距离长，性能稳定，通信可靠；缆芯

小，重量轻，曲挠性好，便于运输和施工。可根据用户需要插入不同信号线或其他线组，组成综合光缆。光缆的标准长度为 1000m±100m。

③ 电话线。管内暗敷设使用的电话线，常用的是 RVB 型塑料并行软导线或 RVS 型双绞线，规格为 $2 \times 0.2\text{mm}^2$ 至 $2 \times 0.5\text{mm}^2$，要求较高的系统使用 HPVV 型并行线，规格为 $2 \times 0.5\text{mm}$，也可以使用 HBV 型绞线，规格为 $2 \times 0.6\text{mm}^2$。

（3）用户终端设备　用户终端设备是指电话机、传真机、计算机终端等。

室内用户要安装暗装用户出线盒。出线盒面板规格与前面的开关插座面板规格相同，如 86 型、75 型等，安装高度一般距地 0.3m。插座型出线盒面板分为单插座和双插座，面板上为通信设备专用插座，要使用专用插头与之连接，现在电话机都使用这种插头进行线路连接，比如送话器、受话器（话筒、听筒）与机座的连接。使用插座型面板时，线路导线直接接在面板背面的接线螺钉上。

2. 电话通信工程图识读

某教学大楼电话通信系统图和电话平面图如图 1-103 和图 1-104 所示。

从图 1-103 某教学大楼电话通信系统图可以看出，由室外穿墙进户引来 10 对 HYV 型电话线缆，接入设在建筑物一层的总电话分线箱，穿管径为 25mm 的薄壁式钢管（JDG25）。从分线箱引出 8 对 RVS-2×0.5 型塑料绝缘双绞线，分别穿不同管径的 JDG 管，单独引向每层的各个用户终端——电话插座（TP）。其中 8 对 RVS 双绞线穿管径为 25mm 的 JDG 管，6 对 RVS 双绞线穿管径为 20mm 的 JDG 管，4 对及以下 RVS 双绞线穿管径为 15mm 的 JDG 管。每层设有 2 个暗装底边距地 0.3m 的电话插座，四层共计 8 个电话插座。

从图 1-104 某教学大楼电话平面图可以看出，三层电话分接线箱信号通过 HYA-10（2×0.5mm）型电缆由二楼分接线箱引入。每个办公室有电话出线盒 2 只，共 12 只电话出线盒。各路电话线均单独从信息箱分出，分接线箱引出的支线采用 RVB-2×0.5 型双绞线，穿 PC 管敷设。出线盒暗敷在墙内，离地 0.3m。

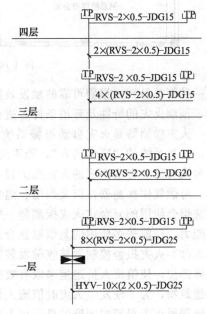

图 1-103　某教学大楼电话通信系统图

四、火灾自动报警及消防联动系统

火灾自动报警及消防联动控制是一项综合性消防技术，是现代电子工程和计算机技术在消防中的应用，也是消防系统的重要组成部分和新兴技术学科。

火灾自动报警及联动控制系统能及时发现火灾、通报火情，并通过自动消防设施，将火灾消灭在萌发状态，最大限度地减少火灾的危害。随着高层、超高层现代建筑的兴起，对消防工作提出了越来越高的要求，消防设施和消防技术的现代化，是现代建筑必须设置和具备的。

1. 火灾自动报警系统

火灾自动报警系统是由触发装置、火灾报警控制装置、火灾警报装置及电源等四部分组成的通报火灾发生的全套设备。

（1）触发装置是自动或手动产生火灾报警信号的器件。自动触发器件包括各种火灾探测器、水流指示器、压力开关等。手动报警按钮是用人工手动发送火警信号通报火警的部件，

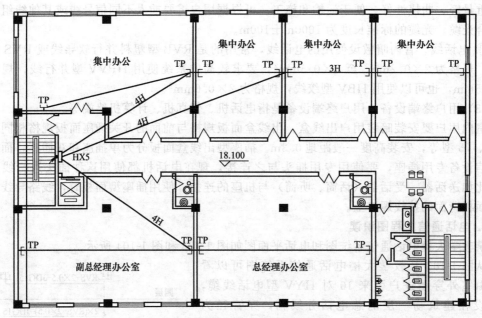

图 1-104　某教学大楼电话平面图

是一种简单易行、报警可靠的触发装置。它们各有其优缺点和适用范围，可根据其安装的高度，预期火灾的特性及环境条件等进行选择。

火灾探测器是火灾自动报警系统最关键的部件之一，它是整个系统自动检测的触发器件，犹如系统的"感觉器官"，能不间断地监视和探测被保护区域火灾的初期信号。根据不同的火灾探测方法构成的火灾探测器，按其待测的火灾参数可以分为感烟式、感温式、感光式、可燃气体探测器，以及烟温、温光、烟温光等复合式火灾探测器。两种或两种以上探测方法组合使用的复合式火灾探测器一般为点型结构，同时具有两个或两个以上火灾参数的探测能力，目前较多使用的是烟温复合式火灾探测器。

（2）火灾报警控制器接收触发装置发来的报警信号，发出声、光报警，指示火灾发生的具体部位，使值班人员迅速采取有效措施，扑灭火灾。对一些建筑平面比较复杂或特别重要的建筑物，为了使发生火灾时值班人员能不假思索地确定报警部位，采用火灾模拟显示盘，它较普通火灾报警控制器的显示更为形象和直观。某些大型或超大型的建筑物，为了减少火灾自动报警系统的施工布线，采用数据采集器或中继器。

（3）警报装置是在确认火灾后，由报警装置自动或手动向外界通报火灾发生的一种设备。可以是警铃、警笛、高音喇叭等音响设备，警灯、闪灯等光指示设备或两者的组合，供疏散人群、向消防队报警等使用。

（4）电源是向触发装置、报警装置、警报装置供能的设备。火灾自动报警系统中的电源，应由消防电源供电，还要有直流备用电源。

2. 火灾自动报警系统的分类

一般建筑物的火灾自动报警系统可以分为自动报警人工消防系统和自动报警自动灭火系统。

（1）自动报警人工消防系统　中等规模的宾馆客房和普通工业厂房等，当发生火灾时，在本层或本区域火灾报警器上发出报警信号，同时在总服务台或消防中心显示出发生火灾的楼层或区域的代码，消防人员根据报警情况，采取消防措施。

（2）自动报警自动灭火系统　自动报警、自动灭火系统除了具有自动报警功能外，还能在火灾报警控制器的控制下，自动联动有关的灭火设备，在发生火灾处自动喷洒灭火介质，进行消防灭火。同时，启动隔离设施进行隔离，并启动广播设备等指挥人员疏散。

　　在消防中心的报警器上附设有直接通往消防部门的电话。消防中心在接到报警信号后，立即发出疏散通知，开动紧急广播系统和开动消防泵和电动防火门（阀）等防火设备。火灾自动报警与自动灭火系统联动，如图 1-105 所示。

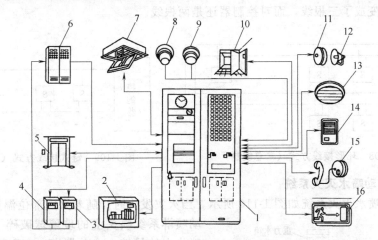

图 1-105　自动报警与自动灭火系统联动示意图

1—消防中心；2—火灾区域显示器；3—水泵控制盘；4—排烟控制盘；5—消防电梯；

6—电力控制柜；7—排烟口；8—感烟探测器；9—感温探测器；10—防火门；

11—警铃；12—警报器；13—扬声器；14—对讲机；15—联络电话；16—诱导灯

3. 火灾自动报警系统的线制

　　火灾自动报警系统的线制是指火灾探测器和火灾报警控制器之间的布线数量。火灾自动报警系统多是采用总线制系统。

　　总线制系统采用地址编码技术，整个系统只用几根总线，建筑物内布线极其简单，给设计、施工及维护带来了极大的方便，因此被广泛采用。值得注意的是：一旦总线回路中出现短路问题，则整个回路失效，甚至损坏部分火灾报警控制器和火灾探测器，因此为了保证系统正常运行和免受损失，必须采取短路隔离措施，如分段加装短路隔离器。

　　（1）四总线制　如图 1-106 所示，四条总线为：P 线给出探测器的电源、编码、选址信号；T 线给出自检信号以判断探测部位或传输线是否有故障；控制器从 S 线上获得探测部位的信息；G 线为公共地线。P、T、S、G 线均为并联方式连接，S 线上的信号对探测部位而言是分时的。

　　（2）二总线制　这一种最简单的接线方法，用线量更少，但技术的复杂性和难度也提高了。二总线中的 G 线为公共地线，P 线则完成供电、选址、自检、获取信息等功能。目前，二总线制应用最多，新型智能火灾自动报警系统也建立在二总线的运行机制上。二总线系统

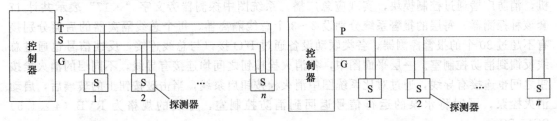

图 1-106　四总线制连接方式　　　　　　　图 1-107　树枝形接线（二总线制）

有树枝形和环形两种。

① 树枝形接线。其接线方式如图 1-107 所示。这种方式应用广泛，接线如果发生断线，可以报出断线故障点，但断点之后的探测器不能工作。

② 环形接线。其接线方式如图 1-108 所示。这种系统要求输出的两根总线再返回控制器另两个输出端子，构成环形。这种接线方式如中间发生断线不影响系统正常工作。

③ 链式接线。其接线方式如图 1-109 所示。这种系统的 P 线对各探测器是串联的，对探测器而言，变成了三根线，而对控制器还是两根线。

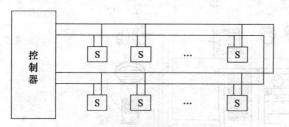
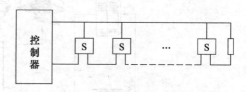

图 1-108　环形接线方式（二总线制）　　　图 1-109　链式接线方式（二总线制）

4. 湿式自动喷水灭火系统

湿式自动喷水灭火系统如图 1-110 所示。当火灾发生时，随着火灾部位温度的升高，自动喷淋系统喷头上的玻璃球破碎（或易熔合金喷头上的易熔合金片脱落），而喷头开启喷水。水管内的水流推动水流指示器的桨片，使其电触点闭合，接通电路，输出电信号至消防控制室。此时，设在主干水管上的水流报警阀被水流冲开，向喷淋头供水，同时经过水流报警阀流入延迟器，经延迟后，再流入压力开关使压力继电器动作接通，喷淋用消防泵启动。而压力继电器动作的同时，启动水力警铃，发出报警信号。

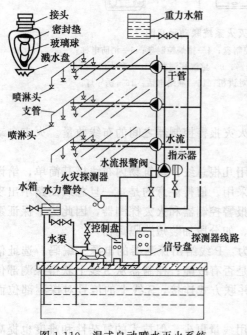

图 1-110　湿式自动喷水灭火系统

5. 火灾自动报警及消防联动控制图识读

某商业大楼火灾自动报警及消防联动控制系统图如图 1-111 所示，一层平面布置图如图 1-112 所示。

图 1-111 为某高层商业大楼火灾自动报警及联动控制系统图。从图中可以看出，消防控制室设置在一层，火灾报警与联动控制设备的型号为 JB-QB-GST500，并具有报警及联动控制功能，设有 TS-Z01A 消防广播与消防电话主机，消防广播通过控制模块，实现应急广播。系统图中探测器旁文字"×17"表示共计 17 套该种探测器。每层的报警系统分别设 2~3 个总线隔离器，每个总线隔离器的后面分别接有不超过 30 个的报警探测器，各类联动设备通过 I/O 接口与总线连接，反馈信号也通过总线反馈到消防控制室。一层平面图中，各消火栓按钮之间均连接有导线，不同层的消火栓按钮之间也连接有导线，通过对比系统图中消火栓按钮启泵线，当击破按钮上的玻璃后，启动消火栓泵，同时将水泵的运行信号返回到消防控制室，导线的规格为 RVB（4×1.5）SC15 SC。

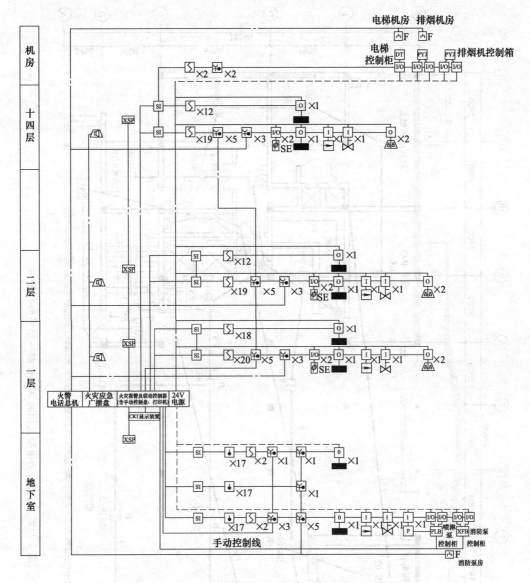

图 1-111　某商业大楼火灾自动报警及消防联动控制系统

图 1-112 为一层自动报警及联动控制系统平面布置图，一层是包括大堂、服务台、吧厅、商务及接待中心等在内的服务层。自下向上引入的线缆有五处。本层的报警控制线由位于横轴③、④之间，纵轴 E、D 之间的消防及广播值班室引出，呈星型引至引上引下处。

（1）本层引上线共有以下五处：

① 在 2/D 附近继续上引 WDC；

② 在 2/D 附近新引 FF；

③ 在 4/D 附近新引 FS、FC1/FC2、FP、C、S；

④ 9/D 附近移位，继续上引 WDC；

⑤ 9/C 附近继续上引 FF。

（2）本层联动设备共有以下四台：

① 空气处理机 AHU 一台，在 9/C 附近；

② 新风机 FAU 一台，在 10/A 附近；

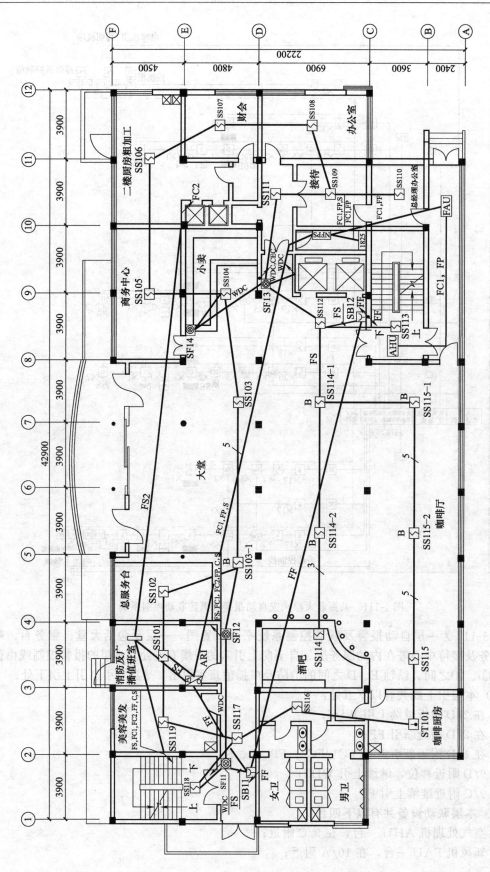

图 1-112 火灾自动报警及消防联动控制一层平面布置

③ 非消防电源箱 NFPS 一个，在 10/D-10/C 附近；

④ 消防值班室的火灾显示盘及楼层广播 AR1。

（3）本层检测、报警设施为：

① 探测器，除咖啡厨房用感温型外均为感烟型；

② 消防栓按钮及手动报警按钮，分别为 4 点及 2 点。

五、电控门系统

电控防盗门是安装在住宅、楼宇及要求安全防卫场所的入口、能在一定时间内抵御一定条件下非正常开启或暴力侵袭，并能实施电控开锁、自动闭锁及具有选通、对讲功能的铁门。电控门在没有人进出时处于关闭状态，而且结合计算机技术可以容易地设置成需刷卡和无须刷卡开启电控门的两种状态。

电控防盗门系统由门框、门扇、闭门器和电控锁组成。

电控锁是具有电控开启功能的锁具。锁具一般安装在门的侧面，锁的其余部分不得外露，但应便于维修。电控锁除有起锁闭作用的锁舌外，还应有防撬锁舌或其他防撬保险装置。

闭门器是可使对讲电控防盗门门体在开启后受到一定控制，能实现自动关闭的一种装置。应按门扇的重量级别选择相应规格的闭门器，闭门器应有调节闭门速度的功能，在门扇关至 15°~30° 时，应能使闭门速度骤然减慢并发力关门，使门锁能可靠锁门。

楼宇使用的防盗门应采用平开式门，开门方向由内向外。支撑受力构件与门框的连接应牢固、可靠，在门外不能拆卸。

系统安装完毕之后，应对设备安装过程进行全面的常规性检查，并作电气性能的测试。

目前，电控防盗门系统多是由施工单位参考图纸进行管路的预埋，待竣工前分包给电控防盗门厂家进行配线、安装设备、调试。

六、综合布线系统

综合布线技术是智能建筑弱电技术中的重要技术之一。它将建筑物内所有的电话、数据、图文、图像及多媒体设备的布线综合（或组合）在一套标准的布线系统上，实现了多种信息系统的兼容、共用和互换互调性能。它是一种开放式的布线系统，是一种在建筑物和建筑群中综合数据传输的网络系统，是目前智能建筑中应用最成熟、最普及的系统之一。

（1）综合布线系统的产生　通常情况下，建筑物内的各个弱电系统一般都是由不同的设计单位设计、不同的施工单位安装的，各个系统相互独立。例如，电话通信系统、闭路电视系统、计算机网络系统等。这些系统使用的线缆、配线接口以及输出线盒插座等设备和器材都不一样，如电话系统中的线缆一般采用普通双绞线、计算机网络系统中的线缆一般采用非屏蔽（UTP）双绞线、闭路电视系统一般采用同轴电缆等。各个不同的系统网络分别采用的是各自不同类型、不同型号的布线材料，而且连接这些不同布线材料的插座、接口、接线板、配线架也各不相同。由于它们彼此之间互不兼容，当建筑物内的用户需要搬迁或改变设备布置时，就必须重新布置线缆，装配各种设备所需要的不同型号的插座、接头，同时还要中断各个系统的正常运行。可见，在这样一种传统布线网络方式下，要重新布置或增加各种终端设备，必将耗费大量的人力物力。同时，随着社会信息化进程的飞速发展，建筑物内的各种弱电系统越来越多，功能越来越复杂，这样，各自独立的布线系统将会给建筑物弱电系统的施工、管理和维护增加很多的困难和麻烦。所以，人们迫切希望建立一种能够支持多种弱电信号传输的布线网络，并能满足用户长期使用的需要。

综合布线系统是专门的一套布线系统，它采用了一系列高质量的标准材料，以模块化的组合方式，把语音、数据、图像系统和部分控制信号系统用统一的传输媒介进行综合，方便地在建筑物中组成一套标准、灵活、开放的传输系统。因此，它一产生，就得到了大力推广和广泛应用。

（2）综合布线系统的结构　综合布线系统采用模块化结构，所以又称为结构化综合布线系统，它消除了传统信息传输系统在物理结构上的差别。它不但能传输语音、数据、视频信号，还可以支持传输其他的弱电信号，如空调自控、给排水设备的传感器、子母钟、电梯运行、监控电视、防盗报警、消防报警、公共广播、传呼对讲等信号，成为建筑物的综合弱电平台。它选择了安全性和互换性最佳的星形结构作为基本结构，将整个弱电布线平台划分为6 个基本组成部分，如图 1-113 所示，通过多层次的管理和跳接线，实现各种弱电通信系统对传输线路结构的要求。其中，每个基本组成部分均可视为相对独立的一个子系统，一旦需要更改任一子系统时，将不会影响到其他子系统。这 6 个子系统如下。

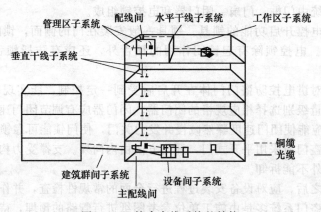

图 1-113　综合布线系统的结构

① 工作区子系统。由终端设备到信息插座的连线组成，包括信息插座、连接线、适配器等。

② 水平干线子系统。由信息插座到楼层配线架之间的布线等组成。

③ 管理区子系统。由交接间的配线架及跳线等组成。

④ 垂直干线子系统。由设备间子系统与管理区子系统的引入口之间的布线组成。是建筑物主干布线系统。

⑤ 设备间子系统。由建筑物进线设备、各种主机配线设备及配线保护设备组成。

⑥ 建筑群间子系统。由建筑群配线架到各建筑物配线架之间的主干布线系统。

智能大厦综合布线系统结构如图 1-114 所示。

（3）综合布线系统的部件　综合布线系统的部件主要有信息插座、配线架、集线器及光缆、同轴电缆和双绞线电缆等。

① 信息插座。综合布线用户端使用 RJ45 型信息插座，这类信息插座和带有插头的接插软线相互兼容。连接时只需要把网线上做好的 RJ45 型插头插进去就可以了。例如在工作区，用带有八个插头的插接软线一端插入工作区水平子系统信息插座，另一端插入工作区设备接口。信息插座在墙体上、地面上安装示意图如图 1-115 所示。

② 光缆。光缆是光导纤维电缆的简称。城市有线电视系统现在普遍采用光缆、电缆混合网，干线传输使用光缆，用户分配使用电缆。与电缆相比，光缆的频带宽、容量大、损耗小、没有电磁辐射，不会干扰邻近电器，也不会受电磁干扰。

光缆的芯线是光导纤维，光导纤维简称为光纤。芯线里可以是一根光纤，也可以是多根光纤捆在一起，电视系统使用的是多根光纤的光缆。光缆的结构如图 1-116 所示。

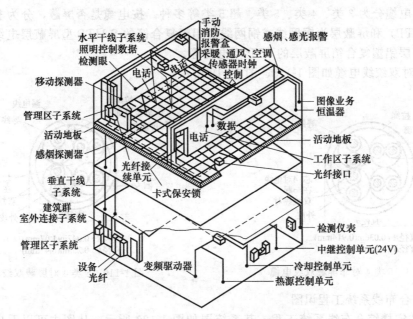

图 1-114　智能大厦综合布线系统结构

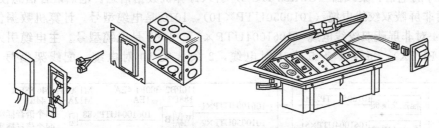

图 1-115　信息插座在墙体上、地面上安装示意图

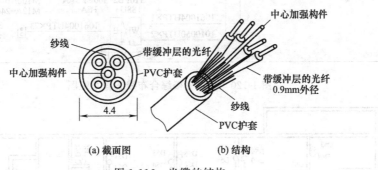

(a) 截面图　　　　　(b) 结构

图 1-116　光缆的结构

光纤由纤芯、包层、一次涂覆层和二次涂覆层组成，如图 1-117 所示。纤芯和包层由超高纯度的二氧化硅制成。光纤分为多模型和单模型两种，多模型光纤的传输效果不如单模型光纤。电视光缆使用单模型光纤。

③ 双绞线电缆。由于输入信号和输出信号各使用一根数据双绞线，因此综合布线工程使用的双绞线都是多对双绞线构成的双绞线电缆。连接用户插座的是 4 对双绞线构成的 8 芯电缆，干线使用多对双绞线构成的大对数电缆，如 25 对电缆、100 对电缆。双绞线电缆是专门用于通信的，其特性阻抗为 100Ω。按导线与信号频率的高

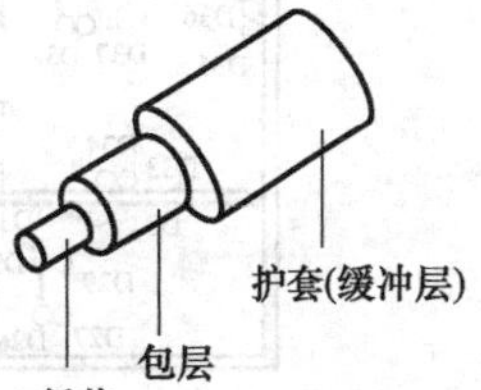

图 1-117　光纤的结构

低，双绞线电缆分为 3 类、4 类、5 类、超 5 类等多种。按电缆是否屏蔽，分为非屏蔽双绞线电缆（UTP）和屏蔽层为铜网线或铜网线加铝塑复合箔的 S-UTP 型屏蔽层电缆，每对双绞线都包一层铝塑复合箔屏蔽层的 STP 型电缆等。

5 类 4 对双绞线电缆如图 1-118、图 1-119 所示。

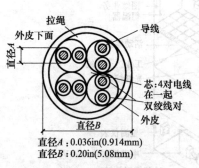

直径A：0.036in(0.914mm)
直径B：0.20in(5.08mm)

图 1-118 5 类 4 对非屏蔽双绞电缆

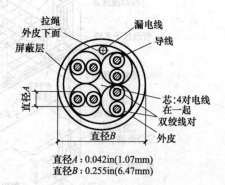

直径A：0.042in(1.07mm)
直径B：0.255in(6.47mm)

图 1-119 5 类 4 对屏蔽双绞电缆

（4）综合布线系统工程识图

① 某住宅楼综合布线系统工程，其系统图如图 1-120 所示，从图中可以看出，程控交换机引入外网电话，集线器（Switch HUB）引入计算机数据信息。电话语音信息使用 10 条 3 类 50 对非屏蔽双绞线电缆（1010050UTP×10），1010 是电缆型号。计算机数据信息使用 5 条 5 类 4 对非屏蔽双绞线电缆（1061004UTP×5），1061 是电缆型号。主电缆引入各楼层配线架（FDFX），每层 1 条 5 类 4 对电缆，2 条 3 类 50 对电缆。配线架型号 110PB2-

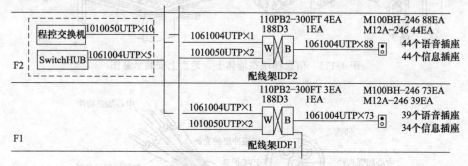

图 1-120 某住宅楼综合布线工程系统图

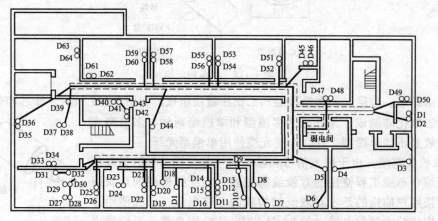

图 1-121 某商业大厦六层综合布线系统平面图

300FT，是 300 对线 110P 型配线架，3EA 表示 3 个配线架。188D3 是 300 对线配线架背板，用来安装配线架。从配线架输出到各信息插座，使用 5 类 4 对非屏蔽双绞线电缆，按信息插座数量确定电缆条数，一层（F1）有 73 个信息插座，所以有 73 条电缆。Ml00BH-246 是模块信息插座型号，M12A-246 是模块信息插座面板型号，面板为双插座型。

　　② 某商业大厦六层综合布线系统平面如图 1-121 所示。从图中可以看出，水平线槽由弱电间引出，辐射安装到各个房间。根据建筑电气设计规范，水平线槽选用镀锌金属线槽，每个房间的管线采用 DG 薄壁型金属管，引至距地 0.3m，做暗装接线盒，与信息插座相连。

第二章 安装电气工程定额说明与计算规则

第一节 安装电气工程定额常用说明

安装电气工程量清单计量完后，在套取定额前，应掌握有关定额使用说明，才能正确计算工程造价。本节选自《全国统一安装工程预算定额河北省消耗量定额》，摘取了常用到的说明条款，用于常见的建筑安装工程计取工程造价。

一、《全国统一安装工程预算定额河北省消耗量定额》总说明

一、《全国统一安装工程预算定额河北省消耗量定额》（以下简称本定额）是在《全国统一安装工程预算定额》（GYD-201～211—2000、GYD-213—2003）基础上，结合我省设计、施工、招投标的实际情况，根据现行国家产品标准、设计规范和施工验收规范、质量评定标准、安全操作规程编制的，共分十二册，包括：

第一册 机械设备安装工程（HEBGYD-C01—2012）；

第二册 电气设备安装工程（HEBGYD-C02—2012）；

第三册 热力设备安装工程（HEBGYD-C03—2012）；

第四册 炉窑砌筑工程（HEBGYD-C04—2012）；

第五册 静置设备与工艺金属结构制作安装工程（HEBGYD-C05—2012）；

第六册 工业管道工程（HEBGYD-C06—2012）；

第七册 消防设备安装工程（HEBGYD-C07—2012）；

第八册 给排水、采暖、燃气工程（HEBGYD-C08—2012）；

第九册 通风空调工程（HEBGYD-C09—2012）；

第十册 自动化控制仪表安装工程（HEBGYD-C10—2012）；

第十一册 刷油、防腐蚀、绝热工程（HEBGYD-C11—2012）；

第十二册 建筑智能化系统设备安装工程（HEBGYD-C12—2012）。

二、本定额适用于河北省行政区域范围内的新建、扩建的安装工程。

三、本定额中消耗量（除可竞争措施项目消耗量外）是编制施工图预算、最高限价、标底的依据；是工程量清单计价、投标报价、进行工程拨款、竣工结算、衡量投标报价合理性、编制企业定额和工程造价管理的基础或依据；是编制概算定额、概算指标和投资估算指标的主要资料。

四、本定额是按目前我省大多数施工企业采用的施工方法、机械化装备程度、合理的工期、施工工艺和劳动组织、正常的施工条件制定的，它反映了社会平均消耗水平，并考虑了下列正常的施工条件：

1. 设备、材料、成品、半成品、构件完整无损，符合质量标准和设计要求，附有合格

证书和试验记录。

2. 安装工程和土建工程之间的交叉作业正常。

3. 安装地点、建筑物、设备基础、预留孔洞等均符合安装要求。

4. 水、电供应均满足安装施工正常使用。

5. 正常的气候、地理条件和施工环境。

五、本定额中各项目的工作内容包括全部施工过程，除说明主要工序外，次要工序虽未说明但均已包括在内。

六、关于"优质优价"

1. 本定额是按合格等次的建筑产品编制的。

2. 建设单位对工程项目提出创优要求的，招标人应在招标文件中明确，在合同中载明；工程实施过程中，工程建设各方也可根据工程实际，依据省建设行政主管部门有关规定签订补充协议约定。

建设单位与施工企业签订的施工合同中，应明确创建优质工程各方主体的责任、执行的标准、计算及支付办法等内容，在获奖后兑现。

3. 采用优质工程等次与安安工程造价挂钩的办法，对施工企业成本予以适当补偿奖励。

(1) 获得国家级优质工程奖，建设单位按工程造价的 3‰～3.5‰ 给予施工企业补偿奖励；

(2) 获得省级优质工程奖，建设单位按工程造价的 2‰～2.5‰ 给予施工企业补偿奖励；

(3) 获得结构优质工程奖，建设单位按工程造价的 1.5‰～2‰ 给予施工企业补偿奖励；

(4) 获得市级优质工程奖，建设单位按工程造价的 1‰～1.5‰ 给予施工企业补偿奖励。

4. 补偿奖励按最高奖项实行一次性补偿奖励，不得重复计奖。

七、人工工日消耗量及单价的确定：

1. 本定额的人工工日不分列工种和技术等级，一律以综合工日表示，内容包括基本用工、超运距用工和人工幅度差。每工日按 8 小时计算。

2. 本定额人工采用综合工日二类、综合工日三类两种，人工工日单价分别为：综合工日二类：60 元/工日；综合工日三类：47 元/工日。

八、材料消耗量及价格的确定：

1. 本定额中的材料消耗量包括直接消耗在施工过程中的主要材料、辅助材料和零星材料等，并计入了相应损耗，其范围包括：从工地仓库、现场集中堆放地点或现场加工地点到操作或安装地点的运输损耗、施工操作损耗、施工现场堆放损耗。

2. 材料价格采用《河北省建设工程材料价格》(2012 年)。

3. 凡材料数量加括号的均为未计价材。

4. 用量很少的零星材料，其材料费合并为其他材料费，计入材料费内。

九、施工机械台班消耗量及台班单价的确定：

1. 每台班按 8 小时计算。

2. 本定额的机械台班消耗量是按正常合理的机械配备和我省大多数施工企业的机械化装备程度综合取定的。

3. 凡单位价值在 2000 元以内，并且使用年限在两年以内的不构成固定资产的小型施工机械或工具、用具未计入实体项目消耗量内，已在生产工具、用具使用费中考虑。

4. 施工机械台班单价，采用《河北省建设工程施工机械台班单价》(2012 年)。

十、施工仪器仪表台班消耗量及台班单价的确定：

1. 本定额的施工仪器仪表消耗量是按我省大多数施工企业的现场校验仪器仪表配备情

况综合取定的。

2. 本定额的施工仪器仪表台班单价是在 2000 年建设部颁发的《全国统一安装工程仪器仪表台班费用定额》基础上，结合我省施工企业的实际情况计算的。

3. 仪器仪表台班列在施工机械台班栏内。

十一、本定额分实体项目和措施项目两部分，措施项目分可竞争措施项目、不可竞争措施项目。实体项目、不可竞争措施项目消耗量不得调整，可竞争措施项目消耗量在投标报价时投标人可以合理调整。

十二、本定额适用于工料单价法，也可用于综合单价法。

十三、工料单价法的计价方式，在不同的计价阶段使用本定额应符合以下规定：

1. 在编制最高限价或标底时，人工单价按省建设行政主管部门发布的指导价调整，材料、机械台班单价根据市场行情或造价信息调整；可竞争措施项目按照常规、科学、合理的施工方法计算；不可竞争措施项目中基本费按给定的费率及调整系数计算，增加费按最高费率计算。

2. 在报价时，人工单价参照省建设行政主管部门发布的指导价调整，材料、机械台班单价根据市场行情或造价信息进行调整；可竞争措施项目按照施工方案计算，消耗量可以合理调整；不可竞争措施项目中基本费按给定的费率及调整系数计算，增加费按最高费率计算。

3. 在价款调整、结算时，人工、材料、机械台班单价及可竞争措施项目依据省建设行政主管部门的规定、合同约定进行调整，不可竞争措施项目按照造价管理机构测定的费率进行调整。

十四、综合单价法的计价方式，在不同的计价阶段使用本定额应符合以下规定：

1. 在编制最高限价或标底时，人工单价按省建设行政主管部门发布的指导价调整，材料、机械台班单价根据市场行情或造价信息调整；可竞争措施项目按照常规、科学、合理的施工方法计算；不可竞争措施项目中基本费按给定的费率及调整系数计算，增加费按最高费率计算。

2. 在报价时，人工单价参照省建设行政主管部门发布的指导价调整，材料、机械台班单价根据市场行情或造价信息、所承担的风险情况进行调整；可竞争措施项目按照施工方案计算，消耗量可以合理调整；不可竞争措施项目中基本费按给定的费率及调整系数计算，增加费按最高费率计算。

3. 在价款调整、结算时，人工、材料、机械台班单价及可竞争措施项目依据省建设行政主管部门的规定、合同约定进行调整，不可竞争措施项目按照造价管理机构测定的费率进行调整。

十五、本定额中的模板及脚手杆、脚手板等周转性材料在同一城市内工地之间的转移场外运输所需的人工和机械台班已包括在相应子目内；钢模板回库维修费包括在其单价内。

十六、不可竞争措施项目包括：安全防护、文明施工；可竞争措施项目包括操作高度增加费、超高费、脚手架、系统调整费、大型机械一次安拆及场外运输费用、其他措施项目（包括生产工具、用具使用费，检验试验配合费，冬季施工增加费，雨季施工增加费，夜间施工增加费，二次搬运费，停水、停电增加费，工程定位复测配合费及场地清理费，已完工程及设备保护费，安装与生产同时进行增加费，有害环境中施工增加费等），具体项目详见各册。

十七、措施项目说明。

（一）不可竞争措施项目。

安全防护、文明施工费：为完成工程项目施工，发生于该工程施工前和施工过程中安全生产、环境保护、临时设施、文明施工的非工程实体的措施项目费用。

临时设施费是指承包人为进行工程施工所必需的生活和生产用的临时建筑物、构筑物和其他临时设施的搭设、维修、拆除、摊销费用。

临时设施包括临时宿舍、文化福利及公用事业房屋与构筑物，仓库、办公室、加工厂以及规定范围内道路、水、电、管线等临时设施和小型临时设施。

（二）其他措施项目。

1. 生产工具、用具使用费：是指施工生产所需而又不属于固定资产的生产工具、用具等的购置、摊销和维修费用，以及支付给工人自备工具的补贴费用。

2. 检验试验配合费：配合工程质量检测机构取样、检测所发生的费用。

3. 冬季施工增加费：指当地规定的取暖期间施工所增加的工序、劳动工效降低、保温、加热的材料、人工和设施费用。不包括暖棚搭设、外加剂和冬季施工需要提高混凝土和砂浆强度所增加的费用，发生时另计。

4. 雨季施工增加费：指冬季以外的时间施工所增加的工序、劳动工效降低、防雨的材料、人工和设施费用。

5. 夜间施工增加费：在合理工期内，必须连续施工而进行夜间施工发生的费用。包括照明设施安拆及使用费、劳动降效、夜间补助费用和白天在塔、炉内施工的照明费用，不包括建设单位要求赶工而采用夜班作业施工所发生的费用。

6. 二次搬运费：除定额已列运输项目外的工程所需材料、成品、半成品由工地仓库不能一次运至安装地点，必须再次搬运、装卸所发生的费用。不包括自建设单位仓库至工地仓库的搬运以及施工平面布置变化所发生的搬运费。

7. 停水、停电增加费：是指施工期间由非承包人原因引起的停水和停电每周累计在8小时内而造成的停工、机械停滞费用。

8. 工程定位复测配合费及场地清理费：是指工程开、竣工时配合定位复测、竣工图绘制的费用及移交时施工现场一次性的清理费用。

9. 已完工程及设备保护费：是指工程完工后至正式交付发包人前对已完工程、设备进行保护所采取的措施费及养护、维修费用。

10. 安装与生产同时进行增加费：指安装与生产同时进行时，因降效而增加的人工费。

11. 有害环境中施工增加费：指在有害人身健康的环境（包括高温、多尘、噪声超过标准和在有害气体等有害环境）中施工时，因降效而增加的人工费（不含其他费用）。

十八、关于水平和垂直运输。

1. 设备：包括自安装现场指定堆放地点运至安装地点的水平和垂直运输。

2. 材料、成品、半成品：包括自施工单位现场仓库或现场指定堆放地点运至安装地点的水平和垂直运输。

3. 垂直运输基准面：室内以室内地坪面为基准面，室外以安装现场地坪面为基准面。

十九、施工用电是按市供电考虑，施工用水是按自来水考虑。

二十、施工现场使用发包人水、电时，水、电费按下列规定计算。

1. 单独设置水表、电表的按表数量结算。

2. 未单独设置水表、电表的，以本定额实体项目和可竞争措施项目的人工费＋机械费为基数参考下表系数结算。

未单独设置水表、电表的水、电费计算表

序号	工程项目	计算基数	扣除系数/%
1	机械设备安装工程(第一册)		5.11
2	电气设备、自动化控制仪表安装工程(第二、十册)		2.03
3	工业管道、消防设备安装工程(第六、七册)		4.44
4	给排水、采暖、燃气工程(第八册)	人工费与机械	1.81
5	通风空调工程(第九册)	费之和	2.31
6	静置设备与工艺金属结构制作安装工程(第五册)		8.89
7	热力设备安装工程(第三册)		6.78
8	炉窑砌筑工程(第四册)		2.54

二十一、本定额中注有"××以内"或"××以下"者，均包括"××"本身；注有"××以外"或"××以上"者均不包括"××"本身。

二、第二册"电气设备安装工程"定额常用说明

一、第二册"电气设备安装工程"(以下简称本定额)适用于工业与民用新建、扩建工程中 10kV 以下变配电设备及线路安装工程、车间动力电气设备及电气照明器具、防雷及接地装置安装、配管配线、电梯电气装置、电气调整试验等的安装工程。

二、本定额的主要依据的标准、规范有：

1.《电气装置安装工程高压电器施工及验收规范》GB 50147—2010；

2. 略

…… ……

三、本定额的工作内容除各章节已说明的工序外，还包括：施工准备，设备器材工器具的场内搬运，开箱检查，安装，调整试验，收尾，清理，配合质量检验，工种间交叉配合、临时移动水、电源的停歇时间。

四、本定额不包括以下内容：

1. 10kV 以上及专业专用项目的电气设备安装。

2. 电气设备（如电动机等）配合机械设备进行单体试运转和联合试运转工作。

第01章 变压器

一、油浸电力变压器安装项目同样适用于自耦式变压器、带负荷调压变压器的安装。电炉变压器按同容量电力变压器项目乘以系数 2.0，整流变压器按同容量电力变压器项目乘以系数 1.6。

二、变压器的器身检查：4000kV·A 以下是按吊芯检查考虑，4000kV·A 以上是按吊钟罩考虑，如果 4000kV·A 以上的变压器需吊芯检查时，机械台班乘以系数 2.0。

三、干式变压器如带有保护外罩，人工和机械乘以系数 1.2。

四、整流变压器、消弧线圈、并联电抗器的干燥，执行同容量变压器干燥项目，电炉变压器按同容量变压器干燥项目乘以系数 2.0。

五、变压器油是按设备带来考虑的，但施工中变压器油的过滤损耗及操作损耗已包括在有关项目中。

六、变压器安装过程中放注油、油过滤所使用的油罐，已摊入油过滤定额中。

七、变压器干燥，需通过试验，判定绝缘受潮时，才能计取此项费用。

八、本章项目不包括下列工作内容：

1. 变压器干燥棚的搭拆工作，发生时应按实计算。

2. 变压器铁梯及母线铁构件的制作、安装。另执行本册铁构件制作、安装项目。

3. 瓦斯继电器的检查及试验已列入变压器系统调整试验项目内。

4. 端子箱、控制箱的制作、安装，另执行本册的相应项目。

5. 二次喷漆及喷字。

第 02 章　配电装置

一、设备本体所需的绝缘油、六氟化硫气体、液压油等均按设备自带考虑。

二、本章设备安装项目不包括下列工作内容，另执行相应项目：

1. 端子箱安装。

2. 设备支架制作及安装。

3. 绝缘油过滤。

4. 基础槽（角）钢安装。

5. 电气设备以外的加压设备和附属管道的安装。

三、设备安装所需的地脚螺栓按土建预埋考虑，不包括二次灌浆。

六、高压成套配电柜安装项目系综合考虑的，不分容量大小，也不包括母线配制及设备干燥。

九、组合型成套箱式变电站主要是指 10kV 以下的箱式变电站，一般布置形式为变压器在箱的中间，箱的一端为高压开关位置，另一端为低压开关位置。组合型低压成套配电装置其外形像一个大型集装箱，内装 6～24 台低压配电箱（屏），箱的两端开门，中间为通道，称为集装箱式低压配电室，列入本册第四章。

第 04 章　控制设备及低压电器

一、本章包括电气控制设备、低压电器的安装，盘、柜配线，焊（压）接线端子，穿通板制作、安装，基础槽（角）钢及各种铁构件、支架制作、安装。

二、控制设备安装，除限位开关及水位电气信号装置外，其他均未包括支架制作安装。发生时可执行本章相应项目。

三、控制设备安装未包括的工作内容：

1. 二次喷漆及喷字。

2. 电器及设备干燥。

3. 焊、压接线端子。

4. 端子板外部（二次）接线。

四、屏上辅助设备安装，包括标签框、光字牌、信号灯、附加电阻、连接片等，但不包括屏上开孔工作。

五、设备的补充油按设备自带考虑。

六、各种铁构件制作，均不包括镀锌、镀锡、镀铬、喷塑等其他金属防护费用。发生时应另行计算。

七、轻型铁构件指结构厚度在 3mm 以内的构件。

八、铁构件制作、安装项目适用于本册范围内的各种支架、构件的制作、安装。

九、铜（铝）线焊（压）接线端子项目只适用于导线，电力（控制）电缆终端头制作、安装项目中已含压接线端子。

十、端子板外部接线、控制电缆头制作、安装项目中已含接线工作，不应重复计算。

十一、盘、柜配线项目只适用于盘上小设备元件的少量现场配线，不适用于工厂的设备修、配、改工程。

第 06 章　电机

一、本章项目中的专业术语"电机"系发电机和电动机的统称，如小型电机检查接线项目，适用于同功率的小型发电机和小型电动机的检查接线，项目中的电机功率系指电机的额定功率。

三、各类电机的检查接线项目均不包括控制装置的安装和接线；除发电机和调相机外，均不包括电机干燥，发生时应按电机干燥项目另行计算。

六、各种电机的检查接线，规范要求均需配有相应的金属软管，本章综合取定平均每台电机配1根0.8m金属软管，设计有规定的，可按设计规格和数量调整，定额人工、机械不变。

七、电机的电源线为导线时，应执行本册第四章的压（焊）接线端子项目。

八、电机干燥项目系按一次干燥所需的工、料、机消耗量考虑的，在特别潮湿的地方，电机需要进行多次干燥，应按实际干燥次数计算。在气候干燥、电机绝缘性能良好、符合技术标准而不需要干燥时，则不计算干燥费用。

第08章　电缆

一、本章的电缆敷设项目适用于10kV以下的电力电缆和控制电缆敷设，项目内容系按平原地区和厂内电缆工程的施工条件编制的，未考虑在积水区、水底、井下等特殊条件下的电缆敷设，厂外电缆敷设工程按本册第十章有关内容另计工地运输。

二、电缆在一般山地、丘陵地区敷设时，其项目人工乘以系数1.3。该地段所需的施工材料如固定桩、夹具等按实际另计。

三、本章的电缆敷设项目是按铜芯电缆考虑，铝芯电缆敷设可按相应截面电缆敷设项目执行，人工和机械乘以系数0.7。

四、本章的电力电缆头项目未考虑双屏蔽电缆头制作，如发生可按同截面电缆头制作、安装项目执行，人工乘以系数1.05。

五、电力电缆敷设项目是按三芯（包括三芯连地）考虑的，五芯电力电缆敷设按同截面电缆项目乘以系数1.3，六芯电力电缆乘以系数1.6，每增加一芯增加30%，以此类推（未计价材数量不予调整）。单芯电力电缆敷设按同截面电缆项目乘以0.67。截面400～800mm²的单芯电力电缆敷设按400mm²电力电缆项目执行；截面800～1000mm²的单芯电力电缆敷设按400mm²电力电缆乘以系数1.25执行。240mm²以上的电缆头的接线端子为异型端子，需要单独加工，应按实际加工价计算（或调整项目价格）。

六、电缆头制作、安装项目是按铜芯考虑，铝芯电缆头制作、安装可按相应截面电缆头制作、安装项目执行，人工乘以系数0.7。

七、电缆头制作、安装项目是按三芯（包括三芯连地）考虑的，五芯电缆头制作、安装执行定额时，按相应截面电缆头制作、安装定额乘以系数1.3，六芯电缆头制作、安装乘以系数1.6，每再增加一芯定额增加30%，以此类推，相应端子数量据实调整。

八、户内冷缩式电力电缆终端头制作、安装执行户内热缩式电力电缆终端头制作、安装项目人工乘以系数0.8。

九、桥架安装：

1. 桥架安装包括运输、组对、吊装、固定；弯通或三、四通修改、制作组对，切割口防腐，桥架开孔，上管件、隔板安装，盖板安装、接地、附件安装等工作内容。

2. 桥架支撑架项目适用于立柱、托臂及其他各种支撑架的安装。项目中已综合考虑了采用螺栓、焊接和膨胀螺栓三种固定方式。

3. 玻璃钢梯式桥架和铝合金梯式桥架项目均按不带盖考虑，如这两种桥架带盖，则分别执行玻璃钢槽式桥架和铝合金槽式桥架项目。

4. 钢制桥架主结构设计厚度大于3mm时，项目人工、机械乘以系数1.2。

5. 不锈钢桥架按本章钢制桥架项目乘以系数1.1执行。

十、本章电缆敷设项目已将裸包电缆、铠装电缆、屏蔽电缆等因素考虑在内，因此，凡10kV以下的电力电缆和控制电缆均不分结构形式和型号，一律按相应的电缆截面和芯数执行。

十一、本章电力电缆敷设按"电缆敷设"、"电缆沿墙敷设"、"电缆沿钢索敷设"、"电缆沿垂直通道敷设"四种敷设方式分列定额，其中"电缆敷设"、"电缆沿垂直通道敷设"已综合考虑了电缆沿地沟、支架、托架、桥架、电缆槽、穿保护管、直埋等敷设形式。

十二、电缆敷设及其相配套的项目中凡未包括主材（又称装置性材料）消耗量的，应另按设计和工程量计算规则加上规定的损耗率计算主材费用。

十三、电缆沿垂直通道敷设高度超过20m（或6层），可套用沿垂直通道敷设项目。

十四、直径φ100以下的电缆保护管敷设按本册第十二章"配管、配线"有关项目执行。

十五、本章未包括下列工作内容：

1. 隔热层、保护层的制作、安装。

2. 吊电缆的钢索及拉紧装置。

3. 电缆冬季施工的加温工作和在其他特殊施工条件下的施工措施费和施工降效增加费。

4. 路面基层开挖。

第09章　防雷及接地装置

一、本章项目适用于建筑物、构筑物的防雷接地、变配电系统接地、设备接地以及避雷针的接地装置。

二、户外接地母线敷设项目系按自然地坪和一般土质综合考虑的，包括地沟的挖填土和夯实工作，执行本项目时不应再计算土方量。如遇有石方、矿渣、积水、障碍物等情况时可另行计算。

三、本章不适于采用爆破法施工敷设接地线、安装接地极，也不包括高土壤电阻率地区采用换土或化学处理的接地装置及接地电阻的测定工作。

四、本章项目中，避雷针的安装、半导体少长针消雷装置安装均已考虑了高空作业的因素。

五、独立避雷针的加工制作执行本册"一般铁构件"制作项目或按成品计算。

六、防雷均压环安装项目是按利用建筑物圈梁内主筋作为防雷接地连接线考虑的。如果采用单独扁钢或圆钢明敷作均压环时，可执行"户内接地母线敷设"项目。

七、利用铜绞线作接地引下线时，配管、穿铜绞线执行本册第十二章中同规格的相应项目。

八、利用建筑物主筋作接地引下线和利用圈梁钢筋作均压环接地连线，都是按二根主筋考虑的，如超过二根可按比例调整。

九、利用建筑物主筋作接地引下线项目是按锥螺纹绑扎焊接考虑的，如主筋采用对焊方式，项目乘以系数0.5。

十、高层建筑物屋顶的防雷接地装置应执行"避雷网安装"项目，电缆支架的接地线安装应执行"户内接地母线敷设"项目。

第11章　电气调整试验

一、本章内容包括电气设备的本体试验和主要设备的分系统调试。不包括成套设备的整套启动调试，应按有关规定另行计算。

三、送配电设备调试中的 1kV 以下项目适用于所有低压供电回路，如从低压配电装置至分配电箱的供电回路；但从配电箱直接至电动机的供电回路已包括在电动机的系统调试项目内。送配电设备系统调试包括系统内的电缆试验、瓷瓶耐压等全套调试工作。供电桥回路中的断路器、母线分段断路器皆作为独立的供电系统计算。项目中皆按一个系统一侧配一台断路器考虑的，若两侧皆有断路器时，则按两个系统计算。如果分配电箱内只有刀开关、熔断器等不含调试元件的供电回路，则不再作为调试系统计算。

十一、干式变压器调试，按相应容量变压器调试项目乘以系数 0.8。

十二、电气调试所需的电力消耗已包括在调试项目内，不另计算。但 10kW 以上电机及发电机的启动调试用的蒸气、电力和其他动力能源消耗及变压器空载试运转的电力消耗，应另行计算。

第 12 章　配管、配线

一、配管工程均未包括接线箱、盒及支架制作、安装。钢索架设及拉紧装置的制作、安装，插接式母线槽支架制作，槽架制作及配管支架应执行铁构件制作安装项目。

二、如果发生布管后仅穿铁丝，不穿电线的情况，穿铁丝项目可按 0.3 工日/100m，铁丝 0.21kg/100m 管计算。

三、执行管内穿线定额时，如不需穿引线，人工乘以系数 0.8，扣减全部钢丝耗量。

四、人工、机械凿槽、刨沟、补沟槽项目适用于非施工单位造成的（如设计变更）需要墙面刨沟、补沟槽项目（不包括墙面抹灰）。

五、墙及楼板打透眼项目适用于非施工单位造成的（如设计变更）需打的孔洞。砌块墙按墙厚 120mm 至 370mm 综合考虑的，如设计采用 490mm 墙，基价乘以系数 1.3。混凝土结构按厚度 100mm 至 250mm 综合考虑。

六、人防穿墙套管为成品时，定额乘以系数 0.2，人防穿墙套管价值另计。

第 13 章　照明器具

一、各型灯具的引导线，除注明者外，均已综合考虑在项目内，执行时不应换算。

二、路灯、投光灯、碘钨灯、氙气灯、烟囱或水塔指示灯，均已考虑了一般工程的高空作业因素，其他器具安装高度如超过 5m，则应计算操作高度增加费。

三、本章中的装饰灯具项目均已考虑了一般工程的超高作业因素，并包括脚手架搭拆费用。

四、装饰灯具安装项目与示意图号配套使用。

五、应急灯安装可按安装方式执行标志、诱导装饰灯具相应项目。

六、本章项目已包括利用摇表测量绝缘及一般灯具的试亮工作（但不包括调试工作）。

七、小型自动空气开关安装定额适用于照明系统中 60A 以下的小型单联、双联、三联自动空气开关。

第 15 章　可竞争措施项目

一、本章项目，除另有注明外，均以定额中实体消耗项目的人工费、机械费之和为基础计算。

二、操作高度增加费（已考虑了操作高度增加因素的项目除外）：操作物高度离楼地面 5m 以上、20m 以下时施工发生的降效费用，以高度增加部分的人工费、机械费之和为计算基数。

三、超高费：高度在 6 层或 20m 以上的工业与民用建筑施工时发生的降效费用。为高层建筑供电的变电所和供水等动力工程，如装在高层建筑的底层或地下室的，不计取超高费；装在 6 层以上的变配电工程和动力工程，计取超高费。

四、垂直运输费：工业与民用建筑内中安装工程施工时发生的垂直运输机械费用。

五、冬季施工增加费、雨季施工增加费：施工期在取暖期、非取暖期天数 50% 以内时，增加费按 50% 计取；施工期在取暖期、非取暖期天数 50% 以上时，增加费按 100% 计取。

六、层高在 5m 以内的单层建筑（无地下室）内的安装工程不计算垂直运输费。

七、脚手架搭拆费项目中不包括装饰灯具安装及 10kV 以下架空线路。

第 16 章　不可竞争措施项目

本章项目以实体消耗项目和可竞争措施费项目（其他措施项目除外）的人工费、机械费之和为计算基数。

三、第十二册"建筑智能化系统设备安装工程"定额常用说明

一、第十二册"建筑智能化系统设备安装工程"（以下简称本定额）适用于智能大厦、智能小区新建和扩建项目中的智能化系统设备的安装调试工程。

二、本定额主要依据的标准、规范有：（略）

三、下列内容执行其他册相应项目：

1. 电源线、控制电缆敷设、电缆托架铁件制作、电线槽安装、桥架安装、电线管敷设、电缆沟工程、电缆保护管敷设，执行第二册"电气设备安装工程"相关项目。

2. 通信工程中的立杆工程、天线基础、土石方工程、建筑物防雷及接地系统工程执行第二册"电气设备安装工程"和其他相关项目。

四、有关说明：

1. 为配合业主或认证单位验收测试而发生的费用，在合同中协商确定。

2. 本定额的设备、天线、铁塔安装工程按成套购置考虑，包括构件、标准件、附件和设备内部连线。

3. 本定额中的工作内容已说明了主要的施工工序，次要工序虽未说明，但均已包括在内。

第 01 章　综合布线系统工程

一、本章包括：双绞线、光缆、漏泄同轴电缆、电话线和广播线的敷设、布放和测试工程。

二、本章不包括的内容：钢管、PVC 管、桥架、线槽敷设工程、管道工程、杆路工程、设备基础工程和埋式光缆的挖填土工程，若发生时执行第二册"电气设备安装工程"和有关建筑工程定额。

三、本章双绞线布放是按六类以下系统编制的，六类以上的布线系统工程所用项目的综合工日的用量按增加 20% 计列。

四、在已建天棚内敷设线缆时，所用项目的综合工日的用量按增加 50% 计列。

第 02 章　通信系统设备安装工程

一、本章包括铁塔、天线、天馈系统，数字微波通信，卫星通信，移动通信，光纤通信，程控交换机，会议电话、会议电视等设备的安装、调试工程。

二、本章铁塔的安装工程是在正常的气象条件下施工取定的，不包括铁塔基础施工、预埋件的埋设及防雷接地施工。楼顶铁塔架设，综合工日上调 25%。

五、会议电话和会议电视的音频终端执行第六章有关项目，视频终端项目执行第九章相关项目。

六、电话线、广播线的布线，执行第一章相关项目。

第03章　计算机网络系统设备安装工程

一、本章包括计算机（微机及附属设备）和网络系统设备，适用于楼宇、小区智能化系统中计算机网络系统设备的安装、调试工程。

二、本章有关缆线敷设项目执行第一章有关项目。电源、防雷接地执行第七章有关项目。本章不包括支架、基座制作和机柜的安装，发生时执行第二册"电气设备安装工程"相关项目。

第04章　建筑设备监控系统安装工程

一、本章适用于楼宇建筑设备监控系统安装调试工程。其中包括多表远传系统、楼宇自控系统。

二、本章不包括设备的支架、支座制作，发生时执行第二册"电气设备安装工程"相关项目。

三、线缆布放按第01章综合布线工程执行。

第05章　有线电视系统设备安装工程

一、本章适用于有线广播电视、卫星电视、闭路电视系统设备的安装调试工程。

二、本章天线在楼顶上吊装，是按照楼顶距地面20m以下考虑的，楼顶距地面高度超过20m的吊装工程，应计取超高费。

第11章　可竞争措施项目

一、本章项目，除另有注明外，均以定额中实体消耗项目的人工费、机械费（含仪表台班费）之和为基础计算。

二、操作高度增加费（已考虑了操作高度增加因素的项目除外）：操作物高度离楼地面5m以上时，施工发生的降效费用，以高度增加部分的人工费、机械费（含仪表台班费）之和为计算基数。

三、超高费：高度在6层或20m以上的工业与民用建筑施工时发生的降效费用。

四、全系统调试、联调费以相应章实体消耗项目的人工费、机械费之和为计算基数。

第二节　安装电气工程计算规则

一、第二册"电气设备安装工程"常用计算规则

总说明

一、本规则与2012年《全国统一安装工程预算定额河北省消耗量定额》配套使用，作为确定安装工程造价及其消耗量的依据。

二、安装工程量除依据2012年《全国统一安装工程预算定额河北省消耗量定额》及本规则各项规定外，还应依据以下文件：

1. 经审定的施工设计图纸及其说明。

2. 经审定的施工组织设计或施工技术措施方案。

3. 经审定的其他有关技术经济文件。

三、本规则的计算尺寸，以设计图纸表示的或设计图纸能读出的尺寸为准。除另有规定外，工程量的计量单位应按下列规定计算：

1. 以体积计算的为"m³"。

2. 以面积计算的为"m²"。

3. 以长度计算的为"m"。

4. 以重量计算的为"t"。

5. 以台（套或件等）计算的为"台"、"套"或"件"等。

汇总工程量时，其准确度取值：m³、m²、m 取两位小数；t 取三位小数；台（套或件等）取整数，两位或三位小数后的位数按四舍五入法取舍。

第一章　变压器

一、变压器安装，按不同容量以"台"为计量单位计算。

二、变压器干燥，按变压器不同容量以"台"为计量单位计算。

三、消弧线圈的干燥按同容量电力变压器干燥项目执行，以"台"为计量单位计算。

四、变压器油过滤不论过滤多少次，直到过滤合格为止，以"t"为计量单位计算，其具体计算方法如下：

1. 变压器安装项目未包括绝缘油的过滤，需要过滤时，可按制造厂提供的油量计算。

2. 油断路器及其他充油设备的绝缘油过滤，可按制作厂规定的充油量计算。

计算公式：

$$油过滤量(t) = 设备油重(t) \times (1 + 损耗率)$$

第二章　配电装置

一、断路器、电流互感器、电压互感器、油浸电抗器、电力电容器及电容器柜的安装，按设计图示数量以"台（个）"为计量单位计算。

二、隔离开关、负荷开关、熔断器、避雷器、干式电抗器的安装，按设计图示数量以"组"为计量单位，每组按三相计算。

三、交流滤波装置组架的安装按设计图示数量以"台"为计量单位计算。每套滤波装置包括三台组架安装，不包括设备本身及铜母线的安装，其工程量应按本册相应项目另行计算。

四、高压设备安装项目内均不包括绝缘台的安装，其工程量应按施工图设计另行计算。

五、高压成套配电柜和箱式变电站的安装按设计数量以"台"为计量单位计算。

六、配电设备安装的支架、抱箍及延长轴、轴套、间隔板等，按施工图设计的需要量计算，执行第四章"铁构件制作安装"项目或成品价。

第三章　母线、绝缘子

一、悬式绝缘子串安装，指垂直或 V 型安装的提挂导线、跳线、引下线、设备连接线或设备等所用的绝缘子串安装，按设计图示数量以"10 串"为计量单位计算。耐张绝缘子串的安装，已包括在软母线安装项目内。

二、支持绝缘子安装分别按安装在户内、户外、单孔、双孔、四孔固定，按设计图示数量以"10 个"为计量单位计算。

三、穿墙套管安装不分水平、垂直安装，均按设计图示数量以"个"为计量单位计算。

四、软母线安装，指直接由耐张绝缘子串悬挂部分，按软母线截面大小分别以"跨/三相"为计量单位计算。软导线、绝缘子、线夹、弛度调节金具等均按施工图设计用量加项目规定的损耗率计算。

五、软母线引下线，指由 T 型线夹或并沟线夹从软母线引向设备的连接线，按设计图示数量以"组"为计量单位计算，每三相为一组；软母线经终端耐张线夹引下（不经 T 型线夹或并沟线夹引下）与设备连接的部分均执行引下线项目。

六、两跨软母线间的跳引线安装，按设计图示数量以"组"为计量单位计算，每三相为一组。不论两端的耐张线夹是螺栓式或压接式，均执行软母线跳线项目。

七、设备连接线安装，指两设备间的连接部分。不论引下线、跳线、设备连接线，均应分别按导线截面、三相为一组计算工程量。

八、组合软母线安装，按三相为一组计算。跨距（包括水平悬挂部分和两端引下部分之和）按45m以内考虑，跨度的长与短不作调整。导线、绝缘子、线夹、金具按施工图设计用量加项目规定的损耗率计算。

九、软母线安装预留长度按下表计算。

软母线安装预留长度

单位：m/根

项目	耐张	跳线	引下线、设备连接线
预留长度	2.5	0.8	0.6

十、带形母线安装及带形母线引下线安装包括铜排、铝排，分别以不同截面和片数以"10m/单相"为计量单位计算，母线和固定母线的金具均按设计量加损耗率计算。

十一、母线伸缩接头、铜过渡板安装均按设计图示数量以"个"、"块"为计量单位计算。

十二、槽形母线安装按设计图示数量以"10m/单相"为计量单位计算。槽形母线与设备连接分别按连接不同的设备以"台"为计量单位计算。槽形母线及固定槽形母线的金具按设计用量加损耗率计算。共箱母线安装按箱体的大小尺寸以"10m"为计量单位，长度按设计共箱母线的轴线长度计算。

十三、低压（指380V以下）封闭式插接母线槽安装分别按导体的每相电流大小以"10m"为计量单位，长度按设计母线的轴线长度计算，分线箱以"台"为计量单位，分别以电流大小按设计数量计算。

十四、重型母线安装包括铜母线、铝母线，分别按截面大小以母线的成品重量以"t"为计量单位计算。

十五、重型铝母线接触面加工指铸造件需加工接触面时，可以按其接触面大小，分别以"片/单相"为计量单位计算。

十六、硬母线配置安装预留长度按下表计算。

硬母线配置安装预留长度

单位：m/根

序号	项目	预留长度	说明
1	带形、槽形母线终端	0.3	从最后一个支持点算起
2	带形、槽形母线与分支线连接	0.5	分支线预留
3	带形母线与设备连接	0.5	从设备端子接口算起
4	多片重型母线与设备连接	1	从设备端子接口算起
5	槽形母线与设备连接	0.5	从设备端子接口算起

十七、带形母线、槽形母线安装均不包括支持瓷瓶安装和钢构件配置安装，应分别按设计成品数量执行第二册"电气设备安装工程"相应项目。

第四章　控制设备及低压电器

一、控制设备及低压电器安装均按设计图示数量以"台"为计量单位计算。以上设备安装均未包括基础槽钢、角钢的制作、安装，应按相应项目另行计算。

二、铁构件制作、安装均按设计图示尺寸，以成品重量"100kg"为计量单位计算。

三、网门、保护网制作、安装，按设计网门或保护网的框外围尺寸，以"m²"为计量单位计算。

四、盘柜配线分不同规格，以"10m"为计量单位计算。

五、盘、箱、柜的外部进出线预留长度按下表计算。

盘、箱、柜的外部进出线预留长度　　　　　　单位：m/根

序号	项目	预留长度	说明
1	各种箱、柜、盘、板、盒	高＋宽	盘面尺寸
2	单独安装的铁壳开关、自动开关、刀开关、启动器、箱式电阻器、变阻器	0.5	从安装对象中心算起
3	继电器、控制开关、信号灯、按钮、熔断器等小电器	0.3	从安装对象中心算起
4	分支接头	0.2	分支线预留

六、配电板制作、安装及包铁皮，按配电板图示外形尺寸，制作以"m²"，安装以"块"为计量单位计算。

七、端子板外部接线按设备盘、箱、柜、台的外部接线图计算，以"10个"为计量单位计算。

第六章　电机

一、发电机、调相机、电动机的电机检查接线，均按设计图示数量以"台"为计量单位计算。直流发电机组和多台一串的机组，按单台电机分别执行。

二、电机项目的界线划分：单台电机质量在3t以下的为小型电机；单台电机重量在3t以上至30t以下的为中型电机；单台电机质量在30t以上的为大型电机。

三、小型电机按电机类别和功率大小执行相应项目，大、中型电机不分类别一律按电机重量执行相应项目。

四、风机盘管检查接线不分明装和暗装，均以"台"为计量单位计算。

第七章　滑触线装置

滑触线安装按设计图示长度以"100m/单相"为计量单位计算，其附加和预留长度按下表计算。

滑触线安装附加和预留长度　　　　　　单位：m/根

序号	项目	预留长度	说明
1	圆钢、铜母线与设备连接	0.2	从设备连接端子接口起算
2	圆钢、铜滑触线终端	0.5	从最后一个固定点起算
3	角钢滑触线终端	1	从最后一个支持点起算
4	扁钢滑触线终端	1.3	从最后一个固定点起算
5	扁钢母线分支	0.5	分支线预留
6	扁钢母线与设备连接	0.5	从设备接线端子接口起算
7	轻轨滑触线终端	0.8	从最后一个支持点起算
8	安全节能及其他滑触线终端	0.5	从最后一个固定点起算

第八章　电缆

一、直埋电缆的挖、填土（石）方，除特殊要求外，可按下表计算土方量。

直埋电缆的挖、填土（石）方量

项　目	电缆根数	
	1～2	每增1根
每米沟长挖方量/m³	0.45	0.153

　　注：1. 2根以内的电缆沟，系按上口宽度600mm、下口宽度400mm、深度900mm计算的常规土方量（深度按规范的最低标准）；

　　2. 每增加1根电缆，其宽度增加170mm；

　　3. 以上土方量系按埋深从自然地坪起算，如设计埋深超过900mm时，多挖的土方量应另行计算。

二、电缆沟盖板揭、盖项目，按每揭或每盖一次，以"100m"为计量单位，如又揭又盖，则按两次计算。

三、电缆保护管长度，除按设计规定长度计算外，遇有下列情况，应按以下规定增加保护管长度：

1. 横穿道路，按路基宽度两端各增加 2m。

2. 垂直敷设时，管口距地面增加 2m。

3. 穿过建筑物外墙时，按外墙外缘以外增加 1.5m。

4. 穿过排水沟时，按沟壁外缘以外增加 1m。

四、电缆保护管埋地敷设，其土方量凡有施工图注明的，按施工图计算；无施工图的，一般按沟深 0.9m、沟宽按最外边的保护管两侧边缘外各增加 0.3m 工作面计算。

五、电缆敷设按单根以"100m"为计量单位计算，一个沟内（或架上）敷设 3 根各长 100m 的电缆，应按 300m 计算，以此类推。

六、预分支电力电缆（亦称母子电缆）敷设，不区分电力电缆芯数，按主电力电缆（母电缆）截面以"100m/束"为计量单位计算。

七、电缆敷设长度应根据敷设路径的水平和垂直敷设长度，按下表规定增加附加长度。

电缆敷设的附加长度

序号	项　目	预留长度（附加）	说　明
1	电缆敷设弛度、波形弯度、交叉	2.5%	按电缆全计算
2	电缆进入建筑物	2.0m	规范规定最小值
3	电缆进入沟内或吊架时引上（下）预留	1.5m	规范规定最小值
4	变电所进线、出线	1.5m	规范规定最小值
5	电力电缆终端头	1.5m	检修余量最小值
6	电缆中间接头盒	两端各留 2.0m	检修余量最小值
7	电缆进控制、保护屏及模拟盘等	高＋宽	按盘面尺寸
8	高压开关柜及低压配电盘、箱	2.0m	盘下进出线
9	电缆至电动机	0.5m	从电机接线盒起算
10	厂用变压器	3.0m	从地坪起算
11	电缆绕过梁、柱等增加长度	按实计算	按被绕物的断面情况计算增加长度
12	电梯电缆与电缆架固定点	每处 0.5m	规范规定最小值

注：电缆附加及预留的长度是电缆敷设长度的组成部分，应计入电缆长度工程量之内，即：电缆工程量＝施工图用量＋附加及预留长度。

八、电缆终端头及中间头均按设计图示数量以"个"为计量单位计算。电力电缆和控制电缆均按一根电缆有两个终端头考虑。中间电缆头设计有图示的，按设计确定；设计没有规定的，按实际情况计算（或按平均 250m 一个中间头考虑）。

九、桥架安装，按设计图示长度以"10m"为计量单位计算。

十、钢索的计算长度以两端固定点的距离为准，不扣除拉紧装置的长度。

第九章　防雷及接地装置

一、接地极制作安装以"根"为计量单位，其长度按设计长度计算，设计无规定时，每根长度按 2.5m 计算。若设计有管帽时，管帽另按加工件计算。

二、接地母线、避雷线敷设以"10m"为计量单位，其长度按施工图水平和垂直规定长度另加 3.9% 的附加长度（包括转弯、上下波动、避绕障碍物、搭接头所占长度）计算。

三、接地跨接线以"10处"为计量单位，按规程规定凡需做接地跨接线的工程，每跨接一次按一处计算。

四、避雷针的加工制作、安装，以"根"或"组"为计量单位计算，独立避雷针安装以"基"为计量单位计算。长度、高度、数量均按设计规定。

五、半导体少长针消雷装置安装以"套"为计量单位计算，按设计安装高度分别执行相应项目。装置本身由设备制造厂成套供货。

六、利用建筑物内主筋作接地引下线安装按设计图示尺寸以"10m"为计量单位计算。

七、断接卡子制作安装以"10套"为计量单位，按设计规定装设的断接卡子数量计算，接地检查井内的断接卡子安装按每井一套计算。

八、均压环敷设以"10m"为计量单位，工程量以设计需要做均压接地的圈梁的中心线长度按延长米计算。

九、钢、铝窗接地以"10处"为计量单位（高层建筑六层以上的金属窗设计一般要求接地），按设计规定接地的金属窗数进行计算。

十、柱子主筋与圈梁连接以"10处"为计量单位，每处按2根主筋与2根圈梁钢筋分别焊接连接考虑。如果焊接主筋和圈梁钢筋超过2根时，可按比例调整。柱子主筋与圈梁连接的"处"数按设计规定计算。

十一、利用基础钢筋作接地极是按满堂基础、带形基础考虑的，以"m²"为计量单位，按基础尺寸计算工程量。

十二、等电位末端金属管与接地导体采用抱箍联结以"10处"为计量单位，按设计规定接地联结数量进行计算，其接地导体按材质及敷设方式按相应项目执行。

十三、等电位末端金属体与绝缘导线直接联结，以"10处"为计量单位，按设计规定的联结数量进行计算，其接地导体按材质及敷设方式按相应项目执行。

第十一章　电气调整试验

一、电气调试系统的划分以电气原理系统图为依据。电气设备元件的本体试验均包括在相应项目的系统调试之内，不应重复计算。绝缘子和电缆等单体试验，只在单独试验时使用。在系统调试项目中各工序的调试费用如需单独计算时，可按下表所列比例计算。

电气调试系统各工序的调试费用

工序/项目	发电机、调相机系统 /%	变压器系统 /%	送配电设备系统 /%	电动机系统 /%
一次设备本体试验	30	30	40	30
附属高压二次设备试验	20	20	20	30
一次电流及二次回路检查	20	20	20	20
继电器及仪表试验	30	20	20	20

二、供电桥回路的断路器、母线分段断路器，均按独立的送配电设备系统计算调试费。

三、送配电设备系统调试，适用于各种供电回路（包括照明供电回路）的系统调试。凡供电回路中带有仪表、继电器、电磁开关等调试元件的（不包括闸刀开关、保险器），均按调试系统计算。移动式电器和以插座连接的家电设备业经厂家调试合格、不需要用户自调的设备均不应计算调试费用。

四、送配电设备系统调试，系按一侧有一台断路器考虑的，若两侧均有断路器时，则应按两个系统计算。

五、住宅计算1kV以下交流供电送配电系统调试时，系统个数应按电源进户个数计取。

六、变压器系统调试，以每个电压侧有一台断路器为准。多于一个断路器的按相应电压等级送配电设备系统调试的相应项目另行计算。

七、特殊保护装置，均以构成一个保护回路为一套，其工程量计算规定如下（特殊保护装置未包括在各系统调试项目之内，应另行计算）：

1. 发电机转子接地保护，按全厂发电机共用一套考虑。

2. 距离保护，按设计规定所保护的送电线路断路器台数计算。

3. 高频保护，按设计规定所保护的送电线路断路器台数计算。

4. 故障录波器的调试，以一块屏为一套系统计算。

5. 失灵保护，按设置该保护的断路器台数计算。

6. 失磁保护，按所保护的电机台数计算。

7. 变流器的断线保护，按变流器台数计算。

8. 小电流接地保护，按装设该保护的供电回路断路器台数计算。

9. 保护检查及打印机调试，按构成该系统的完整回路为一套计算。

八、自动装置及信号系统调试，均包括继电器、仪表等元件本身和二次回路的调整试验，具体规定如下：

1. 备用电源自动投入装置，按联锁机构的个数确定备用电源自投装置系统数。一个备用厂用变压器作为三段厂用工作母线备用的厂用电源，计算备用电源自动投入装置调试时，应为三个系统。装设自动投入装置的两条互为备用的线路或两台变压器，计算备用电源自动投入装置调试时，应为两个系统。备用电动机自动投入装置亦按此计算。

2. 线路自动重合闸调试系统，按采用自动重合闸装置的线路自动断路器的台数计算系统数，综合重合闸也按此计算。

3. 自动调频装置的调试，以一台发电机为一个系统。

4. 同期装置调试，按设计构成一套能完成同期并车行为的装置为一个系统计算。

5. 蓄电池及直流监视系统调试，一组蓄电池按一个系统计算。

6. 事故照明切换装置调试，按设计能完成交直流切换的一套装置为一个调试系统计算，应急灯不计算调试费。

7. 周波减负荷装置调试，凡有一个周率继电器，不论带几个回路，均按一个调试系统计算。

8. 变送器屏以屏的个数计算。

9. 中央信号装置调试，按每一个变电所或配电室为一个调试系统计算工程量。

10. 不间断电源装置调试按容量以"套"为计量单位计算。

九、接地网的调试规定如下：

1. 接地网接地电阻的测定。一般的发电厂或变电站连为一体的母网，按一个系统计算；自成母网不与厂区母网相连的独立接地网，另按一个系统计算。大型建筑群各有自己的接地网（接地电阻值设计有要求），虽然在最后也将各接地网联在一起，但应按各自的接地网计算，不能作为一个网，具体应按接地网的试验情况而定。

2. 避雷针接地电阻的测定。每一避雷针均有单独接地网（包括独立的避雷针、烟囱避雷针等）时，均按一组计算。

3. 独立的接地装置按组计算。如一台柱上变压器有一个独立的接地装置，即按一组计算。

十、避雷器、电容器的调试，按每三相为一组计算；单个装设的亦按一组计算，上述设备如设置在发电机、变压器、输配电线路的系统或回路内，仍应按相应项目另外计算调试费用。

十一、高压电气除尘系统调试，按一台升压变压器、一台机械整流器及附属设备为一个系统计算，分别按除尘器的除尘范围执行。

十二、硅整流装置调试，按一套硅整流装置为一个系统计算。

十三、普通电动机的调试，分别按电机的控制方式、功率、电压等级，以"台"为计量单位计算。

十四、可控硅调速直流电动机调试以"系统"为计量单位，其调试内容包括可控硅整流装置系统和直流电机控制回路系统两个部分的调试。

十五、交流变频调速电动机调试以"系统"为计量单位，其调试内容包括变频装置系统和交流电动机控制回路系统两个部分的调试。

十六、微型电机系指功率在 0.75kW 以下的电机，执行微型电机综合调试项目，以"台"为计量单位。电机功率在 0.75kW 以上的电机调试应按电机类别和功率分别执行相应调试项目。风机盘管、空气幕、带连线插头电机的小型电器不再执行电动机调试项目。

第十二章　配管、配线

一、各种配管应区别不同敷设方式、敷设位置、管材材质、规格，以"100m"或"10m"为计量单位计算，不扣除管路中间的接线箱（盒）、灯头盒、开关盒所占长度。

（注意：配管工程量计算时，应熟悉各层之间的供电关系，注意引上和引下管，最好按照回路编号依次计算，最后分管径大小、材质、敷设方式等分别汇总）

二、管内穿线的工程量，应区别线路性质、导线材质、导线截面，以"100m 单线"或"100 束"为计量单位计算。线路分支接头线的长度已综合考虑在项目中，不应另行计算；照明线路中的导线截面大于或等于 6mm² 时，应执行动力线路穿线相应项目。

（注意：计量管线时，我们一般先计量配管的工程量，然后，将配管的长度乘以穿线根数，再将配线进入开关箱、柜、屏等的预留长度一并相加，即为管内穿线工程量）

三、线夹配线工程量，应区别线夹材质（塑料、瓷质）、线式（两线、三线）、敷设位置（木结构、砌体、混凝土）以及导线规格，以"100m 线路"为计量单位计算。

四、绝缘子配线工程量，应区别绝缘子形式（针式、鼓形、蝶式）、绝缘子配线位置（沿屋架、梁、柱、墙，跨屋架、梁、柱、木结构、顶棚内、砌体、混凝土结构，沿钢支架及钢索）、导线截面积，以"100m 单线"为计量单位计算。绝缘子暗配，引下线按线路支持点至天棚下缘距离的长度计算。

五、槽板配线工程量，应区别槽板材质（木质、塑料）、配线位置（木结构、砌体、混凝土）、导线截面、线式（二线、三线），以"100m"为计量单位计算。

六、塑料护套线明敷工程量，应区别导线截面、导线芯数（二芯、三芯）、敷设位置（木结构、砌体混凝土结构、沿钢索），以"100m"为计量单位计算。

七、线槽配线工程量，应区别导线截面，以"100m 单线"为计量单位计算。

八、钢索架设工程量，应区别圆钢、钢索直径，按图示墙（柱）内缘距离，以"100m"为计量单位计算，不扣除拉紧装置所占长度。

九、母线拉紧装置及钢索拉紧装置制作安装工程量，应区别母线截面、花篮螺栓直径以"10 套"为计量单位计算。

十、车间带形母线安装工程量，应区别母线材质（铝、钢）、母线截面、安装位置（沿屋架、梁、柱、墙，跨屋架、梁、柱）以"100m"为计量单位计算。

十一、钢管刷油防腐工程量应区分钢管直径以"10m"为计量单位计算。

十二、动力配管混凝土地面刨沟工程量，应区别管子直径，以"10m"为计量单位计算。

十三、凿槽（刨沟）工程量应区分槽（沟）截面尺寸以"10m"为计量单位计算，打透眼工程量应区分透眼直径以"个"为计量单位计算。

十四、接线箱（半周长＞400mm）安装工程量，应区别安装形式（明装、暗装）、接线箱半周长，以"10个"为计量单位计算。

十五、接线盒（半周长≤400mm）安装工程量，应区别安装形式（明装、暗装、钢索上）以及接线盒类型，以"10个"为计量单位计算。

（注意：接线盒安装工程量计算，当管长超过30m无弯、20m有一个弯、15m有两个弯、8m有三个弯时，其管子中间必须增设接线盒，以利于穿线）

十六、灯具、明、暗开关、插座、按钮等的预留线，已分别综合在相应项目内，不应另行计算。

配线进入开关箱、柜、板的预留线，按下表规定的长度，分别计入相应的工程量。

连接设备导线预留线（每一根线）

序号	项 目	预留长度	说 明
1	各种开关箱、柜、板	高＋宽	盘面尺寸
2	单独安装(无箱、盘)的铁壳开关、闸刀开关、启动器、线槽进出线盒等	0.3m	从安装对象中心算起
3	由地面管子出口引至动力接线箱	1.0m	从管口计算
4	电源与管内导线连接(管内穿线与软、硬母线接点)	1.5m	从管口计算
5	出户线	1.5m	从管口计算

第十三章 照明器具

一、普通灯具安装工程量，应区别灯具的种类、型号、规格以"10套"为计量单位计算。普通灯具安装项目适用范围见下表。

普通灯具安装项目适用范围

项目名称	灯具种类
圆球吸顶灯	材质为玻璃的螺口、卡口圆球独立吸顶灯
半球吸顶灯	材质为玻璃的独立的半圆球吸顶灯、扁圆罩吸顶灯、平圆形吸顶灯
方型吸顶灯	材质为玻璃的独立的矩形罩吸顶灯、方形罩吸顶灯、大口方罩顶灯
软线吊灯	利用软线为垂吊材料、独立的，材质为玻璃、塑料、搪瓷、形状如碗伞、平盘灯罩组成的各式软线吊灯
吊链灯	利用吊链作辅助悬吊材料、独立的，材质为玻璃、塑料罩的各式吊链灯
防水吊灯	一般防水吊灯
一般弯脖灯	圆球弯脖灯、风雨壁灯
一般墙壁灯	各种材质的一般壁灯、镜前灯
软线吊灯头	一般吊灯头
节能座灯头	一般声控、光控座灯头
座灯头	一般塑胶、瓷质座灯头

二、吊式艺术装饰灯具的工程量，应根据装饰灯具示意图集所示，区别不同装饰物以及灯体直径和灯体垂吊长度，以"10套"为计量单位计算。灯体直径为装饰物的最大外缘直径，灯体垂吊长度为灯座底部到灯梢之间的总长度。

三、吸顶式艺术装饰灯具安装的工程量，应根据装饰灯具示意图集所示，区别不同装饰物、吸盘的几何形状、灯体直径、灯体周长和灯体垂吊长度，以"10套"为计量单位计算。灯体直径为吸盘最大外缘直径；灯体半周长为矩形吸盘的半周长；吸顶式艺术装饰灯具的灯体垂吊长度为吸盘到灯梢之间的总长度。

四、荧光艺术装饰灯具安装的工程量，应根据装饰灯具示意图集所示，区别不同安装形式和计量单位计算。

1. 组合荧光灯光带安装的工程量，应根据装饰灯具示意图集所示，区别安装形式、灯管数量，以"10m"为计量单位计算。灯具的设计数量与定额不符时可以按设计量加损耗量调整主材。

2. 内藏组合式灯安装的工程量，应根据装饰灯具示意图集所示，区别灯具组合形式，以"10m"为计量单位计算。灯具的设计数量与定额不符时，可根据设计数量加损耗量调整主材。

3. 发光棚安装的工程量，应根据装饰灯具示意图集所示，以"10m²"为计量单位计算，发光棚灯具按设计用量加损耗量计算。

4. 立体广告灯箱、荧光灯光沿的工程量，应根据装饰灯具示意图集所示，以"10m²"为计量单位计算。灯具设计用量与定额不符时，可根据设计数量加损耗量调整主材。

五、几何形状组合艺术灯具安装的工程量，应根据装饰灯具示意图集所示，区别不同安装形式及灯具的不同形式，以"10套"为计量单位计算。

六、标志、诱导装饰灯具安装的工程量，应根据装饰灯具示意图集所示，区别不同安装形式，以"10套"为计量单位计算。

七、水下艺术装饰灯具安装的工程量，应根据装饰灯具示意图集所示，区别不同安装形式，以"10套"为计量单位计算。

八、点光源艺术装饰灯具安装的工程量，应根据装饰灯具示意图集所示，区别不同安装形式、不同灯具直径，以"10套"为计量单位计算。

九、草坪灯具安装的工程量，应根据装饰灯具示意图集所示，区别不同安装形式，以"10套"为计量单位计算。

十、歌舞厅灯具安装的工程量，应根据装饰灯具示意图所示，区别不同灯具形式，分别以"10套"、"10m"、"10台"为计量单位计算。

装饰灯具安装项目适用范围见下表：

装饰灯具安装项目适用范围

项 目 名 称	灯具种类(形式)
吊式艺术装饰灯具	不同材质、不同灯体垂吊长度、不同灯体直径的蜡烛灯、挂片灯、串珠(穗)、串棒灯吊杆式组合灯、玻璃罩(带装饰)灯
吸顶式艺术装饰灯具	不同材质、不同灯体垂吊长度、不同灯体几何形状的串珠(穗)、串棒灯、挂片、挂碗、挂吊蝶灯、玻璃(带装饰)灯
荧光艺术装饰灯具	不同安装形式、不同灯管数量的组合荧光灯光带,不同几何组合形式的内藏组合式灯,不同几何尺寸、不同灯具形式的发光棚,不同形式的广告灯箱、荧光灯光沿
几何形状组合艺术灯具	不同固定形式、不同灯具形式的繁星灯、钻石星灯、礼花灯、玻璃罩钢架组合灯、凸片灯、反射挂灯、筒形钢架灯、U形组合灯、弧形管组合灯
标志、诱导装饰灯具	不同安装形式的标志灯、诱导灯
水下艺术装饰灯具	简易型彩灯、密封型彩灯、喷水池灯、幻光型灯
点光源艺术装饰灯具	不同安装形式、不同灯体直径的筒灯、牛眼灯、射灯、轨道射灯
草坪灯具	各种立柱式、墙壁式的草坪灯

续表

项 目 名 称	灯具种类（形式）
歌舞厅灯具	各种安装形式的变色转盘灯、雷达射灯、幻影转彩灯、维纳斯旋转彩灯、卫星旋转效果灯、飞蝶旋转效果灯、多头转灯、滚筒灯、频闪灯、太阳灯、雨灯、歌星灯、边界灯、射灯、泡泡发生器、迷你满天星彩灯、迷你单立（盘彩灯）、多头宇宙灯、镜面球灯、蛇光管

十一、荧光灯具安装的工程量，应区别灯具的安装形式、灯具种类、灯管数量，以"10套"为计量单位计算。荧光灯具安装项目适用范围见下表。

荧光灯具安装项目适用范围

项 目 名 称	灯 具 种 类
组装型荧光灯	单管、双管、三管吊链式、吸顶式、现场组装独立荧光灯
成套型荧光灯	单管、双管、三管、吊链式、吊管式、吸顶式、成套独立荧光灯

十二、工厂灯及防水防尘灯安装的工程量，应区别不同安装形式，以"10套"为计量单位计算。工厂灯及防水防尘灯安装项目适用范围见下表。

工厂灯及防水防尘灯安装项目适用范围

项 目 名 称	灯 具 种 类
直杆工厂吊灯	配照（GC1-A）、广照（GC3-A）、深照（GC5-A）、斜照（GC7-A）、圆球（GC17-A）、双罩（GC19-A）
吊链式工厂灯	配照（GC1-B）、深照（GC3-B）、斜照（GC5-C）、圆球（GC7-B）、双罩（GC19-A）、广照（GC19-B）
吸顶式工厂灯	配照（GC1-C）、广照（GC3-C）、深照（GC5-C）、斜照（GC7-C）、双罩（GC19-C）
弯杆式工厂灯	配照（GC1-D/E）、广照（GC3-D/E）、深照（GC3-D/E）、斜照（GC7-D/E）、双罩（GC19-C）、局部深罩（GC26-F/H）
悬挂式工厂灯	配照（GC21-2）、深照（GC23-2）
防水防尘灯	广照（GC9-A、B、C）、广照保护网（GC11-A、B、C）、散照（GC15-A、B、C、D、E、F、G）

十三、工厂其他灯具安装的工程量，应区别不同灯具类型、安装形式、安装高度，以"10套"为计量单位计算。工厂其他灯具安装项目适用范围见下表。

工厂其他灯具安装项目适用范围

项 目 名 称	灯 具 种 类
防潮灯	扁形防潮灯（GC-31）、防潮灯（GC-33）
腰形舱顶灯	腰形舱顶灯 CCD-1
碘钨灯	DW 型、220V、300～1000W
管形氙气灯	自然冷却式 200V/380V 20kW 以内
投光灯	TG 型室外投光灯
高压水银灯镇流器	外附式镇流器具 125～450W
安全灯	（AOB-1、2、3）、（AOC-1、2）型安全灯
防爆灯	CB C-200 型防爆灯
高压水银防爆灯	CB C-125/250 型高压水银防爆灯
防爆荧光灯	CB C-1/2 单/双管防爆型荧光灯

十四、医院灯具安装的工程量，应区别灯具种类，以"10套"或"套"为计量单位计算。

十五、路灯安装工程，应区别不同臂长、不同灯数，以"10套"为计量单位计算。路灯安装项目范围见下表。

路灯安装项目范围

项 目 名 称	灯 具 种 类
大马路弯灯	臂长 1200mm 以下、臂长 1200mm 以上
庭院路灯	三火以上、七火以下

十六、室外亮化灯具工程量应区别灯具种类，以"10m"或"套"为计量单位计算。

十七、航空障碍灯安装按设计图示数量以"10 套"为计量单位计算。

十八、霓虹灯管安装按设计图示尺寸以"m"为计量单位计算。

十九、霓虹灯控制器、继电器安装按设计图示数量以"台"为计量单位计算。

二十、开关、按钮安装的工程量，应区别开关、按钮安装形式，开关、按钮种类，开关极数以及单控与双控，以"10 套"为计量单位计算。

二十一、插座安装的工程量，应区别电源相数、额定电流、插座安装形式、插座插孔个数，以"10 套"为计量单位计算。

二十二、安全变压器安装的工程量，应区别安全变压器容量，以"台"为计量单位计算。

二十三、电铃、电铃号码牌箱安装的工程量，应区别电铃直径、电铃号牌箱规格（号），以"套"为计量单位计算。

二十四、门铃安装工程量计算，应区别门铃安装形式，以"10 个"为计量单位计算。

二十五、风扇安装的工程量，应区别风扇种类，以"台"为计量单位计算。

二十六、烘手器安装的工程量，按设计图示数量以"台"为计量单位计算。

二十七、盘管风机三速开关、请勿打扰灯，须刨插座安装的工程量，按设计图示数量以"10 套"为计量单位计算。

二十八、红外线浴霸按光源个数，以"套"为计量单位计算。

二十九、床头控制柜安装的工程量，按设计图示数量以"台"为计量单位计算。

第十四章　电梯电气装置

一、交流手柄操纵或按钮控制（半自动）电梯电气安装的工程量，应区别电梯层数、站数，以"部"为计量单位计算。

二、交流信号或集选控制（自动）电梯电气安装的工程量，应区别电梯层数、站数，以"部"为计量单位计算。

三、直流信号或集选控制（自动）快速电梯电气安装的工程量，应区别电梯层数、站数，以"部"为计量单位计算。

四、直流集选控制（自动）高速电梯电气安装的工程量，应区别电梯层数、站数，以"部"为计量单位计算。

五、小型杂物电梯电气安装的工程量，应区别电梯层数、站数，以"部"为计量单位计算。

六、电厂专用电梯电气安装的工程量，应区别配合锅炉容量，以"部"为计量单位计算。

七、电梯增加厅门、自动轿厢门及提升高度工程量，应区别电梯形式、增加自动轿厢门数量、增加提升高度，分别以"个"、"m"为计量单位计算。

八、自动扶梯、步行道电气安装的工程量分别以"部"、"段"为计量单位计算。

二、第十二册"建筑智能化系统设备安装工程" 常用计算规则

第一章　综合布线系统工程

一、双绞线缆、光缆、漏泄同轴电缆、电话线和广播线敷设、穿放、明布放以延长米计算。电缆敷设按单根延长米计算，如一个架上敷设 3 根各长 100m 的电缆，应按 300m 计算，

以此类推。电缆附加及预留的长度是电缆敷设长度的组成部分，应计入电缆长度工程量之内。电缆进入建筑物预留长度2m；电缆进入沟内或吊架上引上（下）预留1.5m；电缆中间接头盒，预留长度两端各留2m。

二、制作跳线以"条"为计量单位，卡接双绞线缆以"对"为计量单位，跳线架、配线架安装以"条"为计量单位计算。

三、安装各类信息插座、过线（路）盒、信息插座底盒（接线盒）、光缆终端盒和跳块打接以"个"计算。

四、双绞线缆测试，以"芯"为单位计算；光纤测试以"链路"为单位计算。

五、光纤连接以"芯"（磨制法以"端口"）计算。

六、布放尾纤以"根"计算。

七、室外架设架空光缆以延长米计算。

八、光缆接续以"头"计算。

九、制作光缆成端接头以"套"计算。

十、安装漏泄同轴电缆接头以"个"计算。

十一、成套电话组线箱、机柜、机架、抗震底座安装以"台"计算。

十二、安装电话出线口、中途箱、电话电缆架空引入装置以"个"计算。

第二章 通信系统设备安装工程

一、铁塔架设，以"吨"计算。

二、天线安装、调试，以"副"（天线加边加罩以"面"）计算。

三、馈线安装、调试，以"条"计算。

四、微波无线接入系统基站设备、用户站设备安装、调试，以"台"计算。

五、微波无线接入系统联调，以"站"计算。

六、卫星通信甚小口径地面站（VSAT）中心站设备安装、调试，以"台"计算。

七、卫星通信甚小口径地面站（VSAT）端站设备安装、调试、中心站站内环测及全网系统对测，以"站"计算。

八、移动通信天线馈线系统中安装、调试，直放站设备、基站系统调试以及全系统联网调试，以"站"计算。

九、光纤数字传输设备安装、调试以"端"计算。

十、程控交换机安装、调试以"部"计算。

十一、程控交换机中继线调试以"路"计算。

十二、会议电话、电视系统设备安装、调试以"台"计算。

十三、会议电话、电视系统联网测试以"系统"计算。

第三章 计算机网络系统设备安装工程

一、计算机网络终端和附属设备安装，以"台"计算。

二、网络系统设备、软件安装、调试，以"台（套）"计算。

三、局域网交换机系统功能调试，以"个"计算。

四、网络调试、系统试运行、验收测试，以"系统"计算。

第四章 建筑设备监控系统安装工程

一、基表及控制设备、第三方设备通信接口安装、抄表采集系统安装与调试，以"个"计算。

二、中心管理系统调试、控制网络通信设备安装、控制器安装、流量计安装与调试，以"台"计算。

三、楼宇自控中央管理系统安装、调试，以"系统"计算。

四、楼宇自控用户软件安装、调试，以"套"计算。

五、温（湿）度传感器、压力传感器、电量变送器和其他传感器及变送器，以"支"计算。

六、阀门及电动执行机构安装、调试，以"个"计算。

第五章　有线电视系统设备安装工程

一、电视共用天线安装、调试，以"副"计算。

二、敷设天线电缆，以延长米计算。

三、制作天线电缆接头，以"头"计算。

四、电视墙安装、前端射频设备安装、调试，以"套"计算。

五、卫星地面站接收设备、光端设备、有线电视系统管理设备、播控设备安装、调试，以"台"计算。

六、干线设备、分配网络安装、调试，以"个"计算。

第六章　扩声、背景音乐系统设备安装工程

一、扩声系统设备安装、调试，以"台"计算。

二、扩声系统设备试运行，以"系统"计算。

三、背景音乐系统设备安装、调试，以"台"计算。

四、背景音乐系统联调、试运行，以"系统"计算。

第七章　电源与电子设备防雷接地装置安装工程

一、太阳能电池方阵铁架安装，以"m^2"计算。

二、太阳能电池安装以"组"计算。

三、开关电源安装、调试，整流器、其他配电设备安装，以"台"计算。

四、天线铁塔防雷接地装置安装，以"处"计算。

五、电子设备防雷接地装置、接地模块安装，以"个"计算。

六、电源避雷器安装，以"台"计算。

第八章　停车场管理系统设备安装工程

一、车辆检测识别设备、出入口设备、显示和信号设备、监控管理中心设备安装、调试，以"套"计算。

二、分系统调试和全系统联调，以"系统"计算。

第九章　楼宇安全防范系统设备安装工程

一、入侵报警器（室内外、周界）设备安装工程，以"套"计算。

二、出入口控制设备安装工程，以"台"计算。

三、电视监控设备安装工程，以"台"（显示装置以"m^2"）计算。

四、分系统调试、系统集成调试，以"系统"计算。

第十章　住宅小区智能化系统设备安装工程

一、住宅小区智能化设备安装工程，以"台"计算。

二、住宅小区智能化设备系统调试，以"套"（管理中心调试以"系统"）计算。

三、小区智能化系统试运行、测试，以"系统"计算。

第三章　安装电气工程量计算

第一节　电气照明工程量计算

工程量计算时，应先从入户开始，再分干线、支线，最后以配电箱为单位，分回路编制，依照这样的顺序，不易丢项、多项和错项。工程量计算书编写过程中，应字迹工整、按照一定顺序编制，应该标明是哪段干线、哪段支线、几层的哪个配电箱、配电箱的回路号，以及配管规格、材质、安装方式，线缆的型号、规格、穿线方式，电器、设备规格等，计算式应清楚明确，依照常规思维列出算式。特别注意计算管线时，一定先算管，后算线！那么，管内穿线工程量，就可以按配管的长度乘以穿线根数，再加上配线进入配电箱或柜的预留长度即可。

工程量计算书的清楚、正确与否，对形成工程量清单、套取定额、计算工程造价起着决定性作用，也是日后进行工程量的核对，工程造价决算的基础性资料。所以，工程量计算书无论何时，均应分门别类、字迹工整、认真编写、妥善保存，形成良好的工作习惯。

本节以某高校学生宿舍电气照明工程为例，根据工程量计算规则，以综合实例讲解方式，采用工料单价法计算其配电工程量，并依据《建设工程工程量清单计价规范》（GB 50500—2008）列出清单工程量。

一、某高校学生宿舍电气照明工程施工图

（1）设计说明　本施工图为某高校学生宿舍电气照明工程，该工程的总安装容量为 10kW，计算电流 155A；负荷等级为三级负荷，交流 220V/380V 电源由学校总配电房引入。建筑物室内干线沿金属线槽敷设，支线穿塑料管沿楼板（墙）暗敷。电力系统采用 TN-S 制，从总配电柜开始采用三相五线，单相三线制，电源零线（N）与接地保护线（PE）分别引出，所有电器设备不带电的导电部分、外壳、构架均与 PE 线可靠接地。图中未标注线路为 BV-2.5 铜线，2～3 根线穿 PVC20，4～6 根线穿 PVC25。部分配管水平长度见图示括号内数字，单位：m。

（2）首层电气平面图（图 3-1）

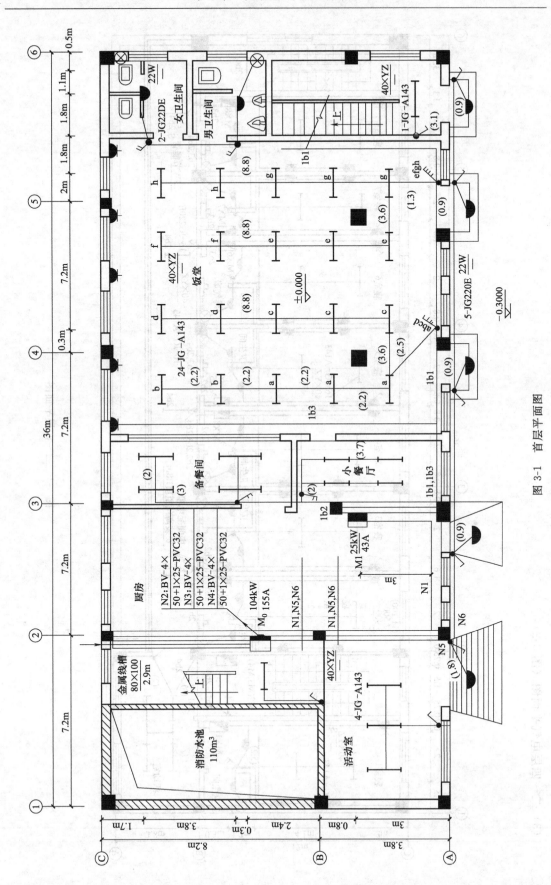

图 3-1 首层平面图

（3）二～四层电气平面图（图 3-2）

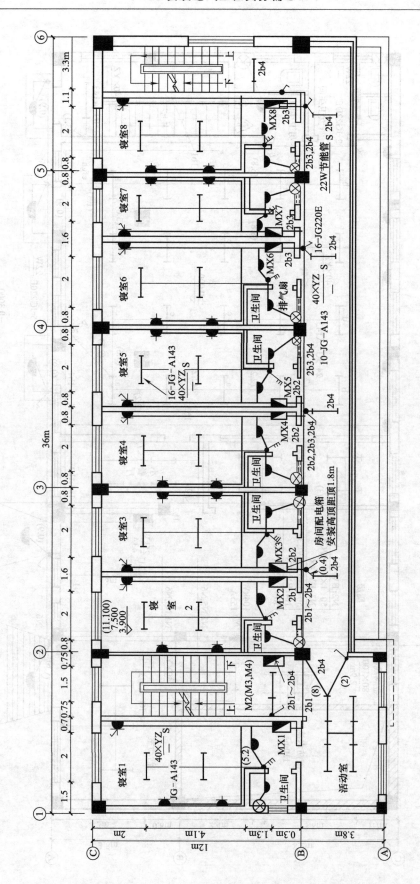

图 3-2　二～四层平面图

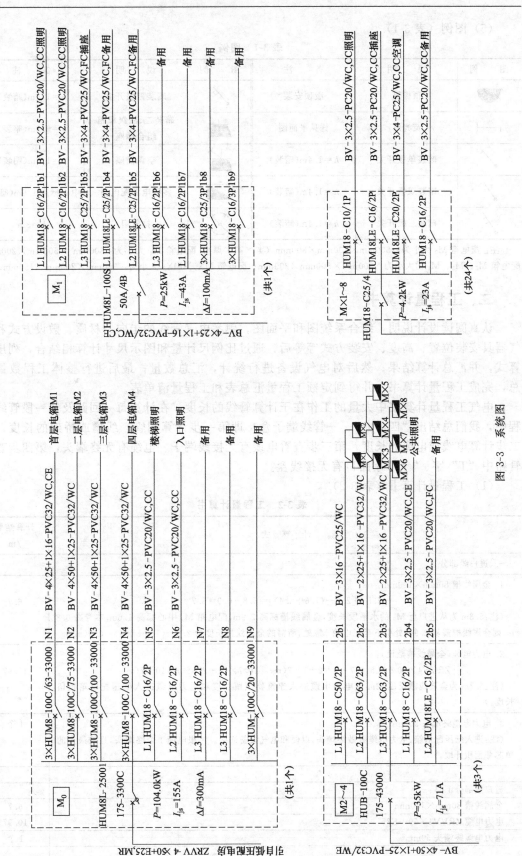

（4）电气系统图（图3-3）

图3-3　系统图

（5）图例（表3-1）

表3-1　图例

图例	说明	备注	图例	说明	备注
	顶棚灯	吸顶安装		暗装四极开关	$h=1.4\text{m}$（暗装）
	荧光灯	详见平面图		暗装二、三级单相组合插座	$h=0.3\text{m}$（暗装）
	暗装单极开关	$h=1.4\text{m}$（暗装）		空调插座	$h=1.8\text{m}$（明装）
	暗装双极开关	$h=1.4\text{m}$（暗装）		多种电源配电箱	中心标高1.6m（暗装）
	暗装三极开关	$h=1.4\text{m}$（暗装）		排气扇	$h=3\text{m}$

注：配电箱 M_0 大小为：500mm×800mm×300mm（宽×高×厚）；配电箱 M_1 大小为：300mm×500mm×200mm；配电箱 M_2、M_3、M_4 的大小为：300mm×500mm×200mm；配电箱 $MX_1 \sim MX_8$ 大小为：300mm×200mm×150mm。

二、工程量计算书

认真阅读设计说明，结合系统图和平面图，熟悉电气管线的走向、材质、敷设方式和电气器具安装位置、高度、安装方式等等后，通过比例尺计量和图示尺寸计算相结合，列出计算式，并汇总计算结果；然后对电气设备进行统计，汇总数量；最后进行整体工程数量汇总，完成工程量计算书，并得到定额工程量汇总表和工程量清单表。

电气工程量计算书中大量的工作在于计算管线的长度，在计算每一回路及每一段管线过程中，我们总结出"四步曲"——管线端子盒！即第一步计算配管、线槽或桥架的长度，第二步计算电线或电缆的长度，第三步查看电线有无接线端子、电缆有无终端头，第四步查看管路中"T"字、"十"字路口有无接线盒。

（1）工程量计算书（表3-2）

表3-2　工程量计算书

计算式	计算结果/m
一、进户线部分	
1. 金属线槽80mm×100mm： $5.8+[2.9-(1.6+0.4)]=5.8+0.9=6.7$ （注：5.8m为从进户至 M_0 的水平段长度,金属线槽标高2.9m,配电箱 M_0 中心标高1.6m,本身高0.8m,则金属线槽需从2.9m处引下至配电箱 M_0 处,所需的金属线槽长度为 $2.9-(1.6+0.4)=0.9$（m））	6.7
2. 电力电缆（金属线槽敷设）： ZRVV4×50+E25：6.7+2+2=10.7（m）　10.7×(1+2.5%)=10.97（m） （注：6.7m为金属线槽长度,2m为电力电缆进入建筑物预留长度和电力电缆进入低压配电箱预留长度。）	10.97
3. 电力电缆终端头 50mm² （注：进入低压配电箱,电力电缆需做终端头,以便和电气设备连接。一根电缆1个终端头,且按最大的单芯截面积计取。）	1个
进户线部分汇总：	
金属线槽80mm×100mm	6.7
电力电缆 ZRVV4×50+E25	10.97
电力电缆终端头 50mm²	1个

续表

计　算　式	计算结果/m
二、干线部分	
1. N_1 回路（M_0 至 M_1）	
(1)PVC32（PVC 管暗敷） $[3.9-(1.6+0.4)]+5.8+7.2+3+[3.9-(1.6+0.25)]=1.9+5.8+7.2+3+2.05$ $=19.95(m)$	19.95
（注：3.9-(1.6+0.4)为从配电箱 M_0 引至天花板上的长度；5.8m 为从配电箱 M_0 引出至轴 A-2 交点的水平段长度；7.2m 是轴 A-2 交点至轴 A-3 交点的水平段长度；3m 为轴 A-3 交点至配电箱 M_1 中心水平段长度；3.9-(1.6+0.25)为从天花板引下至 M_1 的长度。）	
(2)管内穿线	
BV-16：$19.95+(1.3+0.8)=22.05(m)$	22.05
BV-25：$22.05\times4=88.2(m)$	88.2
（注：PVC 管长为 19.95m，1.3m 为配电箱 M_0（宽＋高）=0.5+0.8=1.3(m)；0.8m 为配电箱 M_1（宽＋高）=0.3+0.5=0.8(m)。）	
(3)铜接线端子 $16mm^2$　　$1\times2=2$(个)	2 个
铜接线端子 $25mm^2$　　$4\times2=8$(个)	8 个
（注：此回路导线进入配电箱 M_0 和 M_1 均需要做铜接线端子。）	
2. N_2 回路（M_0 至 M_2）	
(1)PVC32（PVC 管暗敷） $3.9-(1.6+0.4)+1.6-0.25=3.25(m)$	3.25
（注：3.9-(1.6+0.4)为从配电箱 M_0 引至天花板上的长度；1.6 是配电箱 M_1 中心标高；0.25 是配电箱 M_2 箱高 0.5m 的一半。）	
(2)管内穿线	
BV-25：$3.25+(1.3+0.8)=5.35(m)$	5.35
BV-50：$5.35\times4=21.4(m)$	21.4
（注：PVC 管长为 3.25m；1.3m 为配电箱 M_0 预留长度：（宽＋高）=0.5+0.8=1.3(m)；0.8m 为导线进配电箱预留长度：M_2（宽＋高）=0.3+0.5=0.8(m)。BV-25 为一根，BV-50 为四根。）	
(3)铜接线端子 $25mm^2$　　$1\times2=2$(个)	2 个
铜接线端子 $50mm^2$　　$4\times2=8$(个)	8 个
（注：此回路导线进入配电箱 M_0 和 M_2 均需要做铜接线端子。）	
3. N_3 回路（M_0 至 M_3）	
(1)PVC32（PVC 管暗敷） $7.5+(1.6-0.25)-(1.6+0.4)=6.85(m)$	6.85
（注：7.5+(1.6-0.25)为配电箱 M_3 标高；(1.6+0.4)是配电箱 M_0 箱顶标高。）	
(2)管内穿线	
BV-25：$6.85+(1.3+0.8)=8.95(m)$	8.95
BV-50：$8.95\times4=35.8(m)$	35.8
(3)铜接线端子 $25mm^2$　　$1\times2=2$(个)	2 个
铜接线端子 $50mm^2$　　$4\times2=8$(个)	8 个
（注：同 N_2 回路。）	

计 算 式	计算结果 /m
4. N₄ 回路(M₀ 至 M₄)	
(1)PVC32(PVC 管暗敷)	
$11.1+(1.6-0.25)-(1.6+0.4)=10.45(m)$	10.45
(注：11.1+(1.6−0.25)为配电箱 M₄ 标高；(1.6+0.4)是配电箱 M₀ 箱顶标高。)	
(2)管内穿线	
BV-25：$10.45+(1.3+0.8)=12.55(m)$	12.55
BV-50：$12.55\times4=50.2(m)$	50.2
(3)铜接线端子 25mm² 　1×2=2(个)	2 个
铜接线端子 50mm² 　4×2=8(个)	8 个
(注：同 N₃ 回路。)	
干线部分汇总：	
PVC32(PVC 管暗敷)$19.95+3.25+6.85+10.45=40.5(m)$	40.5
BV-16(管内穿线)$22.05(m)$	22.05
BV-25(管内穿线)$88.2+5.35+8.95+12.55=115.05(m)$	115.05
BV-50(管内穿线)$21.4+35.8+50.2=107.4(m)$	107.4
铜接线端子 16mm²	2 个
铜接线端子 25mm² 　8+2×3=14(个)	14 个
铜接线端子 50mm² 　8×3=24(个)	24 个
三、支线部分、首层	
配电箱 M₀：	
1. N₅ 回路(楼梯照明)	
(1)PVC20(PVC 管暗敷)	
$[3.9-(1.6+0.4)]+6.4+2.2+2.9+3.4+(3.9-1.4)+7.3+(3.9-1.4)=29.1(m)$	29.1
(注：[3.9−(1.6+0.4)]为从 M₀ 箱引出线垂直段长度；6.4m 为 M₀ 至 A 轴与②轴相交处水平长度；2.2m 是②轴 N5 线至楼梯灯开关处长度；2.9m 是 A 轴与②轴相交处至活动室开关长度；3.4m 为从楼梯灯开关至楼梯灯长度；7.3m 为活动室水平段长度；(3.9−1.4)为单联开关垂直段长度。)	
(2)管内穿线 BV-2.5	
$29.1\times3-(3.9-1.4)\times2+(0.5+0.8)\times3=86.2(m)$	86.2
(注：(0.5+0.8)是导线进 M₀ 箱预留长度(宽+高)；(3.9−1.4)为单联开关垂直段长度,管内只穿 2 根线,非 3 根线,共 2 处。其余管内均穿 3 根 BV-2.5,故乘以 3。)	
(3)塑料接线盒(暗装)	3 个
(注：单联开关上方楼板处,配管分支处设塑料接线盒。)	
2. N₆ 回路(入口照明)	
(1)PVC20(PVC 管暗敷)	
$[3.9-(1.6+0.4)]+6.1+28.3+1.8+0.9\times4+3.1+(3.9-1.4)\times6=$	59.8
$1.9+36.2+3.6+3.1+15=59.8(m)$	
(注：由 M₀ 箱引出线垂直段长度[3.9−(1.6+0.4)]；M₀ 至左侧第一个开关处 6.1m；左侧第一个开关至右侧第一个开关的长度为28.3m；左侧第一个开关至灯具处长度为 1.8m；其余开关至灯具处长度为0.9m×4；楼梯间灯具部分长度为 3.1m；灯开关垂直段长度为(3.9−1.4)m,有 6 个开关,乘以 6；由配电系统图可知 BV-2.5 有 3 根,故都乘以 3)	

续表

计 算 式	计算结果 /m
(2)管内穿线 BV-2.5 $59.8 \times 3 - (3.9 - 1.4) \times 6 + (0.5 + 0.8) \times 3 = 168.3$ (m) (注：(3.9-1.4)为单联开关垂直段长度,管内只穿 2 根线,共 6 处,其余管内均穿 3 根线;(0.5+0.8) 是导线进 M_0 箱预留长度(宽+高)。)	168.3
(3)塑料接线盒(暗装) (注：单联开关上方楼板处,配管分支处设塑料接线盒。)	6 个
配电箱 M_1：	
1. $1b_1$ 回路(照明)	
(1)M_1 至开关 abcd 处	
① PVC20(PVC 管暗敷) $[3.9 - (1.6 + 0.25)] + 0.24 + (3 + 7.5)$ $= 2.05 + 0.24 + 10.5 = 12.79$ (m) (注：[3.9-(1.6+0.25)]为从配电箱 M_1 引上至天花板的长度;穿墙 0.24m;3m 为轴 A 与轴③交点至 配电箱 M_1 中心的距离;7.5m 为穿过墙后至开关 abcd 的水平段长度。)	12.79
② 管内穿线 BV-2.5 $(12.79 + 0.8) \times 3 = 40.77$ (m) (注：12.79m 为 PVC 管长;预留 0.8m 为配电箱 M_1 的宽+高;BV-2.5 导线共有 3 根,故乘以 3。)	40.77
(2)开关 abcd 至开关 efgh 处	
① PVC20(PVC 管暗敷)	8.9
$7.2 - 0.3 + 2 = 8.9$ (m)	
PVC25(PVC 管暗敷,5 根线)	5
$(3.9 - 1.4) \times 2 = 5$ (m)	
(注：7.2m 是轴③与轴④间距;0.3m 与 2m 为图上标出的开关至相应轴线尺寸;(3.9-1.4)四联单控 开关至楼板的垂直长度(abcd 暗装,$h=1.4m$),根据施工图说明,此段管路穿 5 根线:1 根相线和 4 根控 制线。)	
② 管内穿线 BV-2.5 $8.9 \times 3 + 5 \times 5 = 51.7$ (m) (注：8.9m 为水平段 PVC20 管长度;5m 为垂直段 PVC25 管长度。)	51.7
③ 塑料接线盒(暗装) (注：单联开关上方楼板处,配管分支处设塑料接线盒。)	2 个
(3) 开关 efgh 处至女卫开关处	
① PVC20(PVC 管暗敷) $1.8 + 10.3 + (3.9 - 1.4) \times 2 = 17.1$ (m) (注：见图示尺寸至男卫开关和女卫开关都需从天花板引下,引下长共(3.9-1.4)×2m=5m;10.3m 为 A 轴墙角处至女卫开关的水平距离。)	17.1
② 管内穿线 BV-2.5 $17.1 \times 3 = 51.3$ (m) (注：PVC 管长为 17.1m,共 3 根 BV-2.5 导线,故乘以 3)	51.3
③ 塑料接线盒(暗装) (注：双联开关上方楼板处,配管分支处设塑料接线盒,共 2 处)	2 个
(4) 女卫生间	

计　算　式	计算结果/m
① PVC25(PVC 管暗敷 4 根)	1.8
PVC20(PVC管暗敷)	
$(3.9-3)+1.6=2.5$(m)	2.5
(注:从开关至顶棚灯距离为1.8m,从顶棚灯至排气扇水平段为1.6m。)	
② 管内穿线 BV-2.5	
$2.5\times3+1.8\times4=14.7$m	14.7
(5)男卫生间	
① PVC20(PVC 管暗敷 4 根)	1.8
PVC20CPVC管暗敷	2.5
② 管内穿线 BV-2.5	14.7
(注:男卫生间同女卫生间,计算过程省略。)	
(6)饭堂	
①开关 abcd 至灯 abcd 处	
PVC20(PVC 管暗敷,3 根线)　$2.2\times4=8.8$(m)	8.8
PVC25(PVC 管暗敷,4 根线)　$2.2+2.2+3.6+2.2+2.2=12.4$(m)	12.4
PVC25(PVC 管暗敷,6 根线)　2.5(m)	2.5
(注:2.5m为开关abcd至第一个灯a处,此段管路穿6根线:1根中性线、1根地线、4根控制线;灯间距2.2m为图标注尺寸,灯a间管内穿4根线:1根中性线、1根地线、1根 a 灯控制线、1根 b 灯控制线;第一个灯 a 至第一个灯 c 处3.6m,穿4根线:1根中性线、1根地线、2根控制线。)	
管内穿线 BV-2.5	
$8.8\times3+12.4\times4+2.5\times6=91$(m)	91
②开关 efgh 至灯 efgh 处	
PVC20(PVC 管暗敷,3 根线)　$2.2\times4=8.8$(m)	8.8
PVC25(PVC 管暗敷,4 根线)　$2.2+2.2+3.6+2.2+2.2=12.4$(m)	12.4
PVC25(PVC 管暗敷,6 根线)　1.3(m)	1.3
(注:2.5m为开关efgh至第一个灯a处,此段管路穿6根线:1根中性线、1根地线、4根控制线;灯间距2.2m为图标注尺寸;第一个灯 a 至第一个灯 c 处3.6m。)	
管内穿线 BV-2.5	
$8.8\times3+12.4\times4+1.3\times6=83.8$(m)	83.8
2. $1b_2$ 回路(照明)	
(1)M_1 至配餐间开关	
① PVC20(PVC 管暗敷)	10.25
$[3.9-(1.6+0.25)]+0.8+2.4+(3.9-1.4)\times2=10.25$m	
(注:从 M_1 至备餐间开关水平长度为0.8+2.4=3.2m,从天花板引下至开关的垂直长度为3.9-1.4=2.5m。)	
② 管内穿线 BV-2.5	33.15
$(10.25+0.8)\times3=33.15$(m)	
(注:0.8m为配电箱 M_1(宽+高)预留长度。)	
③ 塑料接线盒(暗装)	2 个
(注:双联开关上方楼板处,配管分支处设塑料接线盒。)	

续表

计 算 式	计算结果 /m
(2) 备餐间	
① PVC20(PVC 管暗敷)	
$3+2\times2=7(m)$	7
(注:见图示所示尺寸。)	
② 管内穿线 BV-2.5	
$7\times3=21(m)$	21
(3)小餐厅	
① PVC20(PVC 管暗敷)	
$2+3.7\times2=9.4(m)$	9.4
(注:见图示所示尺寸。)	
② 管内穿线 BV-2.5	
$9.4\times3=28.2(m)$	28.2
3. $1b_3$ 回路(插座)	
(1)PVC25(PVC 管暗敷)	
$(1.6-0.25)+(3.6+3)+(12+13.7)+0.3\times9=36.35(m)$	36.35
(注:参考系统图示,插座回路为沿地面暗敷设。$(1.6-0.25)$为配电箱 M_1 底边距地高度;$(3.6+3)$为从 M_1 至 $1b_1$ 回路的分支处的长度;$(12+13.7)$m 是 $1b_1$ 回路分支处至最末插座的长度;0.3m 是每个插座至地面高度,9 是 5 个插座连接地面管路的个数。)	
(2)管内穿线 BV-4	
$(36.35+0.8)\times3=111.45(m)$	111.45
(注:36.35m 是 PVC 管的长度;0.8m 为配电箱 M_1(宽+高)预留长度。)	
首层管线汇总	
PVC20(PVC 管暗敷)	
$29.1+59.8+12.79+8.9+17.1+2.5+2.5+8.8+8.8+10.25+7+9.4=176.94(m)$	176.94
PVC25(PVC 管暗敷)	
$5+1.8+1.8+12.4+2.5+12.4+1.3+36.35=73.55(m)$	73.55
管内穿线 BV-2.5	
$86.2+168.3+40.77+51.7+51.3+14.7+14.7+91+83.8+33.15+21+28.2=684.82(m)$	684.82
管内穿线 BV-4	111.45
塑料接线盒(暗装) $2+6+2+2+2$	14 个
四、支线部分、二层	
配电箱 M_2	
1. $2b_1$ 回路	
(1) PVC25(PVC 管暗敷) $[3.6-(1.6+0.25)]+1.4+[3+1.1+(3.6-1.6-0.1)]\times2+3.6+1.1\times2+3+(3.6-1.6-0.1)$ $=25.85(m)$ (注:$[3.6-(1.6+0.25)]$为从配电箱 M_2 引上至天花板的长度;1.4m 是 M_2 至 B 轴的水平距离;$[3+1.1+(3.6-1.6-0.1)]$是 $2b_1$ 回路自②-B 轴相交处至 MX_1 箱的长度,其中$(3.6-1.6-0.1)$是配电箱 MX_1 或 MX_2 至天花板的长度;$[3+1.1+(3.6-1.6-0.1)]+3.6+1.1\times2+3+(3.6-1.6-0.1)$ 是 MX_1 箱至 MX_2 箱的长度。)	25.85

计　算　式	计算结果 /m
(2)管内穿线 BV-16 $\qquad$ $(25.85+0.8+0.5\times3)\times3=84.45$(m) (注:预留 0.8m 为配电箱 M_1 的宽+高;预留 0.5m 为配电箱 MX_1 或 MX_2 的宽+高,导线进出 MX_1 箱 2 次,进 MX_2 箱 1 次,每根导线共计预留 $0.5m\times3=1.5m$。)	84.45
(3)铜接线端子 16mm²　　　 $3\times4=12$(个) (注:3 是导线根数;进出配电箱导线端头均需做铜接线端子,此回路进出配电箱 4 次。)	12 个
2. $2b_2$ 回路	
(1) PVC32(PVC 管暗敷) $\qquad$ $[3.6-(1.6+0.25)]+1.4+3.6+0.24+[1.1+(3.6-1.6-0.1)]\times2$ $\qquad\qquad +3.6\times2+1.1+(3.6-1.6-0.1)+0.24=23.43$(m) (注:$[3.6-(1.6+0.25)]$ 为从配电箱 M_2 引上至天花板的长度;1.4m 是 M_2 至 B 轴的水平距离;$(3.6-1.6-0.1)$是配电箱 MX_3 或 MX_4 顶部至天花板的高度;0.24 为管路自 MX_4 至 MX_5 穿墙体的长度;其他为轴线尺寸或测量值。)	23.43
(2)管内穿线 BV-16　 $23.43+0.8+0.5\times5=26.73$(m)	26.73
管内穿线 BV-25　　　 $26.73\times2=53.46$(m)	53.46
(注:预留 0.8m 为配电箱 M_1 的宽+高;预留 0.5m 为配电箱 MX_3、MX_4 或 MX_5 的宽+高;导线进出 MX_3、MX_4 箱各 2 次,进 MX_5 箱 1 次,每根导线共计预留 $0.5m\times5=2.5m$。)	
(3)铜接线端子 16mm²　　　 $1\times6=6$(个)	6 个
铜接线端子 25mm²　　 $2\times6=12$(个)	12 个
(注:此回路进出配电箱 6 次。)	
3. $2b_3$ 回路	
(1)PVC32(PVC 管暗敷) $\qquad$ $[3.6-(1.6+0.25)]+1.4+3.6\times5+0.24+[1.1+(3.6-1.6-0.1)]\times3$ $\qquad\qquad +3.3+0.24=33.93$(m) (注:$[3.6-(1.6+0.25)]$ 为从配电箱 M_2 引上至天花板的长度;1.4m 是 M_2 至 B 轴的水平距离;$(3.6-1.6-0.1)$是配电箱 MX_6 或 MX_8 顶部至天花板的高度;0.24 为管路自 MX_6 至 MX_7 穿墙体的长度;其他为轴线尺寸或测量值。)	33.93
(2)管内穿线 BV-16	
$33.93+0.8+0.5\times5=37.23$(m)	37.23
管内穿线 BV-25　　　 $37.23\times2=74.46$(m)	74.46
(注:同 $2b_2$ 回路。)	
(3)铜接线端子 16mm²　　　 $1\times6=6$(个)	6 个
铜接线端子 25mm²　　 $2\times6=12$(个)	12 个
(注:此回路进出配电箱 6 次。)	
4. $2b_4$ 回路(公共照明)	
(1) 干线	
①PVC20(PVC 管暗敷) $\qquad$ $[3.6-(1.6+0.25)]+1.4+(36-3.3-4.2)=31.65$(m)	31.65
②管内穿线 BV-2.5 $\qquad$ $(31.65+0.8)\times3=97.35$(m)	97.35
③ 塑料接线盒(暗装) (注:本回路中单联开关上部管路分支处需加接线盒,共 6 处。)	6 个

续表

计 算 式	计算结果/m
(2) 活动室部分	
① PVC20(PVC 管暗敷,3 根线)　　8＋5.6＝13.6(m)	13.6
PVC20(PVC 管暗敷,2 根线)　　2＋(3.6－1.4)＝4.2(m)	4.2
(注:5.6m 为 4 个日光灯间配管;其他为图注尺寸。)	
② 管内穿线 BV-2.5 　　　　　　13.6×3＋4.2×2＝49.2(m)	49.2
(3)楼梯间部分	
① PVC20(PVC 管暗敷,3 根线)　　(3＋0.8＋1.5)＋(0.8＋1.6)＝7.7(m)	7.7
PVC20(PVC 管暗敷,2 根线)　　(3.6－1.4)×2＝4.4(m)	4.4
(注:(3＋0.8＋1.5) 为左楼梯间水平段长度;(0.8＋1.6)为右楼梯间水平长度;(3.6－1.4)为开关垂直长度,有 2 个单联开关。)	
② 管内穿线 BV-2.5 　　　　　　7.7×3＋4.4×2＝31.9(m)	31.9
(4) 走廊部分	
① PVC20(PVC 管暗敷,3 根线)　　0.4×4＝1.6(m)	1.6
PVC20(PVC 管暗敷,2 根线)　　(3.6－1.4)×4＝8.8(m)	8.8
② 管内穿线 BV-2.5　　1.6×3＋8.8×2＝22.4(m)	22.4
(注 0.4m 为干线至灯具的长度;(3.6－1.4)为开关垂直长度,有 4 个单联开关。)	
配电箱 M₂ 汇总:	
PVC25(PVC 管暗敷)　25.85	25.85
PVC32(PVC 管暗敷)　23.43＋33.93＝57.36(m)	57.36
管内穿线 BV-16　　84.45＋26.73＋37.23＝148.41(m)	148.41
管内穿线 BV-25　　53.46＋74.46＝127.92(m)	127.92
铜接线端子 16mm²　　12＋6＋6＝24(个)	24
铜接线端子 25mm²　　12＋12＝24(个)	24
PVC20(PVC 管暗敷)　31.65＋13.6＋4.2＋7.7＋4.4＋1.6＋8.8＝71.95(m)	71.95
管内穿线 BV-2.5　97.35＋49.2＋31.9＋22.4＝200.85(m)	200.85
塑料接线盒(暗装)	6 个
配电箱 MX₁(寝室 1)	
1. MX₁ 照明回路	
(1)PVC20(PVC 管暗敷,3 根线) 　　　[3.6－(1.6＋0.1)]＋2.2＋1＋(1＋0.8)＋(3.6－3)＋5.3＝12.9(m)	12.9
(注:(1＋0.8)为开关至灯具和排风扇长度;(3.6－3)为排风扇到屋顶高度;5.3m 为三联开关至两个日光灯的长度;三联开关分别控制过厅灯、寝室两日光灯、卫生间灯具和排风扇。)	
PVC25(PVC 管暗敷,4 根线)　　1＋(3.6－1.4)＝3.2(m)	3.2
(注:1m 为开关至过厅灯具水平长度;(3.6－1.4)为开关垂直高度,4 根线含 1 根相线 3 根控制线。)	

续表

计 算 式	计算结果/m
(2)管内穿线 BV-2.5 　　　　$12.9 \times 3 + 3.2 \times 4 + (0.3 + 0.2) \times 3 = 53(m)$	53
(3)塑料接线盒(暗装) (注:开关上方管路分支处设接线盒1个。)	1个
2. MX_1 插座回路	
(1)PVC20(PVC管暗敷) 　　　　$[3.6 - (1.6 + 0.1)] + 8.2 + (3.6 - 0.3) = 13.4(m)$ (注:根据系统图示,普通插座回路管线沿墙及屋顶暗敷,8.2m 为 MX_1 至普通插座水平距离;$(3.6 - 0.3)$为插座垂直引下高度,两插座间配管在 0.3m 处沿墙水平连通。)	13.4
(2)管内穿线 BV-2.5 　　　　$[13.4 + (0.3 + 0.2)] \times 3 = 41.7(m)$	41.7
3. MX_1 空调回路	
(1)PVC25(PVC管暗敷) 　　　　$[3.6 - (1.6 + 0.1)] + 7.4 + (3.6 - 1.8) = 11.1(m)$ (注:根据系统图示,空调回路管线沿墙及屋顶暗敷,7.4m 为 MX_1 至空调插座水平距离;$(3.6 - 1.8)$为空调插座垂直引上高度,两插座间配管在 0.3m 处沿墙水平连通。)	11.1
(2)管内穿线 BV-4 　　　　$[11.1 + (0.3 + 0.2)]3 = 34.8(m)$	34.8
配电箱 MX_2(寝室2)	
寝室2宽度比寝室1小0.6m,因此PVC管少 $0.6 \times 2 = 1.2m$,;BV-2.5线少 $0.6 \times 3 = 1.8m$,其余全部相同。	
配电箱 $MX_{3 \sim 7}$(寝室3~7)　　同寝室2	
配电箱 MX_8(寝室8)	
寝室2宽度比寝室1小0.3m,因此PVC管少 $0.3 \times 2 = 0.6m$,;BV-2.5线少 $0.3 \times 3 = 0.9m$,其余全部相同。	
配电箱 $MX_1 \sim MX_8$ 汇总:	
PVC20(PVC管暗敷)　$(12.9 + 13.4) \times 8 - 1.2 - 0.6 = 208.6(m)$	208.6
PVC25(PVC管暗敷)　$(3.2 + 11.1) \times 8 = 114.4(m)$	114.4
管内穿线 BV-2.5　$(53 + 41.7) \times 8 - 1.8 - 0.9 = 754.9(m)$	754.9
管内穿线 BV-4　$34.8 \times 8 = 278.4(m)$	278.4
塑料接线盒(暗装)　$1 \times 8 = 8($个$)$	8个
二层汇总:	
PVC20(PVC管暗敷)　$71.95 + 208.6 = 280.55(m)$	280.55
PVC25(PVC管暗敷)　$25.85 + 114.4 = 140.25(m)$	140.25
PVC32(PVC管暗敷)	57.36
管内穿线 BV-2.5　$200.85 + 754.9 = 955.75(m)$	955.75
管内穿线 BV-4　278.4m	278.4
管内穿线 BV-16	148.41

续表

计　算　式	计算结果 /m
管内穿线 BV-25	127.92
铜接线端子 16mm²	24
铜接线端子 25mm²	24
塑料接线盒（暗装）　6+8	14 个
五、支线部分、三层	
（同二层支线部分汇总）	
六、支线部分、四层	
（同二层支线部分汇总）	
本工程管线汇总：	
金属线槽 80mm×100mm	6.7
电力电缆 ZRVV4×50+E25（金属线槽敷设）　10.7×(1+2.5%)=10.97(m)	10.97
（注：根据计算规则，2.5%为电缆敷设曲折弯余量系数，按电缆全长计取。）	
电力电缆终端头 50mm²	1 个
PVC20（PVC 管暗敷）　176.94+280.55×3=1018.59(m)	1018.59
PVC25（PVC 管暗敷）　73.55+140.25×3=494.3(m)	494.3
PVC32（PVC 管暗敷）　40.5+57.36×3=212.58(m)	212.58
管内穿线 BV-2.5　684.82+955.75×3=3552.07(m)	3552.07
管内穿线 BV-4　108.2+278.4×3=943.4(m)	943.4
管内穿线 BV-16　22.05+148.41×3=467.28(m)	467.28
管内穿线 BV-25　115.05+127.92×3=498.81(m)	498.81
管内穿线 BV-50	107.4
铜接线端子 16mm²　2+24×3=74(个)	74 个
铜接线端子 25mm²　14+24×3=86(个)	86 个
铜接线端子 50mm²	24 个
塑料接线盒（暗装）　14+14×3=56(个)	56 个
本工程电气器具、设备汇总：	
配电箱 M₀ 500mm(L)×800mm(H)	1 台
配电箱 M₁ 300mm(L)×500mm(H)	1 台
配电箱 M₂,M₃,M₄,300mm(L)×500mm(H)	3 台
房间配电箱 MX₁~MX₈　300mm(L)×200mm(H)	24 台
空调插座　3×8=24(个)	24 个
普通二三极插座　5+2×8×3=53(个)	53 个
暗装单极开关　8+7×3=29(个)	29 个
暗装双极开关	4 个

计　算　式	计算结果/m
暗装三极开关　3×8＝24(个)	24个
暗装四极开关	2个
排气扇　2＋8×3＝26(个)	26个
荧光灯具安装　33＋(10＋2×8)×3＝111(个)	111个
天棚灯(吸顶灯)安装　7＋2×8×3＝55(个)	55个
塑料灯头盒　26＋111＋55＝192(个)	192个
塑料开关、插座盒　24＋53＋29＋4＋24＋2＝136(个)	136个

（2）定额工程量汇总（表3-3）

表3-3　定额工程量汇总表

序号	项 目 名 称	单位	数量
1	配电箱 M_0　500mm(L)×800mm(H)	台	1
2	配电箱 M_1　300mm(L)×500mm(H)	台	1
3	配电箱 M_2,M_3,M_4　300mm(L)×500mm(H)	台	3
4	配电箱 MX_1～MX_8　300mm(L)×200mm(H)	台	24
5	金属线槽 80mm×100mm	m	6.7
6	电力电缆敷设 ZRVV4×50＋E25	100m	0.1097
7	户内干包式电力电缆头制作、安装　电力电缆终端头 50mm²	个	1
8	PVC 管暗敷 PVC20	100m	10.1859
9	PVC 管暗敷 PVC25	100m	4.943
10	PVC 管暗敷 PVC32	100m	2.1258
11	管内穿线 BV-2.5	100m 单线	35.5207
12	管内穿线 BV-4	100m 单线	9.434
13	管内穿线 BV-16	100m 单线	4.6728
14	管内穿线 BV-25	100m 单线	4.9881
15	管内穿线 BV-50	100m 单线	1.074
16	压铜接线端子 16mm²	10个	7.4
17	压铜接线端子 25mm²	10个	8.7
18	压铜接线端子 50mm²	10个	2.8
19	暗装空调插座	10套	2.4
20	暗装普通二三极插座	10套	5.3
21	暗装单极开关	10套	2.9
22	暗装双极开关	10套	0.4
23	暗装三极开关	10套	2.4
24	暗装四极开关	10套	0.2

续表

序号	项目名称	单位	数量
25	排气扇安装	台	26
26	吸顶荧光灯具安装	10 套	11.1
27	(吸顶灯)安装　　　7+2×8×3=55(个)	10 套	5.5
28	塑料灯头盒暗装	10 个	19.2
29	塑料开关暗装	10 个	13.6
30	塑料接线盒暗装	10 个	5.6
31	送配电系统调试	系统	1

三、工程量清单

计算工程量清单时，应严格依据国家标准《建设工程工程量清单计价规范》（GB 50500—2008）。根据该规范 C.2 电气设备安装工程中工程量清单项目设置及工程量计算规则，结合该项目，可知：电气器具及设备，按设计图示数量计算；电气配管项目，按设计图示尺寸以延长米计算。不扣除管路中间的接线箱（盒）、灯头盒、开关盒所占长度；电气配线项目，按设计图示尺寸以单线延长米计算。本项目中，电气配线工程量清单应为项目定额数量减去进入配电箱预留长度，其他项目与定额数量相同。

本项目电气配线进入配电箱预留长度及电气配线工程量清单见表 3-4。

表 3-4　电气配线工程量

计 算 式	计算结果/m
配电箱 M_0 500mm(L)×800mm(H)：	
管内穿线 BV-2.5　（3×2）×1.3	7.8
管内穿线 BV-16　1×1.3	1.3
管内穿线 BV-25　（4+3）×1.3	9.1
管内穿线 BV-50　（4×3）×1.3	15.6
电力电缆敷设 ZRVV4×50+E25　2+2	4
配电箱 M_1 300mm(L)×500mm(H)：	
管内穿线 BV-2.5　（3×2）×0.8	4.8
管内穿线 BV-4　　3×0.8	2.4
管内穿线 BV-16　1×0.8	0.8
管内穿线 BV-25　4×0.8	3.2
配电箱 M_2，M_3，M_4，300mm(L)×500mm(H)：	
管内穿线 BV-2.5　（3×0.8）×3	7.2
管内穿线 BV-16　[3×0.8+（3×3×0.5）]×3	20.7
管内穿线 BV-25　[5×0.8+（10×2）×0.5]×3	42
管内穿线 BV-50　（4×0.8）×3	9.6

计 算 式	计算结果/m
配电箱 MX₁～MX₈ 300mm(L)×200mm(H)：	
管内穿线 BV-2.5 (3×2×0.5)×24	72
管内穿线 BV-4 (3×0.5)×24	36
合计：	
管内穿线 BV-2.5 7.8+4.8+7.2+72	91.8
管内穿线 BV-4 2.4+36	60
管内穿线 BV-16 1.3+0.8+20.7	22.8
管内穿线 BV-25 9.1+3.2+42	54.3
管内穿线 BV-50 15.6+9.6	25.2
电力电缆敷设 ZRVV4×50+E25 2+2	4
本工程电气配线工程量清单：	
管内穿线 BV-2.5 3552.07−91.8	3460.27
管内穿线 BV-4 943.4−60	883.4
管内穿线 BV-16 467.28−22.8	444.48
管内穿线 BV-25 498.81−54.3	444.51
管内穿线 BV-50 107.4−25.2	82.2
电力电缆敷设 ZRVV-4×50+E25 10.7−4	6.7

整个工程分部分项工程量清单见表 3-5。

表 3-5　分部分项工程量清单

工程名称：某高校学生宿舍电气照明工程

序号	项目编码	项目名称	项目特征描述	计量单位	工程量
1	030404017001	配电箱	1. 成套配电箱安装 M0 2. 悬挂嵌入式 3. 规格:500mm(L)×800mm(H) 4. 压铜接线端子 50mm² 24个 5. 压铜接线端子 25mm² 14个 6. 压铜接线端子 16mm² 2个	台	1
2	030404017002	配电箱	1. 成套配电箱安装 M1 2. 悬挂嵌入式 3. 规格:300mm(L)×500mm(H)	台	1
3	030404017003	配电箱	1. 成套配电箱安装 M2,M3,M4 2. 悬挂嵌入式 3. 规格:300mm(L)×500mm(H) 4. 压铜接线端子 25mm² 72个 5. 压铜接线端子 16mm² 72个	台	3
4	030404017004	配电箱	1. 成套配电箱安装 MX1～MX8 2. 悬挂嵌入式 3. 规格:300mm(L)×200mm(H)	台	24

续表

序号	项目编码	项目名称	项目特征描述	计量单位	工程量
5	030404035001	插座	1. 空调插座 2. 暗装,15A	套	24
6	030404035002	插座	1. 普通二三极插座 2. 暗装,10A	套	53
7	030404034001	照明开关	1. 单极开关 2. 暗装,10A	套	29
8	030404034002	照明开关	1. 双极开关 2. 暗装,10A	套	4
9	030404034003	照明开关	1. 三极开关 2. 暗装,10A	套	24
10	030404034004	照明开关	1. 四极开关 2. 暗装,10A	套	2
11	030404033001	风扇	卫生间排气扇安装	台	26
12	030411001001	配管	1. 塑料管 PVC20 2. PVC 管暗敷	m	1018.59
13	030411001002	配管	1. 塑料管 PVC25 2. PVC 管暗敷	m	494.3
14	030411001003	配管	1. 塑料管 PVC32 2. PVC 管暗敷	m	212.58
15	030411004001	配线	1. 塑料铜线 BV-2.5 2. 管内穿线	m	3460.27
16	030411004002	配线	1. 塑料铜线 BV-4 2. 管内穿线	m	883.4
17	030411004003	配线	1. 塑料铜线 BV-16 2. 管内穿线	m	444.48
18	030411004004	配线	1. 塑料铜线 BV-25 2. 管内穿线	m	444.51
19	030411004005	配线	1. 塑料铜线 BV-50 2. 管内穿线	m	82.2
20	030408001001	电力电缆	1. 电力电缆敷设 ZRVV4×50+E25 2. 金属线槽敷设	m	6.7
21	030408006001	电力电缆头	户内干包式电力电缆终端头 50mm² 制作、安装	个	1
22	030411002001	线槽	金属线槽 80mm×100mm	m	6.7
23	030412005001	荧光灯	1. 荧光灯 1×40W 2. 组装型吸顶式安装	套	111
24	030412001001	普通灯具	1. 天棚灯 1×22W 2. 吸顶安装	套	55

续表

序号	项目编码	项目名称	项目特征描述	计量单位	工程量
25	030411006001	接线盒	1. 塑料灯头盒 2. 暗装	个	192
26	030411006002	接线盒	1. 塑料接线盒 2. 暗装	个	56
27	030411006003	接线盒	1. 塑料开关盒、插座盒 2. 暗装	个	136
28	030414002001	送配电装置系统	送配电装置系统调试	系统	1
—	—	本页小计	—	—	
—	—	合　计	—	—	

第二节　电气防雷与接地工程量计算

一、某高校学生宿舍电气防雷与接地工程

（1）建筑物防雷

① 此工程防雷等级为三类。设置总等电位联结。

② 接闪器。在屋顶采用 ϕ10mm 的热镀锌圆钢作为避雷带，同时采用 40×4 镀锌扁钢将建筑物南北短接，组成不大于 20m×20m 的网格（女儿墙高度为 0.5m）。

③ 引下线。利用建筑物柱子内两根 ϕ16mm 以上的主筋通长焊接作为引下线。所有外墙引下线在室外地面下 1m 处引出一根 ϕ12mm 的镀锌圆钢，伸出室外，距外墙皮距离为 1.2m。

④ 接地。接地极为建筑物基础梁上的上下两层钢筋中的两根主筋通长焊接形成的基础接地网。

⑤ 引下线上端与避雷带焊接，下端与接地极焊接。建筑物四角外墙引下线在室外地面上 0.5m 处设测试卡子。

⑥ 凡突出屋面的所有金属构件、金属通风管等金属物件均与避雷带可靠焊接。

⑦ 室外接地凡焊接处均应刷沥青漆防腐。

（2）接地

① 工程防雷接地、电气设备的保护接地共用统一的接地体，要求接地电阻不大于 4Ω，实测不满足要求时，增设人工接地极。

② 此工程采用总等电位联结，总等电位板由紫铜板制成，将所有进出建筑物的强、弱电电缆保护管、采暖供水、回水管，自来水的给水管、排水管进行联结，总等电位联结线采用 BV-1×25mm² PC32，总等电位联结均采用等电位卡子，禁止在金属管道上焊接，具体做法参见国家标准图集 02D501-2。

③ 此工程接地形式采用 TN-S 系统。

（3）屋顶防雷平面图（图 3-4）

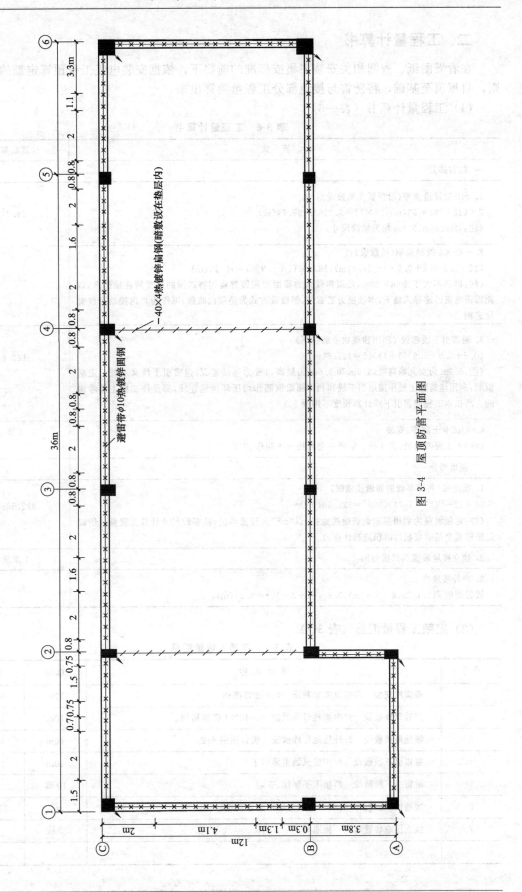

图 3-4 屋顶防雷平面图

二、工程量计算书

在看懂图纸、查阅相关安装图集或标准的前提下，依据安装电气工程预算定额的计算规则，自屋顶至基础，将防雷与接地部分工程量测算出来。

（1）工程量计算书（表 3-6）

表 3-6 工程量计算书

计　算　式	计算结果/m
一、防雷部分	
1. $\phi 10$ 镀锌避雷带(沿折板支架敷设)： $2 \times (12+36)=96(m)$，$96 \times (1+3.9\%)=99.74(m)$ (注：12m、36m、3.8m 均为轴线尺寸)	99.74
2. -40×4 镀锌扁钢(暗敷设)： $(12-3.8) \times 2+0.5 \times 4=18.4(m)$，$18.4 \times (1+3.9\%)=19.12(m)$ (注：网格不大于 20m×20m，是面积较大的屋面要用镀锌扁钢将四周的避雷网连接起来，以便雷击电流迅速导入地下，本项虽为避雷带，但敷设方式为垫层内暗敷，可作为户内接地母线套取定额。)	19.12
3. 避雷引下线敷设(利用建筑物主筋引下) $(0.5+3.9+3.6 \times 3+1) \times 8=122.6(m)$ (注：0.5m 为女儿墙高度，3.9m 和 3.6m 为层高，1m 为基础埋深，避雷引下线共 8 处。定额说明：利用建筑物主筋作接地引下线和利用圈梁钢筋作均压环接地连线，都是按二根主筋考虑的。所以本工程避雷引下线计算长度不用乘 2。)	122.6
4. 测试卡子制作、安装 (注：本工程四角处，共 4 处。定额中套断接卡子制作、安装。)	4 套
二、接地部分	
1. 接地极(利用基础钢筋做接地极) $36 \times 12-[(36-7.2) \times 3.8]=322.56(m^2)$ (注：定额解释为利用基础钢筋做接地极，以"m²"为计量单位，按基础尺寸计算工程量。所以是按照整个基础底板的面积进行计算。)	322.56m²
2. 独立接地装置调试接地网	1 系统
3. 户外接地线 镀锌圆钢 $\phi 12$：$1.2 \times 8=9.6(m)$，$9.6 \times (1+3.9\%)=9.97(m)$	9.97

（2）定额工程量汇总（表 3-7）

表 3-7 定额工程量汇总

序号	项目名称	单位	数量
1	避雷网安装　沿折板支架敷设　$\phi 10$ 镀锌圆钢	10m	9.974
2	接地母线敷设　户内接地母线敷设　-40×4 镀锌扁钢	10m	1.912
3	接地母线敷设　户外接地母线敷设　镀锌圆钢 $\phi 12$	10m	0.997
4	避雷引下线敷设　利用建筑物主筋引下	10m	12.26
5	避雷引下线敷设　断接卡子制作、安装	10 套	0.4
6	接地极(板)制作、安装　利用基础钢筋做接地极	m²	322.56
7	独立接地装置调试　接地网	系统	1

三、工程量清单

国家标准《建设工程工程量清单计价规范》（GB 50500—2008）中，接地装置项目按设计图示尺寸以长度计算，避雷装置项目按设计图示数量计算，接地装置测试项目按设计图示系统计算。本工程防雷与接地部分工程量清单见表 3-8。

表 3-8　分部分项工程量清单

工程名称：某高校学生宿舍防雷与接地工程

序号	项目编码	项目名称	项目特征描述	计量单位	工程量
1	030409001001	接地极	1. 接地极（板）制作、安装 利用基础钢筋做接地极 2. 接地极 322.56m²	块	1
2	030409002001	接地母线	1. 户内接地母线敷设 2. 镀锌扁钢—40×4	m	19.12
3	030409002002	接地母线	1. 户外接地母线敷设 2. 镀锌圆钢 φ12	m	9.97
4	030409003001	避雷引下线	1. 避雷引下线敷设 利用建筑物主筋引下 2. 避雷引下线敷设 断接卡子制作、安装 4套	m	126
5	030409005001	避雷网	1. 避雷网安装 沿折板支架敷设 2. 镀锌圆钢 φ10	m	99.7
6	030414011001	接地装置	1. 利用基础钢筋做接地极 2. 接地电阻测试、接地网调试	系统	1
—	—	本页小计	—		
—	—	合　计	—		

第三节　电气弱电工程量计算

一、某三层别墅电气弱电工程施工图

（1）设计说明

① 本工程为某三层别墅，层高 3.6m。

② 本工程弱电系统包括电话系统、电视系统、网络系统、对讲系统，参见系统图和平面图。

③ 弱电线路配管穿线，参见平面图。电视插座 TV、信息插座 TO、电话插座 TP 均暗装，距地 0.3m。

（2）弱电系统图（图 3-5）

（3）一层弱电平面图（图 3-6）

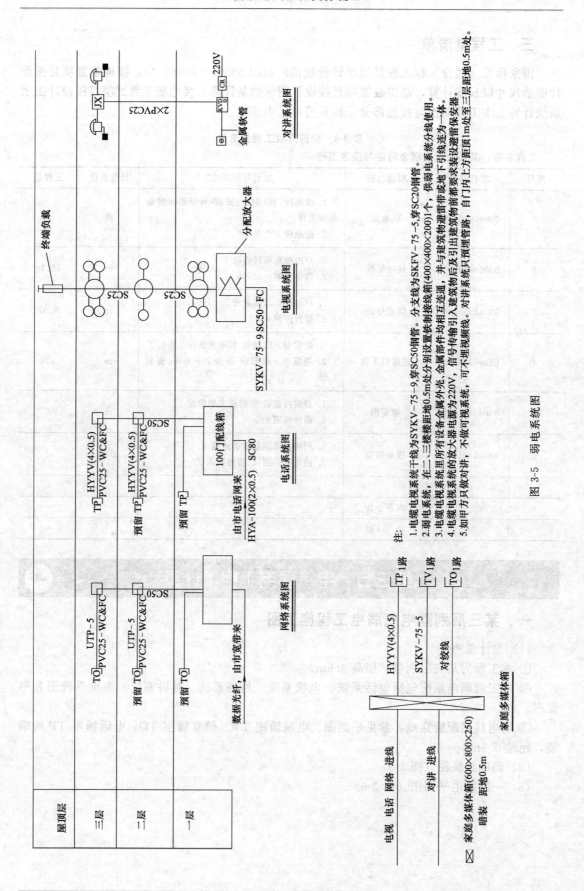

图 3-5 弱电系统图

注:
1. 电缆电视系统干线为 SYKV-75-9,穿 SC50 钢管。分支线为 SKFV-75-5,穿 SC20 钢管。
2. 弱电系统,在二、三楼处距地 0.5m 处设置铁制接线箱(400×400×200)1个,供弱电系统分线使用。
3. 电缆电视系统里所有设备金属部件、金属屏蔽外壳,金属部件均相互连通,并与建筑物避雷带或此处电下引线连为一体。
4. 电缆电视系统的放大器电源为 220V,信号传输引入建筑物后及引出建筑物前都要求设设置过雷保安器。
5. 如甲方只做对讲,不做可视系统,对讲系统只预理视频线。对讲系统只预理管路,自门内上方距顶 1m 处至三层距地 0.5m 处。

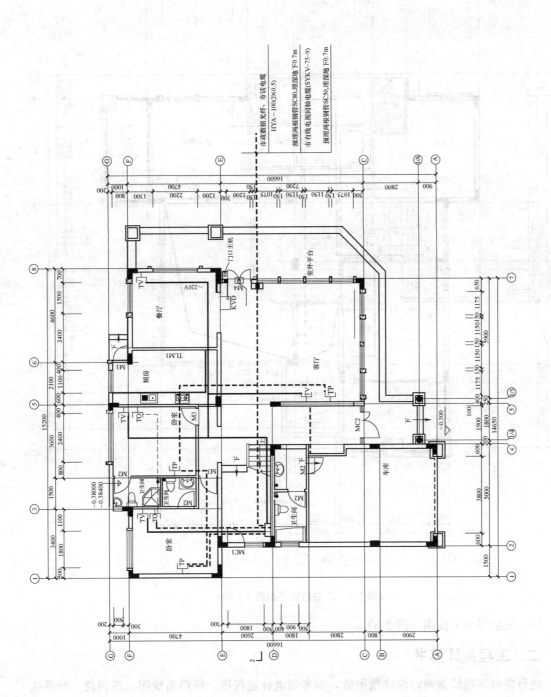

图 3-6 首层弱电平面图 1：50

（4）二层弱电平面图（图 3-7）

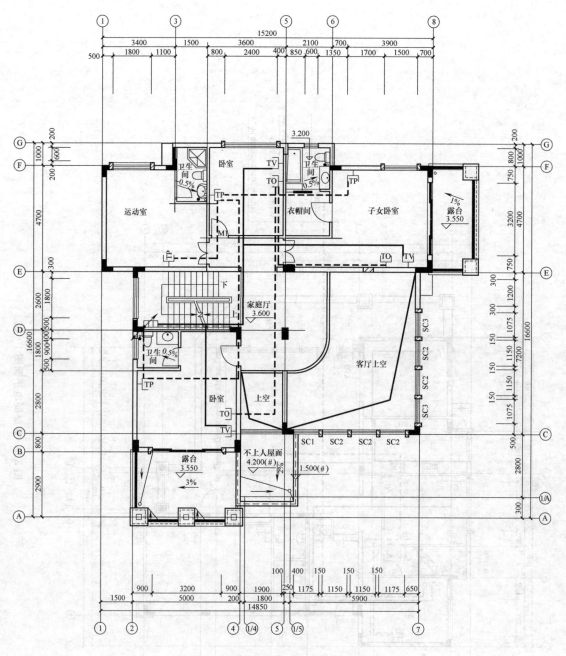

图 3-7　二层弱电平面图 1∶50

（5）三层弱电平面图（图 3-8）

二、工程量计算书

　　进行弱电工程计量前，应读懂图纸，参考强电计量程序，依照系统图，按回路、分系统进行编写工程量计算书。和强电工程一样，无非就是计算配管、配线及弱电器具和设备，区别在于配线及弱电器具和设备套取定额时，应采用第 12 册建筑智能化系统设备安装工程定额条目。

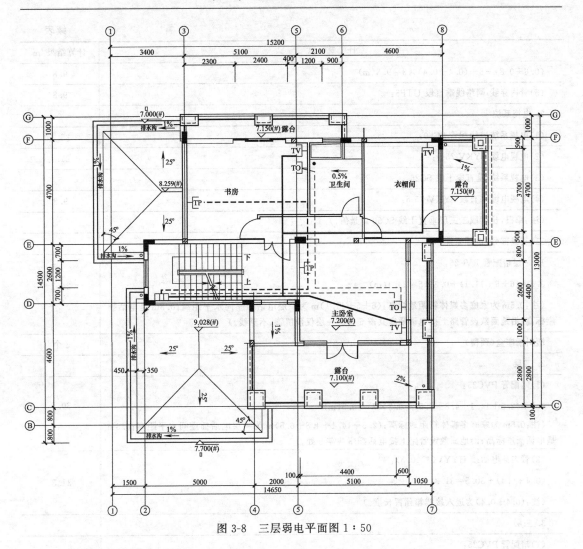

图 3-8 三层弱电平面图 1:50

（1）工程量计算书（表 3-9）

表 3-9 工程量计算书

计 算 式	计算结果/m
一、干线部分	
1. 网络、电话系统	
（1）网线、电话进线干管 SC80：	
$(1.5+14.7+0.3+0.7+0.5)\times2=35.4$（m）	35.4
（注：1.5m 为从进户管出外墙散水长度；14.7m 为外墙至家庭多媒体箱长度；0.3m 为室内外标高差；0.7m 为配管埋深；0.5m 为箱底标高。预埋钢管 S80 共 2 根。）	
（2）电话干线 HYA-100(2×0.5)：	
$2+35.4/2+2=21.7$（m）	21.7
（注：2m 为进户线室外预留；后面 2m 为家庭多媒体箱内预留长度。）	
（3）二三层垂直干线 SC50	
$3.6\times2-0.8-0.4=6$（m）	6
（4）管内穿线 电话线垂直段 HYYV(4×0.5)：	

续表

计　算　式	计算结果/m
$(0.6+0.8)+6+(0.4+0.4)\times3=9.8(m)$	9.8
(5)管内穿线 网络线垂直段 UTP5：	9.8
2. 电视系统	
(1)电视系统进线配管 SC50：	35.4
(2)电视电缆 SYKV-75-9：	21.7
(3)电视系统 垂直段干线 SC25	6
(4)电视电缆垂直段 SYKV-75-5：	9.8
(注：单根，长度取二三层垂直干线 SC50 计量值。)	
二、支线部分(电话系统)	
1. 一层暗配管 PVC25：	
$0.5+(6+5+11.1)+0.3\times5=24.1(m)$	24.1
(注：0.5m 为家庭多媒体箱距地标高；(6+5+11.1)m 为一层电话插座间水平距离；0.3m 是电话插座标高；沿地面敷设管路上接电话插座共需 5 处。一层仅预留管，不穿线。)	
塑料插座盒(预留)	3 个
2. 二层	
(1)暗配管 PVC25：	
$0.5+(2.5+14.1+4.8+6.5)+0.3\times7=30.5(m)$	30.5
(注：0.5m 为家庭多媒体箱距地标高；(2.5+14.1+4.8+6.5)m 为一层电话插座间水平距离；0.3m 是电话插座标高；沿地面敷设管路上接电话插座共需 5 处。)	
(2)管内穿电话线 HYYV(4×0.5)：	
$(0.4+0.4)+30.5=31.3(m)$	31.3
(注：(0.4+0.4)为进入接线箱预留长度。)	
3. 三层	
(1)暗配管 PVC25：	
$0.5+(7.7+8.1)+0.3\times3=17.2(m)$	17.2
(注：同二层)	
(2)管内穿电话线 HYYV(4×0.5)：	
$(0.4+0.4)+17.2=18(m)$	18
三、支线部分(网络系统)	
1. 一层暗配管 PVC25：	
$0.5+(8.5+6.1)+0.3\times3=16(m)$	16
(注：0.5m 为家庭多媒体箱距地标高；(8.5+6.1)m 为一层网络插座间水平距离；0.3m 是网络插座标高；沿地面敷设管路上接网络插座共需 3 处。一层仅预留管，不穿线。)	
塑料插座盒(预留)	2 个
2. 二层	
(1)暗配管 PVC25：	
$0.5+(8.9+12+8.3)+0.3\times5=31.2(m)$	31.2
(2)管内穿对绞线 UTP5：	
$(0.4+0.4)+31.2=32(m)$	32

续表

计 算 式	计算结果/m
3. 三层	
(1)暗配管 PVC25：	
$0.5+(11.5+10.7)+0.3×3=23.6(m)$	23.6
(2)管内穿对绞线 UTP5：	
$(0.4+0.4)+23.6=24.4(m)$	24.4
四、支线部分(电视系统)	
1. 一层暗配管 SC20：	
$0.5×3+(14.3+21+8.4)+0.3×3=36.1(m)$	36.1
(注:0.5m 为家庭多媒体箱距地标高;(14.3+21+8.4)m 为一层 3 个电视插座至接线箱的水平间水平距离;0.3m 是电视插座标高。一层仅预留管,不穿线。)	
金属插座盒(预留)	3 个
2. 二层	
(1)暗配管 SC20：	
$0.5×3+(14.3+21)+0.3×2=36.4(m)$	36.4
(2)管内穿电视线 SYKV-75-5：	
$(0.4+0.4)×3+36.4=37.2(m)$	37.2
3. 三层	
(1)暗配管 SC20：	
$0.5×3+(14.3+22+11.1)+0.3×3=48.8(m)$	48.8
(2)管内穿电视线 SYKV-75-5：	
$(0.4+0.4)×3+48.8=51.2(m)$	51.2
五、支线部分(对讲系统)	
暗配管 PVC25：	
$(1+3.6+0.5)×2=10.2(m)$	10.2
塑料接线盒(预留)	2 个
管线工程量汇总:	
钢管暗配 SC80	35.4
钢管暗配 SC50　6+35.4	41.4
钢管暗配 SC25　6	6
钢管暗配 SC20　36.1+36.4+48.8	121.3
塑料管暗配 PVC25　24.1+30.5+17.2+16+31.2+23.6+10.2	152.8
管内穿线 HYA-100(2×0.5)	21.7
管内穿线 HYYV(4×0.5)　9.8+31.3+18	59.1
管内穿线 UTP5　9.8+32+24.4	66.2
管内穿线 SYKV-75-9	21.7
管内穿线 SYKV-75-5　9.8+37.2+51.2	98.2
塑料插座盒　3+2	5 个

计 算 式	计算结果/m
塑料接线盒	2个
金属插座盒	3个
本工程弱电器具、设备汇总：	
家庭多媒体箱(600mm×800mm×250mm)	2台
接线箱(400mm×400mm×200mm)	1台
分配放大器	1个
四分支器	2个
二分支器	1个
终端电阻	1个
信息插座 3+2=5(个)	5个
电视插座 2+3=5(个)	5个
电话插座 4+2=6(个)	6个
塑料插座盒 5+6	11个
金属插座盒	5个

(2) 定额工程量汇总（表 3-10）

表 3-10 定额工程量汇总

序号	项目名称	单位	数量
1	家庭多媒体箱(600mm×800mm×250mm)暗装	台	1
2	弱电接线箱(400mm×400mm×200mm)暗装	台	2
3	分配网络 放大器安装 暗装	10个	0.1
4	分配网络 用户分支器、暗装四分支器	10个	0.2
5	分配网络 用户分支器、暗装二分支器	10个	0.1
6	钢管敷设 暗配 SC80	100m	0.354
7	钢管敷设 暗配 SC50	100m	0.414
8	钢管敷设 暗配 SC25	100m	0.06
9	钢管敷设 暗配 SC20	100m	1.213
10	绝缘导管敷设 暗配 PVC25	100m	1.528
11	管/暗槽内穿放电话线缆(100 对以内)HYA-100(2×0.5)	100m	0.217
12	管/暗槽内穿放电话线缆(10 对以内)HYYV(4×0.5)	100m	0.591
13	穿放、布放双绞线缆 4 对双绞线缆 UTP5	100m	0.662
14	室内穿放、布放射频传输电缆 SYKV-75-9	100m	0.217
15	室内穿放、布放射频传输电缆 SYKV-75-5	100m	0.982
16	电话出线口 普通型 单联	个	6
17	安装 8 位模块式信息插座 单口	个	5
18	分配网络 用户终端盒安装 暗装	10个	0.5
19	分配网络 暗盒埋设 塑料插座盒(86×86)	10个	1.1
20	分配网络 暗盒埋设 金属插座盒(86×86)	10个	0.5
21	塑料接线盒	个	2
22	楼宇自控系统 控制网络通信设备 终端电阻 75Ω	个	1

三、工程量清单

国家标准《建设工程工程量清单计价规范》（GB 50500—2008）中，C.11 通信设备及线路工程和 C.12 建筑智能化系统设备安装工程所有项目均按设计图示数量计算。本工程弱电部分工程量清单见表 3-12。

本项目电气配线进入接线箱预留长度及电气配线工程量清单见表 3-11。

表 3-11　电气配线预留长度及工程量清单

计　算　式	计算结果/m
家庭多媒体箱（600mm×800mm×250mm）：	
电话干线 HYA-100(2×0.5)　2+(0.6+0.8)=3.4(m)	3.4
电话线 HYYV(4×0.5)　(0.6+0.8)+(0.4+0.4)×3=3.8(m)	3.8
电视电缆 SYKV-75-9	2.8
电视电缆 SYKV-75-5	3.8
弱电接线箱（400mm×400mm×200mm）：	
管内穿电话线 HYYV(4×0.5)　(0.4+0.4)×2=1.6(m)	1.6
管内穿对绞线 UTP5	1.6
管内穿电视线 SYKV-75-5	1.6
本工程电气配线工程量清单：	
管内穿线 HYA-100(2×0.5)　21.7-3.4=18.3(m)	18.3
管内穿线 HYYV(4×0.5)　59.1-3.8-1.6=53.7(m)	53.7
管内穿线 UTP5　66.2-1.6=64.6(m)	64.6
管内穿线 SYKV-75-9　21.7-3.4=18.3(m)	18.3
管内穿线 SYKV-75-5　98.2-3.8-1.6=92.8(m)	92.8

表 3-12　分部分项工程量清单

工程名称：某高校学生宿舍弱电工程

序号	项目编码	项目名称	项目特征描述	计量单位	工程量
1	030404017001	配电箱	1. 家庭多媒体箱（600mm×800mm×250mm） 2. 暗装	台	1
2	030411005001	接线箱	1. 弱电接线箱（400mm×400mm×200mm） 2. 暗装	台	2
3	030505013001	分配网络	1. 放大器安装 2. 暗装	个	1
4	030505013002	分配网络	用户分支器、暗装四分支器	个	2
5	030505013003	分配网络	用户分支器、暗装二分支器	个	1
6	030505013004	分配网络	终端电阻 75Ω	个	1
7	030411001001	配管	暗配 SC80	m	35.4
8	030411001002	配管	暗配 SC50	m	41.4
9	030411001003	配管	暗配 SC25	m	6

序号	项目编码	项目名称	项目特征描述	计量单位	工程量
10	030411001004	配管	1. 焊接钢管 SC20 2. 暗配	m	121.3
11	030411001005	配管	1. 塑料管 PVC25 2. 暗配	m	152.8
12	030502006001	大对数电缆	1. 管内穿线 2. 电话线缆(100 对以内)HYA-100(2×0.5)	m	18.3
13	030502006002	大对数电缆	1. 管内穿线 2. 电话线缆(10 对以内)HYYV(4×0.5)	m	53.7
14	030502005001	双绞线缆	1. 管内穿线 2. 4 对双绞线缆 UTP5	m	64.6
15	030505005001	射频同轴电缆	1. 管内穿线 2. 射频传输电缆 SYKV-75-9	m	18.3
16	030505005002	射频同轴电缆	1. 管内穿线 2. 射频传输电缆 SYKV-75-5	m	92.8
17	030502012001	信息插座	1. 安装 8 位模块式信息插座 2. 单口、暗装	个	5
18	030502004001	电视、电话插座	1. 电话出线口 普通型 单联 2. 暗装	个	6
19	030502004002	电视、电话插座	1. 电视插座 2. 暗装	个	5
20	030411006004	接线盒	1. 塑料插座盒(86×86) 2. 暗配	个	11
21	030411006005	接线盒	1. 塑料接线盒 2. 暗配	个	2
22	030411006006	接线盒	1. 塑料接线盒 2. 暗配	个	5
—	—	本页小计	—	—	
—	—	合　计	—	—	—

第四章　安装电气工程计价

目前，我国建设市场采用两种计价方法，即定额计价方法和工程量清单计价方法。二者的区别主要体现见表 4-1。

表 4-1　定额计价法和清单计价法

计价方法 区别	定额计价	清单计价
单位工程造价构成	由直接费、间接费、利润、税金构成	由工程量清单费用（=Σ清单工程量×项目综合单价）、措施项目清单费用、其他项目清单费用、规费、税金五部分构成
计价步骤	计价时先计算直接工程费，加上措施费共同构成直接费，再以直接费中的人工费、机械费的和为基数计算规费、管理费、利润、税金，汇总为单位工程造价	计价时先计算各项目的综合单价，乘清单工程量得出综合合价。以直接费中的人工费、机械费的和为基数计算措施项目清单费用、其他项目清单费、规费、税金，汇总为单位工程造价
单价构成	单价是工料单价，即只包括人工、材料、机械费	单价一般为综合单价，除了人工、材料、机械费，还要包括管理费（现场管理费和企业管理费）、利润和必要的风险费
计价的依据	依据就是国家、省、有关专业部门制定的各种定额，其性质为指导性	依据是"清单计价规范"和企业定额，计价规范是含有强制性条文的国家标准
工程量计算规则	按分部分项工程的实际发生量计量	按分部分项实物工程量净量计量，也不包含工程量合理损耗

第一节　安装电气工程定额计价

下面，将第三章的电气照明工程、防雷与接地工程、弱电工程视为一个整体，在计量出三部分工程量的基础上，使用 2008 年《全国统一安装工程预算定额河北省消耗量定额》、配套的费用定额及政策性调整文件，编写出工程预算书。

工程概（预）算书

建设单位：

工程名称：某高校学生宿舍电气工程

建筑面积：1728 平方米

工程造价：129324.61 元

单方造价：74.84 元/平方米

建设单位（盖章）

施工单位（盖章）

编制日期：2014 年 4 月 22 日

编 制 说 明

一、编制依据

1. 设计施工图及有关说明。

2. 采用现行的标准图集、规范、工艺标准、材料做法。

3. 使用现行的河北省 2012 定额、河北省安装工程费用标准（HEBGFB-1-2012）、市场材料价格及有关的补充说明解释等。

4. 根据现场施工条件、实际情况。

二、［地区\专业］工程竣工调价系数［0 ］。

三、补充单位估价项目［ 0］项，换算定额单价［2 ］项。

四、暂估单价［0 ］项。

五、工程概况：本工程地点在城市，工程为三类，以此取费。

六、设备及主要材料来源：由施工单位自行采购。

七、其他：施工时发生图纸变更或赔偿双方协商解决。

<h2 style="text-align:center">单位工程费用表</h2>

项目名称：某高校学生宿舍电气工程　　　　　　　　　　第 1 页 共 1 页

序号	费用名称	取费说明	费率/%	费用金额/元
一、	安装工程	安装工程		129324.61
一	直接费	人工费＋材料费＋机械费＋未计价材料费		104333.8
1	人工费	人工费＋组价措施项目人工费		28214.88
2	材料费	材料费＋组价措施项目材料费		11952.53
3	机械费	机械费＋组价措施项目机械费		2838.32
4	未计价材料费	主材费＋组价措施项目主材费		61328.07
5	设备费	设备费＋组价措施项目设备费		0
二	企业管理费	预算人工费＋组价措施预算人工费＋预算机械费＋组价措施预算机械费	15	4657.99
三	规费	预算人工费＋组价措施预算人工费＋预算机械费＋组价措施预算机械费	27	8384.38
四	利润	预算人工费＋组价措施预算人工费＋预算机械费＋组价措施预算机械费	10	3105.33
五	价款调整	人材机价差＋独立费		0
1	人材机价差	人材机价差		0
2	独立费	独立费		0
六	安全生产、文明施工费	安全生产、文明施工费	3.23＋0.5	4493.96
七	税金	直接费＋设备费＋企业管理费＋规费＋利润＋价款调整＋安全生产、文明施工费	3.48	4349.15
八	工程造价	直接费＋设备费＋企业管理费＋规费＋利润＋价款调整＋安全生产、文明施工费＋税金		129324.61
二、	工程造价	专业造价总合计		129324.61

含税工程造价:壹拾贰万玖仟叁佰贰拾肆元陆角壹分

2014 年 4 月 22 日

版权许可编号：冀建价办 201204-A

实体项目预算表

工程名称：某高校学生宿舍电气工程

序号	定额编号	项目名称	单位	数量	单价	其中：（元）			合价	其中：（元）		
						人工费	材料费	机械费		人工费	材料费	机械费
									27944.87	19962.52	7875.54	106.83
		强电部分										
1	2-265	成套配电箱安装 悬挂、嵌入式（半周长）1.5m	台	1	271.3	135.6	135.7		271.3	135.6	135.7	
		配电箱 M0 500mm(L)×800mm(H)	台	1	1500				1500			
2	2-264	成套配电箱安装 悬挂、嵌入式（半周长）1.0m	台	1	238.03	106.2	131.83		238.03	106.2	131.83	
		配电箱 M1 300mm(L)×500mm(H)	台	1	700				700			
3	2-264	成套配电箱安装 悬挂、嵌入式（半周长）1.0m	台	3	238.03	106.2	131.83		714.09	318.6	395.49	
		配电箱 M2～4 300mm(L)×500mm(H)	台	3	800				2400			
4	2-263	成套配电箱安装 悬挂、嵌入式（半周长）0.5m	台	24	211.3	88.2	123.1		5071.2	2116.8	2954.4	
		配电箱 MX1～MX8 300mm(L)×200mm(H)	台	24	500				12000			
5	2-336	铜电线压铜接线端子 导线截面(16mm²以内)	10个	7.4	52.5	25.8	26.7		388.5	190.92	197.58	
6	2-337	铜电线压铜接线端子 导线截面(35mm²以内)	10个	8.6	75.21	39	36.21		646.81	335.4	311.41	
7	2-338	铜电线压铜接线端子 导线截面(70mm²以内)	10个	2.4	132.19	78	54.19		317.26	187.2	130.06	
8	2-619 * 1.3	电力电缆敷设 截面(120mm²以下)子目乘以系数1.3	100m	0.11	1082.81	671.58	121.73	289.5	118.78	73.67	13.35	31.76
		电力电缆 ZRVV4×50+E25	m	11.08	158.5				1756.13			
9	2-649 * 1.3	户内干包式电力电缆终端头制作、安装(1kV以下截面120mm²以下)子目乘以系数1.3	个	1	183.69	74.1	109.59		183.69	74.1	109.59	

续表

序号	定额编号	项目名称	单位	数量	单价	其中:(元)			合价	其中:(元)		
						人工费	材料费	机械费		人工费	材料费	机械费
10	2-597	金属线槽安装 宽度(100mm以下)	10m	0.67	241.52	165	63.43	13.09	161.82	110.55	42.5	8.77
		金属线槽 80mm×100mm	m	7.035	22				154.77			
11	2-1143	插接式绝缘导管敷设 暗配 塑料管 公称直径(20mm以内)	100m	10.186	475.73	454.2	21.53		4845.74	4626.44	219.3	
		塑料管 PVC20	m	1120.449	2.5				2801.12			
12	2-1144	插接式绝缘导管敷设 暗配 塑料管 公称直径(25mm以内)	100m	4.943	501.23	471.6	29.63		2477.58	2331.12	146.46	
		塑料管 PVC25	m	543.73	3.5				1903.06			
13	2-1145	插接式绝缘导管敷设 暗配 塑料管 公称直径(32mm以内)	100m	2.126	549.61	511.8	37.81		1168.36	1087.98	80.38	
		塑料管 PVC32	m	233.838	4.5				1052.27			
14	2-1177	照明线路 导线截面(2.5mm²以内)铜芯	100m单线	35.521	82.28	58.8	23.48		2922.64	2088.62	834.03	
		绝缘导线 BV-2.5	m	4120.401	1.5				6180.6			
15	2-1178	照明线路 导线截面(4mm²以内)铜芯	100m单线	9.434	64.45	41.4	23.05		608.02	390.57	217.45	
		绝缘导线 BV-4	m	1037.74	2.1				2179.25			
16	2-1198	动力线路(铜芯)导线截面(16mm²以内)	100m单线	4.673	101.03	64.8	36.23		472.09	302.8	169.3	
		绝缘导线 BV-16	m	490.644	4.5				2207.9			
17	2-1199	动力线路(铜芯)导线截面(25mm²以内)	100m单线	4.988	121.31	81	40.31		605.11	404.04	201.07	
		绝缘导线 BV-25	m	523.751	6.8				3561.5			
18	2-1201	动力线路(铜芯)导线截面(50mm²以内)	100m单线	1.074	214.54	167.4	47.14		230.42	179.79	50.63	
		绝缘导线 BV-50	m	112.77	8.6				969.82			
19	2-1429	暗装 接线盒	10个	5.6	37.93	26.4	11.53		212.41	147.84	64.57	
		塑料接线盒	个	57.12	1.5				85.68			
20	2-1429	暗装 接线盒	10个	19.2	37.93	26.4	11.53		728.26	506.88	221.38	

续表

序号	定额编号	项目名称	单位	数量	单价	其中:(元)			合价	其中:(元)		
						人工费	材料费	机械费		人工费	材料费	机械费
21	2-1430	灯头盒	个	195.84	1.5				293.76			
		暗装开关盒	10个	13.6	33.54	28.2	5.34		456.14	383.52	72.62	
		开关盒,插座盒	个	138.72	1.5				208.08			
22	2-1463	半圆球吸顶灯安装 灯罩直径(300mm以内)	10套	5.5	221.85	127.2	94.65		1220.18	699.6	520.58	
		天棚灯	套	55.55	35				1944.25			
23	2-1674	荧光灯具安装 成套型 吸顶式 单管	10套	11.1	161.43	127.8	33.63		1791.87	1418.58	373.29	
		荧光灯	套	112.11	55				6166.05			
24	2-1737	扳式暗装开关安装 单联	10套	2.9	49.81	42.6	7.21		144.45	123.54	20.91	
		单极开关	只	29.58	13.26				392.23			
25	2-1738	扳式暗装开关安装 双联	10套	0.4	55.85	45.6	10.25		22.34	18.24	4.1	
		双极开关	只	4.08	22.22				90.66			
26	2-1739	扳式暗装开关安装 三联	10套	2.4	62.48	49.2	13.28		149.95	118.08	31.87	
		三极开关	只	24.48	34.68				848.97			
27	2-1740	扳式暗装开关安装 四联	10套	0.2	69.11	52.8	16.31		13.82	10.56	3.26	
		四极开关	只	2.04	39.65				80.89			
28	2-1768	单相暗插座安装 15A 5孔	10套	5.3	81.52	64.8	16.72		432.06	343.44	88.62	
		成套插座	套	54.06	14.8				800.09			
29	2-1777	单相暗插座安装 30A 3孔	10套	2.4	86.22	63.6	22.62		206.93	152.64	54.29	
		成套插座	套	24.48	23.1				565.49			
30	2-1804	轴流排气扇安装	台	26	26.28	23.4	2.88		683.28	608.4	74.88	
		轴流排气扇	台	26	85				2210			
31	2-898	送配电装置系统调试 1kV以下交流供电(综合)	系统	1	441.74	370.8	4.64	66.3	441.74	370.8	4.64	66.3
		防雷接地部分							6798.21	3342.38	943.08	2512.78

续表

序号	定额编号	项目名称	单位	数量	单价	其中：（元）			合价	其中：（元）		
						人工费	材料费	机械费		人工费	材料费	机械费
32	2-726	利用基础钢筋做接地极	m²	322.56	6.09	3	1.3	1.79	1964.39	967.68	419.33	577.38
33	2-727	户内接地母线敷设	10m	1.912	115.13	74.4	21.71	19.02	220.13	142.25	41.51	36.37
		接地母线—40×4扁钢	m	20.076	6.68				134.11			
34	2-728	户外接地母线敷设 截面（200mm²以内）	10m	0.997	185.98	177.6	1.46	6.92	185.42	177.07	1.46	6.9
		接地母线 镀锌圆钢 φ12	m	10.469	2.5				26.17			
35	2-801	避雷引下线敷设 利用建筑物主筋引下	10m	12.26	136.38	21.6	5.83	108.95	1672.02	264.82	71.48	1335.73
36	2-802	避雷引下线敷设 断接卡子制作、安装	10套	0.4	59.66	18.6	39.17	1.89	23.86	7.44	15.67	0.76
37	2-804	避雷网安装 沿折板支架敷设	10m	9.974	225.56	141.6	39	44.96	2249.74	1412.32	388.99	448.43
		避雷网 10mm圆钢	m	104.727	2.3				240.87			
38	2-935	接地网调试	系统	1	482.65	370.8	4.64	107.21	482.65	370.8	4.64	107.21
		弱电部分							3675.94	3033.9	423.34	218.71
39	2-265	成套配电箱安装 悬挂、嵌入式（半周长1.5m）	台	1	271.3	135.6	135.7		271.3	135.6	135.7	
		家庭多媒体箱（600mm×800mm×250mm）	台	1	800				800			
40	2-1428	暗装 接线箱半周长（1500mm以内）	10个	0.2	966.01	954.6	11.41		193.2	190.92	2.28	
		接线箱	个	2	200				400			
41	12-672	放大器 暗装	10个	0.1	55.09	45	5.13	4.96	5.51	4.5	0.51	0.5
		放大器 暗装	10个	0.1	60				6			
42	12-674	用户分支器、分配器 暗装	10个	0.2	67.44	67.2	0.24		13.49	13.44	0.05	
		用户四分支器	10个	0.2	30				6			
43	12-674	用户分支器、分配器 暗装	10个	0.1	67.44	67.2	0.24		6.74	6.72	0.02	
		用户二分支器	10个	0.1	20				2			
44	12-581	室内管/暗槽内穿放射频传输电缆 φ9mm 以内	100m	0.217	85.98	73.2		12.78	18.66	15.88		2.77

续表

序号	定额编号	项目名称	单位	数量	单价	人工费	材料费	机械费	合价	人工费	材料费	机械费
45	12-581	电缆 SYKV-75-9	m	22.134	2.8				61.98			
		室内管/槽内穿放射频传输电缆 φ9mm 以内	100m	0.982	85.98	73.2		12.78	84.43	71.88		12.55
		电缆 SYKV-75-5	m	100.164	2.1				210.34			
46	12-101	管/暗管内穿放电话线缆（100 对以内）	100m	0.217	298.53	232.8	43.31	22.42	64.78	50.52	9.4	4.87
		电话电缆 HYA-100(2×0.5)	m	22.134	78				1726.45			
47	12-97	管/暗管内穿放电话线缆（10 对以内）	100m	0.591	110.75	90.6	11.18	8.97	65.45	53.54	6.61	5.3
		电话电缆 HYYV(4×0.5)	m	60.282	0.8				48.23			
48	12-1	管/暗管内穿放双绞线缆（4 对以内）	100m	0.662	97.86	84.6	1.6	11.66	64.78	56.01	1.06	7.72
		4 对双绞线缆 UTP5	m	67.524	3				202.57			
49	2-1058	钢管敷设 砌体、混凝土结构暗配 公称直径（20mm 以内）	100m	1.213	491.75	383.4	47.82	60.53	596.49	465.06	58.01	73.42
		钢管(SC20)	m	124.939	8.65				1080.72			
50	2-1059	钢管敷设 砌体、混凝土结构暗配 公称直径（25mm 以内）	100m	0.06	612.56	462	62.35	88.21	36.75	27.72	3.74	5.29
		钢管(SC25)	m	6.18	9.77				60.38			
51	2-1062	钢管敷设 砌体、混凝土结构暗配 公称直径（50mm 以内）	100m	0.414	1124.21	856.8	150.36	117.05	465.42	354.72	62.25	48.46
		钢管(SC50)	m	42.642	19.65				837.92			
52	2-1064	钢管敷设 砌体、混凝土结构暗配 公称直径（80mm 以内）	100m	0.354	2305.39	1882.8	260.54	162.05	816.11	666.51	92.23	57.37
		钢管(SC80)	m	36.462	33.94				1237.52			
53	2-1144	插接式绝缘导管配 暗管敷设 塑料管配 公称直径（25mm 以内）	100m	1.528	501.23	471.6	29.63		765.88	720.6	45.27	
		塑料管 PVC25	m	168.08	3.5				588.28			
54	12-116	电话出线口 普通型 单联	个	6	3.01	2.4	0.61		18.06	14.4	3.66	

续表

序号	定额编号	项 目 名 称	单位	数量	单价	其中:(元)			合价	其中:(元)		
						人工费	材料费	机械费		人工费	材料费	机械费
55	12-20	电话插座	个	6.12	29.04				177.72			
		安装8位模块式信息插座 单口	个	5	4.2	4.2			21	21		
		8位模块式信息插座（单口）	个	5.05	54.98				277.65			
56	12-677	用户终端盒 暗装	10个	0.5	81.24	81	0.24		40.62	40.5	0.12	
		电视插座	个	5.05	22.9				115.65			
57	12-26	安装信息插座底盒（接线盒）砖墙内	个	11	9	9			99	99		
		塑料接线盒	个	11.11	1.5				16.67			
58	12-678	埋设暗盒(86×86,75×100)	10个	0.5	28.44	28.2	0.24		14.22	14.1	0.12	
		金属插座盒	个	5.05	3				15.15			
59	2-1429	暗装 接线盒	10个	0.2	37.93	26.4	11.53		7.59	5.28	2.31	
		塑料接线盒	个	2.04	1.5				3.06			
60	12-467	楼宇自控系统 终端电阻	个	1	6.46	6		0.46	6.46	6		0.46
		合 计							99747.09	26338.8	9241.96	2838.32

第二节　安装电气工程清单计价

　　近年来广泛使用的工程量清单计价，将施工过程中的实体性消耗和措施性消耗分开，对于措施性消耗费用只列出项目名称，由投标人根据招标文件要求和施工现场情况、施工方案自行确定，以体现出以施工方案为基础的造价竞争；对于实体性消耗费用，则列出具体的工程数量，投标人要报出每个清单项目的综合单价。

　　采用综合单价更直观地反映了各计价项目（包括构成工程实体的分部分项工程项目和措施项目、其他项目）的实际价格，便于工程款支付、工程造价的调整和工程结算，也避免了因为"取费"产生的一些无谓纠纷。综合单价中的直接费、费用、利润由投标人根据本企业实际支出及利润预期、投标策略确定，是施工企业实际成本费用的反映，是工程的个别价格。综合单价的报出是一个个别计价、市场竞争的过程。

　　同本章第一节，将第三章的电气照明工程、防雷与接地工程、弱电工程视为一个整体，在计量出三部分清单工程量的基础上，依照《建设工程工程量清单计价规范》（GB 50500—2008）、《河北省建设工程工程量清单编制与计价规程》（DB13（J）/T 85—2009）及政策性调整文件，编写出工程量清单报价书。

投 标 总 价

招　　标　　人：_____

工　程　名　称：某高校学生宿舍电气清单预算书_____

投标总价（小写）：126563.23 元

　　　　（大写）：壹拾贰万陆仟伍佰陆拾叁元贰角叁分

投　　标　　人：_____（单位公章）

法 定 代 表 人 或
委 托 代 理 人：_____（签字盖章）

造 价 工 程 师
或 造 价 员：_____（签字盖专用章）

　　　　　　　　　　编 制 时 间：_____年_____月_____日

单位工程费汇总表

工程名称：某高校学生宿舍电气清单预算书　　　　　　　　第 1 页　共 1 页

序号	名称	计算基数	费率（%）	金额（元）	其中：（元）		
					人工费	材料费	机械费
1	分部分项工程量清单计价合计	分部分项合计	—	104041.24	26117.03	67879.89	2809.71
2	措施项目清单计价合计	单价措施项目工程量清单计价合计＋其他总价措施项目清单计价合计	—	5012.26	1859.98	2687.29	
2.1	单价措施项目工程量清单计价合计	单价措施项目		—		—	—
2.2	其他总价措施项目清单计价合计	其他总价措施项目		5012.26	—	—	—
3	其他项目清单计价合计	其他项目合计	—				
4	规费	26117.03＋2809.71＋1859.98＝30786.72	27	8312.43	—	—	
5	安全生产、文明施工费	安全生产、文明施工费	3.23＋0.5	4941.02	—		—
6	税金	分部分项工程量清单计价合计＋措施项目清单计价合计＋其他项目清单计价合计＋规费＋安全生产、文明施工费	3.48	4256.28	—		—
—	合计	—	—	126563.23	27977.01	70567.18	2809.71

分部分项工程量清单与计价表

工程名称：某高校学生宿舍电气清单预算书　　　　　　　　　　第 1 页 共 2 页

序号	项目编码	项目名称	项目特征	计量单位	工程数量	金额（元）	
						综合单价	合价
		强电部分					83224.31
1	030404017001	配电箱		台	1	2299.99	2299.99
2	030404017002	配电箱		台	1	964.58	964.58
3	030404017003	配电箱		台	3	1409.96	4229.88
4	030404017004	配电箱		台	24	733.35	17600.4
5	030404034001	照明开关		个	29	19.57	567.53
6	030404034002	照明开关		个	4	22.04	88.16
7	030404034003	照明开关		个	24	42.85	1028.4
8	030404034004	照明开关		个	2	48.68	97.36
9	030404035001	插座		个	53	24.87	1318.11
10	030404035002	插座		个	24	33.77	810.48
11	030404033001	风扇		台	26	117.13	3045.38
12	030411001001	配管		m	1018.59	8.64	8800.62
13	030411001002	配管		m	494.3	10.04	4962.77
14	030411001003	配管		m	212.58	11.73	2493.56
15	030411006001	接线盒		个	192	5.98	1148.16
16	030411006002	接线盒		个	56	5.98	334.88
17	030411006003	接线盒		个	136	5.59	760.24
18	030411004001	配线		m	3460.27	2.71	9377.33
19	030411004002	配线		m	883.4	3.06	2703.2
20	030411004003	配线		m	444.48	5.9	2622.43
21	030411004004	配线		m	444.51	8.56	3805.01
22	030411004005	配线		m	82.2	11.59	952.7
23	030408001001	电力电缆		m	6.7	187.26	1254.64
24	030408006001	电力电缆头		个	1	202.22	202.22
25	030411002001	线槽		m	6.7	51.7	346.39
26	030412001001	普通灯具		套	111	60.72	6739.92
27	030412005001	荧光灯		套	55	74.89	4118.95
28	030414002001	送配电装置系统		系统	1	551.02	551.02
		防雷接地部分					8663.06
29	030409001001	接地极		块	1	2351.46	2351.46
30	030409002001	接地母线		m	19.12	20.86	398.84
31	030409002002	接地母线		m	9.97	25.84	257.62
—	—	本页小计		—	—	—	—

续表

序号	项目编码	项 目 名 称	项目特征	计量单位	工程数量	金额（元）	
						综合单价	合价
32	030409003001	避雷引下线		m	122.6	17.11	2097.69
33	030409005001	避雷网		m	99.74	29.63	2955.3
34	030414011001	接地装置		系统	1	602.15	602.15
		弱电部分					12153.87
35	030404017005	配电箱		台	1	1105.2	1105.2
36	030411005001	接线箱		个	2	320.47	640.94
37	030505013001	分配网络		个	1	66.76	66.76
38	030505013002	分配网络		个	2	38.43	76.86
39	030505013003	分配网络		个	1	28.42	28.42
40	030505013004	分配网络		个	1	8.08	8.08
41	030411001004	配管		m	121.3	14.94	1812.22
42	030411001005	配管		m	6	17.57	105.42
43	030411001006	配管		m	41.4	33.92	1404.29
44	030411001007	配管		m	35.4	63.12	2234.45
45	030411001008	配管		m	152.8	10.04	1534.11
46	030502006001	大对数电缆		m	18.3	83.18	1522.19
47	030502006002	大对数电缆		m	53.7	2.17	116.53
48	030502005001	双绞线缆		m	64.6	4.28	276.49
49	030505005001	射频同轴电缆		m	18.3	3.93	71.92
50	030505005002	射频同轴电缆		m	92.8	3.22	298.82
51	030502012001	信息插座		个	5	60.78	303.9
52	030502004001	电视、电话插座		个	6	33.23	199.38
53	030502004002	电视、电话插座		个	5	33.28	166.4
54	030411006004	接线盒		个	11	12.77	140.47
55	030411006005	接线盒		个	2	4.06	8.12
56	030411006006	接线盒		个	5	6.58	32.9
—	—	本页小计		—	—	—	—
—	—	合 计		—	—	—	—

分部分项工程量清单综合单价分析表

工程名称：某高校学生宿舍电气清单单预算书

序号	项目编号（定额编号）	项目名称	单位	数量	综合单价（元）	合价（元）	综合单价组成（元）			
							人工费	材料费	机械费	管理费和利润
1	030404017001	配电箱	台	1	2299.99	2299.99	382.56	1821.79		95.64
1.1	2-265	成套配电箱安装 悬挂、嵌入式（半周长 1.5m）	台	1	1805.2	1805.2	135.6	1635.7		33.9
1.2	2-336	铜电线压铜接线端子 导线截面（16mm²以内）	10个	0.2	58.95	11.79	25.8	26.7		6.45
1.3	2-337	铜电线压铜接线端子 导线截面（35mm²以内）	10个	1.4	84.96	118.94	39	36.21		9.75
1.4	2-338	铜电线压铜接线端子 导线截面（70mm²以内）	10个	2.4	151.69	364.06	78	54.19		19.5
2	030404017002	配电箱	台	1	964.58	964.58	106.2	831.83		26.55
2.1	2-264	成套配电箱安装 悬挂、嵌入式（半周长 1.0m）	台	1	964.58	964.58	106.2	831.83		26.55
3	030404017003	配电箱	台	3	1409.96	4229.88	261.72	1082.81		65.43
3.1	2-264	成套配电箱安装 悬挂、嵌入式（半周长 1.0m）	台	3	1064.58	3193.74	106.2	931.83		26.55
3.2	2-336	铜电线压铜接线端子 导线截面（16mm²以内）	10个	7.2	58.95	424.44	25.8	26.7		6.45
3.3	2-337	铜电线压铜接线端子 导线截面（35mm²以内）	10个	7.2	84.96	611.71	39	36.21		9.75
4	030404017004	配电箱	台	24	733.35	17600.4	88.2	623.1		22.05
4.1	2-263	成套配电箱安装 悬挂、嵌入式（半周长 0.5m）	台	24	733.35	17600.4	88.2	623.1		22.05
5	030404034001	照明开关	个	29	19.57	567.53	4.26	14.25		1.07
5.1	2-1737	拉武暗装开关安装 单联	10套	2.9	195.71	567.56	42.6	142.46		10.65

续表

序号	项目编号(定额编号)	项目名称	单位	数量	综合单价(元)	合价(元)	综合单价组成(元)			
							人工费	材料费	机械费	管理费和利润
6	030404034002	照明开关	个	4	22.04	88.16	3.42	17.77		0.85
6.1	2-1738	扳式暗装开关安装 双联	10套	0.3	293.89	88.17	45.6	236.89		11.4
7	030404034003	照明开关	个	24	42.85	1028.4	4.92	36.7		1.23
7.1	2-1739	扳式暗装开关安装 三联	10套	2.4	428.52	1028.45	49.2	367.02		12.3
8	030404034004	照明开关	个	2	48.68	97.36	5.28	42.08		1.32
8.1	2-1740	扳式暗装开关安装 四联	10套	0.2	486.74	97.35	52.8	420.74		13.2
9	030404035001	插座	个	53	24.87	1318.11	6.48	16.77		1.62
9.1	2-1768	单相暗插座安装 15A 5孔	10套	5.3	248.68	1318	64.8	167.68		16.2
10	030404035002	插座	个	24	33.77	810.48	6.36	25.82		1.59
10.1	2-1777	单相暗插座安装 30A 3孔	10套	2.4	337.74	810.58	63.6	258.24		15.9
11	030404033001	风扇	台	26	117.13	3045.38	23.4	87.88		5.85
11.1	2-1804	轴流排气扇安装	台	26	117.13	3045.38	23.4	87.88		5.85
12	030411001001	配管	m	1018.59	8.64	8800.62	4.54	2.97		1.13
12.1	2-1143	插接式绝缘导管敷设 暗配 塑料管公称直径(20mm以内)	100m	10.1859	864.28	8803.47	454.2	296.53		113.55
13	030411001002	配管	m	494.3	10.04	4962.77	4.72	4.15		1.18
13.1	2-1144	插接式绝缘导管敷设 暗配 塑料管公称直径(25mm以内)	100m	4.943	1004.13	4963.41	471.6	414.63		117.9
14	030411001003	配管	m	212.58	11.73	2493.56	5.12	5.33		1.28
14.1	2-1145	插接式绝缘导管敷设 暗配 塑料管公称直径(32mm以内)	100m	2.1258	1172.56	2492.63	511.8	532.81		127.95
15	030411006001	接线盒	个	192	5.98	1148.16	2.64	2.68		0.66
15.1	2-1429	暗装接线盒	10个	19.2	59.83	1148.74	26.4	26.83		6.6

续表

序号	项目编号（定额编号）	项目名称	单位	数量	综合单价（元）	合价（元）	综合单价组成（元）			
							人工费	材料费	机械费	管理费和利润
16	030411006002	接线盒	个	56	5.98	334.88	2.64	2.68		0.66
16.1	2-1429	暗装 接线盒	10个	5.6	59.83	335.05	26.4	26.83		6.6
17	030411006003	接线盒	个	136	5.59	760.24	2.82	2.06		0.7
17.1	2-1430	暗装 开关盒	10个	13.6	55.89	760.1	28.2	20.64		7.05
18	030411004001	配线	m	3460.27	2.71	9377.33	0.59	1.97		0.15
18.1	2-1177	照明线路 导线截面（2.5mm²以内）铜芯	100m 单线	34.6027	270.98	9376.64	58.8	197.48		14.7
19	030411004002	配线	m	883.4	3.06	2703.2	0.41	2.54		0.1
19.1	2-1178	照明线路 导线截面（4mm²内）铜芯	100m 单线	8.834	305.8	2701.44	41.4	254.05		10.35
20	030411004003	配线	m	444.48	5.9	2622.43	0.65	5.09		0.16
20.1	2-1198	动力线路（铜芯）导线截面（16mm²以内）	100m 单线	4.4448	589.73	2621.23	64.8	508.73		16.2
21	030411004004	配线	m	444.51	8.56	3805.01	0.81	7.54		0.2
21.1	2-1199	动力线路（铜芯）导线截面（25mm²以内）	100m 单线	4.4451	855.56	3803.05	81	754.31		20.25
22	030411004005	配线	m	82.2	11.59	952.7	1.67	9.5		0.42
22.1	2-1201	动力线路（铜芯）导线截面（50mm²以内）	100m 单线	0.822	1159.39	953.02	167.4	950.14		41.85
23	030408001001	电力电缆	m	6.7	187.26	1254.64	8.93	175.04	0.85	2.45
23.1	2-624 * 1.3	电力电缆沿墙敷设 截面（120mm²以下）子目乘以系数1.3	100m	0.067	18726.42	1254.67	893.1	17503.6	85.15	244.57
24	030408006001	电力电缆头	个	1	202.22	202.22	74.1	109.59		18.53
24.1	2-649 * 1.3	户内干包式电力电	个	1	202.22	202.22	74.1	109.59		18.53

续表

序号	项目编号（定额编号）	项目名称	单位	数量	综合单价（元）	合价（元）	综合单价组成（元）			
							人工费	材料费	机械费	管理费利润
		电缆终端头制作、安装（1kV以下截面120mm²以下）子目乘以系数1.3								
25	03041100 2001	线槽	m	6.7	51.7	346.39	16.5	29.44	1.31	4.45
25.1	2-597	金属线槽安装 宽度(100mm以下)	10m	0.67	517.04	346.42	165	294.43	13.09	44.52
26	03041200 1001	普通灯具	套	111	60.72	6739.92	12.72	44.82		3.18
26.1	2-1463	半圆球吸顶灯安装 灯罩直径(300mm以内)	10套	11.1	607.15	6739.37	127.2	448.15		31.8
27	03041200 5001	荧光灯	套	55	74.89	4118.95	12.78	58.91		3.2
27.1	2-1674	荧光灯具安装 成套型 吸顶式 单管	10套	5.5	748.88	4118.84	127.8	589.13		31.95
28	03041400 2001	送配电装置系统	系统	1	551.02	551.02	370.8	4.64	66.3	109.28
28.1	2-898	送配电装置系统调试 1kV以下交流供电（综合）	系统	1	551.02	551.02	370.8	4.64	66.3	109.28
29	03040900 1001	接地板	块	1	2351.46	2351.46	967.68	419.33	577.38	387.07
29.1	2-726	利用基础钢筋做接地极	m²	322.56	7.29	2351.46	3	1.3	1.79	1.2
30	03040900 2001	接地母线	m	19.12	20.86	398.84	7.44	9.19	1.9	2.33
30.1	2-727	户内接地母线敷设	10m	1.912	208.62	398.88	74.4	91.85	19.02	23.35
31	03040900 2002	接地母线	m	9.97	25.84	257.62	17.76	2.77	0.69	4.61
31.1	2-728	户外接地母线敷设 截面（200mm²以内）	10m	0.997	258.36	257.58	177.6	27.71	6.92	46.13
32	03040900 3001	避雷引下线	m	122.6	17.11	2097.69	2.22	0.71	10.9	3.28
32.1	2-802	避雷引下线敷设 断接卡子制作、安装	10套	0.4	64.78	25.91	18.6	39.17	1.89	5.12
32.2	2-801	避雷引下线敷设 利用建筑物主筋引下	10m	12.26	169.02	2072.19	21.6	5.83	108.95	32.64
33	03040900 5001	避雷网	m	99.74	29.63	2955.3	14.16	6.32	4.5	4.67
33.1	2-804	避雷网安装 沿折板支架敷设	10m	9.974	296.35	2955.79	141.6	63.15	44.96	46.64

续表

序号	项目编号(定额编号)	项目名称	单位	数量	综合单价(元)	合价(元)	人工费	材料费	机械费	管理费和利润
34	030414011001	接地装置	系统	1	602.15	602.15	370.8	4.64	107.21	119.5
34.1	2-935	接地网调试	系统	1	602.15	602.15	370.8	4.64	107.21	119.5
35	030404017005	配电箱	台	1	1105.2	1105.2	135.6	935.7		33.9
35.1	2-265	成套配电箱安装 悬挂、嵌入式(半周长1.5m)	台	1	1105.2	1105.2	135.6	935.7		33.9
36	030411005001	接线箱	个	2	320.47	640.94	95.46	201.14		23.87
36.1	2-1428	暗装 接线箱半周长(1500mm以内)	10个	0.2	3204.66	640.93	954.6	2011.41		238.65
37	030505013001	分配网络 暗装	个	1	66.76	66.76	4.5	60.51	0.5	1.25
37.1	12-672	放大器 暗装	10个	0.1	667.58	66.76	45	605.13	4.96	12.49
38	030505013002	分配网络 暗装	个	2	38.43	76.86	6.72	30.03		1.68
38.1	12-674	用户分支器、分配器 暗装	10个	0.2	384.24	76.85	67.2	300.24		16.8
39	030505013003	分配网络 暗装	个	1	28.42	28.42	6.72	20.02		1.68
39.1	12-674	用户分支器、分配器 暗装	10个	0.1	284.24	28.42	67.2	200.24		16.8
40	030505013004	分配网络	个	1	8.08	8.08	6		0.46	1.62
40.1	12-467	楼宇自控系统 终端电阻	个	1	8.08	8.08	6		0.46	1.62
41	030411001004	配管	m	121.3	14.94	1812.22	3.83	9.39	0.61	1.11
41.1	2-1058	钢管敷设 砌体、混凝土结构暗配 公称直径(20mm以内)	100m	1.213	1493.68	1811.83	383.4	938.77	60.53	110.98
42	030411001005	配管	m	6	17.57	105.42	4.62	10.69	0.88	1.38
42.1	2-1059	钢管敷设 砌体、混凝土结构暗配 公称直径(25mm以内)	100m	0.06	1756.42	105.39	462	1068.66	88.21	137.55
43	030411001006	配管	m	41.4	33.92	1404.29	8.57	21.74	1.17	2.43
43.1	2-1062	钢管敷设 砌体、混凝土结构暗配 公称直径(50mm以内)	100m	0.414	3391.63	1404.13	856.8	2174.31	117.05	243.47

续表

序号	项目编号（定额编号）	项目名称	单位	数量	综合单价（元）	合价（元）	综合单价组成（元）			
							人工费	材料费	机械费	管理费和利润
44	030411001007	配管	m	35.4	63.12	2234.45	18.83	37.56	1.62	5.11
44.1	2-1064	钢管敷设 砌体、混凝土结构暗配 公称直径（80mm以内）	100m	0.354	6312.43	2234.6	1882.8	3756.36	162.05	511.22
45	030411001008	配管	m	152.8	10.04	1534.11	4.72	4.15		1.18
45.1	2-1144	插接式绝缘导管敷设 暗配 塑料管管公称直径（25mm以内）	100m	1.528	1004.13	1534.31	471.6	414.63		117.9
46	030502006001	大对数电缆	m	18.3	83.18	1522.19	2.33	79.99	0.22	0.64
46.1	12-101	管/暗槽内穿放电话线缆（100对以内）	100m	0.183	8318.33	1522.25	232.8	7999.31	22.42	63.8
47	030502006002	大对数电缆	m	53.7	2.17	116.53	0.91	0.93	0.09	0.25
47.1	12-97	管/暗槽内穿放电话线缆（10对以内）	100m	0.537	217.25	116.66	90.6	92.78	8.97	24.9
48	030502005001	双绞线缆	m	64.6	4.28	276.49	0.85	3.08	0.12	0.24
48.1	12-1	管/暗槽内穿放双双绞线缆（4对以内）	100m	0.646	427.93	276.44	84.6	307.6	11.66	24.07
49	030505005001	射频同轴电缆	m	18.3	3.93	71.92	0.73	2.86	0.13	0.22
49.1	12-581	室内管/暗槽内穿放射频传输电缆 φ9mm以内	100m	0.183	393.08	71.93	73.2	285.6	12.78	21.5
50	030505005002	射频同轴电缆	m	92.8	3.22	298.82	0.73	2.14	0.13	0.22
50.1	12-581	室内管/暗槽内穿放射频传输电缆 φ9mm以内	100m	0.928	321.68	298.52	73.2	214.2	12.78	21.5
51	030502012001	信息插座	个	5	60.78	303.9	4.2	55.53		1.05
51.1	12-20	安装 8位模块式信息插座 单口	个	5	60.78	303.9	4.2	55.53		1.05
52	030502004001	电视、电话插座	个	6	33.23	199.38	2.4	30.23		0.6
52.1	12-116	电话出线口 普通型 单联	个	6	33.23	199.38	2.4	30.23		0.6
53	030502004002	电视、电话插座	个	5	33.28	166.4	8.1	23.15		2.03

续表

序号	项目编号 （定额编号）	项目名称	单位	数量	综合单价 （元）	合价 （元）	综合单价组成（元）			
							人工费	材料费	机械费	管理费和利润
53.1	12-677	电视插座	10 个	0.5	332.78	166.39	81	231.53		20.25
54	030411006004	接线盒	个	11	12.77	140.47	9	1.52		2.25
54.1	12-26	安装信息插座底盒（接线盒）砖墙内	个	11	12.77	140.47	9	1.52		2.25
55	030411006005	接线盒	个	2	4.06	8.12	2.82	0.54		0.71
55.1	2-1430	暗装 开关盒	10 个	0.2	40.59	8.12	28.2	5.34		7.05
56	030411006006	接线盒	个	5	6.58	32.9	2.82	3.05		0.7
56.1	12-678	埋设暗盒(86×86,75×100)	10 个	0.5	65.79	32.9	28.2	30.54		7.05

总价措施项目费分析表

工程名称：某高校学生宿舍电气清单预算书

序号	项目编号（定额编号）	项目名称	计算基数（元）	费率（%）	金额（元）	人工费	材料费	机械费	管理费和利润	人工单价（元/工日）
							其中:(元)			
1	031302001001	安全生产、文明施工费		3.73	4941.02					
2	031302B01001	冬季施工增加费		0.9	295.77	141.74	118.6	0	35.43	
	12-1132	建筑智能化系统设备安装工程 冬季施工增加费		0.9	4.88	2.34	1.96	0	0.58	
	2-1988	电气设备安装工程 冬季施工增加费		0.9	290.89	139.4	116.64	0	34.85	
3	031302B02001	雨季施工增加费		2.1	689.19	326.88	280.59	0	81.72	
	12-1133	建筑智能化系统设备安装工程 雨季施工增加费		2.1	11.4	5.41	4.64	0	1.35	
	2-1989	电气设备安装工程 雨季施工增加费		2.1	677.79	321.47	275.95	0	80.37	
4	031302002001	夜间施工增加费		1.05	349.27	182.23	121.49	0	45.55	
	12-1134	建筑智能化系统设备安装工程 夜间施工增加费		1.05	5.77	3.01	2.01	0	0.75	
	2-1990	电气设备安装工程 夜间施工增加费		1.05	343.5	179.22	119.48	0	44.8	
5	031302004001	二次搬运费		2.77	909.75	433.9	367.37	0	108.48	
	12-1136	建筑智能化系统设备安装工程 二次搬运费		2.77	15.06	7.18	6.08	0	1.8	
	2-1992	电气设备安装工程 二次搬运费		2.77	894.69	426.72	361.29	0	106.68	
6	031302B03001	生产工具用具使用费		3.51	1015.33	0	1015.3	0	0	
	12-1130	建筑智能化系统设备安装工程 生产工具,用具使用费		3.51	16.8	0	16.8	0	0	
	2-1986	电气设备安装工程 生产工具、用具使用费		3.51	998.53	0	998.53	0	0	
7	031302B04001	检验试验配合费		1.07	340.62	124.39	185.13	0	31.1	

续表

序号	项目编号(定额编号)	项目名称	计算基数(元)	费率(%)	金额(元)	其中:(元)			管理费和利润	人工单价(元/工日)
						人工费	材料费	机械费		
	12-1131	建筑智能化系统设备安装工程检验试验配合费		1.07	5.64	2.06	3.06	0	0.52	
	2-1987	电气设备安装工程检验试验配合费		1.07	334.98	122.33	182.07	0	30.58	
8	031302B05001	工程定位复测配合费及场地清理费		0.97	323.24	170.66	109.92	0	42.66	
	12-1137	建筑智能化系统设备安装工程工程定位、复测配合费及场地清理费		0.97	5.34	2.82	1.82	0	0.7	
	2-1993	电气设备安装工程工程定位复测及场地清理费		0.97	317.9	167.84	108.1	0	41.96	
9	031302B06001	停水停电增加费		2.72	893.1	425.22	361.58	0	106.3	
	12-1138	建筑智能化系统设备安装工程停水、停电增加费		2.72	14.76	7.03	5.98	0	1.75	
	2-1994	电气设备安装工程停水、停电增加费		2.72	878.34	418.19	355.6	0	104.55	
10	031302006001	已完工程及设备保护费		0.63	195.99	54.96	127.28	0	13.75	
	12-1135	建筑智能化系统设备安装工程已完工程及设备保护费		0.63	3.25	0.91	2.11	0	0.23	
	2-1991	电气设备安装工程已完工程及设备保护费		0.63	192.74	54.05	125.17	0	13.52	

续表

序号	项目编号（定额编号）	项目名称	单位	数量	综合单价/元	合价/元	人工费	材料费（含主材费）	机械费	管理费和利润
21	030208004001	电缆桥架	m	6.7	43.82	293.29	11	28.95	0.99	2.88
21.1	2-592	金属线槽安装（宽度mm以下）100	10m	0.67	438.2	293.59	110	289.47	9.94	28.79
22	030213004001	荧光灯	套	111	68.55	7609.05	8.52	57.98		2.04
22.1	2-1606	荧光灯具安装 成套型 吸顶式 单管	10套	11.1	685.46	7608.61	85.2	579.81		20.45
23	030213001001	普通吸顶灯及其他灯具	套	55	52.86	2907.3	8.48	42.34		2.04
23.1	2-1397	半圆球吸顶灯安装 灯罩直径（mm以内）300	10套	5.5	528.56	2907.08	84.8	423.41		20.35
24	030211002001	送配电装置系统	系统	1	391.98	391.98	247.2	4.64	65.17	74.97
24.1	2-860	送配电装置系统调试 1kV以下交流供电（综合）	系统	1	391.98	391.98	247.2	4.64	65.17	74.97
25	030209001001	接地装置	项	1	1896.65	1896.65	645.12	380.62	577.38	293.53
25.1	2-708	接地极（板）制作、安装 利用基础钢筋做接地极	m²	332.56	5.88	1896.65	2	1.18	1.79	0.91
26	030209002001	避雷装置	套	1	3714.2	3714.2	1143.13	779.74	1223.4	567.91
26.1	2-709	接地母线敷设 户内接地母线敷设	10m	1.84	174.69	321.43	49.6	97.03	13.03	15.03
26.2	2-763	避雷引下线敷设 利用建筑物主筋引下	10m	12.26	116.07	1423.02	14.4	5.68	74.63	21.36
26.3	2-764	避雷引下线敷设 断接卡子制作、安装	10套	0.4	55.31	22.12	12.4	38.33	1.29	3.29
26.4	2-766	避雷网安装 沿折板支架敷设	10m	9.22	211.24	1947.63	94.4	55.99	30.8	30.05
27	030211008001	接地装置	系统	1	444.84	444.84	247.2	4.64	107.8	85.2
27.1	2-897	独立接地装置调试 接地网	系统	1	444.84	444.84	247.2	4.64	107.8	85.2
28	030204018005	配电箱	台	1	1013.83	1013.83	90.4	901.74		21.69
28.1	2-265	成套配电箱安装 悬挂、嵌入式（半周长m)1.5	台	1	1013.83	1013.83	90.4	901.74		21.69

续表

序号	项目编号（定额编号）	项目名称	单位	数量	综合单价/元	合价/元	综合单价组成/元			
							人工费	材料费（含主材费）	机械费	管理费和利润
29	03020401B006	配电箱 配电箱	台	1	280.08	280.08	63.64	201.17		15.27
29.1	2-1388	接线箱安装 暗装 接线箱半周长（mm以内）1500	10个	0.1	2800.81	280.08	636.4	2011.68		152.73
30	031205010001	分配网络设备	个	1	10.49	10.49	3	6.23	0.44	0.83
30.1	12-672	分配网络 放大器安装	10个	0.1	104.89	10.49	30	62.28	4.36	8.25
31	031205010002	分配网络 用户分支器、分配器 暗装	个	2	8.58	17.16	4.48	3.03		1.08
31.1	12-674	分配网络 用户分支器、分配器 暗装	10个	0.2	85.79	17.16	44.8	30.24		10.75
32	031205010003	分配网络 用户分支器、分配器 暗装	个	1	7.58	7.58	4.48	2.02		1.08
32.1	12-674	分配网络 用户分支器、分配器 暗装	10个	0.1	75.79	7.58	44.8	20.24		10.75
33	031205010004	分配网络设备	个	1	5.53	5.53	4		0.46	1.07
33.1	12-467	楼宇自控系统 控制网络通信设备 终端电阻	个	1	5.53	5.53	4		0.46	1.07
34	031103001001	钢管	m	121.3	13.41	1626.63	2.68	9.58	0.41	0.75
34.1	2-1020	钢管敷设 砌体、混凝土结构暗配 钢管 公称直径（mm以内）20	100m	1.213	1305.85	1584	255.6	937.5	41.46	71.29
34.2	12-678	分配网络 暗盒埋设 暗盒（86×86,75×100）	10个	0.8	53.85	43.08	18.8	30.54		4.51
35	031103001002	钢管	m	6	27.21	163.26	8.68	15.69	0.61	2.23
35.1	2-1021	钢管敷设 砌体、混凝土结构暗配 钢管 公称直径（mm以内）25	100m	0.06	1525.6	91.54	308	1068.41	60.7	88.49
35.2	12-678	分配网络 暗盒埋设 暗盒（86×86,75×100）	10个	1.6	38.7	61.92	18.8	15.39		4.51
35.3	2-1389	接线盒安装 暗装 接线盒	10个	0.2	48.89	9.78	17.6	27.06		4.23

续表

序号	项目编号(定额编号)	项目名称	单位	数量	综合单价/元	合价/元	综合单价组成/元			
							人工费	材料费(含主材费)	机械费	管理费和利润
36	031103001003	钢管	m	41.1	29.81	1225.19	5.71	21.72	0.81	1.56
36.1	2-1024	钢管敷设 砌体、混凝土结构暗配 钢管公称直径(mm以内)50	100m	0.411	2980.62	1225.03	571.2	2172.17	80.77	156.48
37	031103001004	钢管	m	35.4	54.52	1930.01	12.55	37.56	1.13	3.28
37.1	2-1026	钢管敷设 砌体、混凝土结构暗配 钢管公称直径(mm以内)80	100m	0.354	5452.41	1930.15	1255.2	3756.39	112.56	328.26
38	031103002001	硬质PVC管	m	152.8	8.05	1230.04	3.09	4.22		0.74
38.1	2-1106	绝缘导管敷设 插接式暗配 塑料管公称直径(mm以内)25	100m	1.528	804.54	1229.34	308.8	421.63		74.11
39	030212003006	电气配线	m	36	82.13	2956.68	1.55	79.95	0.2	0.42
39.1	12-101	管/暗槽内穿放电话线缆(对以内)100	100m	0.36	8212.85	2956.63	155.2	7995.1	20.4	42.15
40	030212003007	电气配线	m	53.7	2.78	149.29	0.6	1.93	0.08	0.16
40.1	12-97	管/暗槽内穿放电话线缆(对以内)10	100m	0.537	277.6	149.07	60.4	192.59	8.16	16.45
41	030212003008	电气配线	m	35.8	3.91	139.98	0.56	3.08	0.11	0.16
41.1	12-1	穿放、布放双绞线缆 管/暗槽内穿放(对以内)4	100m	0.358	390.7	139.87	56.4	307.57	10.64	16.09
42	030212003009	电气配线	m	36	3.61	129.96	0.49	2.86	0.12	0.15
42.1	12-581	穿内穿放、布放射频传输电缆 管/暗槽内穿放φ9mm以内	100m	0.36	360.57	129.81	48.8	285.6	11.66	14.51
43	030212003010	电气配线	m	92.8	2.89	268.19	0.49	2.14	0.12	0.15
43.1	12-581	穿内穿放、布放射频传输电缆 管/暗槽内穿放φ9mm以内	100m	0.928	289.17	268.35	48.8	214.2	11.66	14.51

续表

序号	项目编号（定额编号）	项目名称	单位	数量	综合单价/元	合价/元	综合单价组成/元			
							人工费	材料费（含主材费）	机械费	管理费和利润
44	031103023001	单口非屏蔽八位模块式信息插座	个	5	59	295	2.8	55.53		0.67
44.1	12-20	安装 8 位模块式信息插座　单口	个	5	59	295	2.8	55.53		0.67
45	030204031008	小电器	个	6	32.12	192.72	1.6	30.13		0.39
45.1	12-116	电话出线口　普通型　单联	个	6	32.12	192.72	1.6	30.13		0.39
46	030204031009	小电器	个	5	29.85	149.25	5.4	23.15		1.29
46.1	12-677	分配网络　用户终端盒安装　暗装	10个	0.5	298.49	149.25	54	231.53		12.96

措施项目费分析表

工程名称：某高校学生宿舍电气工程

序号	项目编号（定额编号）	项目名称	单位	数量	综合单价/元	合价/元	综合单价组成/元			
							人工费	材料费	机械费	管理费和利润
1	1.1	安全防护、文明施工	项	1	1898.65	1898.65	471.79	1098.34	173.62	134.9
	2-1906	安全防护、文明施工　电气设备安装工程　工费	%	1	1898.65	1898.65	471.79	1098.34	173.62	103.27
1	2.1.1	混凝土、钢筋混凝土模板及支架	项	1	0	0	0	0	0	0
	2.1.2	脚手架	项	1	0	0	0	0	0	0
	2.1.3	大型机械设备进出场及安拆	项	1	0	0	0	0	0	0
1	2.1.4	生产工具用具使用费	项	1	662.4	662.4	0	662.4	0	0
	2-1895	生产工具、用具使用费　电气设备安装工程	%	1	662.4	662.4	0	662.4	0	0
1	2.1.5	检验试验配合费	项	1	221.4	221.4	81.15	120.78	0	19.47
	2-1896	检验试验配合费　电气设备安装工程	%	1	221.4	221.4	81.15	120.78	0	12.98
1	2.1.6	冬雨季施工增加费	项	1	639.53	639.53	305.72	260.43	0	73.38
	2-1897	冬雨季施工增加费　电气设备安装工程	%	1	639.53	639.53	305.72	260.43	0	73.38
1	2.1.7	夜间施工增加费	项	1	226.68	226.68	118.89	79.26	0	28.53
	2-1898	夜间施工增加费　电气设备安装工程	%	1	226.68	226.68	118.89	79.26	0	19.02
1	2.1.8	二次搬运费	项	1	590.69	590.69	283.08	239.67	0	67.94
	2-1900	二次搬运费　电气设备安装工程	%	1	590.69	590.69	283.08	239.67	0	45.25
1	2.1.9	工程定位复测场地清理费	项	1	209.77	209.77	111.34	71.71	0	26.72
	2-1901	工程定位复测及场地清理费　电气设备安装工程	%	1	209.77	209.77	111.34	71.71	0	17.81
1	2.1.10	停水停电增加费	项	1	579.9	579.9	277.42	235.9	0	66.58
	2-1902	停水、停电增加费　电气设备安装工程	%	1	579.9	579.9	277.42	235.9	0	44.39
1	2.1.11	已完工程及设备保护费	项	1	127.51	127.51	35.80	83.04	0	8.61
	2-1899	已完工程及设备安装保护费　电气设备安装工程	%	1	127.51	127.51	35.80	83.04	0	5.74
1	2.1.12	施工排水、降水	项	1	0	0	0	0	0	0
	2.1.13	地上、地下设施、建筑物的临时保护措施	项	1	0	0	0	0	0	0

续表

序号	项目编号（定额编号）	项目名称	单位	数量	综合单价/元	合价/元	综合单价组成/元			
							人工费	材料费	机械费	管理费和利润
	2.1.14	施工与生产同时进行增加费用	项	1	0	0	0	0	0	0
	2.1.15	有害环境中施工增加费	项	1	0	0	0	0	0	0
	2.1.16	超高费	项	1	0	0	0	0	0	0
	2.4.1	组装平台	项	1	0	0	0	0	0	0
	2.4.2	设备、管道施工的安全、防冻和焊接保护设施	项	1	0	0	0	0	0	0
	2.4.3	压力容器和高压管道的检验	项	1	0	0	0	0	0	0
	2.4.4	焦炉施工大棚	项	1	0	0	0	0	0	0
	2.4.5	焦炉烘炉、热态工程	项	1	0	0	0	0	0	0
	2.4.6	管道安装后的充气保护措施	项	1	0	0	0	0	0	0
	2.4.7	隧道内施工	项	1	0	0	0	0	0	0
		隧道内施工的通风供水、供气、供电、照明及通信设施								
	2.4.8	长输管道临时水工保护设施	项	1	0	0	0	0	0	0
	2.4.9	长输管道施工便道	项	1	0	0	0	0	0	0
	2.4.10	长输管道跨越或穿越施工措施	项	1	0	0	0	0	0	0
	2.4.11	长输管道穿越地下建筑物的保护措施	项	1	0	0	0	0	0	0
	2.4.12	长输管道施工队伍调遣	项	1	0	0	0	0	0	0
	2.4.13	格架式抱杆	项	1	0	0	0	0	0	0
	2.4.14	操作高度增加费	项	1	0	0	0	0	0	0

参 考 文 献

[1] 邱建忠. 安装·市政工程造价培训教材. 北京：中国建材工业出版社，2009.

[2] 中国建设工程造价管理协会. 建设工程造价管理基础知识. 北京：中国计划出版社，2010.

[3] 河北省建设工程造价管理协会. 河北省建设工程造价员资格考试习题集. 北京：中国计划出版社，2011.

[4] 陈思荣，赵岐华. 建筑设备与识图. 北京：冶金工业出版社，2010.

[5] 温艳芳. 安装工程计量与计价实务. 北京：化学工业出版社，2011.

[6] 孙光远. 建筑设备与识图. 北京：高等教育出版社，2010.

[7] 姬海臣. 水暖工. 北京：机械工业出版社，2005.

[8] 鲍东杰，李静. 建筑设备工程. 北京：中国电力出版社，2009.

[9] 王丽. 建筑设备. 大连：大连理工大学出版社，2011.

[10] 工程造价员网校. 安装工程工程量清单分部分项计价与预算定额计价对照实例详解. 北京：中国建筑工业出版社，2009.

[11] 侯志伟. 建筑电气工程识图与施工. 北京：机械工业出版社，2011.

[12] 万瑞达. 建筑电气工程施工图识读快学快用. 北京：中国建材工业出版社，2011.

[13] 褚振文. 建筑电气识图与造价入门. 北京：机械工业出版社，2011.